Ergebnisse der Mathematik und ihrer Grenzgebiete

Band 1

Herausgegeben von
P. R. Halmos · P. J. Hilton · R. Remmert · B. Szőkefalvi-Nagy
Unter Mitwirkung von
L. V. Ahlfors · R. Baer · F. L. Bauer · R. Courant · A. Dold
J. L. Doob · E. B. Dynkin · S. Eilenberg · M. Kneser · M. M. Postnikow
H. Rademacher · B. Segre · E. Sperner
Redaktion: P. J. Hilton

Transfinite Zahlen

Heinz Bachmann

Zweite, neubearbeitete Auflage

Springer-Verlag Berlin Heidelberg New York 1967

ISBN 978-3-642-88515-0 ISBN 978-3-642-88514-3 (eBook)
DOI 10.1007/978-3-642-88514-3

Softcover reprint of the hardcover 1st edition 1967
Library of Congress Catalog Card Number 67-16 783

Titel-Nr. 45-45

Vorwort zur zweiten Auflage

Durch die vorliegende Neubearbeitung wurde dieser Bericht auf den heutigen Stand der Forschung gebracht, was z. B. im stark angeschwollenen Literaturverzeichnis zum Ausdruck kommt. Dabei wurden hauptsächlich die §§ 23, 31 und 35 stark erweitert; ferner wurden die §§ 2, 3, 4, 7, 8, 9, 24 und 42 teilweise neu geschrieben (kleine Änderungen wurden aber auch in anderen Paragraphen vorgenommen). Herrn Prof. Dr. W. NEUMER danke ich für die Durchsicht der Neufassung von § 9. Schließlich wurden die paar kleinen Fehler der 1. Auflage (vgl. diese S. 41 Satz 3, S. 110 Satz 2 und S. 191 Literaturangabe [43]) bereinigt.

Nachdem schon die seit einiger Zeit vergriffene 1. Auflage in den Fachkreisen eine gute Aufnahme gefunden hat, hoffe ich, daß dies für die vorliegende verbesserte Auflage um so mehr der Fall sein wird.

Zürich, im Februar 1967 HEINZ BACHMANN

Vorwort zur ersten Auflage

Der vorliegende Bericht soll dem Leser die Ergebnisse und Probleme der Theorie der transfiniten Zahlen (Ordnungszahlen und Mächtigkeiten) nach ihrem heutigen Stande vermitteln, wobei die arithmetischen Fragen ziemlich erschöpfend erörtert werden, während auf axiomatische Fragen weniger stark eingegangen wird. Die Grundlage bildet dabei das ZERMELO-FRAENKELsche Axiomensystem der Mengenlehre; die Anwendung des Auswahlaxioms wird stets hervorgehoben. Um die Beschränkung auf einen bestimmten Formalismus zu vermeiden und zwecks besserer Lesbarkeit ist alles in der Sprache der naiven Mengenlehre formuliert.

Nach einer allgemeinen Einleitung findet der Leser eine Darstellung der Theorie der Ordnungszahlen, wobei das Auswahlaxiom nur in Ausnahmefällen verwendet wird. Die neuen Ergebnisse über Normalfunktionen

(§§ 7, 16) und über regressive Funktionen (§ 9) sowie die einfache Darstellung der Theorie der Hauptzahlen (§§ 15, 16) dürften dabei besonders von Interesse sein. Sodann folgt die Theorie der Mächtigkeiten; zuerst wird gezeigt, welche ersten Schritte in dieser Theorie ohne Auswahlaxiom ausgeführt werden können; dann wird die Theorie unter Verwendung des Auswahlaxioms (und ausführlicher) weiter entwickelt. Den Äquivalenzen zum Auswahlaxiom (§ 31) und zur Alephhypothese (§ 35) sowie den unerreichbaren Zahlen (§§ 40—42) wird besondere Beachtung geschenkt. Auf das Problem der formalen Darstellung von Ordnungszahlen, auf Anwendungen der transfiniten Zahlen in der Theorie der Punktmengen und andere Anwendungen konnte wegen des beschränkten zur Verfügung stehenden Raumes nicht stark eingegangen werden. Am Schluß findet sich ein Literaturverzeichnis, in dem die modernen Arbeiten fast vollständig, die älteren nur teilweise aufgeführt sind, sowie ein Sachverzeichnis.

Für wertvolle Ratschläge möchte ich den Herren Prof. Dr. P. FINSLER, P.-D. Dr. W. NEUMER, Prof. Dr. P. BERNAYS, Dr. G. MÜLLER und besonders Prof. Dr. E. SPECKER meinen herzlichsten Dank aussprechen.

Zürich, im Januar 1955

HEINZ BACHMANN
Eidg. Sternwarte, Zürich

Inhaltsverzeichnis

Berichtigungen

S. 28, 15. Zeile von oben: **statt** $\overset{x \in X}{\mathfrak{V}} M_x$ **lies** $\underset{x \in X}{\mathfrak{V}} M_x$

S. 55, 13. Zeile von oben: **statt** $\alpha^\xi \alpha$ **lies** $\alpha^\xi \cdot \alpha$

S. 73, 9. Zeile von unten: **statt** im Fall ω^x **lies** im Fall $\Delta = \omega^x$

S. 150, 1. u. 2. Zeile von unten (3mal): **statt** $\aleph^{\aleph}{}_{\beta}{}_{\alpha}$ **lies** $\aleph^{\aleph_\beta}_\alpha$

S. 162, 5. Zeile von unten (Zeilenanfang):

statt $(\mathfrak{m}_{\smile\beta})^{\aleph_\gamma}$ **lies** $(\mathfrak{m}^{\aleph_\beta})^{\aleph_\gamma}$

S. 162, 5. Zeile von unten (Mitte): **statt** $\mathfrak{m}^{\aleph(\varphi\eta,\eta)}$ **lies** $\mathfrak{m}^{\aleph(\varphi_\eta,\eta)}$

S. 165, Seitenzahl: **statt** 105 **lies** 165

Ergebn. d. Mathem., Bd. 1, Bachmann, 2. Aufl.

I. Einleitung: Allgemeine mengentheoretische Vorbemerkungen

§ 1. Mengenlehre und Grundlagenproblem[1]

1. Über die Cantorsche Mengenlehre und die Antinomien. Die Entwicklung der abstrakten Mengenlehre, speziell also auch der Theorie der transfiniten Zahlen, hat ihren Ausgangspunkt in der Entdeckung der *verschiedenen unendlichen Mächtigkeiten* [5][2] und der *Reihe der transfiniten Ordnungszahlen* [6] durch CANTOR in den siebziger Jahren des letzten Jahrhunderts. Die erste dieser grundlegenden Entdeckungen wurde beim Vergleich der Mächtigkeiten der Menge der reellen algebraischen Zahlen und der Menge aller reellen Zahlen[3], die letztere bei der Bildung der transfiniten Folge der Ableitungen einer Punktmenge[4] gemacht. Nachdem CANTOR das Grundgefüge der Theorie der transfiniten Zahlen aufgestellt hatte, erfuhr sie im 20. Jahrhundert eine starke weitere Förderung (hauptsächlich durch ZERMELO, HESSENBERG, HAUSDORFF, JACOBSTHAL, SIERPINSKI und besonders TARSKI).

Der CANTORsche sog. „*naive Standpunkt*" der klassischen Mengenlehre ist dadurch charakterisiert, daß dem Mathematischen eine absolute, vom Menschen und von einer Sprache unabhängige Existenz zugeordnet wird, und daß nach der Evidenz der gewöhnlichen Logik geschlossen wird, deren Begriffe (wie z. B. „alle" und „es gibt") im absoluten Sinne aufgefaßt werden. Dabei kann also die Existenz eines mathematischen Objekts nach dem Satz vom Widerspruch und vom ausgeschlossenen Dritten („tertium non datur") durch einen indirekten Beweis bewiesen werden, ohne daß man das Objekt tatsächlich bilden muß. Ferner wird eine *Menge* definiert als Zusammenfassung einer Vielheit (Gesamtheit,

---

[1] In diesem Paragraphen werden einige Begriffe erwähnt, deren genaue Definitionen erst an späteren Stellen dieses Berichts gegeben werden.

[2] Die Ziffern in eckigen Klammern beziehen sich auf das Literaturverzeichnis am Ende.

[3] Dabei bewies CANTOR die Existenz reeller transzendenter Zahlen (die effektive Konstruktion solcher Zahlen gelang schon LIOUVILLE 1844).

[4] Unter der Ableitung einer Punktmenge versteht man die Menge ihrer Häufungspunkte. Der Begriff der Ableitung wurde von CANTOR schon früher eingeführt [4], wobei die Folge der Ableitungen aber noch nicht ins Transfinite hinein fortgesetzt wurde.

Klasse) von Dingen (den *Elementen* der Menge) zu einer Einheit, wobei zunächst angenommen wird, daß dies (in abstracto) immer möglich sei; auch die Existenz sog. „aktual unendlicher" Mengen (d. h. unendlicher Mengen, die man sich als etwas Ganzes, Fertiges vorstellt) wird deshalb angenommen.

Die unbeschränkte Mengenbildung führte aber bald zu Widersprüchen, den sog. *Antinomien der Mengenlehre*. Es gibt nämlich Eigenschaften (Prädikate) E der Art, daß man zu jeder beliebigen Menge M von Dingen mit der Eigenschaft E weitere Dinge mit der Eigenschaft E bilden kann, die in M noch nicht als Elemente enthalten sind, so daß man also die Klasse aller Dinge mit der Eigenschaft E nicht als eine Menge betrachten kann (genau so, wie z.B. für unendliche Klassen von Dingen gilt, daß jede beliebige endliche Menge von solchen Dingen nicht alle Dinge der Klasse umfaßt). Man kommt somit zu *Klassen, die keine Mengen sind* oder die wenigstens *nicht Elemente von Klassen oder Mengen* sein dürfen, z. B. die Klasse aller Ordnungszahlen (BURALI-FORTIsche Antinomie 1897), die Klasse aller Mengen[1] oder die Klasse aller Mächtigkeiten (CANTORsche Antinomie 1899), die Klasse aller Mengen, die sich nicht selbst als Element enthalten (RUSSELLsche Antinomie 1902), die Klasse aller zu einer gegebenen Menge äquivalenten (oder ähnlichen) Mengen, und die Klasse aller nicht „grundlosen" Mengen (Antinomie von SHEN YUTING 1953).

2. Über das mathematische Grundlagenproblem und die verschiedenen Standpunkte in der Mathematik. Die Entdeckung dieser Antinomien löste in der Mathematik eine *Grundlagenkrise* aus, so daß die klassische CANTORsche Theorie und somit die auf ihr fußende ganze übrige Mathematik zu wanken schien. Zum besseren Verständnis der Probleme der Theorie der transfiniten Zahlen wollen wir etwas näher auf die Natur des mathematischen Grundlagenproblems eingehen.

Schon lange vor der Entdeckung der Mengenlehre bestand in der Mathematik ein Grundlagenproblem, da sich der Standpunkt, der seit der Zeit der griechischen Philosophie in der Geometrie und Analysis eingenommen wurde und von dem aus die mathematische Evidenz in der Evidenz der sinnlichen (zwar idealisierten) Anschauung bestand, als unhaltbar erwies. Dieses *alte Grundlagenproblem* hat seine Lösung gefunden mit der Präzisierung der Analysis (CAUCHY, BOLZANO, DEDEKIND, CANTOR, WEIERSTRASS) und der Axiomatisierung der Geometrie (EUKLID, BOLYAI, LOBATSCHEWSKI, HILBERT); dabei wird die geometrisch-anschauliche Evidenz durch die logisch-kombinatorische Evidenz ersetzt, d.h., die Mathematik wird auf die *Logik* und die *Mengen-*

[1] Wenigstens in manchen Systemen; diese Klasse ist z. B. im FINSLERschen System [11] eine Menge.

lehre zurückgeführt. Dieser neue Inhalt wird dann als das mathematisch Evidente betrachtet. Die Frage nach der Wahrheit der geometrischen Axiome wird dabei aus der Mathematik ausgeklammert, und nur nach ihrer Widerspruchsfreiheit wird gefragt; diese wird dann durch die Bildung eines Modells im Rahmen der naiven Mengenlehre und Logik bewiesen.

Die *moderne Grundlagenkrise*, die um die Jahrhundertwende einsetzte und somit zeitlich parallel ging mit den allgemeinen Umwälzungen, die die meisten Gebiete des abendländischen Geisteslebens zu dieser Zeit erfuhren, ging tiefer als die alte. Sie zeigte nicht nur, daß eine neue Grundlegung der Mathematik notwendig war, indem der CANTORsche Mengenbegriff (der auch in der Analysis bedenkenlos verwendet wurde) eingeschränkt oder präzisiert werden mußte (durch Zurückführung der Evidenz des naiven Standpunktes auf eine dritte Evidenzstufe), sondern führte in der Philosophie der Mathematik auch zu völlig neuen Auffassungen über die mathematische Wirklichkeit überhaupt, die noch umstritten sind. Wir streifen nun kurz die wichtigsten Ansätze zur Lösung des Grundlagenproblems:

1. Die *logizistische Schule* (ausgehend von RUSSELL und WHITEHEAD ab 1908) sucht die Mathematik auf eine formalisierte Logik (*symbolische Logik* oder *Logistik*: BOOLE, PEIRCE, SCHRÖDER u. a.) zurückzuführen, wobei die Antinomien durch Verbot der sog. imprädikativen Definitionen vermieden werden *(Stufentheorie)*. Das Verhältnis zwischen Mathematik und Logik ist jedoch verquickt, indem die Logik in ihrer Formulierung bereits typisch mathematische Ideen voraussetzt. Zudem müssen in der Stufentheorie einige nicht weiter begründete (und deshalb hypothetisch bleibende) Annahmen vorausgesetzt werden (z. B. das Reduzibilitätsaxiom).

2. Die schärfste Reaktion gegen die CANTORsche Theorie bilden die *finiten Standpunkte* (KRONECKER, HILBERT 1904), die eine weitgehende (im extremen Fall sogar eine vollständige) Arithmetisierung der Mathematik fordern, in dem Sinne, daß alle Gegenstände durch endliche Prozesse wirklich gebildet werden müssen; somit muß jeder Existenzbeweis die Angabe einer im strengen Sinne effektiven Konstruktion enthalten, und deshalb muß man den Satz vom ausgeschlossenen Dritten fallen lassen, ferner auch die Existenz „aktual unendlicher" Mengen. Es gelingt zwar nicht, die Mathematik vollständig zu arithmetisieren, weil schon die gewöhnliche Zahlentheorie über das rein Konkrete hinausgeht. Deshalb wird bei weniger extremen finiten Standpunkten z. B. die Existenz der „potentiell unendlichen" (d. h. nie als Ganzes, sondern nur immer als Wachsendes gegebenen) Zahlenreihe angenommen und die vollständige Induktion verwendet.

3. Für den *Intuitionismus* (BROUWER ab 1907, WEYL 1918) gilt dasselbe wie für die finiten Standpunkte, wobei aber noch weitere Mittel zugelassen sind (die als „intuitiv" gegeben betrachtet werden). Die intuitionistische Mathematik ist viel komplizierter als die klassische [28]. GÖDEL hat 1932 gezeigt, daß im Gebiet der Zahlentheorie alle klassischen Überlegungen mittels einer neuen Interpretation in intuitionistische übersetzt werden können [23]; vom intuitionistischen Standpunkt aus ist dadurch die Widerspruchsfreiheit der Zahlentheorie bewiesen.

4. Die *axiomatische Methode* besteht darin, daß auch die (gewöhnliche) Logik und die Mengenlehre axiomatisiert werden, wobei die vorher mengentheoretisch-logisch evidenten Bildungen durch Axiome festgelegt werden (die zwar hypothetisch sind, solange sie nicht als widerspruchsfrei erwiesen sind). Für die Mengenlehre wurde ein Axiomensystem zuerst aufgestellt von ZERMELO [65] 1908; Verfeinerungen wurden später gegeben von FRAENKEL [14], SKOLEM [52, 54], V. NEUMANN [43, 44], BERNAYS [1]. Da wir die axiomatische Methode diesem Bericht zugrunde legen, lassen wir weiter unten eine nähere Betrachtung darüber folgen.

5. Im Gegensatz zu den anderen Standpunkten vertritt FINSLER [11] 1926 den Standpunkt, daß in der Grundlegung der Mathematik nichts Hypothetisches enthalten sein soll, so daß also z.B. schon die Existenz der unendlichen Zahlenreihe bewiesen werden muß, und daß dies auf Grund einer absoluten Evidenz möglich sei, während die Antinomien nur auf Fehlschlüssen beruhen.

3. Formalisierte axiomatische Mengenlehre. Bei der axiomatischen Methode treffen wir einen ähnlichen Sachverhalt wie früher in der Axiomatisierung der Geometrie: Die Frage nach der „Wahrheit“ der Axiome der Mengenlehre und Logik wird (als philosophische, d. h. problematisch bleibende Frage) nicht mehr gestellt, dafür tritt die Frage der *Widerspruchsfreiheit* dieser Axiome auf, die nun nicht mehr durch Modellbildung bewiesen werden kann. Dies führte zur Notwendigkeit, die Theorie selbst einer mathematischen Betrachtung zu unterwerfen: *Metamathematik* oder *Beweistheorie*, ausgehend von HILBERT 1922, weiter entwickelt von ACKERMANN, BERNAYS, V. NEUMANN, GÖDEL, CHURCH, TURING, KLEENE, ROSSER, COHEN [9, 28, 29, 30, 34]. Dazu muß die Theorie *formalisiert* und der Begriff des Beweises präzisiert werden (wobei also die Axiomensysteme als formale Systeme aufgestellt werden). Die metamathematische Betrachtung, die sich nur mit dem Formalismus befaßt, ohne sich um dessen Inhalt zu kümmern, soll dann in einem möglichst finiten oder intuitionistischen Rahmen verlaufen. Auf Grund eines Satzes von GÖDEL (1931) läuft dann die Widerspruchsfreiheit auf die Geltung eines zahlentheoretischen Satzes hinaus, von dem man aber zeigen kann, daß er innerhalb der formalen Theorie nicht beweisbar ist [22]. Die Widerspruchsfreiheit der Zahlentheorie läßt sich zwar beweisen, wenn man für die metamathematische Betrachtung aus der intuitionistischen Mathematik stärkere Mittel nimmt als die (zu engen) streng finiten. Auch bei der axiomatischen Methode bleibt somit ein hypothetisches Moment bestehen (dies ändert sich auch nicht, wenn man auch die Metatheorie einer mathematischen Betrachtung unterzieht usw.). Man kann überhaupt nicht a priori festsetzen, was als das mathematisch Evidente gelten soll, da sich dies erst im Laufe der Forschung herausstellt (ähnlich wie — auf einer anderen Ebene — in der Physik).

Diese Methode bringt Erscheinungen mit sich, die zum Teil zunächst wiederum paradox anmuten, aber in der Natur der Dinge liegen. Neben den Sätzen, die aus den Axiomen (die unter sich als widerspruchsfrei angenommen werden) ableitbar sind, und den Sätzen, deren Negation aus den Axiomen ableitbar sind, gibt es bezüglich des Axiomensystems *unentscheidbare* (oder von den Axiomen *unabhängige*) Sätze, d.h. solche, die man mit den Mitteln der Theorie weder beweisen noch widerlegen kann (FINSLER 1926, GÖDEL 1931). Die Sätze, deren Negation nicht aus den Axiomen ableitbar sind, nennt man *widerspruchsfrei* relativ zum Axiomensystem.

An Stelle der „Absolutheit" der CANTORschen Begriffe tritt eine *Relativierung der Mengenlehre*, indem die logischen Begriffe sowie die mengentheoretischen Begriffe, die sich ja auf die Existenz bestimmter Mengen gründen (z. B. Abbildung, Funktion, Äquivalenz, Ähnlichkeit, Wohlordnung, Mächtigkeit, endliche und unendliche Menge, abzählbare Menge usw.), relativ zum zugrunde gelegten System definiert sind. Diese Begriffe sind damit so allgemein (und damit nicht als effektiv konstruierbar gemeint) und anderseits aber auch so eingeschränkt, wie der Mengenbegriff überhaupt. Bei diesem Relativismus bleiben aber die mengentheoretischen Sätze invariant. Die Relativität der Begriffe macht es verständlich, daß sich für einen Formalismus (sehr allgemeiner Art), trotzdem in ihm die Theorie der höheren Mächtigkeiten darstellbar ist, ein Modell in einem „im absoluten Sinne" abzählbaren Bereich bilden läßt (Paradoxon von LÖWENHEIM-SKOLEM 1922).

Sodann zeigen die sog. *semantischen Paradoxien* (Paradoxon des EPIMENIDES 6. Jh. v. Chr., RICHARDsche Antinomie 1905), daß man gewisse, von einem externen Standpunkt aus klare Begriffe im Rahmen eines Formalismus nicht definieren kann, ohne sich in einen Widerspruch zu verwickeln. Schließlich sei noch ein Satz von SKOLEM (1933) erwähnt, nach dem die Zahlenreihe durch ein Axiomensystem mit höchstens abzählbar vielen Axiomen nicht vollständig charakterisiert werden kann [55].

Es zeigt sich, daß sich nicht die gesamte mathematische Wirklichkeit in ein formales System einordnen läßt, da das mathematische Denken immer wieder über sich hinausführt. Man kann aber jedes „nicht-kategorische" Axiomensystem (d.h. ohne Vollständigkeitsaxiom) durch neue Axiome erweitern, so daß man eine Ineinanderschachtelung von Systemen erhält (vgl. §42), d.h. man kann, um allen Bedürfnissen der Mengenlehre gerecht zu werden, immer wieder neue Bereiche von Dingen schaffen (im Gegensatz zur CANTORschen und FINSLERschen Theorie, wo der Bereich der mathematischen Objekte als fertig vorliegend betrachtet wird), wobei aber der CANTORsche Bereich nie ausgeschöpft werden kann (wenn dieses Problem überhaupt sinnvoll ist). — Wir legen diesem Bericht die axiomatische Methode mit einem nicht-kategorischen Axiomensystem mit den üblichen Axiomen der Mengenlehre, aber keinen

bestimmten Formalismus zugrunde, sondern formulieren alles in der Sprache der naiven Mengenlehre. Eine Übersetzung in eine bestimmte formale Sprache ist dann leicht möglich, wenn dies nötig ist.

§ 2. Die üblichen Axiome der Mengenlehre

1. Klassen von Mengen. In einer axiomatischen Theorie wird der Begriff der *Menge* (von Mengen) als Grundbegriff und die Beziehung $A \in B$ (die Menge A ist Element der Menge B) als Grundrelation eingeführt[1] und durch Axiome näher präzisiert. Zudem muß auch der Begriff der *Klasse* (von Mengen), der ja nicht völlig zusammenfällt mit dem der Menge (indem es Klassen gibt, die keiner Menge entsprechen), näher präzisiert werden, entweder als Individuenbereich von Prädikaten bestimmter Struktur (bei Zugrundelegung eines bestimmten Logikkalküls) oder durch besondere Axiome [1]. Da wir keinen bestimmten Formalismus zugrunde legen wollen, setzen wir auch keine bestimmte Präzisierung des Klassenbegriffs voraus, verwenden aber nur solche Prädikate, die sich in einfacher Weise formalisieren lassen. Als Elemente der Mengen und Klassen lassen wir vorderhand nur Mengen zu. Ist A Element einer Klasse B, so schreiben wir ebenfalls $A \in B$. Führt man die Mengen als besondere Dinge neben den Klassen ein, so sagt man, die Menge M entspreche der Klasse K, wenn M und K genau dieselben Elemente enthalten. Man kann aber auch den Begriff der Klasse als grundlegend betrachten und die Mengen als spezielle (durch die Mengenaxiome definierte) Klassen einführen, indem man die einer Klasse entsprechende Menge mit dieser Klasse identifiziert. Die Einführung eines Individuenbereichs neben den Mengen erübrigt sich.

Wir nehmen nun an, der Begriff der Klasse von Mengen sei eingeführt und verwenden folgende Definitionen:

1. Es gibt eine und nur eine Klasse, die kein Element enthält: die sog. *Nullklasse* (in Zeichen: 0). Eine Gleichung $A = 0$ bedeutet also, daß A die Nullklasse (oder *leer*) ist; $A \neq 0$ bedeutet, daß A *nicht-leer* ist, d. h. mindestens ein Element enthält.

2. Ist A eine Klasse und B eine Klasse mit der Eigenschaft $X \in B \to X \in A$, so heißt B eine *Teilklasse* von A (in Zeichen: $B \subset A$ oder $A \supset B$). Ist $B \subset A$, so bezeichnet man die Klasse der Elemente $X \in A$ mit X non $\in B$ mit $A - B$. Ist eine Teilklasse einer Klasse A eine Menge, so heißt sie eine *Teilmenge* von A. Unter den Teilklassen einer Klasse A befinden sich immer die Nullklasse und A selbst; A wird als *unechte*, die übrigen Teilklassen als *echte* Teilklassen von A bezeichnet.

---

[1] Ist A nicht Element von B, so schreiben wir A non $\in B$. Ist η eine beliebige Beziehung, so schreiben wir allgemein A nonη B für die Negation von $A\,\eta\,B$.

2. Das Zermelo-Fraenkelsche Axiomensystem für die Mengen. Die Axiome des ZERMELO-FRAENKELschen Systems [14], die wir (meist still-schweigend zwar) diesem Bericht zugrunde legen, lauten:

(I) Extensionalitätsaxiom[1] (auch für Klassen gültig): *Eine Menge ist durch ihre Elemente eindeutig bestimmt* (d. h., für zwei Mengen A und B gilt $A = B$ dann und nur dann, wenn $X \in A \leftrightarrow X \in B$ oder auch $A \subset B$ und $B \subset A$ gilt).

(II) Aussonderungsaxiom[2]: *Ist M eine Menge, so ist jede durch ein sinnvolles Prädikat*[3] *definierte Teilklasse von M eine Menge* (eine sog. *Teilmenge* von M).

Folgerung aus (I) und (II): Enthält das System überhaupt eine Menge $S \neq 0$, so folgt aus (II) die *Existenz einer Nullmenge* (als Teilklasse der Klasse der Elemente $X \in S$, die z. B. das Prädikat X non $\in S$ erfüllen), und diese ist nach (I) *eindeutig* (wie auch die in den Axiomen (III) bis (VI) postulierten Mengen).

(III) Axiom der Paarmenge: *Sind A und B Mengen, so existiert die Menge $\{A, B\}$, die A und B als einzige Elemente enthält.*

Folgerungen aus (III): Zu jeder Menge A existiert die Menge $\{A\}$, deren einziges Element A ist; denn $\{A\} = \{A, A\}$. Zu zwei Mengen A, B existiert das sog. *geordnete Paar* $(A, B) = \{\{A\}, \{A, B\}\}$; dabei heißt A das *erste Glied*, B das *zweite Glied* von (A, B). Es ist $(A, B) = (A', B')$ dann und nur dann, wenn $A = A'$ und $B = B'$. Das geordnete Paar (B, A) heißt das zu (A, B) *inverse* Paar. Ist K eine Klasse von geordneten Paaren, so nennt man die Klasse ihrer ersten Glieder den *Argumentbereich*, die Klasse ihrer zweiten Glieder den *Wertbereich* von K.

(IV) Axiom der Potenzmenge: *Für jede Menge A ist die Klasse ihrer Teilmengen eine Menge (die sog. Potenzmenge von A).*

Zur Formulierung der weiteren Axiome braucht man die Begriffe der Abbildung und der Funktion; durch die folgenden Definitionen werden die sonst etwas dunklen Begriffe der beliebigen Abbildung oder Funktion explizite durch Klassen bzw. Mengen definiert.

1. Unter einer *Abbildung* einer Klasse A auf eine Klasse B versteht man eine Klasse K von geordneten Paaren mit dem Argumentbereich A und dem Wertbereich B.

2. Eine Abbildung einer Klasse A auf eine Klasse B heißt eine *Funktion F*, wenn verschiedene Paare von F verschiedene erste Glieder haben, d. h., wenn sie jedem Element $a \in A$ genau ein Element $b \in B$ mit

---

[1] Von ZERMELO „Axiom der Bestimmtheit" genannt.

[2] Die Axiome (II) und (V) sind eigentlich „Axiomenschemata", die unendlich vielen Axiomen entsprechen.

[3] Von ZERMELO als „definite Eigenschaft" bezeichnet; präzisiert 1930 durch SKOLEM [54] u. a.

$(a, b) \in F$ zuordnet (das in der funktionalen Schreibweise mit $F(a)$, in der Indexschreibweise mit einem Symbol der Form M_a bezeichnet wird; im letzteren Fall schreibt man auch $F = \{M_a\}_{a \in A}$). — Eine Funktion, bei der Argument- oder Wertbereich die Nullmenge ist, ist also die Nullmenge.

3. Eine Funktion G heißt eine zur Funktion F *inverse Funktion*, wenn sie eine Teilklasse der Klasse der zu den Paaren von F inversen Paaren ist und deren Argumentbereich der Wertbereich von F ist.

4. Eine Funktion F mit Argumentbereich A und Wertbereich B heißt eine *eineindeutige Abbildung* von A auf B, wenn die Klasse der zu den Paaren von F inversen Paaren eine Funktion ist.[1]

5. Ist eine Funktion gegeben, die jedem Element x einer Klasse X eindeutig eine Menge M_x zuordnet, so heißt die Klasse aller Elemente a mit $a \in M_x$ für irgendein $x \in X$ die *Vereinigung* $\mathfrak{V}_{x \in X} M_x$ der Mengen M_x und die Klasse aller Elemente a mit $a \in M_x$ für alle $x \in X$ der *Durchschnitt* $\mathfrak{D}_{x \in X} M_x$ der Mengen M_x. Sind alle Funktionen F mit dem Argumentbereich X und mit $F(x) \in M_x$ für alle $x \in X$ Mengen, so nennt man die Klasse aller dieser Funktionen F die *Produktklasse* $\mathfrak{P}_{x \in X} M_x$ der Mengen M_x.

Nun wollen wir die übrigen Axiome formulieren (dabei habe M_x dieselbe Bedeutung wie oben):

(V) Ersetzungsaxiom[2]: *Ist der Argumentbereich einer Funktion eine Menge, so ist auch ihr Wertbereich eine Menge, d.h., ist X eine Menge, so ist die Klasse aller Mengen M_x mit $x \in X$ auch eine Menge.*

(VI) Vereinigungsaxiom (Summenaxiom): *Ist X eine Menge, so ist auch $\mathfrak{V}_{x \in X} M_x$ eine Menge.*

Folgerungen: 1. Aus (V) folgt (II): Es sei N eine durch ein Prädikat definierte Teilklasse von M. Enthält N kein Element, so ist $N = 0$. Ist $N \neq 0$, so gibt es ein Element $B \in N$. Setzen wir $F(A) = A$ für $A \in N$, $F(A) = B$ für $A \in M - N$, so haben wir eine Funktion mit dem Argumentbereich M und dem Wertbereich N.[3]

2. Ist X eine Menge, so ist auch $\mathfrak{D}_{x \in X} M_x$ eine Menge (denn der Durchschnitt ist eine Teilmenge der Vereinigung).

3. Sind A und B Mengen, so ist die Klasse aller geordneten Paare (a, b) mit $a \in A$ und $b \in B$ eine Menge (die wir mit $[A, B]$ bezeichnen). —

[1] Die (immer existierende und eindeutig bestimmte) inverse Funktion zu einer eineindeutigen Abbildung F wird oft mit F^{-1} bezeichnet.

[2] Von Fraenkel [14] 1922 zum Zermeloschen System [65] von 1908 hinzugefügt, vgl. auch [66].

[3] Axiom (II) könnte also weggelassen werden; man behält es aber bei, weil man den wichtigsten Teil der Mengenlehre bereits aus den Axiomen (I) bis (IV), (VI) und (VII) erhält.

Beweis: Für festes $a \in A$ bilden die Paare (a, b) mit $b \in B$ eine Menge P_a (denn diese bilden den Wertbereich der Funktion F mit $F(b) = (a, b)$ für $b \in B$). Setzt man $G(a) = P_a$ für $a \in A$, so ist G eine Funktion, also ist nach (VI) $\mathfrak{B}_{a \in A} P_a$ eine Menge, und zwar $= [A, B]$.

4. Ist X eine Menge, so sind alle Funktionen F mit dem Argumentbereich X und mit $F(x) \in M_x$ für alle $x \in X$ Mengen, also existiert die Produktklasse $\mathfrak{P}_{x \in X} M_x$; diese ist sogar eine Menge (die sog. *Produktmenge* der Mengen M_x), denn sie ist eine Teilmenge der Potenzmenge der Menge $[X, \mathfrak{B}_{x \in X} M_x]$.

5. Sind A und B *zwei Mengen*, so ist die Klasse, die (A, A) und (B, B) als einzige Elemente enthält, eine Funktion, deren Argument- und Wertbereich die Menge $\{A, B\}$ ist. Somit existiert die Vereinigung von A und B (die wir mit $A + B$ bezeichnen), und somit auch ihr Durchschnitt (den wir mit AB bezeichnen), ebenso ihr Produkt (das wir mit $A \times B$ bezeichnen). Wie bei den Mengen kann auch die Vereinigung und der Durchschnitt zweier Klassen definiert werden. Sind A und B zwei Klassen mit $AB = 0$, so heißen A und B zueinander *disjunkt.*[1]

6. Ist A eine Menge, so existiert die Menge $A^* = A + \{A\}$.

Bemerkungen: 1. Ist $M_x = 0$ für ein bestimmtes $x \in X$, so ist $\mathfrak{P}_{x \in X} M_x = 0$. Die Umkehrung, d. h. die Behauptung, daß die Produktmenge auch nur dann die Nullmenge ist, wenn ein Faktor die Nullmenge ist, ist jedoch nur mittels des Auswahlaxioms beweisbar (vgl. weiter unten).

2. Ist $M_x = M$ für alle $x \in X$, so schreibt man $\mathfrak{P}_{x \in X} M_x = M^X$; diese Menge ist also die Menge der Funktionen mit dem Argumentbereich X und dem Wertbereich M.

(VII) Unendlichkeitsaxiom: *Es gibt eine Menge U mit den Eigenschaften:*

$$0 \in U,$$

$$A \in U \to A^* \in U.$$

Außer dem Auswahlaxiom, dem wir wegen seiner Wichtigkeit (und auch Umstrittenheit) eine besondere Betrachtung einräumen, und dem Fundierungsaxiom, das eine Sonderstellung einnimmt und das wir nur gelegentlich benutzen werden, sind damit die Axiome des ZERMELO-FRAENKELschen Systems aufgezählt.

[1] Daraus, daß die Vereinigung zweier Mengen wieder eine Menge ist, und aus der Existenz der Menge $\{A\}$ zu jeder Menge A kann das Axiom (III) abgeleitet werden (denn $\{A, B\} = \{A\} + \{B\}$). Dieses könnte also durch jene Sätze ersetzt werden.

3. Das Auswahlaxiom. Während wir die Axiome (I) bis (VII) immer voraussetzen, geben wir dem *Auswahlaxiom* eine Sonderstellung, indem wir seine Anwendung immer besonders hervorheben werden. Die ZERMELOsche Formulierung dieses Axioms (1904) lautet:

($\mathfrak{A}$) *Zu jeder Menge S, deren Elemente nicht-leere und paarweise disjunkte Mengen M sind, existiert eine Menge A (sog. Auswahlmenge), die von jedem $M \in S$ genau ein Element $m \in M$ enthält* [63].

Die Fassung des Auswahlaxioms von RUSSELL 1907 und ZERMELO 1908 lautet:

($\mathfrak{A}_1$) *Ist X eine beliebige Menge und ist jedem Element $x \in X$ eindeutig eine nicht-leere Menge M_x zugeordnet, so gibt es eine Funktion F (sog. Auswahlfunktion), die jedem $x \in X$ eindeutig ein Element $F(x) \in M_x$ zuordnet* [48, 64].

In der Fassung ($\mathfrak{A}$) müssen die Mengen $M \in S$ paarweise disjunkt vorausgesetzt werden, weil sonst nicht immer eine Auswahlmenge existiert, wie das Beispiel $S = \{\{a\}, \{b\}, \{a, b\}\}$ zeigt. ($\mathfrak{A}_1$) bedeutet mit andern Worten, daß die Produktmenge $\mathfrak{P}_{x \in X} M_x$ dann und nur dann die Nullmenge ist, wenn ein Faktor M_x die Nullmenge ist; das Auswahlaxiom wird deshalb im englischen Sprachgebiet meist „*Multiplicative Axiom*" genannt. Wir sehen, daß ($\mathfrak{A}$) und ($\mathfrak{A}_1$) auf Grund der Axiome (I) bis (VII) einander äquivalent sind:

($\mathfrak{A}$) $\rightarrow$ ($\mathfrak{A}_1$): Ist X eine Menge und ist jedem Element $x \in X$ eine Menge M_x zugeordnet, so sei $M_x' = [\{x\}, M_x]$ die Menge der geordneten Paare (x, a) mit $a \in M_x$. Die Mengen M_x' sind paarweise disjunkt; somit existiert nach ($\mathfrak{A}$) eine Auswahlmenge von Paaren (x, a_x) mit $a_x \in M_x$; diese ist eine Auswahlfunktion der Mengen M_x.

($\mathfrak{A}_1$) $\rightarrow$ ($\mathfrak{A}$): Ist S eine Menge von nicht-leeren, paarweise disjunkten Mengen, so existiert nach ($\mathfrak{A}_1$) eine Funktion, die jedem $M \in S$ ein Element $m \in M$ zuordnet; ihr Wertbereich ist nach (V) eine Auswahlmenge von S.[1]

Eine etwas allgemeinere Fassung des Auswahlaxioms lautet: *Zu jeder Klasse S, deren Elemente nicht-leere und paarweise disjunkte Mengen M sind, existiert eine Klasse A, die von jedem $M \in S$ genau ein Element $m \in M$ enthält;* oder: *Ist X eine beliebige Klasse, und ist jedem Element $x \in X$ eindeutig eine nicht-leere Menge M_x zugeordnet, so gibt es eine Funktion F, die jedem $x \in X$ ein Element $F(x) \in M_x$ zuordnet.* — Ist S eine Menge, so folgt, daß auch A eine Menge ist.

---

[1] Im System von FINSLER [11] gilt ($\mathfrak{A}$) nicht immer, ferner gilt nur ($\mathfrak{A}$) $\rightarrow$ ($\mathfrak{A}_1$), nicht aber ($\mathfrak{A}_1$) $\rightarrow$ ($\mathfrak{A}$): Ist S die Klasse aller Mengen $\{\xi\}$, wobei ξ alle Ordnungszahlen durchläuft, so ist S im FINSLERschen System eine Menge, für die aber keine Auswahlmenge existiert.

Noch allgemeiner sind die BERNAYSschen Formulierungen des Auswahlaxioms (1941) [1]:

(𝔅) *Jede Klasse P von geordneten Paaren enthält eine Teilklasse, die eine Funktion ist, die denselben Argumentbereich wie P hat.*

($\mathfrak{B}_1$) *Zu jeder Funktion existiert eine inverse Funktion.*

Diese beiden Formulierungen sind einander äquivalent:

(𝔅) → ($\mathfrak{B}_1$): Um die Existenz einer inversen Funktion zu einer gegebenen Funktion F zu beweisen, hat man (𝔅) auf die Klasse der zu den Paaren von F inversen Paaren anzuwenden.

($\mathfrak{B}_1$) → (𝔅): P sei eine Klasse von geordneten Paaren, C sei die Klasse der Paare $((a, b), a)$ mit $(a, b) \in P$; C ist also eine Funktion. Nach ($\mathfrak{B}_1$) existiert eine zu C inverse Funktion; ihr Wertbereich ist eine Funktion, die Teilklasse von P ist und denselben Argumentbereich wie P hat.

Die BERNAYSschen Formulierungen sind etwas allgemeiner als (𝔄); aus (𝔅) folgt nämlich (𝔄), aber im allgemeinen nicht umgekehrt (𝔅) aus (𝔄).

Bemerkungen: Kann man eine Auswahlmenge bzw. Auswahlfunktion durch Anwendung der übrigen Axiome (I) bis (VII) eindeutig bilden, so sagen wir, wir können eine solche „effektiv" bilden (nicht in einem strengen, finiten, sondern im weiteren Sinne gemeint). In der Formulierung des Auswahlaxioms ist nicht verlangt, daß man eine Auswahlmenge effektiv bilden könne (dies ist in vielen Fällen nach dem heutigen Stand der Mathematik gar nicht möglich, vgl. § 37); es kommt vielmehr gerade dann zur Anwendung, wenn man eine Auswahlmenge nicht effektiv zur Verfügung hat. Vom naiven Standpunkt aus ist (𝔄), wie alle Axiome der Mengenlehre, ein „notwendiges Denkgesetz"; von einem höhern Standpunkt aus ist die Existenz einer Auswahlmenge nicht mehr so evident, wenn S bzw. X eine unendliche[1] Menge ist und wir keine Auswahlmenge effektiv zur Verfügung haben, denn die Existenz einer unendlichen Folge von willkürlichen Wahlakten ist doch sehr problematisch (dies hat zum erstenmal PEANO 1890 bemerkt). GÖDEL hat bewiesen [25], daß (𝔄) relativ zu den übrigen Axiomen (I) bis (VII) widerspruchsfrei ist, sofern diese übrigen Axiome unter sich selbst widerspruchsfrei sind (was noch nicht bewiesen ist); dagegen gelang der Beweis der Unabhängigkeit von (𝔄) relativ zu den übrigen Axiomen der Mengenlehre zunächst nur im Fall ganz bestimmter Systeme [41]. Die Unabhängigkeit von (𝔄) von den Axiomen (I) bis (VII) wurde erst in neuester Zeit (1963) von COHEN bewiesen [9]. Dazu konstruierte er ein Modell der Mengenlehre, für das die Axiome (I) bis (VII) gelten, in dem aber eine Menge existiert, die keine Auswahlmenge hat (siehe darüber auch § 35). Die Anwendungen von (𝔄) sind in der ganzen Mathematik sehr zahlreich, insbesondere in der Theorie der Kardinalzahlen (die erst durch (𝔄) ermöglicht wird), der Punktmengen, der reellen Funktionen usw. Wir werden uns auf die Anwendungen in der Theorie der Kardinalzahlen beschränken.

[1] Diese Begriffe werden später erklärt.

Ist S bzw. X eine endliche[1] Menge, so ist die Existenz einer Auswahlmenge aus den übrigen Axiomen beweisbar. Auch im Fall, daß man alle Mengen $M \in S$ wohlordnen[1] kann, und wenn wir zudem eine Auswahlfunktion effektiv zur Verfügung haben, die jeder Menge $M \in S$ eine bestimmte Wohlordnung von M zuordnet, folgt die Existenz einer Auswahlmenge ohne zusätzliches Axiom (denn die Menge der ersten[1] Elemente der Mengen $M \in S$ ist eine solche). Weiß man aber nur, daß man die Mengen $M \in S$ wohlordnen kann, so kann man ohne Auswahlaxiom im allgemeinen nicht auf die Existenz einer Auswahlmenge schließen. Dies gilt auch im Fall, daß S wohlgeordnet ist, ja sogar im extremen Fall, daß S eine abzählbare[1] Menge von Paaren ist (im Fall des „engsten" Auswahlaxioms).[2] Wir heben den Gebrauch von $(\mathfrak{A})$ nur dann hervor, wenn alle Mengen $M \in S$ mindestens zwei Elemente haben und S eine unendliche[1] Menge ist. Das Auswahlaxiom für abzählbare[1] Mengen S heißt das *„eingeschränkte Auswahlaxiom"*.

Weiteres über $(\mathfrak{A})$ siehe §§ 31, 35 und 42.

4. Weitere umstrittene Hypothesen und das Fundierungsaxiom. Die Axiome (I) bis (VII) und $(\mathfrak{A})$ gestatten sehr weitgehende Mengenbildungen und scheinen unter sich widerspruchsfrei zu sein. Es fragt sich, ob man das System der Mengen einschränken soll durch Zufügen eines Vollständigkeitsaxioms, das das System auf das minimale System beschränkt, das mit den erwähnten Axiomen konsistent ist. Das ist aber nicht praktisch, denn es gibt weitere wichtige umstrittene Hypothesen der Mengenlehre: die *Alephhypothese* (§ 35) und die Hypothese der Existenz *unerreichbarer Zahlen* (§ 42), von denen die erste von den Axiomen des ZERMELO-FRAENKELschen Systems sicher, die zweite wahrscheinlich unabhängig ist. Da einerseits das Zufügen dieser Hypothesen als weitere Axiome wichtige Folgerungen in verschiedenen Gebieten der Mathematik hat und anderseits die zweite Hypothese den Mengenbereich wieder weiter ausdehnen würde, ist ein Vollständigkeitsaxiom der oben erwähnten Art nicht erwünscht.

Aber eine gewisse Beschränkung muß man doch vornehmen, und zwar geschieht dies durch das *Fundierungsaxiom* (auch *„Regularitätsaxiom"* oder engl. *„Restrictive Axiom"* genannt), das 1925 von v. NEUMANN dem ZERMELO-FRAENKELschen Axiomensystem beigefügt wurde[3]. Zu seiner Formulierung braucht man die folgende Definition: Eine nicht-leere Menge M heißt *fundiert*, wenn sie ein Element A enthält, so daß A und M disjunkt sind (d. h. $AM = 0$). Nun lautet das Axiom so:

Fundierungsaxiom: *Jede nicht-leere Menge ist fundiert.*

---

[1] Diese Begriffe werden später erklärt.

[2] Vgl. die berühmte Anekdote von RUSSELL [50], ferner [17].

[3] Diese Idee geht auf MIRIMANOFF zurück [40].

Durch dieses Axiom werden die sog. „*grundlosen Mengen*" ausgeschlossen, d. h. Mengen M, zu denen eine Folge $A_1, A_2, A_3, \ldots$ von Mengen existiert mit $A_1 \in M$, $A_2 \in A_1$, $A_3 \in A_2, \ldots$ (speziell eine Menge M mit $M \in M$ oder Mengen A, B mit $A \in B$ und $B \in A$). Denn das Fundierungsaxiom ist *äquivalent* mit der *Nichtexistenz grundloser Mengen*. Beweis: a) Gilt das Fundierungsaxiom, so gibt es keine grundlose Menge; denn wäre M eine solche und M' die Menge aller Mengen A_i, die dann nach der obigen Definition existieren würden, so hätte jedes Element von M' mit M ein Element gemeinsam (z. B. wäre $A_{i+1} \in A_i$ und $A_{i+1} \in M'$), d. h., M' wäre nicht fundiert, Widerspruch. b) Gibt es keine grundlose Menge, so ist jede nicht-leere Menge fundiert; denn wäre $M \neq 0$ nicht fundiert, so gäbe es zu jedem Element $A_1 \in M$ ein Element A_2 mit $A_2 \in M$ und $A_2 \in A_1$, also auch ein Element A_3 mit $A_3 \in M$ und $A_3 \in A_2$, usw., d. h., M wäre grundlos, Widerspruch. — Die Existenz grundloser Mengen steht mit den übrigen Axiomen nicht im Widerspruch, läßt sich aber auch nicht aus ihnen beweisen. Dagegen ist die Klasse aller Mengen, die nicht grundlos sind, keine Menge [49].

§ 3. Einführung der transfiniten Zahlen

1. Äquivalenz beliebiger Klassen.

Def. 1. Sind A und B zwei Klassen, so heißt A mit B *äquivalent* (in Zeichen: $A \sim B$), wenn eine eineindeutige Abbildung von A auf B existiert.

Die Relation der Äquivalenz ist

1. reflexiv: $A \sim A$,
2. symmetrisch: $A \sim B \rightarrow B \sim A$,
3. transitiv: $A \sim B, B \sim C \rightarrow A \sim C$.

2. Ähnlichkeit geordneter Klassen. Die Elemente einer Klasse oder Menge sind meistens in einer gewissen Anordnung gegeben. Nach der Ausdrucksweise der naiven Mengenlehre kann eine Klasse K *geordnet* werden, wenn „durch irgendeine Vorschrift" eine Beziehung $\prec$ hergestellt werden kann, so daß für zwei beliebige verschiedene Elemente a und b von K immer festgelegt ist, ob $a \prec b$ oder $b \prec a$ ist, wobei folgende Bedingungen erfüllt sein sollen: Die Beziehung $\prec$ sei

1. antisymmetrisch: $a \prec b \rightarrow b$ non $\prec a$,
2. transitiv: $a \prec b, b \prec c \rightarrow a \prec c$,
3. antireflexiv: nie $a \prec a$.

Statt $a \prec b$ schreibt man auch $b \succ a$. Die Beziehung $a \prec b$ wird gelesen: a ist „vor" b, oder: b ist „nach" a; ist $a \prec b \prec c$, so sagt man, b sei „zwischen" a und c. a heißt das „erste" Element von K, wenn in K kein Element „vor" a existiert, b heißt das „letzte Element" von K, wenn in K kein Element „nach" b existiert. Diese Beziehungen sind natürlich nicht speziell räumlich oder zeitlich aufzufassen.

In einer axiomatischen Mengenlehre kann der Begriff der Ordnung explizite durch folgende Definition eingeführt werden [2]:

Def. 2. Eine Klasse K kann *geordnet* werden, wenn eine Klasse P von geordneten Paaren (a, b) mit $a \in K$, $b \in K$ existiert, mit den Eigenschaften:

1. $a \in K,\ b \in K,\ a \neq b \rightarrow$ entweder $(a, b) \in P$ oder $(b, a) \in P$, aber nicht beides zugleich,
2. $(a, b) \in P,\ (b, c) \in P \rightarrow (a, c) \in P$,
3. $a \in K \rightarrow (a, a)$ non $\in P$.

Setzt man $a \prec b$, wenn $(a, b) \in P$, so erfüllt die Beziehung $\prec$ die Bedingungen der Ordnungsbeziehung.

Bemerkung: Eine geordnete Klasse heißt oft auch *einfach* geordnet (im Gegensatz zu den *zyklisch* und zu den *mehrfach* geordneten Klassen) oder *vollständig* geordnet (im Gegensatz zu den *teilweise* geordneten Klassen).

Def. 3. Eine Teilklasse A einer geordneten Klasse K heißt ein *Anfangsstück* von K, wenn $a \in A,\ b \prec a \rightarrow b \in A$.

Def. 4. Eine Abbildung F einer geordneten Klasse A auf eine geordnete Klasse B heißt *ordnungstreu*, wenn $a \in A,\ b \in A,\ a \prec b \rightarrow F(a) \prec F(b)$.

Def. 5. Eine Abbildung einer geordneten Klasse auf eine andere geordnete Klasse heißt *ähnlich*, wenn sie eineindeutig und ordnungstreu ist.

Def. 6. Sind A und B zwei geordnete Klassen, so heißt A mit B *ähnlich* (in Zeichen: $A \cong B$), wenn eine ähnliche Abbildung von A auf B existiert. — Zwei ähnliche Klassen sind auch äquivalent.

Die Beziehung der Ähnlichkeit ist

1. reflexiv: $A \cong A$,
2. symmetrisch: $A \cong B \rightarrow B \cong A$,
3. transitiv: $A \cong B,\ B \cong C \rightarrow A \cong C$.

3. Wohlordnung und transfinite Induktion.

Def. 7. Eine Klasse K kann *wohlgeordnet* werden, wenn sie so geordnet werden kann, daß jede nicht-leere Teilklasse ein erstes Element hat.

Jede Teilklasse einer wohlgeordneten Klasse ist wohlgeordnet. Kann A wohlgeordnet werden und ist $A \sim B$, so kann auch B wohlgeordnet werden.

Def. 8. Ist K eine wohlgeordnete Klasse und $a \in K$, so heißt die Klasse der Elemente $x \in K$ mit $x \prec a$ der zu a gehörige *Abschnitt* K_a von K; $K - K_a$ heißt der zu a gehörige *Rest* von K. Analog ist der zu einem Argument a einer Funktion F mit wohlgeordnetem Argumentbereich gehörige Abschnitt F_a und Rest von F definiert. — Ist A ein

Anfangsstück einer wohlgeordneten Klasse K, so ist entweder $A = K$ oder A ein Abschnitt K_a von K.[1]

Ist K eine wohlgeordnete Klasse, so gilt das Prinzip der transfiniten Induktion: *Ist A eine Klasse mit der Eigenschaft $a \in K, K_a \subset A \rightarrow a \in A$, so ist $K \subset A$.* — Beweis: Gäbe es ein Element $a \in K$ mit a non $\in A$, so gäbe es ein erstes Element a_0 mit dieser Eigenschaft. Dann wäre $K_{a_0} \subset A$, also nach Voraussetzung $a_0 \in A$, Widerspruch.

Das Prinzip der transfiniten Induktion wird angewendet, wenn eine Aussage für alle Elemente einer wohlgeordneten Klasse bewiesen werden muß.

Ist K eine wohlgeordnete Klasse, so gilt das Theorem der transfiniten Rekursion: *Ist N eine Klasse und f eine Funktion, die jeder Funktion g_a, deren Argumentbereich der zu einem Element $a \in K$ gehörige Abschnitt K_a von K ist und deren Wertbereich Teilklasse von N ist, ein Element $f(g_a) \in N$ zuordnet, so gibt es genau eine Funktion G mit Argumentbereich K, mit der Eigenschaft: $G(a) = f(G_a)$ für $a \in K$, wobei G_a der zum Argument a gehörige Abschnitt von G ist.*

Beweis: Eindeutigkeit von G: Annahme, es gäbe eine zweite solche Funktion $G' \neq G$. Also gäbe es ein Element $a \in K$ mit $G'(a) \neq G(a)$; a_0 sei das erste Element mit dieser Eigenschaft. Dann ist $G'(x) = G(x)$ für alle $x \precneqq a_0$, also $G'_{a_0} = G_{a_0}$, also $G'(a_0) = f(G'_{a_0}) = f(G_{a_0}) = G(a_0)$, Widerspruch. — Existenz von G: Für jedes Element $a \in K$ sei G_a die Funktion, deren Argumentbereich der zu a gehörige Abschnitt K_a von K ist, und bei der $G_a(x) = f(G_{ax})$ für alle $x \precneqq a$, wobei G_{ax} der zum Argument $x \in K$ gehörige Abschnitt von G_a ist. Nach dem ersten Teil des Beweises ist G_a eindeutig. C sei die Klasse der Elemente a, für die G_a existiert. Es sei nun $a \in K$, so daß $b \in C$ für alle $b \precneqq a$. Wir zeigen, daß dann auch $a \in C$: Wir definieren G_a als die Klasse der Paare $(x, f(G_x))$ mit $x \precneqq a$. Damit hat G_a die verlangten Eigenschaften; denn ist $b \precneqq a$, so ist $G_b(y) = f(G_{by})$ für $y \precneqq b$; da auch $G_y = G_{by}$, ist $G_a(y) = f(G_y) = f(G_{by}) = G_b(y)$ für $y \precneqq b$, also $G_b = G_{ab}$, also $G_a(b) = f(G_b) = f(G_{ab})$. Somit ist $a \in C$. Daraus folgt nach dem Prinzip der transfiniten Induktion $K = C$. Somit existiert die Funktion G als Vereinigung der G_a mit $a \in K$.

Die transfinite Rekursion erlaubt also die Definition einer Funktion (mit wohlgeordnetem Argumentbereich) durch transfinite Induktion. Transfinite Induktion und Rekursion sind sehr wichtige Hilfsmittel, die in der Theorie der transfiniten Zahlen sehr häufig verwendet werden.

4. Über die Ähnlichkeit wohlgeordneter Klassen. Die beiden folgenden Sätze sind grundlegend für die Theorie der Ordnungszahlen:

Satz 1. *Bei jeder ähnlichen Abbildung F einer wohlgeordneten Klasse A auf eine Teilklasse von A ist stets $F(a) \succeq a$ für $a \in A$.*

---

[1] Ist a das erste Element von K, so wird $K_a = 0$.

Beweis: Gäbe es Elemente a mit $F(a) \prec a$, so gäbe es unter diesen ein erstes; dieses sei a_0. Also ist $F(a_0) \prec a_0$, aber $F(x) \succeq x$ für $x \prec a_0$. Wegen der Ordnungstreue von F wird $F(F(a_0)) \prec F(a_0)$, Widerspruch.

Folgerungen: 1. *Zwei ähnliche wohlgeordnete Klassen können auf nur eine Weise ähnlich aufeinander abgebildet werden.* — Beweis: Es seien A und B zwei wohlgeordnete Klassen und F und G zwei ähnliche Abbildungen von A auf B. Setzen wir $f(a) = G^{-1}(F(a))$, so bildet f die Klasse A auf eine Teilklasse von A ab. Nach Satz 1 ist also $f(a) \succeq a$; daraus folgt $G(f(a)) = F(a) \succeq G(a)$. Analog zeigt man, daß $F(a) \preceq G(a)$; also ist $F(a) = G(a)$ für jedes $a \in A$.

2. *Eine wohlgeordnete Klasse ist keinem ihrer Abschnitte ähnlich.* — Beweis: Es sei K eine wohlgeordnete Klasse, K_a der zu $a \in K$ gehörige Abschnitt von K. Gäbe es eine ähnliche Abbildung F von K auf K_a, so wäre $F(a) \in K_a$, also $F(a) \prec a$, was nach Satz 1 unmöglich ist.

3. *Die Klasse der Abschnitte*[1] *K_a einer wohlgeordneten Klasse K ist eine mit K ähnliche wohlgeordnete Klasse, wenn man als Ordnungsbeziehung $K_a \prec K_b$ für $a \prec b$ festsetzt.* — Beweis: Man kann K auf die Klasse der Abschnitte K_a eineindeutig abbilden durch die Zuordnung $a \longleftrightarrow K_a$.

Satz 2 (Hauptsatz): *Zwei wohlgeordnete Klassen sind entweder einander ähnlich, oder die eine ist einem Abschnitt der andern ähnlich.*

Beweis: Es seien A und B zwei nicht-leere wohlgeordnete Klassen derart, daß A keinem Abschnitt von B und B keinem Abschnitt von A ähnlich ist. Wir zeigen, daß daraus $A \cong B$ folgt: Wir definieren durch transfinite Rekursion eine Funktion F mit dem Argumentbereich A und dem Wertbereich B: Ist $a \in A$, so sei $F(a)$ das erste Element von B, das nicht im Wertbereich von F_a liegt (wobei F_a der zu a gehörige Abschnitt von F ist). Diese Abbildung F ist ähnlich und für die ganze Klasse A definiert (denn sonst wäre B einem Abschnitt von A ähnlich). Auch der Wertbereich von F ist die ganze Klasse B (denn sonst wäre A einem Abschnitt von B ähnlich). Somit ist $A \cong B$.

Folgerung: *Jede Teilklasse B einer wohlgeordneten Klasse A ist entweder mit A oder mit einem Abschnitt von A ähnlich.* — Beweis: B ist wohlgeordnet, also nach Satz 2 entweder mit A ähnlich, oder mit einem Abschnitt von A ähnlich, oder dann ist A mit einem Abschnitt von B ähnlich. Das letztere ist wegen Satz 1 unmöglich.

5. Einführung der transfiniten Zahlen. Die nachfolgenden Bemerkungen sollen die Rolle der *transfiniten Zahlen* (Ordnungszahlen und Mächtigkeiten) innerhalb der Mengenlehre erklären. Die abstrakte Mengenlehre zerfällt in zwei Hauptzweige: In der *ordinalen Theorie* wird von der Natur der Elemente einer Menge, aber nicht von ihrer gegenseitigen Anordnung abstrahiert, so daß von einer Menge nur noch die

---

[1] Von denen wir hier annehmen, daß sie Mengen sind.

Eigenschaften betrachtet werden (wobei wir annehmen, daß solche existieren), die sie mit allen mit ihr ähnlichen Mengen gemeinsam hat. In der ***kardinalen Theorie*** wird auch von der Anordnung der Elemente abstrahiert, so daß also von einer Menge nur die Eigenschaften betrachtet werden, die sie mit allen mit ihr äquivalenten Mengen gemeinsam hat. Da eine konkrete Menge meist in einer gewissen Anordnung gegeben ist, ist der kardinale Standpunkt übrigens etwas unnatürlich und führt deshalb auch zu der scheinbar paradoxen Aussage, daß eine (unendliche) Menge einer ihrer echten Teilmengen äquivalent sein kann, so daß der Satz „das Ganze ist größer als der Teil" für unendliche Mengen in einem gewissen Sinne nicht mehr gilt (z. B. scheint es vom anschaulichen Standpunkt aus besonders paradox, daß die Menge der Punkte einer noch so kleinen Strecke äquivalent ist mit der Menge der Punkte des ganzen Euklidischen Raumes).

In der ordinalen Theorie führt die Abstraktion von der Natur der Elemente einer Menge und die Betrachtung ihrer gegenseitigen Anordnung zum Begriff des *Ordnungstypus*, in der kardinalen Theorie führt die Abstraktion von der Natur und der Anordnung der Elemente auf den Begriff der *Mächtigkeit*. Für wohlgeordnete Mengen geht der Begriff des Ordnungstypus speziell in denjenigen der *Ordnungszahl*, der Begriff der Mächtigkeit in denjenigen der *Kardinalzahl* über. Wir beschäftigen uns hier nur mit den letzteren drei dieser vier Begriffe, während wir die Theorie der Ordnungstypen nicht berücksichtigen. Die Begriffe des Ordnungstypus und der Mächtigkeit sind zwar in der Mengenlehre entbehrlich, denn man kann alle Sätze über Ordnungstypen und Mächtigkeiten durch Sätze über Ähnlichkeit bzw. Äquivalenz von Mengen ersetzen; die Einführung des Ordnungstypus und der Mächtigkeit bringt aber eine große Vereinfachung der ordinalen bzw. kardinalen Theorie mit sich.

In der naiven Mengenlehre werden diese Begriffe *genetisch* eingeführt, indem man den Ordnungstypus $\overline{M}$ einer geordneten Menge M als die Klasse aller mit M ähnlichen Mengen, die Mächtigkeit $\overline{\overline{M}}$ einer beliebigen Menge M als die Klasse aller mit M äquivalenten Mengen definiert. Diese Klassen sind aber keine Mengen (vgl. Fußnote 1 auf S. 113). Da man sehr oft Klassen von Ordnungszahlen und von Kardinalzahlen betrachtet, der Einfachheit halber aber meist Klassen von Klassen vermeidet, ist es zweckmäßiger, diese Begriffe nicht genetisch, sondern *axiomatisch* einzuführen. Dies kann dadurch geschehen, daß man besondere Axiomensysteme für die Ordnungstypen und für die Mächtigkeiten (als neue, von den Mengen und Klassen unabhängige Dinge) einführt, die ihre fundamentalen Eigenschaften als Axiome enthalten, und die ihre Arithmetik unabhängig von den gewöhnlichen Axiomen der Mengenlehre begründen. Wir wollen jedoch nicht diesen Weg gehen, sondern bereits das ZERMELO-

FRAENKELsche System voraussetzen und innerhalb dieses Systems operieren, wobei wir die Existenz der Ordnungstypen und Mächtigkeiten als neue Dinge neben den Mengen und Klassen durch Axiome fordern, die sich auf die Mengen dieses Systems stützen:

Axiom der Ordnungstypen: *Zu jeder geordneten Menge M existiert ein eindeutig bestimmtes Ding $\bar{M}$ (der Ordnungstypus von M), so daß $\bar{M} = \bar{N}$ dann und nur dann, wenn $M \cong N$.*

Axiom der Mächtigkeiten: *Zu jeder Menge M existiert ein eindeutig bestimmtes Ding $\bar{\bar{M}}$ (die Mächtigkeit von M), so daß $\bar{\bar{M}} = \bar{\bar{N}}$ gleichbedeutend ist mit $M \sim N$.*

Dabei postulieren wir, daß diese neuen Dinge Elemente von Mengen und Klassen sein können, und daß diese Mengen und Klassen von Ordnungstypen und Mächtigkeiten denselben Axiomen unterworfen sind wie die Mengen und Klassen von Mengen (§ 2).

Def. 9. Den Ordnungstypus einer wohlgeordneten Menge nennen wir eine *Ordnungszahl*, die Mächtigkeit einer wohlgeordneten Menge eine *Kardinalzahl*.

Fordert man nur die Existenz der Ordnungszahlen und der Kardinalzahlen, so hat man zwei schwächere Axiome als die beiden obigen, nämlich das Axiom der Ordnungszahlen: *Zu jeder wohlgeordneten Menge M existiert ein eindeutig bestimmtes Ding $\bar{M}$, so daß $\bar{M} = \bar{N} \leftrightarrow M \cong N$*, und das Axiom der Kardinalzahlen: *Zu jeder wohlgeordneten Menge M existiert ein eindeutig bestimmtes Ding $\bar{\bar{M}}$, so daß $\bar{\bar{M}} = \bar{\bar{N}} \leftrightarrow M \sim N$.*

Über die Erfüllbarkeit dieser Axiome im Rahmen des ZERMELO-FRAENKELschen Systems wird der Leser später unterrichtet (§§ 4, 27).

6. Die endlichen Mengen und die natürlichen Zahlen. Eine natürliche Definition für die *endlichen Mengen*[1] ergibt sich so: Es sei U' der Durchschnitt aller Mengen U mit der Eigenschaft

$$0 \in U,$$
$$A \in U \to A^* \in U.$$

Eine Menge heißt *endlich*, wenn sie einem Element von U' äquivalent ist. Eine *endliche Mächtigkeit* (oder „induktive Mächtigkeit" nach WHITEHEAD-RUSSELL [25]) ist die Mächtigkeit einer endlichen Menge. Der Begriff der „endlichen Mächtigkeit" fällt also mit dem Begriff der „*natürlichen Zahl*" zusammen; der Begriff „Mächtigkeit einer Menge" ist eine Verallgemeinerung des Begriffs der „Anzahl der Elemente einer Menge", der ja nur auf endliche Mengen angewendet werden kann. Eine

[1] Für den Begriff der *endlichen Menge* sind viele andere Definitionen gegeben worden [22], z.B. die Def. von ZERMELO: „Eine Menge ist endlich, wenn sie geordnet werden kann, so daß jede nicht-leere Teilmenge ein erstes und ein letztes Element hat", oder die Def. von TARSKI: „Die Menge M ist endlich, wenn jede Menge S von Teilmengen $X \subset M$ ein Element B enthält, von dem keine echte Teilmenge Element von S ist."

Menge (Mächtigkeit), die nicht endlich ist, heißt *unendlich* (z. B. die Menge U' und ihre Mächtigkeit).

Aus dieser Definition der natürlichen Zahlen

$$0 = \overline{\overline{0}},\ 1 = \overline{\overline{\{0\}}},\ 2 = \overline{\overline{\{0, \{0\}\}}},\ 3 = \overline{\overline{\{0, \{0\}, \{0, \{0\}\}\}}}, \ldots$$

als endliche Mächtigkeiten lassen sich leicht die berühmten PEANOschen Axiome beweisen, darunter das „Prinzip der finiten Induktion" (das gewöhnliche Induktionsprinzip): Ist N eine Menge von natürlichen Zahlen mit den Eigenschaften $0 \in N$ und $a \in N \rightarrow (a+1) \in N$, so enthält N alle natürlichen Zahlen (dabei bedeutet $a+1$ die durch $a = \overline{\overline{A}} \rightarrow (a+1) = \overline{\overline{A^*}}$ definierte *Nachfolgerzahl* von a). Aus diesem letzteren folgt, daß die Menge U' (und damit auch die Menge der natürlichen Zahlen) wohlgeordnet ist.

Fundamentalsatz der finiten Arithmetik: *Eine endliche Menge ist nie einer ihrer echten Teilmengen äquivalent.*

Beweis (vgl. auch [23]): Es sei M eine endliche Menge, also gibt es eine natürliche Zahl n mit $\overline{\overline{M}} = n$. Wir beweisen mit Hilfe des Induktionsprinzips, daß M nicht einer echten Teilmenge von M äquivalent sein kann: Diese Behauptung gilt offensichtlich für $n = 0$. Gilt sie für n, so gilt sie für $n+1$; denn wäre M mit $\overline{\overline{M}} = n+1$ einer echten Teilmenge $M' \subset M$ äquivalent, so gäbe es ein Element $a \in M$ mit a non $\in M'$, das vermöge der Äquivalenz $M \sim M'$ einem Element $a' \in M'$ zugeordnet wäre; somit wäre $M - \{a\} \sim M' - \{a'\}$, wobei $M' - \{a'\}$ eine echte Teilmenge von $M - \{a\}$ mit $\overline{\overline{M - \{a\}}} = n$ wäre, im Widerspruch zur Voraussetzung.

Dieser Satz ist die einfachste Formulierung des sog. „Schubfachprinzips"; als Folgerung ergibt sich, daß die natürlichen Zahlen wirklich lauter verschiedene Mächtigkeiten sind.

Während wir über die Eigenschaften der Mächtigkeiten und Kardinalzahlen und insbesondere über die unendlichen Mächtigkeiten erst ab § 24 berichten, wenden wir uns nun zuerst der ordinalen Theorie zu (§§ 4 bis 23). Die ab § 24 zuerst rein kardinale Theorie wird ab § 27 in Verbindung mit der ordinalen Theorie dargestellt; eine innige Verbindung der beiden Theorien wird erst durch das Auswahlaxiom hergestellt (ab § 31).

II. Ordnungszahlen und transfinite Funktionen

§ 4. Die Ordnungszahlen

1. Die fundamentalen Eigenschaften der Ordnungszahlen. Wir leiten nun auf Grund der Theorie der Wohlordnung und des Axioms der Ordnungszahlen Folgerungen ab:

1. Sind α und β zwei Ordnungszahlen, so gibt es zwei wohlgeordnete Mengen A und B mit $\overline{A} = \alpha$ und $\overline{B} = \beta$. Man setzt nun

$$\alpha < \beta \ (\alpha \text{ „}\textit{kleiner}\text{" } \textit{als } \beta) \quad \text{oder} \quad \beta > \alpha \ (\beta \text{ „}\textit{größer}\text{" } \textit{als } \alpha),$$

wenn A einem Abschnitt von B ähnlich ist. Diese Definition ist unabhängig von der Wahl der speziellen Mengen A und B. Aus Satz 1 und Satz 2 von § 3 folgt, daß die *Klasse aller Ordnungszahlen*, die wir von nun ab immer mit W bezeichnen wollen, *durch die Relation* $<$ *geordnet ist*, woraus wiederum folgt, daß für die Ordnungszahlen das *Gesetz der Trichotomie* gilt (d. h., daß für beliebige Ordnungszahlen α, β immer mindestens eine der drei Relationen $\alpha \lesseqgtr \beta$ gilt), und daß nur eine dieser drei Relationen gilt.

2. Ist α eine Ordnungszahl, so bezeichnen wir die Klasse aller Ordnungszahlen $< \alpha$ mit $W(\alpha)$. Nun folgt, daß für jede Ordnungszahl α $W(\alpha)$ eine wohlgeordnete Menge ist, und daß α der Ordnungstypus von $W(\alpha)$ ist $(\overline{W(\alpha)} = \alpha)$. — Beweis: Ist $\alpha = \overline{A}$, so sind die Ordnungszahlen $< \alpha$ gerade die Ordnungstypen der Abschnitte von A, und da diese eine mit A ähnliche Klasse bilden, ist $W(\alpha) \cong A$, also ist $W(\alpha)$ eine Menge (nach dem Ersetzungsaxiom).

Ist eine wohlgeordnete Menge A vorgelegt und ist $\alpha = \overline{A}$, so existiert genau eine ähnliche Abbildung zwischen A und $W(\alpha)$, so daß also die Elemente von A „numeriert" werden, indem jeder Ordnungszahl $\xi < \alpha$ eineindeutig ein Element $a_\xi \in A$ zugeordnet wird.

Ferner folgt, daß es in jeder nicht-leeren Klasse K von Ordnungszahlen eine kleinste Ordnungszahl gibt (die wir mit $\min K$ bezeichnen): Es sei nämlich $\alpha \in K$ und α nicht die kleinste Ordnungszahl von K (K enthalte mehr als ein Element). Nun ist die Teilklasse der Ordnungszahlen von $W(\alpha)$, die in K sind, nicht-leer und hat, da die Klasse $W(\alpha)$ durch die Relation $<$ wohlgeordnet ist, als Teilklasse einer wohlgeordneten Klasse ein erstes Element. Dieses ist $\min K$. — Die kleinere von zwei Ordnungszahlen α, β wird mit $\min(\alpha, \beta)$, die größere mit $\max(\alpha, \beta)$ bezeichnet; existiert in K eine größte Ordnungszahl, so wird sie mit $\max K$ bezeichnet.

Aus diesen Ausführungen folgt, *daß jede Klasse von Ordnungszahlen durch die Beziehung $<$ wohlgeordnet ist.* Somit gilt: Geht man von einer gegebenen Ordnungszahl α zu einer kleineren, von dieser wieder zu einer kleineren usw., so gelangt man nach endlich vielen Schritten zur kleinsten Ordnungszahl überhaupt, nämlich zum Ordnungstypus $\overline{0}$ der Nullmenge 0, der (wie ihre Mächtigkeit) auch mit 0 bezeichnet wird (so daß also z. B. $W(0) = 0$ gilt).

3. *Ist X eine beliebige Menge und ist jedem Element $x \in X$ eindeutig eine Ordnungszahl α_x zugeordnet, so gibt es eine eindeutig bestimmte nächst-*

größere Ordnungszahl, die wir mit $\sup\limits_{x \in X} \alpha_x$ bezeichnen (die sog. *obere Grenze* der Menge der Ordnungszahlen α_x).[1] — Beweis: Zu jedem $x \in X$ existiert die Menge M_x der Ordnungszahlen $\leqq \alpha_x$ (denn M_x ist eine Menge, weil eine Menge A_x mit $\alpha_x = \overline{A_x}$ existiert und $A_x^* \cong M_x$ ist). Nach dem Vereinigungsaxiom ist dann $\underset{x \in X}{\mathfrak{V}} M_x$ eine Menge. Als Menge von Ordnungszahlen ist sie wohlgeordnet; zu ihr gehört also eine Ordnungszahl μ. μ ist größer als alle α_x; denn wäre $\mu \leqq \alpha_x$ für ein $x \in X$, so wäre $\mu \in M_x$, also $\mu \in \underset{x \in X}{\mathfrak{V}} M_x$, somit wäre der zu μ gehörige Abschnitt von $\underset{x \in X}{\mathfrak{V}} M_x$ ähnlich mit $\underset{x \in X}{\mathfrak{V}} M_x$, was unmöglich ist. μ ist die nächstgrößere Ordnungszahl: Ist $\xi < \mu$, so ist $\xi \in \underset{x \in X}{\mathfrak{V}} M_x$, also gibt es ein $x \in X$ mit $\xi \in M_x$, also $\xi \leqq \alpha_x$, also ist ξ nicht größer als alle α_x.

4. Wir führen folgende Bezeichnungen ein:

Ordnungszahlen von erster und zweiter Art: Zu jeder Ordnungszahl α existiert die nächstgrößere Ordnungszahl, die sog. *Nachfolgerzahl* von α. Man bezeichnet sie mit $\alpha + 1$. Diese ist der Ordnungstypus der Menge aller Ordnungszahlen $\leqq \alpha$ oder der Menge A^* (wenn $\overline{A} = \alpha$). — Eine Ordnungszahl heiße *von erster Art*, wenn sie Nachfolgerzahl ist (d. h., wenn sie einen unmittelbaren Vorgänger hat, oder wenn $W(\alpha)$ ein Maximum hat). Eine Ordnungszahl α ohne unmittelbaren Vorgänger (d. h. für die $W(\alpha)$ kein Maximum hat) heiße *von zweiter Art*.

Limeszahlen und isolierte Ordnungszahlen: Eine Ordnungszahl, die obere Grenze einer nicht-leeren Menge von Ordnungszahlen ohne Maximum ist, heißt eine *Limeszahl*. Eine Ordnungszahl, die nicht Limeszahl ist, nennen wir *isoliert*.

Somit besteht die Klasse der Ordnungszahlen zweiter Art aus der Null und den Limeszahlen, die Klasse der isolierten Ordnungszahlen aus der Null und den Ordnungszahlen erster Art. Bei den Ordnungszahlen > 0 sind Ordnungszahlen zweiter Art und Limeszahlen identisch, ebenso Ordnungszahlen erster Art und isolierte Ordnungszahlen.

Ist α eine Ordnungszahl und $\overline{A} = \alpha$, so nennen wir die Ordnungszahlen, die die Ordnungstypen der Abschnitte von A sind, die *Abschnitte von* α, und diejenigen, die die Ordnungstypen der Reste von A sind, die *Reste von* α.

5. *Die Klasse W aller Ordnungszahlen ist keine Menge,* denn sonst würde die Burali-Fortische Antinomie folgen (denn dann hatte W als Ordnungstypus eine Ordnungszahl, die $>$ als alle Ordnungszahlen von W wäre, Widerspruch). Wie ausgedehnt die Klasse W ist, kann aus den

[1] Ist $\alpha_x = x$, so setzen wir $\sup\limits_{x \in X} \alpha_x = \sup\limits_{x \in X} x = \sup X$. Für $X = 0$ wird $\sup\limits_{x \in X} \alpha_x = 0$.

Axiomen des ZERMELO-FRAENKELschen Systems allein nicht abgeleitet werden, denn diese Frage hängt vom Begriff der Menge ab, welcher unbestimmt bleibt, da wir kein Vollständigkeitsaxiom voraussetzen (vgl. § 42).

2. Endliche und transfinite Ordnungszahlen. Alle endlichen Mengen können wohlgeordnet werden[1] (weil die Elemente von U' wohlgeordnete Mengen sind); ihre Ordnungstypen heißen *endliche (oder finite) Ordnungszahlen*. Der Ordnungstypus der wohlgeordneten Menge U' wird mit ω bezeichnet. Bei genauerer Betrachtung der Konstruktion der Elemente von U' sieht man, daß jedes Element von U' gleich einem Abschnitt von U' ist und umgekehrt. Somit sind die endlichen Ordnungszahlen die Ordnungszahlen $<\omega$. Die nicht endlichen Ordnungszahlen, d. h. diejenigen, die $\geqq\omega$ sind, heißen *transfinite* Ordnungszahlen. ω ist die kleinste transfinite Ordnungszahl. Eine Ordnungszahl ist somit endlich, wenn sie und alle ihre Vorgänger isoliert sind.

Endliche Mengen mit verschiedenen Mächtigkeiten haben als Ordnungstypen verschiedene Ordnungszahlen (denn: $\bar{M} = \bar{N} \to \bar{\bar{M}} = \bar{\bar{N}}$). Ferner kann eine endliche Menge M nur in einem bestimmten Ordnungstypus wohlgeordnet werden (denn könnte M in zwei verschiedenen Ordnungstypen α und β wohlgeordnet werden, wobei $\alpha < \beta$ wäre, so wäre M äquivalent einer echten Teilmenge von M, also könnte M nicht endlich sein). Somit entspricht jeder natürlichen Zahl genau eine endliche Ordnungszahl und umgekehrt. Deshalb bezeichnet man die endlichen Ordnungszahlen ebenfalls mit den Zeichen für die natürlichen Zahlen:

$$0 = \overline{0},\ 1 = \overline{\{0\}},\ 2 = \overline{\{0, \{0\}\}},\ 3 = \overline{\{0, \{0\}, \{0, \{0\}\}\}},\ \ldots$$

Die endlichen Mächtigkeiten und die endlichen Ordnungszahlen brauchen gar nicht unterschieden zu werden; erst im Bereich des Unendlichen weichen die beiden Betrachtungsweisen wesentlich voneinander ab. Erst die Existenz transfiniter Ordnungszahlen (diejenige von ω wird gewährleistet durch das Unendlichkeitsaxiom, diejenige höherer Limeszahlen durch das Ersetzungsaxiom, usw.) erhebt die Theorie aus dem Rahmen der gewöhnlichen Theorie der natürlichen Zahlen, wobei sie eine gewaltige Bereicherung erfährt.

Die Mengen, die in U' als Elemente enthalten sind, lassen sich so gewinnen: Es sei $M_0 = 0$ (Nullmenge); ist α eine endliche Ordnungszahl, so sei M_α die Menge der Mengen M_ξ mit $\xi < \alpha$. Diese Beschränkung auf endliche Ordnungszahlen kann fallengelassen werden; α kann eine beliebige Ordnungszahl sein. Die Mengen M_α bilden dann ein Re-

---

[1] Für alle unendlichen Mengen folgt dies nur aus dem Auswahlaxiom (vgl. § 31)!

präsentantensystem U'' für die Ähnlichkeitsklassen aller wohlgeordneten Mengen, wobei $U' \subset U''$; man bekommt sie sukzessive, indem man von der Nullmenge ausgeht und dann hinter jede *Folge von Mengen*, die man auf diese Weise erhält, eine neue Menge (nämlich die Menge aller Mengen dieser Folge) setzt:

$$M_0 = 0,\ M_1 = \{M_0\},\ M_2 = \{M_0, M_1\},\ M_3 = \{M_0, M_1, M_2\}, \ldots,$$
$$M_\omega = \{M_0, M_1, M_2, \ldots\}.$$

Indem wir schon die formale Darstellung von Ordnungszahlen durch arithmetische Operationen vorwegnehmen, erhalten wir sodann

$$M_{\omega+1} = \{M_0, M_1, M_2, \ldots, M_\omega\},$$
$$M_{\omega+2} = \{M_0, M_1, M_2, \ldots, M_\omega, M_{\omega+1}\}, \ldots,$$
$$M_{\omega\cdot 2} = \{M_0, M_1, M_2, \ldots, M_\omega, M_{\omega+1}, M_{\omega+2}, \ldots\},$$
$$M_{\omega\cdot 2+1} = \{M_0, M_1, M_2, \ldots, M_\omega, M_{\omega+1}, M_{\omega+2}, \ldots, M_{\omega\cdot 2}\}, \ldots,$$
$$M_{\omega\cdot 3} = \{M_0, M_1, M_2, \ldots, M_\omega, M_{\omega+1}, M_{\omega+2}, \ldots,$$
$$M_{\omega\cdot 2}, M_{\omega\cdot 2+1}, M_{\omega\cdot 2+2}, \ldots\}, \ldots,$$
$$M_{\omega^2} = \{M_0, M_1, \ldots, M_\omega, M_{\omega+1}, \ldots, M_{\omega\cdot 2}, M_{\omega\cdot 2+1}, \ldots, \ldots, \ldots\}.$$

Für diese Mengen gilt ferner: Ist α eine beliebige Ordnungszahl, so ist $M_{\alpha+1} = M_\alpha^*$; ist λ eine Limeszahl, so ist $M_\lambda = \underset{\xi<\lambda}{\mathfrak{V}} M_\xi$. Die Klasse U'' aller Mengen M_ξ ist auch gleich $\underset{\xi\in W}{\mathfrak{V}} M_\xi$.

Bemerkung: Eine andere Folge U''' von Mengen könnte man bilden, indem man auch von der Nullmenge ausgeht und dann hinter jede *Menge*, die man auf diese Weise erhält, eine neue Menge (nämlich die Menge, die die vorhergehende als einziges Element enthält) setzt:

$$M_0 = 0,\ M_1 = \{M_0\},\ M_2' = \{M_1\},\ M_3' = \{M_2'\}, \ldots$$

Beide Definitionen (diejenige der Klasse U'' und der Klasse U''') sind von zirkelhafter Natur (d. h., die zu definierende Klasse wird in der Definition verwendet), aber nur das erste Verfahren führt in der naiven Mengenlehre auf eine Antinomie, denn es führt auf die Klasse aller Ordnungszahlen, während das zweite Verfahren nur die Klasse der natürlichen Zahlen liefert, die man als Menge betrachten kann, ohne eine Antinomie hervorzubringen. Nur mittels des ersten Verfahrens kann das Tor zum Transfiniten geöffnet werden (nämlich mit der Bildung von M_ω).

3. Die Zermeloschen Ordnungszahlen. Die oben definierten Mengen M_α können selbst als Ordnungszahlen genommen werden, weil sie das Axiom der Ordnungszahlen erfüllen. Wir wollen sie die Zermeloschen Ordnungszahlen nennen. Man kann nun aber zeigen, daß diese speziellen Ordnungszahlen ohne Voraussetzung des Begriffs des Ordnungstypus, ja sogar unabhängig vom Begriff der Wohlordnung (und ohne Verwendung des Auswahlaxioms) definierbar sind [1, 4, 7, 11, 15]. Wir brauchen dazu noch den

Begriff der „transitiven Menge": Eine Menge M heißt *transitiv*, wenn $A \in B, B \in M \rightarrow A \in M$ (damit ist äquivalent: $A \in M \rightarrow A \subset M$). Es gibt mehrere einander äquivalente Definitionen der ZERMELOschen Ordnungszahlen (die sich bei Annahme des Fundierungsaxioms noch vereinfachen):

(1) Definition von ZERMELO (1915)[1]: *Eine Menge M ist eine Ordnungszahl, wenn gilt:*

a) $M = 0$ *oder* $0 \in M$.

b) *Für jedes Element* $A \in M$ *gilt entweder* $A^* = M$ *oder* $A^* \in M$.

c) *Für jede Teilmenge* $N \subset M$ *gilt entweder* $\mathfrak{D}_{A \in N} A = M$ *oder* $\mathfrak{D}_{A \in N} A \in M$.

(2) Definition von v. NEUMANN (1923): *Eine Menge M ist eine Ordnungszahl, wenn M so wohlgeordnet werden kann, daß jedes Element von M gleich seinem zugehörigen Abschnitt von M ist.*

(3) Definition von GÖDEL (1937): *Eine Menge M ist eine Ordnungszahl, wenn gilt:*

a) *M ist transitiv.*

b) *Jede nicht-leere Teilmenge von M ist fundiert.*

c) *Jedes Element von M ist transitiv.*

(4) Definition von ROBINSON (1937): *Eine Menge M ist eine Ordnungszahl, wenn gilt:*

a), b) *wie bei Def.* (3).

c) *Sind A und B zwei verschiedene Elemente von M, so ist entweder $A \in B$ oder $B \in A$.*

(5) Definition von BERNAYS (1941): *Eine Menge M ist eine Ordnungszahl, wenn gilt:*

a) *M ist transitiv.*

b) *Jede transitive echte Teilmenge von M ist Element von M.*

Der Beweis der Äquivalenz dieser Definitionen erfolgt schrittweise:

1. Zunächst sieht man, daß der Durchschnitt einer beliebigen Klasse von Mengen, die Ordnungszahlen nach Def. (4) sind, wiederum eine Ordnungszahl nach Def. (4) ist. — Ist M eine Ordnungszahl nach Def. (4), so gilt M non $\in M$ (d.h., M ist nicht *„reflexiv"*); denn sonst wäre die Teilmenge $\{M\} \subset M$ nicht fundiert.

2. Ist M eine Ordnungszahl nach Def. (4), so ist M die Menge der transitiven echten Teilmengen von M.

Beweis: Ist $C \in M$, so ist (weil M transitiv ist) $C \subset M$; C ist echte Teilmenge von M, denn sonst wäre $C = M$, also $M \in M$, Widerspruch. C ist transitiv, denn aus $A \in B$, $B \in C$ folgt zunächst $B \in M$, also $B \subset M$, also $A \in M$, also $A \subset M$; und wäre $A = C$ oder $C \in A$, so wäre $\{A, B\}$ bzw. $\{A, B, C\}$ nicht fundiert, also ist $A \in C$. — Ist anderseits C eine transitive echte Teilmenge von M, so gibt es ein Element $A \in M - C$, so daß $A(M - C) = 0$; ist $B \in C$, so ist also weder $A = B$ noch $A \in B$, weil C transitiv ist; da entweder $A \in B$, $B \in A$ oder $A = B$ sein muß, folgt somit $B \in A$; also gilt $C \subset A$. Wegen $A \subset M$ und $A(M - C) = 0$ gilt aber auch $A \subset C$, also $A = C$, also $C \in M$.

3. Daraus folgt unmittelbar: Ist M eine Ordnungszahl nach Def. (4), so ist jedes Element $A \in M$ eine Ordnungszahl nach Def. (4). M ist somit die Menge aller Ordnungszahlen $A \in M$.

4. Sind A und B Ordnungszahlen nach Def. (4), so gilt: $A \in B \longleftrightarrow A$ ist echte Teilmenge von B.

[1] Nicht veröffentlicht (vgl. [1]).

Beweis: Ist $A \in B$, so ist (weil B transitiv ist) $A \subset B$, ferner $A \neq B$, denn sonst wäre $A \in A$, Widerspruch. Ist $A \subset B$ und $A \neq B$, so ist nach 2. $A \in B$.

5. Jede Klasse K von Mengen, die Ordnungszahlen nach Def. (4) sind, ist durch die $\in$-Beziehung wohlgeordnet.

Beweis: Sind A und B zwei verschiedene Elemente von K und ist $D = AB$, so ist nach 1. D auch eine Ordnungszahl nach Def. (4). Wäre D echter Teil von A und von B, so wäre nach 4. $D \in A$ und $D \in B$, also $D \in D$, Widerspruch. Also ist entweder $D = A$ oder $D = B$, d. h. entweder B echter Teil von A (also $B \in A$), oder umgekehrt. Ist $S \subset K$, so hat S ein erstes Element: $E = \underset{A \in S}{\mathfrak{D}} A$ ist eine Ordnungszahl nach Def. (4), wobei $E \subset A$ für alle $A \in S$; wäre $E \neq A$ für alle $A \in S$, so wäre $E \in A$ für alle $A \in S$, also $E \in E$, Widerspruch. Also ist $E \in S$; E ist das erste Element von S, denn ist $C \in K$ und $C \in E$, so ist nach 4. C echter Teil von E, also C non $\in S$. — Daraus folgt, daß jede Ordnungszahl nach Def. (4) eine wohlgeordnete Menge ist.

6. Jede transitive Menge M von Ordnungszahlen nach Def. (4) ist selbst eine Ordnungszahl nach Def. (4).

Beweis: Sind A und B zwei verschiedene Elemente von M, so ist nach 5. entweder $A \in B$ oder $B \in A$. Ist $S \subset M$ und $S \neq 0$, so hat S ein erstes Element E; ist $C \in E$, so ist C non $\in S$; also ist S fundiert. — Daraus folgt, daß die Vereinigung einer beliebigen Menge von Ordnungszahlen nach Def. (4) wieder eine Ordnungszahl nach Def. (4) ist; denn ist A eine solche Ordnungszahl für alle $A \in M$, und setzen wir $M' = \underset{A \in M}{\mathfrak{V}} A$, so folgt aus $X \in M'$ sogleich $X \in A$ für ein $A \in M$, also $X \subset A$ nach 2., also $X \subset M'$, also ist M' transitiv, also nach 6. eine Ordnungszahl nach Def. (4).

7. Jede Menge M_α ist eine Ordnungszahl nach Def. (4) und umgekehrt: Die Klasse der Mengen M_α und die Klasse der Ordnungszahlen nach Def. (4) sind beide wohlgeordnet, also nach Satz 2 von § 3 entweder einander ähnlich, oder dann ist die eine einem Abschnitt der anderen ähnlich; der 2. Fall ist ausgeschlossen, weil beide Klassen keine Mengen sind. Die bei dieser Ähnlichkeit einander zugeordneten Elemente sind einander gleich: denn dies gilt für die ersten Elemente; und gilt es für alle Elemente vor einem bestimmten M_α, dem die Menge M zugeordnet sei, so ist M und M_α die Menge aller vorhergehenden Elemente, also $M_\alpha = M$. — Ist N eine beliebige wohlgeordnete Menge, so ist N einem Abschnitt der Klasse aller Zermeloschen Ordnungszahlen ähnlich, also selbst einer Zermeloschen Ordnungszahl ähnlich; die Zermeloschen Ordnungszahlen erfüllen also das Axiom der Ordnungszahlen.

8. Def. (3) und Def. (4) sind einander äquivalent.

Beweis: M sei eine Ordnungszahl nach Def. (3), S sei die Menge der Elemente von M, die keine Ordnungszahlen nach Def. (4) sind. Wäre $S \neq 0$, so wäre S fundiert, also gäbe es ein Element $B \in S$ mit $BS = 0$. Ist $C \in B$, so folgt wegen $B \subset M$ und $BS = 0$, daß $C \in M - S$; daraus folgt, daß C eine Ordnungszahl nach Def. (4) ist. Somit ist nach 6. auch B eine Ordnungszahl nach Def. (4), Widerspruch. Also ist $S = 0$. Also sind alle Elemente von M Ordnungszahlen nach Def. (4), also ist nach 6. auch M eine solche Ordnungszahl. — Ist M eine Ordnungszahl nach Def. (4), so folgt aus 2., daß jedes Element von M transitiv ist, also ist M eine Ordnungszahl nach Def. (3).

9. Def. (4) und Def. (5) sind einander äquivalent.

Beweis: Ist M eine Ordnungszahl nach Def. (4), so ist nach 2. M eine Ordnungszahl nach Def. (5). — M sei eine Ordnungszahl nach Def. (5), S sei die Menge der Elemente von M, die Ordnungszahlen nach Def. (4) sind. Ist $A \in B$ und $B \in S$, so ist nach 3. A eine Ordnungszahl nach Def. (4), also $A \in S$. Somit ist S transitiv. Nach 6. ist also S eine Ordnungszahl nach Def. (4). Wäre $S \neq M$, so wäre S eine transitive echte Teilmenge von M, also $S \in M$, also $S \in S$, Widerspruch. Also ist $S = M$, also ist M eine Ordnungszahl nach Def. (4).

10. Def. (1) und Def. (5) sind einander äquivalent.

Beweis: $M \neq 0$ sei eine Ordnungszahl nach Def. (1), A sei die kleinste Ordnungszahl nach Def. (5), für die $A \subset M$ und A non $\in M$ gilt. Dann ist wegen $A \subset M$ also entweder $A = M$ oder $A \in M$. Weil das letztere ausgeschlossen ist, ist $A = M$, also M eine Ordnungszahl nach Def. (5). — M sei eine Ordnungszahl nach Def. (5). Ist $M \neq 0$, so ist $0 \in M$, weil 0 eine transitive echte Teilmenge von M ist. Da jedes Element von M eine Ordnungszahl nach Def. (5) ist, ist mit $A \in M$ auch A^*, und mit $N \subset M$ auch $\mathfrak{V}_{A \in N} A$ eine Ordnungszahl nach Def. (5); somit sind die Bedingungen von Def. (1) erfüllt.

11. Def. (2) und Def. (5) sind einander äquivalent.

Beweis: M sei eine Ordnungszahl nach Def. (2). Ist $B \in M$ und $A \in B$, so ist B ein Abschnitt von M, also $A \in M$; also ist M transitiv. Ist S eine transitive echte Teilmenge von M, und ist zudem $B \in S$ und $A \precsim B$ in der Wohlordnung von M, so ist $A \in B$ (weil B gleich dem zu B gehörigen Abschnitt von M ist), also $A \in S$; S ist also auch ein Abschnitt von M, und sein definierendes Element muß S sein, also ist $S \in M$. M ist also eine Ordnungszahl nach Def. (5). — Ist M eine Ordnungszahl nach Def. (5), so folgt nach den obigen Sätzen unmittelbar, daß für M die Bedingungen von Def. (2) erfüllt sind. —

Wir verlangen im folgenden nicht, daß die Ordnungszahlen diese speziellen Zermeloschen Ordnungszahlen sein sollen, sondern nur, daß sie das Axiom der Ordnungszahlen erfüllen (wir unterscheiden also zwischen einer Ordnungszahl α und der Menge $W(\alpha)$, welche bei den speziellen Ordnungszahlen ja zusammenfallen).

4. Die v. Neumannsche Funktion. Wir bilden folgende Mengen:

$$N_0 = 0,$$

$$N_{\alpha+1} = \text{Potenzmenge von } N_\alpha \text{ (für beliebige Ordnungszahlen } \alpha),$$

$$N_\lambda = \mathfrak{V}_{\alpha < \lambda} N_\alpha \text{ (für Limeszahlen } \lambda).$$

Nach dem Prinzip der transfiniten Rekursion wird dadurch jeder Ordnungszahl ξ eine Menge N_ξ zugeordnet. Die somit definierte Funktion heißt die „v. Neumannsche Funktion" [13]. Wir bilden $\Pi = \mathfrak{V}_{\xi \in W} N_\xi$. Diese Klasse von Mengen hat folgende Eigenschaften:

a) Ist $M \in \Pi$, so gibt es eine Ordnungszahl ξ mit $M \in N_\xi$. Die kleinste Ordnungszahl mit dieser Eigenschaft (die wegen der Wohlordnung von W stets existiert), heißt der *Rang von M* und wird mit $\varrho(M)$ bezeichnet; $\varrho(M)$ ist stets von 1. Art (denn aus $M \in N_\lambda$ für eine Limeszahl λ folgt $M \in N_\alpha$ für ein $\alpha < \lambda$). Ist $\alpha + 1$ der Rang von M, so ist also $M \in N_{\alpha+1}$, also $M \subset N_\alpha$.

b) Π enthält als Elemente also genau alle Teilmengen der Mengen N_ξ; aus $M \in \Pi$ und $A \in M$ folgt also $A \in \Pi$ (Π enthält mit jeder Menge auch ihre Elemente); ferner enthält Π mit jeder Menge auch alle ihre Teilmengen.

c) Ist $A \in B$ und $B \in \Pi$, so ist $\varrho(A) < \varrho(B)$: Ist $\varrho(B) = \beta + 1$, so ist $B \subset N_\beta$; wegen $A \in B$ ist also $A \in N_\beta$, also $\varrho(A) \leqq \beta < \varrho(B)$.

d) Jede Menge N_ξ ist *transitiv*: Für $\xi = 0$ ist dies trivial. Gilt die Behauptung für N_α, d. h. gilt $M \in N_\alpha \to M \subset N_\alpha$, so gilt, wenn $M' \in N_{\alpha+1}$ gilt, $M' \subset N_\alpha$, also nach der Voraussetzung $A \in M' \to A \subset N_\alpha$, also $A \in N_{\alpha+1}$, also $M' \subset N_{\alpha+1}$, d. h., die Behauptung gilt für $N_{\alpha+1}$. Gilt die Behauptung für alle $\alpha < \lambda$, wobei λ eine Limeszahl ist, so gilt sie für λ nach Definition von N_λ. Die Behauptung ist somit für jede Ordnungszahl ξ bewiesen nach dem Prinzip der transfiniten Induktion.

e) $N_\alpha \subset N_\beta$ für $\alpha \leqq \beta$: Wegen $N_\alpha \subset N_\alpha$ ist $N_\alpha \in N_{\alpha+1}$; aus $A \in N_\alpha$ folgt also nach d) $A \in N_{\alpha+1}$, also ist $N_\alpha \subset N_{\alpha+1}$. Aus $N_\alpha \subset N_\beta$ für alle β mit $\alpha \leqq \beta < \lambda$, wobei λ eine Limeszahl ist, folgt $N_\alpha \subset N_\lambda$ nach Definition von N_λ. Die Behauptung ist somit nach dem Prinzip der transfiniten Induktion bewiesen.

f) Jede Menge aus Π (außer der Nullmenge) ist *fundiert*: Ist $M \in \Pi$ und A ein Element von M kleinsten Ranges, so ist $AM = 0$, denn sonst gäbe es ein Element B mit $B \in A$ und $B \in M$, wobei nach c) $\varrho(B) < \varrho(A)$ wäre, Widerspruch.

g) *Π enthält alle* ZERMELO*schen Ordnungszahlen* M_α, und es ist $\varrho(M_\alpha) = \alpha + 1$. Beweis mit transfiniter Induktion: Die Behauptung gilt für $\alpha = 0$. Gilt sie für α, d. h. ist $\varrho(M_\alpha) = \alpha + 1$, so gilt sie für $\alpha + 1$; denn wegen $M_\alpha \in N_{\alpha+1}$ ist nach d) $M_\alpha \subset N_{\alpha+1}$, und zugleich ist $\{M_\alpha\} \subset N_{\alpha+1}$; also folgt $M_{\alpha+1} = M_\alpha + \{M_\alpha\} \subset N_{\alpha+1}$, also $M_{\alpha+1} \in N_{\alpha+2}$, also $\varrho(M_{\alpha+1}) \leqq \alpha + 2$; wegen $M_\alpha \in M_{\alpha+1}$ und nach c) ist $\varrho(M_{\alpha+1}) > \varrho(M_\alpha) = \alpha + 1$; also ist $\varrho(M_{\alpha+1}) = \alpha + 2$. Gilt die Behauptung für alle Ordnungszahlen $\alpha < \lambda$, wobei λ eine Limeszahl ist, so gilt sie auch für λ; denn es folgt $M_\lambda \subset N_\lambda$, weil M_λ die Menge aller M_α mit $\alpha < \lambda$ ist; also $M_\lambda \in N_{\lambda+1}$, also $\varrho(M_\lambda) \leqq \lambda + 1$; wegen $M_\alpha \in M_\lambda$ für $\alpha < \lambda$ ist ferner $\varrho(M_\lambda) \geqq \lambda$, also $\varrho(M_\lambda) = \lambda + 1$, weil $\varrho(M_\lambda)$ von 1. Art ist.

h) *Setzt man die Gültigkeit des Fundierungsaxioms voraus, so sind die Mengen von Π alle Mengen:* Gäbe es nämlich eine Menge A mit A non $\in \Pi$, so gäbe es wegen b) ein Element $B \in A$ mit B non $\in \Pi$; ist A' die sog. „transitive Hülle" von A (d. h. der Durchschnitt aller transitiven Mengen X mit $A \subset X$, also selbst eine transitive Menge), so wäre also $B \in A'$. Ist C die Menge aller Mengen $X \in A'$ mit X non $\in \Pi$, so wäre also $C \neq 0$. Ist $D \in C$, so gibt es eine Menge $E \in D$ mit E non $\in \Pi$. Wegen der Transitivität von A' folgt daraus $E \in A'$, also $E \in C$, also $D\,C \neq 0$; also wäre C nicht fundiert. — Aus dem Fundierungsaxiom und dem Auswahlaxiom folgt ferner: Jede Klasse, die keine Menge ist (z. B. W), ist mit der Klasse aller Mengen äquivalent [3].

i) Setzt man dagegen für die Mengen nur die Axiome (I) bis (VII) und das Auswahlaxiom voraus oder nur die Axiome (I) bis (VII), so stellt Π ein *Modell* dieses Axiomensystems dar, in dem zudem das Fundierungsaxiom gilt, d. h., setzt man die Axiome (I) bis (VII) (und eventuell das Auswahlaxiom) voraus, so kann man zeigen, daß die zugrunde gelegten Axiome und zudem das Fundierungsaxiom bereits für die Mengen von Π erfüllt sind[1]:

Axiom (I): Gilt für die Mengen von Π, weil es für alle Mengen gilt.

[1] Dies gilt auch für die auf Π „relativierten" Axiome. Daraus folgt also, daß das Fundierungsaxiom relativ zu den übrigen Axiomen des ZERMELO-FRAENKELschen Systems widerspruchsfrei ist (sofern diese unter sich widerspruchsfrei sind).

Axiom (II): $M \in \Pi$, $A \subset M \rightarrow A \in \Pi$: Klar, weil, wenn $\varrho(M) = \alpha + 1$, $M \subset N_\alpha$, also $A \subset N_\alpha$, $A \in N_{\alpha+1}$, $A \in \Pi$.

Axiom (III): $A \in \Pi$, $B \in \Pi \rightarrow \{A, B\} \in \Pi$: Ist $A \in N_\alpha$, $B = N_\beta$ und $\gamma = \max(\alpha, \beta)$, so ist $A \in N_\gamma$, $B \in N_\gamma$, also $\{A, B\} \subset N_\gamma$, also $\{A, B\} \in N_{\gamma+1}$.

Axiom (IV): $A \in \Pi \rightarrow$ Potenzmenge von A gehört zu Π: Ist $A \in N_{\alpha+1}$, so ist $A \subset N_\alpha$, also ist die Potenzmenge von A als Menge von Teilmengen von N_α eine Teilmenge von $N_{\alpha+1}$, also Element von $N_{\alpha+2}$.

Axiom (V): Ist $M_x \in \Pi$ für alle $x \in X$, so ist die Menge aller M_x für $x \in X$ ein Element von Π: Ist $\varrho(M_x) = \alpha_x + 1$ und $\gamma = \sup\limits_{x \in X} \alpha_x$, so ist $M_x \subset N_{\alpha_x}$ für alle $x \in X$, also $M_x \subset M_\gamma$ für alle $x \in X$, also ist die Menge aller M_x eine Teilmenge von N_γ. — Oder anders formuliert: Jede Menge von Mengen aus Π gehört wieder zu Π.

Axiom (VI): $M_x \in \Pi$ für alle $x \in X \rightarrow \mathfrak{V}_{x \in X} M_x \in \Pi$: Mit den gleichen Bezeichnungen wie unmittelbar oben folgt $\mathfrak{V}_{x \in X} M_x \subset M_{\alpha_x}$ für alle $x \in X$, also $M_x \subset M_\gamma$ für alle $x \in X$, also $\mathfrak{V} M_x \subset M_\gamma$. — Oder: Die Vereinigung jeder Menge von Mengen aus Π gehört wieder zu Π.

Axiom (VII): $U' \in \Pi$ gilt nach g).

Auswahlaxiom: Nimmt man die Gültigkeit von ($\mathfrak{A}$) für die Mengen an, so gilt ($\mathfrak{A}$) auch für die Mengen von Π, denn dann folgt für $S \in N_\xi$ die Existenz einer Auswahlmenge A, und A ist als Element der Produktmenge der Elemente von S wieder eine Menge von Π.

Fundierungsaxiom: Siehe Eigenschaft f).

§ 5. Stetige Funktionen von Ordnungszahlen

1. Transfinite Funktionen. Funktionen mit wohlgeordnetem Argumentbereich werden oft auch *Folgen* genannt. Darunter fallen somit auch Funktionen, deren Argument- und Wertbereiche Klassen von Ordnungszahlen sind (die wir, sofern sie transfinite Argumente oder Werte haben, *transfinite Funktionen* nennen). Wir betrachten fast immer solche Funktionen, deren Argumentbereiche Anfangsstücke von W sind. Der Argumentbereich A ist also entweder die Klasse W oder dann eine Menge $W(\alpha)$, wobei α eine Ordnungszahl ist. Im letzteren Fall heiße die Funktion (Folge) *vom Typ* α. Die durch eine Funktion (Folge) F einer Ordnungszahl ξ eindeutig zugeordnete Ordnungszahl wird mit $F(\xi)$ oder einem Symbol der Form α_ξ bezeichnet, die Funktion im letzteren Fall mit $F = \{\alpha_\xi\}_{\xi \in A}$ (im Fall $A = W(\alpha)$ auch mit $F = \{\alpha_\xi\}_{\xi < \alpha}$).

Def. 1. Eine Funktion F heißt *monoton*, wenn $F(\xi_1) \leqq F(\xi_2)$ für beliebige Argumente ξ_1 und ξ_2 mit $\xi_1 < \xi_2$, *wachsend*, wenn $F(\xi_1) < F(\xi_2)$ für solche Argumente [12].

Jede wachsende Funktion ist somit monoton. Eine wachsende Funktion ist allein schon durch ihren Wertbereich eindeutig bestimmt: sie ist die (einzige) ähnliche Abbildung eines Anfangsstückes A von W auf den Wertbereich. Zu jeder Menge M von Ordnungszahlen gibt es also genau eine wachsende Funktion mit dem Wertbereich M, deren Argumentbereich ein Anfangsstück A von W ist (die wir die *zu M gehörige wachsende Funktion* nennen wollen).

Für jede wachsende Funktion F gilt $F(\xi) \geqq \xi$ für jedes Argument ξ (Beweis mittels transfiniter Induktion nach ξ).

Neben diesen gewöhnlichen Funktionen (auch *Funktionen von einer Variablen* oder *einfache Folgen* genannt) werden wir auch *Funktionen von zwei Variablen (Doppelfolgen)* betrachten. Das sind Funktionen, die jedem geordneten Paar (ξ, η) von Ordnungszahlen ξ und η (wobei ξ und η je die Zahlen eines Anfangsstückes A bzw. B von W durchlaufen) eindeutig eine Ordnungszahl $F(\xi, \eta)$ oder $\alpha_{\xi,\eta}$ zuordnen, deren Argumentbereich also $[A, B]$ ist. Jeder solchen Funktion entsprechen zwei Folgen von Funktionen (die man durch Festhalten der ersten bzw. der zweiten Variablen erhält); umgekehrt entspricht jeder Folge von Funktionen $\{f_\xi\}_{\xi \in A}$, die alle den Argumentbereich B haben, eine Funktion F von zwei Variablen, die jedem Paar $(\xi, \eta) \in [A, B]$ die Ordnungszahl $F(\xi, \eta) = f_\xi(\eta)$ zuordnet.

Def. 2. Eine Folge $\{f_\xi\}_{\xi \in A}$ (mit Argumentbereich A) von Funktionen (mit Argumentbereich B) heißt *monoton*, wenn für jedes $\eta \in B$ gilt: $f_{\xi_1}(\eta) \leqq f_{\xi_2}(\eta)$ für beliebige ξ_1, ξ_2 aus A mit $\xi_1 < \xi_2$ [15].

Diese Funktionsbegriffe lassen sich verallgemeinern: In Analogie zur Analysis nennen wir eine Funktion F, die allen Folgen $\{\alpha_\xi\}_{\xi < \Lambda}$ von beliebigem Typ $\Lambda \geqq 1$ eindeutig je eine Ordnungszahl ζ zuordnet (die wir mit einem Operatorsymbol

$$\zeta = \underset{\xi < \Lambda}{F} \alpha_\xi$$

bezeichnen), ein *Funktional*. Werden nur den Folgen vom Typ $\Lambda = 1$ Ordnungszahlen ζ zugeordnet, so haben wir eine Funktion von einer Variablen (mit Argumentbereich W); dem Fall der Beschränkung auf $\Lambda = 2$ entspricht eine Funktion von zwei Variablen (mit Argumentbereich $[W, W]$) oder eine Folge (mit Argumentbereich W) von Funktionen (mit Argumentbereich W).

2. Der Limes einer Folge von Ordnungszahlen. Eines der wichtigsten Beispiele eines Funktionals ist der Limes.

Def. 3. Ist $\{\alpha_\xi\}_{\xi < \Lambda}$ eine Folge von Ordnungszahlen, deren Typ eine Limeszahl Λ ist, so heißt die Ordnungszahl α der *Limes* dieser Folge, in Zeichen

$$\alpha = \lim_{\xi < \Lambda} \alpha_\xi,$$

wenn es zu jeder Ordnungszahl $\beta < \alpha$ eine Ordnungszahl $\mu < \Lambda$ gibt, so daß $\beta < \alpha_\xi \leqq \alpha$ für alle ξ mit $\mu < \xi < \Lambda$ (wobei also die Folge jede Ordnungszahl $\beta < \alpha$ schließlich „endgültig" überschreitet) [15].

Der Limes (der übrigens keine Limeszahl zu sein braucht) existiert nicht immer; er existiert, wenn die Folge von einer Stelle ab monoton ist (d.h., wenn ein Rest der Folge existiert, der monoton ist). Ist die Folge von einer Stelle ab wachsend, so ist $\lim\limits_{\xi<\Lambda}\alpha_\xi = \min\limits_{\mu<\Lambda}\Bigl(\sup\limits_{\mu\leqq\xi<\Lambda}\alpha_\xi\Bigr)$; ist die ganze Folge wachsend, so ist $\lim\limits_{\xi<\Lambda}\alpha_\xi = \sup\limits_{\xi<\Lambda}\alpha_\xi$.

Def. 4. Sind M und N zwei Klassen von Ordnungszahlen ohne Maximum, so heißen M und N *zusammengehörig*, wenn es zu jeder Ordnungszahl jeder der beiden Klassen eine größere Ordnungszahl in der andern Klasse gibt [5].

Dafür, daß für zwei wachsende Folgen $\{\alpha_\xi\}_{\xi<\mu}$ und $\{\beta_\eta\}_{\eta<\nu}$ vom Limeszahltyp μ bzw. ν gilt $\lim\limits_{\xi<\mu}\alpha_\xi = \lim\limits_{\eta<\nu}\beta_\eta$, ist notwendig und hinreichend, daß die Wertmengen der beiden Folgen zusammengehörig sind.

Def. 5. Sind μ und ν zwei Ordnungszahlen, so heißt μ *konfinal* mit ν, wenn μ die obere Grenze der Wertmenge einer wachsenden Folge vom Typ ν ist [13].

Ist μ mit ν konfinal, so ist $\mu \geqq \nu$. Jede Ordnungszahl ist mit sich selbst konfinal. Sind μ und ν zwei Limeszahlen, so ist μ dann und nur dann konfinal mit ν, wenn μ der Limes einer wachsenden Folge vom Typ ν ist; ist μ von 1. Art, so ist μ konfinal mit jeder Ordnungszahl ν von 1. Art mit $1 \leqq \nu \leqq \mu$. Die Relation der Konfinalität ist transitiv: Ist α mit β und β mit γ konfinal, so ist α mit γ konfinal.

Def. 6. Ist $\{f_\eta\}_{\eta<\nu}$ eine Folge vom Limeszahltyp ν von Funktionen f_η mit demselben Argumentbereich A und existiert $\lim\limits_{\eta<\nu} f_\eta(\xi)$ für jedes $\xi \in A$, so nennen wir die Funktion $F(\xi) = \lim\limits_{\eta<\nu} f_\eta(\xi)$ die *Grenzfunktion* der gegebenen Funktionenfolge.

Eine monotone Folge von Funktionen hat immer eine Grenzfunktion. Über die Vertauschbarkeit der Limesoperationen bei Doppelfolgen gilt folgender Satz:

Satz 1. *Es sei $F(\xi,\eta)$ eine Doppelfolge mit der Argumentmenge $[W(\mu), W(\nu)]$, wobei μ und ν Limeszahlen sind, und alle Funktionen, die man durch Festhalten einer Variablen erhält, seien monoton; dann sind also die beiden Funktionenfolgen, die man aus der Doppelfolge erhält, monotone Folgen von monotonen Funktionen, und beide haben eine Grenzfunktion $A_\xi = \lim\limits_{\eta<\nu} F(\xi,\eta)$ bzw. $B_\eta = \lim\limits_{\xi<\mu} F(\xi,\eta)$. — Nun gilt: Sind beide Limeszahlen μ und ν gemeinsam mit einer bestimmten Limeszahl λ konfinal, so ist $\lim\limits_{\xi<\mu} A_\xi = \lim\limits_{\eta<\nu} B_\eta$.*

Beweis: Es gibt zwei wachsende Folgen $\{\mu_\xi\}_{\xi<\lambda}$ und $\{\nu_\xi\}_{\xi<\lambda}$ mit den Limites μ bzw. ν. Für festes $\xi < \lambda$ ist

$$F(\mu_\xi, \nu_\xi) \leqq F(\mu_\xi, \nu_\eta) \leqq F(\mu_\eta, \nu_\eta) \quad \text{für} \quad \xi < \eta < \lambda,$$

also
$$F(\mu_\xi, \nu_\xi) \leqq A_{\mu_\xi} \leqq \lim_{\eta<\lambda} F(\mu_\eta, \nu_\eta),$$
also
$$\lim_{\xi<\lambda} F(\mu_\xi, \nu_\xi) \leqq \lim_{\xi<\lambda} A_{\mu_\xi} = \lim_{\xi<\mu} A_\xi \leqq \lim_{\eta<\lambda} F(\mu_\eta, \nu_\eta),$$
also
$$\lim_{\xi<\mu} A_\xi = \lim_{\xi<\lambda} F(\mu_\xi, \nu_\xi).$$
Ebenso folgt
$$\lim_{\eta<\nu} B_\eta = \lim_{\xi<\lambda} F(\mu_\xi, \nu_\xi),$$
also
$$\lim_{\xi<\mu} A_\xi = \lim_{\eta<\nu} B_\eta.$$

3. Stetige Funktionen [12]. Es sei f eine beliebige transfinite Funktion, die jeder Ordnungszahl ξ eines Anfangsstückes A von W eine Ordnungszahl $f(\xi)$ zuordnet.

Def. 7. Ist $\lambda \in A$ eine Limeszahl und existiert $\tilde{f}(\lambda) = \lim_{\xi<\lambda} f(\xi)$, so heißt $\tilde{f}(\lambda)$ der *Grenzwert* der Funktion f an der Stelle λ.

Def. 8. Ist $\tilde{f}(\lambda) \neq f(\lambda)$, so heißt f *an der Stelle λ unstetig*; ist $\tilde{f}(\lambda) = f(\lambda)$, so heißt f *an der Stelle λ stetig*. Eine Funktion f, die an jeder Limeszahlargumentstelle stetig ist (d. h. also, für die $f(\lambda) = \lim_{\xi<\lambda} f(\xi)$ für jede Limeszahl $\lambda \in A$), heißt eine *stetige Funktion.*

Def. 9. Eine monotone und stetige Funktion heißt eine *halbnormale Funktion*, eine wachsende und stetige Funktion eine *Normalfunktion.*

Für die halbnormalen Funktionen gilt das folgende spezielle Rekursionsprinzip (vgl. § 3):

Satz 2. *Ist g eine beliebige Funktion mit dem Argumentbereich W mit $g(\xi) \geqq \xi$ und ist α eine beliebige Ordnungszahl, so gibt es genau eine halbnormale Funktion f mit dem Argumentbereich W mit den Eigenschaften*[1]
$$f(0) = \alpha, \quad f(\xi + 1) = g(f(\xi)).$$

Die halbnormalen Funktionen haben ferner folgende wichtige (und leicht zu beweisende) Eigenschaft:

Satz 3. *Ist f eine halbnormale Funktion, liegt β nicht im Wertbereich von f, und hat f Werte, die kleiner, und solche, die größer als β sind, so gibt es unter den Ordnungszahlen ξ mit $f(\xi) < \beta$ ein Maximum ξ_0, so daß also $f(\xi_0) < \beta < f(\xi_0 + 1)$.*

f sei nun eine monotone Funktion. Dann existiert für jedes Limeszahlargument λ der Grenzwert $\tilde{f}(\lambda)$, und es ist $\tilde{f}(\lambda) \leqq f(\lambda)$. Die *Unstetigkeitsstellen* von f sind also durch $\tilde{f}(\lambda) < f(\lambda)$ charakterisiert. Jede monotone Funktion f läßt sich zu einer halbnormalen Funktion $\tilde{f}$ er-

[1] Beim Gebrauch der Summe $\xi + 1$ in §§ 5—9 wird die Kenntnis der Arithmetik der Ordnungszahlen noch nicht vorausgesetzt; für jede Ordnungszahl ξ bedeute $\xi + 1$ einfach die *Nachfolgerzahl* von ξ (vgl. § 3).

gänzen, die die *zu f gehörige halbnormale Funktion* heißen soll und folgendermaßen definiert ist:

a) $\tilde{f}(\xi) = f(\xi)$ für $\xi < \omega$.

b) $\tilde{f}(\lambda) = \lim_{\xi < \lambda} f(\xi)$ für jede Limeszahl $\lambda \in A$.

c) Ist $\xi \geqq \omega$ und λ die größte Limeszahl $\leqq \xi$, so sei $\tilde{f}(\xi + 1) = f(\xi + 1)$, wenn λ eine Stetigkeitsstelle von f ist, und $\tilde{f}(\xi + 1) = f(\xi)$, wenn λ eine Unstetigkeitsstelle von f ist.

Für alle Argumente ξ gilt also $\tilde{f}(\xi) \leqq f(\xi) \leqq \tilde{f}(\xi + 1)$. Ist f eine wachsende Funktion, so ist $\tilde{f}$ eine Normalfunktion.

Das Argument α einer monotonen Funktion f heißt eine *Wachstumsstelle* von f, wenn es kein Argument $\beta < \alpha$ gibt mit $f(\beta) = f(\alpha)$. Die Wachstumsstellen einer halbnormalen Funktion bilden, der Größe nach geordnet, eine Normalfunktion σ mit $\sigma(0) = 0$ und $\sigma(\xi)$ von 1. Art für ξ von 1. Art.

4. Folgen stetiger Funktionen[1] [15].

Satz 4. *Jede beliebige Funktion f vom Typ α, wobei $\alpha < \omega_1$, ist Grenzfunktion einer Folge $\{f_n\}_{n<\omega}$ vom Typ ω von stetigen Funktionen vom Typ α.*

Beweis: Der Fall endlicher α ist trivial; es sei also $\omega \leqq \alpha < \omega_1$. Dann gibt es eine Anordnung $\{\xi_n\}_{n<\omega}$ aller Ordnungszahlen $<\alpha$ im Ordnungstypus ω. Für jedes $n < \omega$ sei $\{\xi_{n,i}\}_{i \leqq n}$ die Folge, die man erhält, wenn man die Ordnungszahlen ξ_i mit $i \leqq n$ der Größe nach ordnet. Wir definieren für jedes $n < \omega$ eine Funktion f_n:

$$\begin{aligned} f_n(\xi) &= f(\xi_{n,0}) &&\text{für}\quad \xi \leqq \xi_{n,0},\\ f_n(\xi) &= f(\xi_{n,k+1}) &&\text{für}\quad \xi_{n,k} < \xi \leqq \xi_{n,k+1} \quad (\text{für } k < n),\\ f_n(\xi) &= 1 &&\text{für}\quad \xi_{n,n} < \xi < \alpha. \end{aligned}$$

Die Funktionen f_n sind stetig. Ist $\xi < \alpha$, so gibt es ein $m < \omega$ mit $\xi = \xi_m$. Ist $n \geqq m$, so gibt es eine Zahl $k_n \leqq n$, so daß $\xi = \xi_{n,k_n}$, also

$$f_n(\xi) = f_n(\xi_{n,k_n}) = f(\xi_{n,k_n}) = f(\xi);$$

also ist $\lim_{n<\omega} f_n(\xi) = f(\xi)$.

Mit Hilfe des *Auswahlaxioms* läßt sich beweisen:

Satz 5. *Die Funktion $f(\xi) = \xi + 1$ vom Typ ω_1 ist nicht Grenzfunktion einer transfiniten Folge stetiger Funktionen.*

Beweis: Annahme: $\{f_n\}_{n<\omega}$ sei eine Folge stetiger Funktionen vom Typ ω_1 und $\lim_{n<\omega} f_n(\xi) = \xi + 1$ für $\xi < \omega_1$. Also gibt es zu jedem $\xi < \omega_1$ eine natürliche Zahl $p_\xi < \omega$, so daß $f_n(\xi) = \xi + 1$ für $n \geqq p_\xi$; also gibt es eine natürliche Zahl $p < \omega$, so daß $p_\xi = p$ unendlich viele Lösungen $\xi < \omega_1$ hat. Somit existiert eine wachsende Folge $\{\xi_n\}_{n<\omega}$, so daß $p_{\xi_n} = p$ für $n < \omega$. Es sei $\xi' = \lim_{n<\omega} \xi_n$; also ist $\xi' < \omega_1$ (nach dem Auswahlaxiom, vgl. § 32). Nun wird $f_n(\xi_i) = \xi_i + 1$ für $n \geqq p$ und $i < \omega$, also

$$\lim_{i<\omega} f_n(\xi_i) = \lim_{i<\omega} (\xi_i + 1) = \xi' \quad \text{für} \quad n \geqq p.$$

---

[1] Definition von ω_1 und Eigenschaften der Zahlen $\leqq \omega_1$ siehe § 27.

Ist m eine natürliche Zahl $\geqq p$ und $\geqq p_{\xi'}$, so ist

$$\lim_{i<\omega} f_m(\xi_i) = \xi', \quad f_m(\xi') = \xi' + 1,$$

d.h., f_m ist an der Stelle $\xi = \xi'$ unstetig, Widerspruch. Somit ist $f(\xi) = \xi + 1$ nicht Grenzfunktion einer Folge vom Typ ω (oder von mit ω konfinalem Typ) von stetigen Funktionen, also nicht Limes einer Folge vom Typ $< \omega_1$ von stetigen Funktionen. — Annahme: $f(\xi) = \xi + 1$ sei Grenzfunktion einer Folge vom Typ $\tau \geqq \omega_1$ von stetigen Funktionen, wobei τ eine nicht mit ω konfinale Limeszahl sei: $\lim\limits_{\nu<\tau} f_\nu(\xi) = \xi + 1$ für alle $\xi < \omega_1$. Also existiert zu jedem $\xi < \omega_1$ eine Zahl $\nu_\xi < \tau$, so daß $f_\nu(\xi) = \xi + 1$ für $\nu_\xi \leqq \nu < \tau$; ferner sei $\nu' = \sup\limits_{\xi\leqq\omega} \nu_\xi$; es ist wiederum $\nu' < \omega_1$. Also ist $f_{\nu'}(\xi) = \xi + 1$ für alle $\xi \leqq \omega$, also $\lim\limits_{\xi<\omega} f_{\nu'}(\xi) = \omega < \omega + 1 = f_{\nu'}(\omega)$, d.h., $f_{\nu'}$ wäre an der Stelle $\xi = \omega$ unstetig, Widerspruch.

Satz 6. *Die Grenzfunktion einer monotonen Folge von halbnormalen Funktionen ist eine halbnormale Funktion.*

Beweis: Es sei $\{f_\nu\}_{\nu<\tau}$ eine Folge vom Limeszahltyp τ von halbnormalen Funktionen (mit demselben Argumentbereich), und es sei $\lim\limits_{\nu<\tau} f_\nu(\xi) = f(\xi)$ für jedes Argument ξ. λ sei ein Limeszahlargument und $\mu < f(\lambda)$. Nun existiert eine Zahl $\nu' < \tau$, so daß $\mu < f_\nu(\lambda) \leqq f(\lambda)$ für $\nu' < \nu < \tau$. Es sei ν eine Zahl mit $\nu' < \nu < \tau$. Da f_ν stetig ist, gibt es eine Zahl $\sigma < \lambda$, so daß $\mu < f_\nu(\xi) \leqq f_\nu(\lambda)$ für $\sigma < \xi < \lambda$. Ferner ist $f_\nu(\xi) \leqq f(\xi)$, also $\mu < f(\xi)$ für $\sigma < \xi < \lambda$, und weil f monoton ist, ist $\mu < f(\xi) \leqq f(\lambda)$ für $\sigma < \xi < \lambda$, d. h., f ist an der Stelle $\xi = \lambda$ stetig.

Bemerkung: Dieser Satz gilt nicht, wenn die Funktionenfolge nicht monoton ist; Gegenbeispiel: $\{f_n\}_{n<\omega}$, wobei

$$f_n(\xi) = \begin{cases} 0 & \text{für} \quad \xi \leqq n, \\ \omega & \text{für} \quad \xi > n. \end{cases}$$

Der Satz gilt auch nicht für Folgen nicht monotoner stetiger Funktionen; Gegenbeispiel: $\{f_n\}_{n<\omega}$, wobei

$$f_n(\xi) = \begin{cases} \omega & \text{für} \quad \xi < n \quad \text{und} \quad \xi > \omega, \\ 0 & \text{für} \quad n \leqq \xi \leqq \omega. \end{cases}$$

§ 6. Die ordinalen Anfangszahlen

1. Definition der ordinalen Anfangszahlen und Zahlklassen.

Def. 1. Eine Ordnungszahl ξ heiße *normal* bezüglich der Ordnungszahl α, wenn alle Ordnungszahlen η mit $\eta \leqq \xi$ mit einer Ordnungszahl $\leqq \alpha$ konfinal sind [10]. — Mit ξ sind somit auch alle Vorgänger von ξ normal bezüglich α.

Def. 2. Die Klasse N der bezüglich $\alpha \geqq 1$ normalen Ordnungszahlen kann auch so definiert werden [17]:

1. $\xi \in N$ für $\xi \leqq \alpha$.
2. $\xi \in N \rightarrow \xi + 1 \in N$.
3. $\xi = \lim\limits_{\nu<\lambda} \xi_\nu$, $\xi_\nu \in N$ für $\nu < \lambda$, $\lambda \in N \rightarrow \xi \in N$.
4. Es gibt keine echte Teilklasse von N mit den Eigenschaften 1. bis 3.

Man kann leicht beweisen, daß diese beiden Definitionen äquivalent sind.

Die Klasse der bezüglich α normalen Ordnungszahlen ist ein Anfangsstück von W, also entweder die Klasse W oder eine Menge $W(\Lambda(\alpha))$, wobei $\Lambda(\alpha)$ die kleinste Ordnungszahl ist, die nicht normal bezüglich α ist. Wir definieren eine Normalfunktion Ω_ξ durch die Festsetzungen:

$\Omega_0 = \Lambda(1) = \omega$,

$\Omega_{\xi+1} = \Lambda(\Omega_\xi)$, wenn $\Lambda(\Omega_\xi)$ existiert (d. h., wenn die Klasse der bezüglich Ω_ξ normalen Zahlen $\neq W$ ist),

$\Omega_\lambda = \lim\limits_{\xi<\lambda} \Omega_\xi$, wenn λ eine Limeszahl ist und alle Ω_ξ mit $\xi < \lambda$ existieren.

Wir nennen die Ordnungszahlen Ω_ξ, die dadurch für alle Ordnungszahlen $\xi \in A$, wobei A ein nicht-leeres Anfangsstück von W ist, definiert sind, die *ordinalen Anfangszahlen*.[1] Diese sind Limeszahlen. Ohne Auswahlaxiom können wir noch nichts über A aussagen (vgl. §§ 27 und 39), außer daß im Fall $A = W(\lambda)$ die Ordnungszahl λ keine Limeszahl sein kann (weil dann $\Omega_\lambda = \lim\limits_{\xi<\lambda} \Omega_\xi$ existieren würde; Widerspruch).

Die endlichen Ordnungszahlen ($<\Omega_0$), oder dann die bezüglich einer Anfangszahl Ω_ξ normalen Ordnungszahlen $\geqq \Omega_\xi$ werden zu Klassen zusammengefaßt, die wir *ordinale Zahlklassen* nennen wollen: Die endlichen Zahlen bilden die *erste*, die Zahlen η mit $\Omega_0 \leqq \eta < \Omega_1$ (sofern Ω_1 existiert) die *zweite* ordinale Zahlklasse usw.

Die *zweite ordinale Zahlklasse* ist die wichtigste Zahlklasse im Hinblick auf die Anwendungen der Ordnungszahlen in der Theorie der Punktmengen (alle diese Anwendungen zeigen nämlich, daß man nur die Ordnungszahlen der ersten und zweiten Zahlklasse braucht). Die Vereinigung der ersten und zweiten ordinalen Zahlklasse nennen wir Z; sie ist also die folgendermaßen definierte Klasse von Ordnungszahlen: Eine Ordnungszahl α gehört dann und nur dann zu Z, wenn alle β mit $\beta \leqq \alpha$ entweder isolierte Ordnungszahlen oder Limites von wachsenden Folgen vom Typ ω sind. Für Z gilt das Prinzip der transfiniten Induktion in der folgenden speziellen Form: Ist A eine Klasse von Ordnungszahlen mit den Eigenschaften

1. $0 \in A$,

2. $\alpha \in A \rightarrow \alpha + 1 \in A$,

3. $\alpha_n \in A$ für $n < \omega \rightarrow \sup\limits_{n<\omega} \alpha_n \in A$,

[1] Wir unterscheiden diese ordinalen Anfangszahlen Ω_ξ von den gewöhnlichen CANTORschen (kardinalen) Anfangszahlen ω_ξ (§ 27); diese beiden Begriffe fallen nur bei Zugrundelegung des Auswahlaxioms zusammen, das wir hier noch nicht voraussetzen.

so ist $Z \subset A$. Zu jeder Limeszahl $\lambda \in Z$ gibt es eine wachsende Folge $\{\lambda_n\}_{n<\omega}$ mit dem Limes λ. — Ohne Auswahlaxiom läßt sich nur zeigen, daß entweder $Z = W$ oder $Z = W(\Omega_1)$ ist; erst das Auswahlaxiom sichert die Existenz höherer ordinaler Zahlklassen über der zweiten.

2. Reguläre und singuläre Ordnungszahlen. Da jede Ordnungszahl α mit sich selbst konfinal ist, existiert zu jeder Ordnungszahl α die kleinste Ordnungszahl, mit der α konfinal ist. Die Ordnungszahlen lassen sich in zwei Klassen einteilen:

Def. 3. Ist α mit keiner kleineren Ordnungszahl als α konfinal, so heißt α *regulär*, sonst *singulär*.

Dafür, daß eine Limeszahl λ regulär ist, ist somit notwendig und hinreichend, daß jeder Limes von wachsenden Folgen vom Typ $<\lambda$ von Ordnungszahlen $<\lambda$ auch $<\lambda$ ist. Ferner gilt:

Satz 1. *Jede Ordnungszahl α ist mit einer und nur einer regulären Ordnungszahl konfinal.*

Beweis: Die kleinste Ordnungszahl β, mit der α konfinal ist, ist regulär; denn wäre sie singulär, so wäre sie mit einer noch kleineren Ordnungszahl konfinal, und auch α wäre mit dieser konfinal, Widerspruch. Wäre α mit einer andern regulären Ordnungszahl γ konfinal, so wäre $\gamma > \beta$. Im Fall α von 1. Art wäre $\beta = 1$ und γ von 1. Art > 1, also γ singulär, Widerspruch. Ist α eine Limeszahl, so sind β und γ Limeszahlen, und es gäbe zwei wachsende Folgen $\{\alpha_\xi\}_{\xi<\beta}$ und $\{\alpha'_\xi\}_{\xi<\gamma}$ mit $\lim\limits_{\xi<\beta} \alpha_\xi = \lim\limits_{\xi<\gamma} \alpha'_\xi = \alpha$. Dann könnte man eine weitere Folge $\{\alpha''_\eta\}_{\eta<\lambda}$ mit einem Limeszahltyp $\lambda \leqq \beta$ definieren: Es sei $\alpha''_0 = \alpha'_0$; ist $\alpha''_\eta = \alpha'_{\xi_\eta}$ für $\eta < \mu$ definiert, so sei $\alpha''_\mu = \alpha'_{\xi_\mu}$ die kleinste Zahl α'_ξ, die die kleinste Zahl α_ξ über allen α''_η mit $\eta < \mu$ übertrifft. Nun wird $\alpha = \lim\limits_{\eta<\lambda} \alpha''_\eta$ und $\gamma = \lim\limits_{\eta<\lambda} \xi_\eta$, im Widerspruch zur Regularität von γ.

Bei der Untersuchung, welche Ordnungszahlen regulär und welche singulär sind, fallen die isolierten Ordnungszahlen sogleich weg; denn 0 und 1 sind regulär, und alle Ordnungszahlen >1 von 1. Art sind singulär (da mit 1 konfinal). Bezüglich der Limeszahlen sieht man aus der Definition der Anfangszahlen, daß jede Limeszahl λ mit $\Omega_\xi < \lambda < \Omega_{\xi+1}$ mit einer Ordnungszahl $\leqq \Omega_\xi$ konfinal ist, d.h. also, daß jede Limeszahl, die keine Anfangszahl ist, singulär ist. Es verbleiben somit nur noch die ordinalen Anfangszahlen für eine weitere Untersuchung. Dabei gilt:

Satz 2. *Die Zahl $\Omega_{\xi+1}$ ist (sofern sie existiert) die erste reguläre Ordnungszahl nach Ω_ξ; jede Anfangszahl Ω_ξ mit isoliertem Index ξ ist somit regulär.*

Beweis: Nach Definition ist $\Omega_{\xi+1}$ die kleinste Ordnungszahl, die nicht normal bezüglich Ω_ξ ist. Wäre nun $\Omega_{\xi+1}$ singulär, so wäre $\Omega_{\xi+1}$

mit einer Limeszahl $\eta < \Omega_{\xi+1}$ konfinal; ferner wäre, weil η bezüglich Ω_ξ normal ist, η mit einer Limeszahl $\zeta \leqq \Omega_\xi$ konfinal; somit wäre $\Omega_{\xi+1}$ mit ζ konfinal, d. h. $\Omega_{\xi+1}$ bezüglich Ω_ξ normal, Widerspruch.

Bezüglich der Regularität bleiben also nur noch die ordinalen Anfangszahlen Ω_ξ mit Limeszahlindex ξ fraglich (sofern solche existieren). Dieses Problem gehört aber zu den tiefsten Grundlagenproblemen der Mengenlehre (vgl. § 42).

3. Die Funktion $cf(\alpha)$. Aus den letzten Betrachtungen folgt, daß zu jeder Limeszahl λ die kleinste Ordnungszahl, mit der sie konfinal ist, eine reguläre Anfangszahl Ω_γ ist. Wir definieren für jede Ordnungszahl α einen Funktionswert $cf(\alpha)$:

Def. 4. Ist α eine Limeszahl, so sei $cf(\alpha)$ der Index γ der kleinsten Ordnungszahl Ω_γ, mit der α konfinal ist; ist α isoliert, so sei $cf(\alpha) = \alpha$ [16].[1]

Diese Funktion $cf(\alpha)$ hat folgende Eigenschaften:

$$cf(\alpha) \leqq \alpha,$$
$$cf(cf(\alpha)) = cf(\alpha),$$
$$cf(\Omega_\alpha) = cf(\alpha).$$

Es ist $cf(\alpha) = \alpha$ dann und nur dann, wenn α isoliert oder eine reguläre Anfangszahl mit Limeszahlindex ist. Die regulären Anfangszahlen Ω_ξ sind also diejenigen mit $cf(\Omega_\xi) = \xi$, die singulären diejenigen mit $cf(\Omega_\xi) < \xi$.

4. Anhang: Über gelichtete Klassen von Ordnungszahlen [6, 14].[2]

Def. 5. Es sei A ein Anfangsstück von W ohne Maximum. Eine Teilklasse $K \subset A$ heißt eine *gelichtete Teilklasse* von A, wenn die Differenzenfunktion (vgl. § 11) der zu K gehörigen wachsenden Funktion jede Zahl von A schließlich „endgültig" überschreitet.

In den beiden folgenden Sätzen sei α eine beliebige Ordnungszahl, zu der Ω_α existiert, und die Ordnungszahl $\gamma(\alpha)$ sei so definiert: Ist α von 1. Art, so sei $\gamma(\alpha) = \alpha - 1$; ist α von 2. Art, so sei $\gamma(\alpha) = cf(\alpha)$.

Satz 3. *Es gibt keine Folge von kleinerem Typ als $\Omega_{\gamma(\alpha)}$ von gelichteten, mit $W(\Omega_\alpha)$ ähnlichen Teilklassen von $W(\Omega_\alpha)$, deren Vereinigung $W(\Omega_\alpha)$ ist.*

Beweis: Annahme: $W(\Omega_\alpha) = \mathfrak{V}_{\mu<\zeta} F_\mu$, wobei $\zeta < \Omega_{\gamma(\alpha)}$ und jedes F_μ mit $\mu < \zeta$ eine mit $W(\Omega_\alpha)$ ähnliche gelichtete Teilklasse von $W(\Omega_\alpha)$ mit zugehöriger Folge $\{\eta_\xi^{(\mu)}\}_{\xi<\Omega_\alpha}$ sei. Nun existiert eine Zahl $\zeta_1 < \Omega_\alpha$ mit $\zeta < \zeta_1 \leqq \Omega_{\gamma(\alpha)}$ und $\bar{\zeta} < \bar{\zeta}_1$ (denn ist α von 2. Art und $cf(\alpha) < \alpha$, so setze man $\zeta_1 = \Omega_{\gamma(\alpha)}$; ist α von 2. Art und $cf(\alpha) = \alpha$, so gibt es ein ζ_1 mit $\zeta < \zeta_1 < \Omega_\alpha = \Omega_{\gamma(\alpha)}$ mit $\bar{\zeta} < \bar{\zeta}_1$; ist α von 1. Art, so sei $\zeta_1 = \Omega_{\gamma(\alpha)}$). Defi-

[1] Die Verwendung des Auswahlaxioms erlaubt eine einfachere Definition von $cf(\alpha)$ (vgl. § 32).

[2] In diesem Anhang müssen wir einige (erst später erklärte) Begriffe aus der Arithmetik der Ordnungszahlen verwenden.

niert man

$$\delta_\xi^{(\mu)} = -\eta_\xi^{(\mu)} + \eta_{\xi+1}^{(\mu)},$$

so ist nach Voraussetzung $\lim\limits_{\xi<\Omega_\alpha} \delta_\xi^{(\mu)} = \Omega_\alpha$ für alle $\mu < \zeta$. Also gibt es zu jedem $\mu < \zeta$ eine Zahl $\sigma_\mu < \Omega_\alpha$, so daß

$$\delta_\xi^{(\mu)} > \zeta_1 \quad \text{für alle } \xi \text{ mit } \sigma_\mu \leqq \xi < \Omega_\alpha.$$

Ist $\sigma = \sup\limits_{\mu<\zeta} \sigma_\mu$, so ist $\sigma < \Omega_\alpha$ wegen $\zeta < \Omega_{\gamma(\alpha)}$, ferner

$$\delta_\xi^{(\mu)} > \zeta_1 \quad \text{für alle } \mu < \zeta \text{ und alle } \xi \text{ mit } \sigma \leqq \xi < \Omega_\alpha.$$

Nun sei $\varrho = \sum\limits_{\mu<\zeta} \eta_\sigma^{(\mu)}$, also $\zeta_1 < \varrho < \Omega_\alpha$. Ferner sei zu jedem $\mu < \zeta$ die Zahl ξ_1 so gewählt, daß $\eta_{\xi_1}^{(\mu)}$ die kleinste Zahl $\eta_\xi^{(\mu)} \geqq \varrho$ sei. Wegen $\eta_{\xi_1}^{(\mu)} \geqq \varrho \geqq \eta_\sigma^{(\mu)}$ wird $\xi_1 \geqq \sigma$, also $\delta_{\xi_1}^{(\mu)} > \zeta_1$, also

$$\eta_{\xi_1+1}^{(\mu)} > \eta_{\xi_1}^{(\mu)} + \zeta_1 \geqq \varrho + \zeta_1, \quad \text{also} \quad \eta_{\xi_1+1}^{(\mu)} > \varrho + \zeta_1.$$

Die Folge $\{\eta_\xi^{(\mu)}\}_{\xi<\Omega_\alpha}$ hat zwischen ϱ und $\varrho + \zeta_1$ also höchstens das eine Glied $\eta_{\xi_1}^{(\mu)}$. Wegen $\bar{\zeta} < \bar{\zeta}_1$ gibt es also in diesem Intervall eine Ordnungszahl, die keiner Klasse F_μ angehört, was der Voraussetzung widerspricht.

Satz 4. *Es gibt eine Folge vom Typ $\Omega_{\gamma(\alpha)}$ von gelichteten, mit $W(\Omega_\alpha)$ ähnlichen Teilklassen von $W(\Omega_\alpha)$, deren Vereinigung $W(\Omega_\alpha)$ ist.*

Beweis: a) Ist α von 2. Art, so gibt es eine wachsende Folge $\{\xi_\mu\}_{\mu<\Omega_{\gamma(\alpha)}}$ mit $\lim\limits_{\mu<\Omega_{\gamma(\alpha)}} \xi_\mu = \Omega_\alpha$. Es sei

$$\eta_\xi^{(\mu)} = \xi \quad \text{für} \quad \xi \leqq \xi_\mu,$$

$$\eta_\xi^{(\mu)} = \xi^2 \quad \text{für} \quad \xi_\mu < \xi < \Omega_\alpha.$$

Die Folgen $\{\eta_\xi^{(\mu)}\}_{\xi<\Omega_\alpha}$ sind für alle $\mu < \Omega_{\gamma(\alpha)}$ wachsend, und ihre Wertmengen F_μ sind gelichtet; ferner ist $W(\Omega_\alpha) = \mathfrak{V}_{\mu<\Omega_{\gamma(\alpha)}} F_\mu$.

b) Ist α von 1. Art (also $\gamma(\alpha) = \alpha - 1$), so gibt es nach dem *Auswahlaxiom* eine Funktion, die jeder Ordnungszahl $\xi < \Omega_\alpha$ eine Numerierung der Ordnungszahlen η mit $\Omega_{\gamma(\alpha)}^{\xi} \leqq \eta < \Omega_{\gamma(\alpha)}^{\xi+1}$ durch eine Folge $\{\eta_\xi^{(\mu)}\}_{\mu<\Omega_{\gamma(\alpha)}}$ zuordnet. Die Folgen $\{\eta_\xi^{(\mu)}\}_{\xi<\Omega_\alpha}$ sind für alle $\mu < \Omega_{\gamma(\alpha)}$ wachsend, und ihre Wertmengen F_μ sind gelichtet, denn es ist

$$-\eta_\xi^{(\mu)} + \eta_{\xi+1}^{(\mu)} = \eta_{\xi+1}^{(\mu)},$$

weil die Zahlen Ω_α^ξ γ-Zahlen sind. Ferner ist $W(\Omega_\alpha) - \{0\} = \mathfrak{V}_{\mu<\Omega_{\gamma(\alpha)}} F_\mu$.

Folgerungen: 1. Mit Hilfe des Auswahlaxioms kann man somit beweisen, *daß die regulären Anfangszahlen mit Limeszahlindex die einzigen Anfangszahlen Ω_α sind, für die $W(\Omega_\alpha)$ nicht als Vereinigung einer Folge von kleinerem Typ als Ω_α von gelichteten, mit $W(\Omega_\alpha)$ ähnlichen Teilklassen von $W(\Omega_\alpha)$ dargestellt werden kann.*

2. Durch eine leichte Modifikation des Beweises von Satz 4 erhält man das Resultat: Aus dem Auswahlaxiom folgt, *daß Z Vereinigung einer Folge vom Typ ω von gelichteten mit Z ähnlichen Teilklassen von Z ist* (vgl. § 38).

§ 7. Normalfunktionen

1. Bänder [11]. Es sei A ein Anfangsstück von W ohne Maximum.

Def. 1. Eine Klasse $B \subset A$ heißt *in A abgeschlossen*, wenn die obere Grenze jeder Teilklasse von B ohne Maximum in B liegt, sofern sie in A liegt.

Def. 2. Eine in A abgeschlossene, mit A zusammengehörige (§ 5) Teilklasse von A heiße ein *Band von A*.

Die Bänder sind einfach die Wertbereiche der Normalfunktionen von Limeszahltyp: Jede Normalfunktion φ von Limeszahltyp hat als Wertbereich ein Band (und zwar ein Band der Klasse A, die man erhält, indem man den Wertbereich von φ so ergänzt, daß er mit jeder Ordnungszahl auch alle kleineren enthält); und umgekehrt ist die zu einem Band B von A gehörige wachsende Funktion (§ 5) eine Normalfunktion; dabei ist im Fall $A = W$ ihr Argumentbereich W; im Fall $A = W(\lambda)$, wobei λ eine Limeszahl ist, ist dieser eine Menge $W(\mu)$, wobei μ eine Limeszahl mit $\Omega_{cf(\lambda)} \leqq \mu \leqq \lambda$ ist.

Satz 1. *Die Vereinigung zweier Bänder M und N von A ist wieder ein Band von A.*

Beweis: Die Klasse $M + N$ ist mit A zusammengehörig. Sie ist in A abgeschlossen: Es sei T eine Teilklasse (ohne letztes Element) von $M + N$ mit $\sup T \in A$. Es gibt zwei Fälle: a) Von einer Stelle ab enthält T nur Zahlen aus M oder nur aus N. Dann ist $\sup T$ in diesem bestimmten Band, also auch in $M + N$. b) Gibt es keine Zahl von T mit der Eigenschaft, daß alle größeren Zahlen von T nur in einem bestimmten der beiden Bänder liegen, so ist $\sup T$ in beiden Bändern, also auch in $M + N$.

Bemerkung: Die Vereinigung endlich vieler Bänder von A ist ein Band von A, aber die Vereinigung unendlich vieler Bänder von A braucht nicht ein Band zu sein.

Satz 2. *Der Durchschnitt zweier Bänder M und N von A ist ein Band von A, wenn $A = W$ oder $A = W(\lambda)$, wobei λ eine Limeszahl mit $cf(\lambda) > 0$ ist (im zweiten Fall hat der Durchschnitt einen Ordnungstypus $\geqq \Omega_{cf(\lambda)}$).*

Beweis: Wir nehmen an, von einer gewissen Stelle $\alpha_0 \in M$ ab hätten M und N keine gemeinsamen Elemente mehr. Dann bilden wir eine wachsende Folge $\{\alpha_n\}_{n<\omega}$: Es sei

$\alpha_{2 \cdot n+1}$ die erste Zahl aus N, die größer als $\alpha_{2 \cdot n}$ ist,
$\alpha_{2 \cdot n+2}$ die erste Zahl aus M, die größer als $\alpha_{2 \cdot n+1}$ ist.

Dann ist $\lim\limits_{n<\omega} \alpha_n \in A$ und in beiden Bändern M und N enthalten, was der Annahme widerspricht. Somit ist der Durchschnitt MN zusammengehörig mit A; im Fall $A = W(\lambda)$ ist sein Ordnungstypus eine Limeszahl, mit der λ konfinal ist, die also $\geqq \Omega_{cf(\lambda)}$ ist. — Daß MN abgeschlossen ist, ist klar.

Satz 3. *Es gibt zwei mit A ähnliche Bänder M und N von A, deren Vereinigung A ist, und deren Durchschnitt im Fall* $A = W$ *mit W ähnlich ist, im Fall* $A = W(\lambda)$, $cf(\lambda) > 0$ *den Ordnungstypus* $\Omega_{cf(\lambda)}$ *hat und im Fall* $A = W(\lambda)$, $cf(\lambda) = 0$ *leer ist.*

Beweis[1]: Im Fall $A = W$ und $A = W(\lambda)$ mit regulärer Limeszahl λ ist der Satz trivial, denn dann kann man $M = A$ setzen und für N ein geeignetes anderes Band von A nehmen. — Nun sei λ eine singuläre Limeszahl, also $\Omega_{cf(\lambda)} < \lambda$. Dann gibt es eine wachsende Folge $\{\alpha_\xi\}_{\xi < \Omega_{cf(\lambda)}}$ mit dem Limes λ, die eine Normalfunktion von ξ ist. M sei die Menge der Ordnungszahlen η mit $\eta \leqq \alpha_0$ oder $\alpha_{2\cdot\xi+1} < \eta \leqq \alpha_{2\cdot(\xi+1)}$ für beliebiges $\xi < \Omega_{cf(\lambda)}$ und aller $\eta = \alpha_\mu$ mit Limeszahlindex $\mu < \Omega_{cf(\lambda)}$. N sei die Menge der Ordnungszahlen η mit $\alpha_{2\cdot\xi} < \eta \leqq \alpha_{2\cdot\xi+1}$ für beliebiges $\xi < \Omega_{cf(\lambda)}$ und aller $\eta = \alpha_\mu$ mit Limeszahlindex $\mu < \Omega_{cf(\lambda)}$. Der Durchschnitt MN ist dann die Menge der α_μ mit Limeszahlindex $\mu < \Omega_{cf(\lambda)}$, also im Fall $cf(\lambda) > 0$ ein Band vom Ordnungstypus $\Omega_{cf(\lambda)}$, im Fall $cf(\lambda) = 0$ aber die Nullmenge; ferner ist $M + N = A$.

Satz 4. *Ist* $A = W$ *oder* $A = W(\lambda)$, *wobei* λ *eine Limeszahl ist, so ist der Durchschnitt einer Folge* $\{B_\eta\}_{\eta<\mu}$ *vom Limeszahltyp* μ *von Bändern von A wieder ein Band von A, wenn im Fall* $A = W(\lambda)$ $\mu < \Omega_{cf(\lambda)}$ *ist.*

Beweis: Wir setzen $\mathfrak{D}_{\eta<\nu} B_\eta = D_\nu$ für $1 \leqq \nu \leqq \mu$. Dann ist $D_{\nu_1} \supset D_{\nu_2}$ für $1 \leqq \nu_1 < \nu_2 \leqq \mu$. Wir zeigen nun, daß D_ν für jedes ν mit $1 \leqq \nu \leqq \mu$ (somit also auch $D_\mu = \mathfrak{D}_{\eta<\mu} B_\eta$) ein Band von A ist:

a) Diese Behauptung gilt für $\nu = 1$, weil $D_1 = B_0$.

b) Ist D_ν ein Band von A, so ist nach Satz 2 auch $D_{\nu+1} = D_\nu B_\nu$ ein Band von A.

c) Wir nehmen an, D_ν sei ein Band von A für alle $\nu < \pi$, wobei π eine Limeszahl $\leqq \mu$ ist, und zeigen, daß dann auch D_π ein Band von A ist. D_π ist mit A zusammengehörig; denn es gibt zu jeder Zahl $\alpha \in A$ eine größere Zahl $\beta \in A$ mit $\beta \in D_\pi$. Wir können nämlich eine Folge $\{\beta_\eta\}_{\eta<\pi}$ bilden durch die Festsetzungen: Es sei $\beta_0 = \alpha$; $\beta_{\eta+1}$ sei die kleinste Zahl ξ von $D_{\eta+1}$ mit $\xi > \beta_\eta$; ist β_η definiert für alle $\eta < \varrho$, wobei ϱ eine Limeszahl $< \pi$ ist, so sei β_ϱ die kleinste Zahl ξ von D_ϱ mit $\xi \geqq \lim_{\eta<\varrho} \beta_\eta$. Setzen wir $\beta = \lim_{\eta<\pi} \beta_\eta$, so ist $\beta > \alpha$, $\beta \in A$. Ferner ist $\beta \in D_\nu$ für $1 \leqq \nu < \pi$ (denn ist $1 \leqq \nu < \pi$, so ist $\beta_\varrho \in D_\nu$ für alle ϱ mit $\nu \leqq \varrho < \pi$;

[1] Beim Beweis von Satz 3 wird der Satz benutzt, daß jede Ordnungszahl α entweder gerade ($\alpha = 2\cdot\xi$) oder ungerade ($\alpha = 2\cdot\xi + 1$) ist (vgl. § 12). Dadurch wird der Beweis einfacher als in [11]. — Der genannte Satz wird übrigens schon im Beweis von Satz 2 benutzt (allerdings nur für endliche Zahlen, für die er ja als bekannt vorausgesetzt werden darf).

wegen der Abgeschlossenheit von D_ν ist also $\beta \in D_\nu$), also $\beta \in D_\pi = \mathfrak{D}_{\nu<\pi} D_\nu$. Schließlich ist D_π abgeschlossen, weil der Durchschnitt beliebig vieler abgeschlossener Mengen abgeschlossen ist, wenn er nicht-leer ist.

2. Volle Normalfunktionen mit regulärem Argumentbereich [18].

Def. 3: Eine Funktion heiße eine *volle Funktion*, wenn ihr Wertbereich eine Teilklasse des Argumentbereichs ist. — Bei einer vollen Normalfunktion sind Argument- und Wertbereich zusammengehörig.

Def. 4. Ein Anfangsstück A von W heiße *regulär*, wenn entweder $A = W$ oder $A = W(\lambda)$, wobei λ eine reguläre Limeszahl $>\omega$ ist. — Die regulären Anfangsstücke haben die folgende Eigenschaft: Ist $\{\alpha_\xi\}_{\xi<\mu}$ eine Folge mit $\alpha_\xi \in A$ für alle $\xi < \mu$, wobei μ eine Limeszahl $\in A$ ist, so ist $\lim\limits_{\xi<\mu} \alpha_\xi \in A$. Jedes Band eines regulären Anfangsstückes ist mit ihm ähnlich. — Zum Beispiel ist Z ein reguläres Anfangsstück (§ 6).

Eine besonders wichtige Klasse von Normalfunktionen bilden die *vollen Normalfunktionen mit regulärem Argumentbereich*, wie aus dem Folgenden hervorgeht: Aus Satz 1 und 2 folgt: *Vereinigung und Durchschnitt der Wertbereiche zweier (oder endlich vieler) solcher Normalfunktionen sind wieder die Wertbereiche zweier solcher Normalfunktionen mit demselben Argumentbereich.*

Aus Satz 4 folgt: *Ist $\{\varphi_\eta\}_{\eta<\mu}$ eine beliebige Folge vom Typ μ von vollen Normalfunktionen mit demselben regulären Argumentbereich A, wobei μ eine Limeszahl aus A sei, so ist $\mathfrak{D}_{\eta<\mu} V\varphi_\eta$ der Wertbereich einer vollen Normalfunktion mit dem Argumentbereich A.*

§ 8. Iterationen und kritische Zahlen[1]

1. Die Iterationen einer monotonen Funktion. Es sei f eine volle monotone Funktion mit dem Argumentbereich A. Wir definieren zwei Folgen von Funktionen g_ν und h_ν (von sog. *Iterationen* von f): Für jedes $\xi \in A$ sei $g_0(\xi) = h_0(\xi) = \xi$, ferner

$$g_{\nu+1}(\xi) = f(g_\nu(\xi)) \tag{1}$$

und

$$h_{\nu+1}(\xi) = h_\nu(f(\xi)); \tag{2}$$

schließlich sei, wenn λ eine Limeszahl ist,

$$g_\lambda(\xi) = \lim_{\nu<\lambda} g_\nu(\xi), \qquad h_\lambda(\xi) = \lim_{\nu<\lambda} h_\nu(\xi), \tag{3}$$

[1] In diesem Paragraphen wird oft von der Arithmetik der Ordnungszahlen (§ 10) Gebrauch gemacht, und zwar bei den Formeln (5), (6), (10), (11), bei der Bemerkung nach Satz 3 und bei Satz 4 und seiner Folgerung.

solange diese Limites in A liegen. Den Übergang von einer Iteration der Ordnung ν zur Iteration der Ordnung $\nu + 1$ nach Formel (1) bezeichnen wir mit *Linksiteration*, nach Formel (2) mit *Rechtsiteration*.

Mit Hilfe gewöhnlicher Induktion kann man leicht zeigen, daß für alle $\nu < \omega$ gilt: *Für jedes $\xi \in A$ existieren die Werte $g_\nu(\xi)$ und $h_\nu(\xi)$, und es ist*

$$g_\nu(\xi) = h_\nu(\xi) \quad \textit{für alle} \quad \nu < \omega. \tag{4}$$

Die *Iterationen endlicher Ordnung* fallen also bei beiden Iterationsarten gleich aus. Wir setzen deshalb $g_\nu(\xi) = h_\nu(\xi) = f^\nu(\xi)$ für $\nu < \omega$. Diese Funktionen sind volle monotone Funktionen mit dem Argumentbereich A. Ist zudem entweder $A = W$ oder $A = W(\lambda)$, wobei λ eine Limeszahl ist, so gilt dies auch für alle Iterationen g_ν und h_ν mit beliebigem ν bzw. mit $\nu < \Omega_{cf(A)}$.

Für die durch Linksiteration definierten Iterationen gelten einfache Gesetze: Zunächst kann man mit transfiniter Induktion nach ν beweisen, *daß*

$$g_\nu(g_\mu(\xi)) = g_{\mu+\nu}(\xi) \tag{5}$$

gilt, sofern diese Werte existieren. Analog und mit Hilfe von (5) beweist man: *Bezeichnet man die aus $F = g^\mu$ (statt aus f) durch Linksiteration erhaltenen Funktionen mit G_ν (entsprechend den g_ν), so gilt*

$$G_\nu(\xi) = g^{\mu\cdot\nu}(\xi), \tag{6}$$

sofern diese Werte existieren.

2. Die Iterationen einer Normalfunktion. *Ist f zudem stetig, also eine halbnormale Funktion, so wird*

$$g_\nu(\xi) = g_\omega(\xi) \quad \text{für} \quad \nu \geqq \omega, \tag{7}$$

wenn $A = W$ oder $A = W(\lambda)$, wobei λ eine Limeszahl mit $cf(\lambda) > 0$ ist (Beweis mit transfiniter Induktion nach ν), so daß also bei Linksiteration bereits nach der Ordnung ω keine neuen Iterationen mehr auftreten. Die Linksiteration ist also für Normalfunktionen nicht geeignet. Auch die Definition (3) der Iterationen von Limeszahlordnung λ ist für Normalfunktionen nicht günstig, weil diese nicht immer Normalfunktionen sind. Den Wertbereich einer Normalfunktion φ bezeichnen wir immer mit $V\varphi$.

Für eine Normalfunktion φ verwenden wir deshalb immer nur Rechtsiteration und ersetzen für die Iterationen von Limeszahlordnung die Definition (3) durch eine andere. Wir bezeichnen diese Iterationen mit φ^ν, wobei wir setzen:

$$\varphi^0(\xi) = \xi, \quad \varphi^{\nu+1}(\xi) = \varphi^\nu(\varphi(\xi)); \tag{8}$$

ist λ eine Limeszahl und existieren alle φ^ν für $\nu < \lambda$, so sei φ^λ definiert durch

$$V\varphi^\lambda = \mathfrak{D}_{\nu<\lambda} V\varphi^\nu. \tag{9}$$

Ist φ eine volle Normalfunktion mit dem Argumentbereich A, so ist φ^ν im Fall $A = W$ für jedes ν, im Fall $A = W(\lambda)$ mit Limeszahl λ dagegen nur für jedes $\nu < \Omega_{cf(\lambda)}$ wiederum eine volle Normalfunktion mit dem Argumentbereich A.

Für die Iterationen φ^ν gelten ähnliche Sätze wie (5) und (6): Zunächst zeigen wir, *daß gilt:*

$$\varphi^\mu(\varphi^\nu(\xi)) = \varphi^{\mu+\nu}(\xi), \tag{10}$$

sofern diese Werte existieren.

Beweis mit transfiniter Induktion nach ν: (10) gilt für $\nu = 0,1$. Gilt (10) für alle $\nu < \nu_0$, wobei $\nu_0 \geqq 1$, so gilt (10) für $\nu = \nu_0$: Denn ist $\nu_0 = \nu_0' + 1$, so ist

$$\varphi^\mu(\varphi^{\nu_0}(\xi)) = \varphi^\mu(\varphi^{\nu_0'}(\varphi(\xi))) = \varphi^{\mu+\nu_0'}(\varphi(\xi)) = \varphi^{\mu+\nu_0}(\xi).$$

Nun sei ν_0 eine Limeszahl. Ist $\eta \in V\varphi^{\mu+\nu_0}$, so ist $\eta \in V\varphi^{\mu+\nu}$ für alle $\nu < \nu_0$, also gibt es zu jedem $\nu < \nu_0$ ein $\xi_\nu \in A$ mit $\eta = \varphi^{\mu+\nu}(\xi_\nu) = \varphi^\mu(\varphi^\nu(\xi_\nu))$, also sind für $\nu < \nu_0$ alle $\varphi^\nu(\xi_\nu)$ gleich, und dieser Wert liegt somit in $V\varphi^{\nu_0}$; er sei $\varphi^{\nu_0}(\xi)$; also ist $\eta = \varphi^\mu(\varphi^{\nu_0}(\xi))$. Ist umgekehrt $\eta = \varphi^\mu(\varphi^{\nu_0}(\xi))$, so ist, weil es für jedes $\nu < \nu_0$ ein $\xi_\nu \in A$ mit $\varphi^{\nu_0}(\xi) = \varphi^\nu(\xi_\nu)$ gibt, $\eta = \varphi^\mu(\varphi^\nu(\xi_\nu)) = \varphi^{\mu+\nu}(\xi_\nu)$, also $\eta \in V\varphi^{\mu+\nu}$ für alle $\nu < \nu_0$, also $\eta \in V\varphi^{\mu+\nu_0}$. Somit gilt (10) für $\nu = \nu_0$.

Ferner gilt: *Bezeichnet man die Iterationen der Normalfunktion $\Phi = \varphi^\mu$ mit Φ^ν (entsprechend den Iterationen φ^ν von φ), so ist*

$$\Phi^\nu(\xi) = \varphi^{\mu\cdot\nu}(\xi), \tag{11}$$

was leicht mit transfiniter Induktion nach ν und mit Hilfe von (10) bewiesen werden kann.

3. Die Ableitung einer Normalfunktion. Es sei φ eine Normalfunktion mit dem Argumentbereich A. Für jedes $\xi \in A$ gilt also $\varphi(\xi) \geqq \xi$.

Def. Die Ordnungszahlen ξ, die der Gleichung $\varphi(\xi) = \xi$ genügen, heißen die *kritischen Zahlen* der Normalfunktion φ.

Zunächst sieht man, *daß die kritischen Zahlen (der Größe nach geordnet) eine Normalfunktion bilden,* die man die *Ableitung* φ' von φ nennt. Sodann bemerken wir, *daß die Ableitung φ' mit der Iteration φ^ω übereinstimmt* (denn ist ξ kritische Zahl von φ, so ist $\xi = \varphi^\nu(\xi)$ für alle $\nu < \omega$, also $\xi \in V\varphi^\omega$; ist $\xi \in V\varphi^\omega$, so ist $\xi = \varphi^\omega(x)$, also nach (10) $\varphi(\xi) = \varphi^{1+\omega}(x) = \varphi^\omega(x) = \xi$, also ξ kritische Zahl von φ).[1]

Folgerung: *Jede volle Normalfunktion φ mit $A = W$ oder $A = W(\lambda)$, wobei λ eine Limeszahl mit $cf(\lambda) > 0$ ist, hat kritische Zahlen. Der Typ ihrer Ableitung ist im Fall $A = W(\lambda)$ eine Limeszahl $\geqq \Omega_{cf(\lambda)}$. — Ist λ*

[1] Dies läßt sich auch ohne Verwendung der arithmetischen Operationen leicht beweisen.

eine Limeszahl mit $cf(\lambda) = 0$ *und* φ *eine volle Normalfunktion vom Typ* λ, *so hat* φ *nicht immer kritische Zahlen* (vgl. §§ 16, 38).

Satz 1. *Ist* $\{\varphi_\eta\}_{\eta<\mu}$ *eine Folge vom Typ* μ *von vollen Normalfunktionen mit demselben Argumentbereich* $A = W$ *oder* $A = W(\lambda)$ *für eine Limeszahl* λ, *wobei* μ *im Fall* $A = W(\lambda)$ *eine Limeszahl* $< \Omega_{cf(\lambda)}$ *ist, ist ferner* $V\varphi_{\eta_1} \supset V\varphi_{\eta_2}$ *für* $\eta_1 < \eta_2 < \mu$ *und* $\underset{\eta<\mu}{\mathfrak{D}} V\varphi_\eta = \underset{\eta<\mu}{\mathfrak{D}} V\varphi'_\eta$ *(d. h., sind die Zahlen, die in den Wertmengen aller* φ_η *vorkommen, kritische Zahlen aller* φ_η*), so gilt für die zu* $\underset{\eta<\mu}{\mathfrak{D}} V\varphi_\eta$ *gehörige Normalfunktion* ψ

$$\psi(0) = \lim_{\eta<\mu} \varphi_\eta(\alpha) \quad \textit{für} \quad \alpha \leqq \psi(0),$$

$$\psi(\xi+1) = \lim_{\eta<\mu} \varphi_\eta(\alpha) \quad \textit{für} \quad \psi(\xi) < \alpha \leqq \psi(\xi+1).$$

Beweis: Für jedes $\xi \in A$ ist $\varphi_{\eta_1}(\xi) \leqq \varphi_{\eta_2}(\xi)$ für $\eta_1 < \eta_2 < \mu$, also existiert die Grenzfunktion $g(\xi) = \lim_{\eta<\mu} \varphi_\eta(\xi)$. Ist $\nu < \mu$, so ist $g(\xi) \in V\varphi_\nu$ (wegen $\varphi_\nu(\xi) \in V\varphi_\eta$ für $\eta \leqq \nu < \mu$ und wegen der Abgeschlossenheit von $V\varphi_\eta$); also ist $g(\xi) \in V\psi$. Für $\alpha \leqq \psi(0)$ und beliebiges $\eta < \mu$ wird nun

$$\varphi_\eta(\alpha) \leqq \varphi_\eta(\psi(0)) = \psi(0),$$

also

$$g(\alpha) \leqq \psi(0),$$

und wegen $g(\alpha) \in V\psi$ folgt daraus $g(\alpha) = \psi(0)$. Für $\psi(\xi) < \alpha \leqq \psi(\xi+1)$ wird

$$\psi(\xi) \leqq \varphi_\eta(\psi(\xi)) < \varphi_\eta(\alpha) \leqq \varphi_\eta(\psi(\xi+1)) = \psi(\xi+1),$$

also

$$\psi(\xi) < g(\alpha) \leqq \psi(\xi+1),$$

und wegen $g(\alpha) \in V\psi$ folgt daraus $g(\alpha) = \psi(\xi+1)$.

Folgerung: Die erste Zahl von $V\psi$ ist $\lim_{\eta<\mu} \varphi_\eta(0)$; die kleinste Zahl von $V\psi$ über α ist $\lim_{\eta<\mu} \varphi_\eta(\alpha+1)$.

Satz 2: *Ist* φ *eine volle Normalfunktion mit* $A = W$ *oder* $A = W(\lambda)$, *wobei* λ *eine Limeszahl mit* $cf(\lambda) > 0$ *ist, so ist*

$$\varphi'(0) = \lim_{n<\omega} \varphi^n(\alpha) \quad \textit{für} \quad \alpha \leqq \varphi'(0),$$

$$\varphi'(\xi+1) = \lim_{n<\omega} \varphi^n(\alpha) \quad \textit{für} \quad \varphi'(\xi) < \alpha \leqq \varphi'(\xi+1).$$

Beweis: Die Folge der Iterationen φ^n von φ erfüllt die Bedingungen von Satz 1 (z. B. ist für jedes $n < \omega$ jeder Wert von φ^ω kritische Zahl von φ^n wegen $(\varphi^n)^\omega = \varphi^{n\cdot\omega} = \varphi^\omega$).

Folgerung: Die kleinste kritische Zahl von φ ist $\lim_{n<\omega} \varphi^n(0)$; die kleinste kritische Zahl von φ über α ist $\lim_{n<\omega} \varphi^n(\alpha+1)$.

Satz 3. *Sind f und g zwei volle Normalfunktionen mit demselben Argumentbereich A, so ist $h(\xi) = f(g(\xi))$ eine Normalfunktion mit dem Argumentbereich A, deren Ableitung durch $Vh' = Vf'Vg'$ gegeben ist.*

Beweis: Daß h eine Normalfunktion ist, ist klar. Ist $\xi \in Vh'$, so ist $h(\xi) = f(g(\xi)) = \xi$, also $g(\xi) \leqq \xi$, somit $g(\xi) = \xi$; ferner wird $f(\xi) = \xi$, also $\xi \in Vf'Vg'$. Umgekehrt folgt aus dem letzteren $\xi = f(\xi) = g(\xi)$, also $h(\xi) = f(g(\xi)) = f(\xi) = \xi$, also $\xi \in Vh'$.

Bemerkung: Die folgenden Behauptungen über spezielle Normalfunktionen lassen sich leicht beweisen: Die Normalfunktion $\varphi(\xi) = \xi$ ist die einzige Normalfunktion, bei der alle Iterationen mit ihr selbst übereinstimmen, und die einzige, die mit ihrer Ableitung übereinstimmt. Für die Normalfunktion $\varphi(\xi) = \alpha + \xi$ gilt $\varphi^{\nu}(\xi) = \alpha \cdot \nu + \xi$, also $\varphi'(\xi) = \alpha \cdot \omega + \xi$; für die Normalfunktion $\varphi(\xi) = \alpha \cdot \xi$ gilt $\varphi^{\nu}(\xi) = \alpha^{\nu} \cdot \xi$ für $\alpha \geqq 1$, also $\varphi'(\xi) = \alpha^{\omega} \cdot \xi$. — Weitere spezielle Normalfunktionen werden in den §§ 15 und 16 behandelt.

4. Die Folge der Ableitungen [18]. Wir beschränken die Betrachtungen dieses Paragraphen nun auf volle Normalfunktionen φ mit regulärem Argumentbereich A (§ 7).[1]

Ausgehend von einer solchen Normalfunktion φ kann man eine *transfinite Folge von Ableitungen* φ_η bilden, indem man definiert:

$$\varphi_0 = \varphi,$$
$$\varphi_{\eta+1} = \varphi_\eta' \quad \text{für} \quad \eta \in A,$$
$$V\varphi_\lambda = \mathfrak{D}_{\eta<\lambda} V\varphi_\eta, \quad \text{wenn } \lambda \text{ eine Limeszahl aus } A \text{ ist.}$$

Damit ist jedem $\eta \in A$ eine Ableitung φ_η (sog. *Ableitung der Ordnung* η) zugeordnet. Jedes φ_η ist eine volle Normalfunktion mit dem Argumentbereich A. Dabei gilt für jedes $\eta \in A$ nach Satz 2

$$\varphi_{\eta+1}(0) = \lim_{n<\omega} \varphi_\eta^n(\alpha) \quad \text{für} \quad \alpha \leqq \varphi_{\eta+1}(0),$$
$$\varphi_{\eta+1}(\xi+1) = \lim_{n<\omega} \varphi_\eta^n(\alpha) \quad \text{für} \quad \varphi_{\eta+1}(\xi) < \alpha \leqq \varphi_{\eta+1}(\xi+1);$$

ferner folgt aus Satz 1 für jede Limeszahl $\lambda \in A$

$$\varphi_\lambda(0) = \lim_{\eta<\lambda} \varphi_\eta(\alpha) \quad \text{für} \quad \alpha \leqq \varphi_\lambda(0),$$
$$\varphi_\lambda(\xi+1) = \lim_{\eta<\lambda} \varphi_\eta(\alpha) \quad \text{für} \quad \varphi_\lambda(\xi) < \alpha \leqq \varphi_\lambda(\xi+1).$$

Deshalb ist $\varphi_\eta(0)$ eine volle Normalfunktion von η mit dem Argumentbereich A, während dies für $\varphi_\eta(\xi)$ mit festem $\xi \geqq 1$ nicht gilt (denn dann ist $\varphi_\eta(\xi) > \varphi_\eta(0) \geqq \eta$).

---

[1] In [18] werden auch nur solche Normalfunktionen betrachtet, so daß die Sätze von [18] nicht allgemein gelten.

Satz 4. *Für jedes* $\xi \in A$ *und* $\eta \in A$ *ist* $\varphi_\eta(\xi) = \varphi^{\omega^\eta}(\xi)$. — Beweis mit transfiniter Induktion nach η und mittels Formel (11) dieses Paragraphen.

Folgerung: Für alle α mit $\omega^\eta \leqq \alpha < \omega^{\eta+1}$ (wobei η eine beliebige Zahl aus A ist) sind die Ableitungen (erster Ordnung) von φ^α einander gleich, und zwar gleich $\varphi_{\eta+1}$. — Beweis aus Satz 4 und $\alpha \cdot \omega = \omega^{\eta+1}$.

§ 9. Regressive Funktionen

1. Ihre Theorie. In § 7 haben wir uns auf Funktionen beschränkt, deren Argumentbereiche Anfangsstücke A von W ohne Maximum sind. Wir betrachten nun auch Funktionen, deren Argumentbereiche beliebige mit A zusammengehörige Teilklassen M von A, und deren Wertbereiche ebenfalls Teilklassen von A seien.

Def. 1. Eine solche Funktion φ heißt *regressiv*, wenn $\varphi(\xi) < \xi$ für alle Argumente $\xi \in M$ mit $\xi \geqq 1$ (und $\varphi(0) = 0$ im Fall, daß $0 \in M$).

Def. 2. Eine solche Funktion φ heißt *bestimmt divergent*, wenn es zu jeder Zahl $\beta \in A$ eine Zahl $\alpha \in M$ gibt, für die $\varphi(\xi) > \beta$ für alle $\xi \geqq \alpha$ ist (d. h. also, wenn die Funktionswerte jede Zahl $\beta \in A$ „schließlich endgültig" überschreiten). — Ist $A = W(\lambda)$, wobei λ eine Limeszahl ist, und ist $\{\alpha_\xi\}_{\xi<\lambda}$ die zu M gehörige wachsende Funktion (§ 5), so bedeutet unsere Bedingung speziell $\lim\limits_{\xi<\lambda} \varphi(\alpha_\xi) = \lambda$.

Daß eine solche Funktion φ auf M *nicht bestimmt divergent* ist, ist also gleichbedeutend damit, daß es eine Zahl $\beta \in A$ gibt, so daß die Zahlen ξ, für die $\varphi(\xi) \leqq \beta$ gilt, eine mit A zusammengehörige Teilklasse von A bilden. — Ist dabei A regulär, so folgt aus der letzteren Bedingung die etwas schärfere Aussage, daß es eine Zahl $\beta \in A$ gibt, so daß die Zahlen ξ, für die die Gleichung $\varphi(\xi) = \beta$ gilt, eine mit A zusammengehörige Teilklasse von A bilden (denn ist A regulär, gilt $\varphi(\xi) \leqq \beta$ für alle Zahlen ξ einer mit A zusammengehörigen Teilklasse von A, und nimmt man an, für jedes $\eta \leqq \beta$ seien die Zahlen ξ mit $\varphi(\xi) = \eta$ je alle unterhalb einer Zahl α_η, so ist $\alpha = \sup\limits_{\eta \leqq \beta} \alpha_\eta$ eine Zahl von A, wobei $\varphi(\xi) \leqq \beta$ unmöglich ist für $\xi > \alpha$, im Widerspruch zur Voraussetzung; somit gibt es ein $\eta \leqq \beta$, so daß die Zahlen ξ, für die $\varphi(\xi) = \eta$ gilt, eine mit A zusammengehörige Teilklasse von A bilden).

Def. 3. Eine Teilklasse M von A heißt nach Bloch [4] *stationär*, wenn $A - M$ kein Band von A enthält. — Unmittelbare Folgerungen: Jede Teilklasse $M \subset A$, die ein Band von A enthält, ist stationär (denn zwei disjunkte Teilklassen von A können nicht beide ein Band von A enthalten, weil der Durchschnitt dieser Bänder nach § 7 nicht leer sein könnte); aber nicht jede stationäre Teilklasse von A enthält ein Band von A (siehe später in diesem Paragraphen). Man kann nur sagen, daß jede stationäre Teilklasse von A mit A zusammengehörig ist.

Satz 1. *Ist $A = W$ oder $A = W(\lambda)$, wobei λ eine Limeszahl mit $cf(\lambda) > 0$ ist, und ist M eine stationäre Teilklasse von A, so ist jede auf M definierte regressive Funktion nicht bestimmt divergent.*

Beweis: Wir nehmen an, φ sei eine regressive Funktion auf M, und φ sei zugleich bestimmt divergent. Also gibt es zu jeder Zahl $\beta \in A$ eine Zahl $\alpha \in M$, für die $\varphi(\xi) > \beta$ für alle $\xi \in M$ mit $\xi \geqq \alpha$ ist. Nun definieren wir eine Normalfunktion h wie folgt: $h(0)$ sei die kleinste Zahl $\alpha \in M$, für die $\varphi(\xi) > 0$ für alle $\xi \in M$ mit $\xi \geqq \alpha$ ist; $h(\eta + 1)$ sei die kleinste Zahl $\alpha \in M$ mit $\alpha > h(\eta)$, für die $\varphi(\xi) > h(\eta)$ für alle $\xi \in M$ mit $\xi \geqq \alpha$ ist; für Limeszahlen μ sei $h(\mu) = \lim_{\eta<\mu} h(\eta)$, sofern die Menge der Werte $h(\eta)$ mit $\eta < \mu$ nicht mit A zusammengehörig ist. Wir bezeichnen die Klasse der Werte $h(\mu)$ mit Limeszahlargument μ mit H; nach den Voraussetzungen über A ist H ein Band von A. Der Durchschnitt HM ist nicht-leer, denn sonst würde $A - M$ das Band H enthalten. Es gibt also eine Limeszahl ν, für die $h(\nu) \in M$. Nach Definition der Funktion h ist $\varphi(\xi) > h(\eta)$ für alle $\xi \in M$ mit $\xi \geqq h(\eta + 1)$, und da dies für alle $\eta < \nu$ gilt, ist $\varphi(h(\nu)) \geqq h(\nu)$, im Widerspruch dazu, daß φ regressiv sein sollte. Also ist die Annahme, φ sei zugleich bestimmt divergent, zu verwerfen.

Bemerkung: Ist φ eine bestimmt divergente Funktion auf M (unter den Voraussetzungen von Satz 1), so gibt es also Zahlen $\xi \in M$ mit $\varphi(\xi) \geqq \xi$. Diese Zahlen bilden sogar eine stationäre Teilklasse von A (denn nach Eigenschaft 4 auf S. 47 ist HM eine stationäre Teilklasse von A, und nach Eigenschaft 1 auf S. 47 gilt dies somit auch für die Klasse der Zahlen ξ mit $\varphi(\xi) \geqq \xi$).

Satz 1 kann nicht dadurch verallgemeinert werden, daß man weniger von M verlangt, denn es gilt:

Satz 2. *Ist M keine stationäre Teilklasse von A, so gibt es eine auf M definierte regressive Funktion, die zugleich bestimmt divergent ist.*

Beweis: $A - M$ enthalte ein Band B von A mit der zugehörigen Normalfunktion $\{\beta_\xi\}_{\xi \in C}$. Wir definieren nun die Funktion φ wie folgt: Gibt es Zahlen $\alpha \in M$ mit $\alpha < \beta_0$, so setzen wir für diese Zahlen $\varphi(\alpha) = 0$. Ist $\alpha \in M$ und $\alpha > \beta_0$, so gibt es eine Zahl ξ mit $\beta_\xi < \alpha < \beta_{\xi+1}$, und wir setzen $\varphi(\alpha) = \beta_\xi$. Die so definierte Funktion φ leistet das Gewünschte.

Satz 1 bleibt auch dann nicht mehr richtig, wenn die Bedingung über A fallengelassen wird:

Satz 3: *Ist $A = W(\lambda)$ mit $cf(\lambda) = 0$, so kann auf jeder beliebigen Teilklasse M von A eine regressive Funktion definiert werden, die zugleich bestimmt divergent ist.*

Beweis: Es gibt eine wachsende Folge $\{\gamma_n\}_{n<\omega}$ mit $\lim\limits_{n<\omega} \gamma_n = \lambda$. Wir setzen $\varphi(\alpha) = 0$, wenn $\alpha \in M$ und $\alpha \leqq \gamma_0$ ist, und $\varphi(\alpha) = \gamma_n$, wenn $\alpha \in M$ und $\gamma_n < \alpha \leqq \gamma_{n+1}$ ist. Die so definierte Funktion φ leistet das Gewünschte.

Die Theorie der regressiven und der bestimmt divergenten Funktionen wurde von FODOR stark weiterentwickelt [9, 10].

2. Stationäre Klassen. Da die stationären Teilklassen von A eine wichtige Rolle spielen, wenden wir uns noch kurz diesen zu. Wir erwähnen zunächst die folgenden Eigenschaften:

1. Ist M eine stationäre Teilklasse von A und gilt $M \subset N \subset A$, so ist auch N eine stationäre Teilklasse von A.

2. Der Durchschnitt zweier nicht-stationärer Teilklassen von A ist nicht-stationär (denn sein Komplement ist die Vereinigung der Komplemente der beiden Teilklassen und nach § 7, Satz 1).

3. Ist A regulär und $\alpha \in A$, so ist die Vereinigung einer Folge vom Typ α von nicht-stationären Teilklassen von A nicht-stationär (Beweis ebenfalls durch Betrachtung der Komplemente und nach § 7, Satz 4).

4. Der Durchschnitt eines Bandes B von A und einer stationären Teilklasse M von A ist stationär (enthielte nämlich $A - BM = (A - B) + (A - M)$ ein Band B_1 von A, so wäre $B_2 = BB_1$ ein Band von A mit $B_2 \subset A - M$, Widerspruch).

Daß die stationären Teilklassen allgemeiner als die Bänder sind, zeigt der Satz:

Satz 4: *Ist $A = W$ (aber $\neq Z$;* vgl. § 6) *oder $A = W(\lambda)$, wobei λ eine Limeszahl mit $cf(\lambda) > 1$ ist, so ist A in zwei disjunkte stationäre Teilklassen von A zerlegbar (d. h. in zwei disjunkte, mit A zusammengehörige Teilklassen, die beide kein Band von A enthalten).*

Beweis: Es sei $A = W$ (aber $\neq Z$) oder $A = W(\lambda)$, wobei λ eine Limeszahl mit $cf(\lambda) > 1$ sei. B sei die Klasse aller Limeszahlen von A, die mit ω konfinal sind, ferner $C = A - B$. B und C sind mit A zusammengehörig, und beide enthalten kein Band von A. Enthielte nämlich B ein Band von A mit der zugehörigen Normalfunktion $\{\beta_\xi\}_{\xi \in B'}$, so wäre $\Omega_1 \in B'$, und $\beta_{\Omega_1} = \lim\limits_{\xi < \Omega_1} \beta_\xi$ wäre in C, Widerspruch; und enthielte C ein Band von A mit der zugehörigen Normalfunktion $\{\gamma_\xi\}_{\xi \in C'}$, so wäre $\omega \in C'$, also wäre $\gamma_\omega = \lim\limits_{\xi < \omega} \gamma_\xi$ eine Zahl von B, Widerspruch.

Satz 4': *Satz 4 gilt auch für $A = Z$; es gilt sogar noch allgemeiner: Jede beliebige stationäre Teilklasse von Z ist in zwei disjunkte stationäre Teilklassen zerlegbar.*

Beweis: Der Beweis muß in mehreren Schritten und mit Hilfe des *Auswahlaxioms* geführt werden[1]: Es sei M eine beliebige stationäre Teilklasse von Z.

a) Es gibt eine auf M definierte regressive Funktion φ, so daß für jede Zerlegung von M in zwei nicht-leere disjunkte Klassen $M = B + C$, bei der φ auf B beschränkt ist (d.h., bei der für ein bestimmtes $\alpha \in Z$ gilt: $\varphi(\xi) < \alpha$ für alle $\xi \in B$), C stationär ist: Nach dem Auswahlaxiom kann man jeder

[1] Ich verdanke W. NEUMER die genauere Ausführung dieses von BLOCH in [4] sehr lückenhaft gegebenen Beweises. Es ist fraglich, ob er sich auf $A = W(\lambda)$ mit $cf(\lambda) = 1$ verallgemeinern läßt.

Limeszahl $\xi \in M$ eine wachsende Folge $\{\xi_n\}_{n<\omega}$ vom Typ ω mit dem Limes ξ zuordnen. Wir definieren eine Folge $\{f_n\}_{n<\omega}$ von regressiven Funktionen auf M, indem wir setzen: $f_n(0) = 0$, wenn $0 \in M$; $f_n(\xi) = \xi - 1$ für $\xi \in M$ von 1. Art[1]; $f_n(\xi) = \xi_n$ für Limeszahlen $\xi \in M$. Hätte nun keine dieser Funktionen f_n die für φ verlangte Eigenschaft, so könnte man jedem $n < \omega$ eine Zerlegung $M = B_n + C_n$ zuordnen, wobei f_n auf B_n beschränkt ist und C_n nicht-stationär ist. Dann wäre auch $\mathfrak{B}_{n<\omega} C_n$ nicht-stationär, d.h. $Z - \mathfrak{B}_{n<\omega} C_n$ enthielte ein Band von Z. Wegen $Z - \mathfrak{B}_{n<\omega} C_n = (Z - M) + \mathfrak{D}_{n<\omega} B_n$, und weil $Z - M$ kein Band von Z enthält, müßte also $\mathfrak{D}_{n<\omega} B_n$ mit Z zusammengehörig sein. Auf $\mathfrak{D}_{n<\omega} B_n$ wären alle f_n beschränkt, also gäbe es auf $\mathfrak{D}_{n<\omega} B_n$ für alle f_n eine gemeinsame Schranke, was unmöglich ist. Es gibt also eine Funktion φ mit den verlangten Eigenschaften.

b) H sei die Klasse der Funktionswerte η, für die die Gleichung $\varphi(\xi) = \eta$ eine mit Z zusammengehörige Klasse von Lösungen $\xi \in M$ hat (nach Satz 1 ist $H \neq 0$). Für jedes $\eta \in H$ sei K_η die Klasse der Lösungen ξ der Gleichung $\varphi(\xi) = \eta$, ferner sei $K = \mathfrak{B}_{\eta \in H} K_\eta$; die K_η sind paarweise disjunkt. — H ist sogar mit Z zusammengehörig: Denn sonst wäre φ auf K beschränkt, also wäre nach a) $M - K$ stationär, und auf $M - K$ wäre φ eine regressive Funktion, die keinen ihrer Werte auf einer mit Z zusammengehörigen Teilklasse von Argumenten annimmt, im Widerspruch zu Satz 1.

c) Es sei H' die Klasse der $\eta \in H$, für die K_η nicht-stationär ist, ferner $K' = \mathfrak{B}_{\eta \in H'} K_\eta$. — K' ist nicht-stationär: Es sei $H' \neq 0$. Nach Satz 2 existiert zu jedem $\eta \in H'$ eine regressive Funktion g_η auf K_η mit $g_\eta(\xi) > \eta$ für $\xi \in K_\eta$, die keinen ihrer Werte auf einer mit Z zusammengehörigen Teilklasse von Z annimmt. Es sei $g(\xi) = g_\eta(\xi)$ für $\xi \in K_\eta$ und $\eta \in H'$. g ist eine regressive Funktion auf K', die ebenfalls keinen ihrer Werte auf einer mit Z zusammengehörigen Teilklasse von Z annimmt (denn wäre $g(\xi) = \alpha \in Z$ für eine mit Z zusammengehörige Klasse von Argumenten ξ, so könnten diese Argumente nur in Klassen K_η mit $\eta < \alpha$ vorkommen, also gäbe es ein $\eta_1 < \alpha$, so daß K_{η_1} eine mit Z zusammengehörige Klasse von solchen Argumenten enthält, im Widerspruch zu Def. von g_{η_1}). Nach Satz 1 ist also K' nicht-stationär. — $H - H'$ ist überabzählbar: Weil M stationär, aber K' nicht-stationär ist, ist $M - K' \neq 0$. Nach a) ist φ auf $M - K'$ nicht beschränkt (denn sonst wäre K' stationär); also muß $H - H'$ überabzählbar sein.

d) Es sei η_0 das kleinste $\eta \in H - H'$, ferner $K'' = \mathfrak{B}_{\substack{\eta \in H - H' \\ \eta > \eta_0}} K_\eta + K' + (M - K)$. Dann ist $M = K_{\eta_0} + K''$, wobei K_{η_0} und K'' disjunkte stationäre Klassen sind. Somit haben wir das Resultat: *Jede stationäre Teilklasse M von Z ist in zwei disjunkte stationäre Klassen zerlegbar.* Daraus folgt auch für Z selbst eine solche Zerlegung (man hat nur $M = Z$ zu setzen).

Folgerung: Ist $A = W$ oder $A = W(\lambda)$, wobei λ eine Limeszahl mit $cf(\lambda) > 1$ ist, oder $A = Z$, und enthält M ein Band von A, so enthält zwar $A - M$ kein Band von A; die Umkehrung gilt aber nicht: Enthält M kein Band von A, so muß $A - M$ nicht unbedingt ein Band von A enthalten. Satz 1 kann also auch in Fällen gelten, wo M kein Band von A enthält.

[1] $\xi - 1$ ist die Zahl, deren Nachfolger ξ ist.

3. Anwendungen. Aus der Theorie der regressiven Funktionen ergeben sich *zwei paradox anmutende Sätze*:

Satz 5.[1] *Voraussetzung: Es sei* $\{A_\xi\}_{\xi \in Z}$ *eine Folge von abzählbaren, paarweise disjunkten Mengen. Wir nehmen von* A_0 *ein Element* b_1 *weg, fügen zum Rest* A_1 *hinzu, nehmen von der erhaltenen Menge ein Element* b_2 *weg, fügen* A_2 *hinzu, usw. Das heißt, wir definieren Mengen* M_ξ *und* B_ξ *für alle* $\xi \in Z$: *Es sei* $M_0 = 0$, $B_0 = 0$. *Sind alle* M_η *und* B_η *für* $\eta < \xi$ *gebildet, wobei* $\xi > 0$, *so sei* $M_\xi = \mathfrak{V}_{\eta<\xi} A_\eta - \mathfrak{V}_{\eta<\xi} B_\eta$, *und es sei* $B_\xi = \{b_\xi\}$, *wobei* $b_\xi \in M_\xi$. — *Behauptung: Es gibt eine Zahl* $\xi_0 \geqq 1$ *in* Z, *so daß* $M_{\xi_0} = 0$, *d.h. daß die Menge* $\mathfrak{V}_{\eta<\xi_0} B_\eta$ *der weggenommenen Elemente genau die Menge* $\mathfrak{V}_{\eta<\xi_0} A_\eta$ *der hinzugefügten Elemente ist* [16].

Beweis (mit Hilfe des *Auswahlaxioms*): Wäre die Behauptung falsch, so wäre $M_\xi \neq 0$ für alle $\xi \in Z$ mit $\xi > 0$. Nach dem Auswahlaxiom existiert eine Funktion, die jedem $\xi \in Z$ eine eineindeutige Abbildung zwischen A_ξ und den Zahlen ζ mit $\omega \cdot \xi \leqq \zeta < \omega \cdot \xi + n$ zuordnet, wobei $n \leqq \omega$. Somit ist jedem Element $a \in \mathfrak{V}_{\eta \in Z} A_\eta$ eine Zahl $\zeta = \varphi(a)$ zugeordnet; für verschiedene a ist ζ verschieden. Für jedes $\xi \in Z$ ist $b_\xi \in \mathfrak{V}_{\eta<\xi} A_\eta$, also existiert ein bestimmtes $\eta < \xi$ mit $b_\xi \in A_\eta$, also ist $\varphi(b_\xi) < \omega \cdot \xi$. — Setzt man $\alpha_\xi = \omega \cdot \xi$, $\beta_\xi = \varphi(b_\xi)$, so ist $\beta_\xi < \alpha_\xi$ für alle $\xi \in Z$ mit $\xi > 0$. Nach Satz 1 existiert also eine mit Z zusammengehörige Klasse von Indizes ξ, für die alle β_ξ gleich sind, was einen Widerspruch ergibt, da b_ξ wegen $b_\xi \in M_\xi$ von allen b_η mit $\eta < \xi$ verschieden ist.

Satz 6. *Es gibt keine Funktion, die jeder Limeszahl* $\lambda \in Z$ *eindeutig eine wachsende Folge vom Typ* ω *mit dem Limes* λ *zuordnet, so daß gilt: Ist* $\{\lambda_n\}_{n<\omega}$ *eine solche Folge, und* ξ *eine Limeszahl mit* $\lambda_n < \xi < \lambda_{n+1}$ *für ein* $n < \omega$ *und mit zugehöriger Folge* $\{\xi_n\}_{n<\omega}$, *so ist* $\xi_0 \geqq \lambda_n$ [2].

Beweis: Annahme, es existiere eine solche Funktion. Wir ordnen jeder Limeszahl $\lambda \in Z$ das erste Glied $\lambda_0 = f(\lambda)$ ihrer Folge $\{\lambda_n\}_{n<\omega}$ zu. Die Funktion f ist regressiv. Nach Satz 1 existiert also eine Zahl γ, so daß für eine Folge $\{\alpha_\xi\}_{\xi \in Z}$ von Limeszahlen $f(\alpha_\xi) = \gamma$ gilt. Es sei $\eta = \lim_{\xi<\omega} \alpha_\xi$, also $\eta \in Z$; $\{\eta_n\}_{n<\omega}$ sei die zu η gehörende Folge. Es sei n_0 die kleinste Zahl n mit $\eta_n > \gamma$, n_1 die kleinste Zahl n mit $\alpha_n > \eta_{n_0}$ und n_2 die kleinste Zahl n mit $\eta_n > \alpha_{n_1}$. Also ist $f(\alpha_{n_1}) = \gamma < \eta_{n_0}$ im Widerspruch zur Voraussetzung $f(\alpha_{n_1}) \geqq \eta_{n_2-1} \geqq \eta_{n_0}$.

III. Arithmetik der Ordnungszahlen

§ 10. Mengentheoretische Definition der elementaren arithmetischen Operationen und ihre Gesetze

1. Definition der arithmetischen Operationen. Die arithmetischen Operationen mit Ordnungszahlen können auf zwei verschiedene Arten eingeführt werden: mengentheoretisch (aus den Ordnungstypen gewisser

[1] Hier wird von der Arithmetik der Ordnungszahlen und anderen erst später erklärten Begriffen Gebrauch gemacht.

Mengen), oder als Funktionen oder Funktionale (die durch transfinite Rekursion definiert werden). In diesem Paragraphen behandeln wir die mengentheoretische Einführung der Operationen (die zweite Einführungsart folgt in § 13).

Es sei eine Folge $\{\alpha_\xi\}_{\xi<\lambda}$ von beliebigem Typ λ von Ordnungszahlen α_ξ gegeben. Zu dieser Folge kann man eine Folge $\{A_\xi\}_{\xi<\lambda}$ von zugehörigen wohlgeordneten, paarweise disjunkten Mengen A_ξ effektiv bilden, so daß $\overline{A_\xi} = \alpha_\xi$: man setze A_ξ gleich der Menge aller geordneten Paare (ξ, η) mit $\eta < \alpha_\xi$.

1. *Summe von Ordnungszahlen.* Man definiert die Summe $\sum_{\xi<\lambda} \alpha_\xi$ als den Ordnungstypus von $\mathfrak{V}_{\xi<\lambda} A_\xi$, wobei diese Vereinigung nach folgender Vorschrift geordnet sei: Sind die Elemente a und b in derselben Menge A_ξ, so wird die Ordnung dieser Elemente unverändert in der Ordnung von A_ξ gelassen; ist $a \in A_\xi$, $b \in A_\eta$, wobei $\xi < \eta$, so sei $a \prec b$. Man kann leicht zeigen, daß diese Ordnung eine Wohlordnung ist, so daß die Summe also eine Ordnungszahl ist. λ heißt das *Argument* der Summe. Ist $\lambda = 0$, so ist $\sum_{\xi<\lambda} \alpha_\xi = 0$, da dann $\mathfrak{V}_{\xi<\lambda} A_\xi = 0$.

Definiert man die Summe mit Hilfe anderer wohlgeordneter Mengen A'_ξ mit $\overline{A'_\xi} = \alpha_\xi$, so erhält man dieselbe Summe; denn da nach § 3 A'_ξ in einer und nur einer Weise ähnlich auf A_ξ abgebildet werden kann, kann man $\mathfrak{V}_{\xi<\lambda} A_\xi \cong \mathfrak{V}_{\xi<\lambda} A'_\xi$ beweisen (ohne das Auswahlaxiom zu verwenden). Analoges gilt auch für die anderen arithmetischen Operationen mit Ordnungszahlen.

Im Falle zweier Summanden α, β schreibt man für ihre Summe $\alpha + \beta$. Dann heißt α der *Augend*, β der *Addend*. Für jede Ordnungszahl α ist $\alpha + 0 = 0 + \alpha = \alpha$; ferner ist $\alpha + 1$ die Nachfolgerzahl von α.

2. *Produkt von Ordnungszahlen.* Da wir jetzt die Mengen A_ξ nicht mehr als paarweise disjunkt voraussetzen müssen, ersetzen wir sie durch die Mengen $B_\xi = W(\alpha_\xi)$ für alle $\xi < \lambda$. Die Produktmenge $\mathfrak{P}_{\xi<\lambda} B_\xi$ besteht aus allen Folgen $\{\beta_\xi\}_{\xi<\lambda}$ mit $\beta_\xi < \alpha_\xi$. Wir definieren das Produkt $\prod_{\xi<\lambda} \alpha_\xi$ als den Ordnungstypus derjenigen Teilmenge P dieser Produktmenge, die genau aus denjenigen Folgen besteht, die nur endlich viele von 0 verschiedene Werte haben, wobei die Folgen von P nach „letzten Differenzen" geordnet werden. Das heißt, in P wird folgende Ordnungsbeziehung eingeführt: Sind $b = \{\beta_\xi\}_{\xi<\lambda}$ und $b' = \{\beta'_\xi\}_{\xi<\lambda}$ zwei verschiedene Folgen aus P, so unterscheiden sie sich nur an endlich vielen Stellen ξ voneinander; es gibt also eine letzte Stelle $\xi = \xi_0$, für die $\beta_{\xi_0} \neq \beta'_{\xi_0}$ (sog. „letzte Differenzstelle"); man definiert $b \lessgtr b'$, je nachdem $\beta_{\xi_0} \lessgtr \beta'_{\xi_0}$ ist. Man kann leicht zeigen, daß P durch diese Beziehung $\prec$ wohlgeordnet ist.

Das Produkt ist also eine Ordnungszahl. λ heißt das *Argument* des Produkts. Ist $\lambda = 0$, so ist $\prod_{\xi<\lambda} \alpha_\xi = 1$, denn $\mathfrak{P}_{\xi<\lambda} B_\xi$ enthält als einzige Funktion die Nullmenge. Im Falle zweier Faktoren α, β schreibt man für ihr Produkt $\alpha \cdot \beta$; α heißt der *Multiplikand*, β der *Multiplikator*. Für jede Ordnungszahl α ist $\alpha \cdot 0 = 0 \cdot \alpha = 0$ (dagegen ist in der Analysis $0 \cdot \infty$ unbestimmt), $\alpha \cdot 1 = 1 \cdot \alpha = \alpha$. Ein Produkt von Ordnungszahlen ist dann und nur dann 0, wenn ein Faktor 0 ist.

3. *Potenzen von Ordnungszahlen.* Wir definieren die Potenz als iterierte Multiplikation, d. h., es sei

$$\alpha^\beta = \prod_{\xi<\beta} \alpha_\xi, \quad \text{wobei} \quad \alpha_\xi = \alpha \quad \text{für alle} \quad \xi < \beta.$$

Somit ist α^β der Ordnungstypus der Menge der Folgen $\{\gamma_\xi\}_{\xi<\beta}$ vom Typ β mit $\gamma_\xi < \alpha$ für alle $\xi < \beta$, die nur an endlich vielen Stellen von 0 verschiedene Werte haben, und die nach letzten Differenzen geordnet sind. α heißt die *Basis*, β der *Exponent*. Es ist $\alpha^0 = 1$ für beliebige Ordnungszahlen α (in der Analysis 0^0 und ∞^0 unbestimmt), $0^\beta = 0$ für $\beta \geqq 1$, $1^\beta = 1$ für beliebige β (in der Analysis 1^∞ unbestimmt).

2. Die Gesetze der arithmetischen Operationen. Aus der Definition der Summe folgt unmittelbar:

(1) *$\alpha < \beta$ ist gleichbedeutend mit der Existenz einer Ordnungszahl $\gamma > 0$ mit $\alpha + \gamma = \beta$.*

Die folgenden Gleichungen können bewiesen werden, indem man zwischen den wohlgeordneten Mengen, deren Ordnungstypen linke und rechte Seiten dieser Gleichungen sind, ähnliche Abbildungen herstellt.

(2) *Jede Ordnungszahl α läßt sich durch iterierte Addition von 1 erhalten: Ist $\alpha_\xi = 1$ für alle $\xi < \alpha$, so ist $\alpha = \sum_{\xi<\alpha} \alpha_\xi$.*

(3) *Die Multiplikation ist eine iterierte Addition: Ist $\alpha_\xi = \alpha$ für alle $\xi < \beta$, so ist $\alpha \cdot \beta = \sum_{\xi<\beta} \alpha_\xi$.*

(4) *Für Addition und Multiplikation gelten folgende assoziative Gesetze: Ist $\lambda = \sum_{\eta<\mu} \beta_\eta$, und sind die Partialsummen $\sigma_\nu = \sum_{\eta<\nu} \beta_\eta$ für $\nu < \mu$ (also $\sigma_0 = 0$, $\sigma_{\nu+1} = \sigma_\nu + \beta_\nu$), so ist*

$$\sum_{\xi<\lambda} \alpha_\xi = \sum_{\nu<\mu}\Big(\sum_{\xi<\beta_\nu} \alpha_{\sigma_\nu+\xi}\Big), \quad \prod_{\xi<\lambda} \alpha_\xi = \prod_{\nu<\mu}\Big(\prod_{\xi<\beta_\nu} \alpha_{\sigma_\nu+\xi}\Big).$$

Daraus folgt speziell:

$$(\alpha + \beta) + \gamma = \alpha + (\beta + \gamma), \quad (\alpha \cdot \beta) \cdot \gamma = \alpha \cdot (\beta \cdot \gamma).$$

(5) *Zwischen Addition und Multiplikation gilt das distributive Gesetz*

$$\alpha \cdot \sum_{\eta<\mu} \beta_\eta = \sum_{\eta<\mu} \alpha \cdot \beta_\eta;$$

daraus folgt speziell:

$$\alpha \cdot (\beta + \gamma) = \alpha \cdot \beta + \alpha \cdot \gamma .$$

Beweis: Nach (3) ist $\alpha \cdot \sum_{\xi<\mu} \beta_\xi = \sum_{\xi<\lambda} \alpha_\xi$, wobei $\lambda = \sum_{\xi<\mu} \beta_\xi$, $\alpha_\xi = \alpha$ für $\xi < \lambda$, also nach (4)

$$\alpha \cdot \sum_{\eta<\mu} \beta_\xi = \sum_{\nu<\mu} \Big(\sum_{\xi<\beta_\nu} \alpha_{\sigma_\nu+\xi} \Big) = \sum_{\nu<\mu} \alpha \cdot \beta_\nu .$$

(6) Die *Potenzregeln*: Setzen wir wieder $\lambda = \sum_{\eta<\mu} \beta_\eta$, so ist

a) $\alpha^\lambda = \prod_{\eta<\mu} \alpha^{\beta_\eta}$, *speziell* $\alpha^{\beta+\gamma} = \alpha^\beta \cdot \alpha^\gamma$,

b) $\alpha^{\beta\cdot\gamma} = (\alpha^\beta)^\gamma$.

Beweis: a) Nach Definition der Potenz ist

$$\alpha^\lambda = \prod_{\xi<\lambda} \alpha_\xi , \quad \text{wobei} \quad \alpha_\xi = \alpha \quad \text{für} \quad \xi < \lambda ,$$

also nach (4)

$$\alpha^\lambda = \prod_{\nu<\mu} \Big(\prod_{\xi<\beta_\nu} \alpha_{\sigma_\nu+\xi} \Big) = \prod_{\nu<\mu} \alpha^{\beta_\nu} .$$

b) Nach (3) ist

$$\beta \cdot \gamma = \sum_{\eta<\gamma} \beta_\eta , \quad \text{wobei} \quad \beta_\eta = \beta \quad \text{für} \quad \eta < \gamma ,$$

also nach (6) a) $\alpha^{\beta\cdot\gamma} = \prod_{\eta<\gamma} \alpha^{\beta_\eta} = (\alpha^\beta)^\gamma$.

Aus (1) und aus den Gesetzen $(\alpha + \beta) + \gamma = \alpha + (\beta + \gamma)$, $\alpha \cdot (\beta + \gamma) = \alpha \cdot \beta + \alpha \cdot \gamma$, $\alpha^{\beta+\gamma} = \alpha^\beta \cdot \alpha^\gamma$ beweist man den Satz:

(7) *$\alpha + \beta$ ist für beliebiges festes α, $\alpha \cdot \beta$ für festes $\alpha \geqq 1$ und α^β für festes $\alpha \geqq 2$ eine wachsende Funktion von β.*

Aus den Definitionen der arithmetischen Operationen folgt ferner:

(8) *$\alpha + \beta$, $\alpha \cdot \beta$ und α^β sind für beliebiges festes β monotone Funktionen von α.*

(9) *$\sum_{\xi<\lambda} \alpha_\xi$ und $\prod_{\xi<\lambda} \alpha_\xi$ sind in allen Variablen α_ξ und λ monoton.*

In § 11 wird ferner gezeigt, daß die drei Funktionen $\alpha + \beta$, $\alpha \cdot \beta$ und α^β in β stetig sind, so daß also $\alpha + \beta$ für beliebiges festes α, $\alpha \cdot \beta$ für festes $\alpha \geqq 1$ und α^β für festes $\alpha \geqq 2$ je eine Normalfunktion in β ist.

Schließlich ergibt sich mit transfiniter Induktion nach β:

(10) *Für $\alpha > 1$, $\beta > 1$ gilt $\alpha + \beta \leqq \alpha \cdot \beta \leqq \alpha^\beta$.*

3. Die Abweichungen der transfiniten Arithmetik von der finiten. Für endliche Zahlen gelten außer den obigen Gesetzen noch folgende Gesetze:

1. das *kommutative Gesetz* der Addition und Multiplikation: $\alpha + \beta = \beta + \alpha$, $\alpha \cdot \beta = \beta \cdot \alpha$,
2. das *distributive Gesetz* von der Form $(\alpha + \beta) \cdot \gamma = \alpha \cdot \gamma + \beta \cdot \gamma$,
3. die *Potenzregel* $(\alpha \cdot \beta)^\gamma = \alpha^\gamma \cdot \beta^\gamma$.

Diese Gesetze gelten für beliebige Ordnungszahlen α, β nicht allgemein. Gegenbeispiele:

zu 1.: $1 + \omega < \omega + 1$, $2 \cdot \omega < \omega \cdot 2$,

zu 2.: $(1 + 1) \cdot \omega < 1 \cdot \omega + 1 \cdot \omega$,

zu 3.: $(2 \cdot 2)^\omega < 2^\omega \cdot 2^\omega$, aber[1] $(2 \cdot (\omega + 1))^2 > 2^2 \cdot (\omega + 1)^2$.

Es gilt aber stets $(\alpha + \beta) \cdot \gamma \leqq \alpha \cdot \gamma + \beta \cdot \gamma$ (vgl. § 12). Man könnte also erwarten, daß stets $(\alpha \cdot \beta)^\gamma \leqq \alpha^\gamma \cdot \beta^\gamma$ gilt. Die Gegenbeispiele zu 3. zeigen aber, daß dies nicht der Fall ist.

Der Unterschied zwischen der transfiniten und der finiten Arithmetik besteht zur Hauptsache darin, daß in der ersteren das *kommutative Gesetz* 1. nicht gilt. Wäre dieses erfüllt, so könnte man auch die Gesetze 2. und 3. für die transfinite Arithmetik ableiten. Wir werden im folgenden die verschiedenen Konsequenzen betrachten, die sich daraus ergeben, daß 1. nicht erfüllt ist. Die wichtigsten sind:

a) Die Existenz von *Hauptzahlen*, d. h. die Geltung von sog. „Absorptionsgesetzen", nach denen gewisse Ordnungszahlen von andern in gewissen arithmetischen Verbindungen „absorbiert" werden, indem z.B. $\alpha + \beta = \beta$ sein kann, ohne daß $\alpha = 0$ (§§ 15, 16), so daß also aus $\alpha_1 < \alpha_2$ nicht immer $\alpha_1 + \beta < \alpha_2 + \beta$ folgt (dagegen aber stets $\beta + \alpha_1 < \beta + \alpha_2$).

b) Die Existenz *zweier verschiedener Inversen* zu jeder arithmetischen Operation (wie dies in der finiten Arithmetik nur bei der Potenzierung der Fall ist: Wurzel und Logarithmus) (§ 17).

c) Die Abhängigkeit des Wertes einer Summe oder eines Produkts von der Anordnung der Summanden bzw. Faktoren (§ 21).

Wir werden auch die Sonderfälle betrachten, in denen die Gesetze 1. und 2. ausnahmsweise gelten (§ 12, Nr. 1; § 22).

§ 11. Arithmetische Operationen und Limesoperation

1. Summe und Limes.

Satz 1. *$\alpha + \beta$ ist bei festem α eine stetige Funktion in der Variablen β, d. h., $\alpha + \lambda = \lim_{\xi < \lambda} (\alpha + \xi)$ für jede Limeszahl λ.*

Beweis: Es ist $\alpha + \lambda > \alpha + \xi$ für alle $\xi < \lambda$ nach § 10, Satz (7). Gilt für eine Zahl β $\beta > \alpha + \xi$ für alle $\xi < \lambda$, so ist $\beta > \alpha$, also gibt es nach § 10, (1) eine Zahl $\gamma > 0$ mit $\beta = \alpha + \gamma$; es ist $\gamma > \xi$ für alle $\xi < \lambda$, also $\gamma \geqq \lambda$. Somit ist $\beta \geqq \alpha + \lambda$; d.h., $\alpha + \lambda$ ist die kleinste Zahl β mit $\beta > \alpha + \xi$ für alle $\xi < \lambda$, also ist $\alpha + \lambda = \lim_{\xi < \lambda} (\alpha + \xi)$.

Satz 2. *Ist $\{\alpha_\xi\}_{\xi \in W}$ eine für alle Ordnungszahlen ξ definierte Folge von Ordnungszahlen, und bezeichnet man ihre Partialsummen mit $\sigma_\mu = \sum_{\xi < \mu} \alpha_\xi$ (so daß also $\sigma_0 = 0$, $\sigma_{\mu+1} = \sigma_\mu + \alpha_\mu$), so gilt für jede Limeszahl λ*

$$\sigma_\lambda = \lim_{\mu < \lambda} \sigma_\mu,$$

d. h., σ_μ ist eine stetige Funktion in μ.

[1] Die Berechnung nachfolgender Ausdrücke wird in § 12 erklärt.

Beweis: σ_μ ist eine monotone Funktion in μ. Ferner ist $\sigma_\lambda \geqq \sigma_\mu$ für alle $\mu < \lambda$ (wobei λ eine Limeszahl sei). σ_λ ist aber auch die kleinste Zahl mit dieser Eigenschaft: Denn ist $\beta < \sigma_\lambda$, so ist $W(\beta)$ einem Abschnitt A von $\mathfrak{B}_{\xi<\lambda} A_\xi$ ähnlich (wobei A_ξ die nach § 10 zu α_ξ gehörige Menge ist). Es sei a das den Abschnitt A definierende Element von $\mathfrak{B}_{\xi<\lambda} A_\xi$, und ξ_0 der zugehörige Index mit $a \in A_{\xi_0}$. Somit ist A ein Abschnitt von $\mathfrak{B}_{\xi\leqq\xi_0} A_\xi$, also $\beta < \sigma_{\xi_0+1} \leqq \sigma_\lambda$.

Def. Ist $\{\alpha_\xi\}_{\xi\in A}$ eine monotone Funktion (Folge), die als Argumentbereich ein Anfangsstück A von W ohne Maximum hat, so heißt die Funktion (Folge) $\{\delta_\xi\}_{\xi\in A}$ die zugehörige *Differenzenfunktion (Differenzenfolge)*, wenn δ_ξ durch $\alpha_\xi + \delta_\xi = \alpha_{\xi+1}$ bestimmt ist.[1]

Jede halbnormale Funktion ist aus ihrer Differenzenfunktion und ihrem Anfangswert eindeutig bestimmt.

Satz 3. *Ist $\{\alpha_\xi\}_{\xi\in W}$ eine für alle Ordnungszahlen ξ definierte halbnormale Funktion und $\{\delta_\xi\}_{\xi\in W}$ ihre Differenzenfunktion, so gilt für jede Ordnungszahl μ*

$$\alpha_\mu = \alpha_0 + \sum_{\xi<\mu} \delta_\xi .$$

Beweis: Die Partialsummen $\sigma_\mu = \alpha_0 + \sum_{\xi<\mu} \delta_\xi$ auf der rechten Seite der behaupteten Gleichung sind gleich α_μ: Dies ist für $\mu = 0$ richtig, und ist es für alle $\mu < \mu_0$ richtig, so ist es für $\mu = \mu_0$ richtig; denn ist $\mu_0 = \mu_0' + 1$, so ist $\sigma_{\mu_0} = \sigma_{\mu_0'} + \delta_{\mu_0'} = \alpha_{\mu_0'} + \delta_{\mu_0'} = \alpha_{\mu_0}$, und ist μ_0 eine Limeszahl, so ist nach Satz 2 $\sigma_{\mu_0} = \lim_{\mu<\mu_0} \sigma_\mu = \lim_{\mu<\mu_0} \alpha_\mu = \alpha_{\mu_0}$. Somit ist $\sigma_\mu = \alpha_\mu$ für jedes μ.

Folgerung: *Jeder Limes einer halbnormalen Folge vom Limeszahltyp λ kann in eine Summe mit dem Argument λ verwandelt werden und umgekehrt:* Ist $\{\alpha_\xi\}_{\xi<\lambda}$ eine halbnormale Folge vom Limeszahltyp λ, so ist nach Satz 3 $\lim_{\xi<\lambda} \alpha_\xi = \alpha_0 + \sum_{\xi<\lambda} \delta_\xi$, und für jede Summe $\sum_{\xi<\lambda} \alpha_\xi$ mit Limeszahlargument λ folgt nach Satz 2 $\sum_{\xi<\lambda} \alpha_\xi = \lim_{\mu<\lambda} \sum_{\xi<\mu} \alpha_\xi$.

Satz 4. *Ist $\{\alpha_\xi\}_{\xi\in W}$ eine für alle Ordnungszahlen ξ definierte Normalfunktion mit der Eigenschaft $\alpha_\xi + \alpha_{\xi+1} = \alpha_{\xi+1}$ für alle Ordnungszahlen ξ, so gilt:*

a) $\sum_{\xi<\mu} \alpha_{\xi+1} = \alpha_\mu$ *für jede Ordnungszahl $\mu > 0$, d. h. $\sum_{\xi<\mu} \alpha_\xi = \alpha_\mu$ für Limeszahlen μ und $\sum_{\xi\leqq\mu} \alpha_\xi = \alpha_\mu$ für μ von 1. Art.*

b) *Ist $\{\beta_\xi\}_{\xi<\lambda}$ eine wachsende Folge vom Limeszahltyp λ und $\beta = \lim_{\xi<\lambda} \beta_\xi$, so ist $\sum_{\xi<\lambda} \alpha_{\beta_\xi} = \alpha_\beta$.*

[1] Also $\delta_\xi = -\alpha_\xi + \alpha_{\xi+1}$ in der Schreibweise von § 17.

Beweis: Die Differenzenfunktion von $\{\alpha_\xi\}_{\xi\in W}$ ist $\{\delta_\xi\}_{\xi\in W}$ mit $\delta_\xi = \alpha_{\xi+1}$, also wird nach Satz 3

$$\alpha_\mu = \alpha_0 + \sum_{\xi<\mu} \alpha_{\xi+1},$$

also für $\mu > 0$

$$\alpha_\mu = \alpha_0 + \alpha_1 + \sum_{1\leqq\xi<\mu} \alpha_{\xi+1} = \alpha_1 + \sum_{1\leqq\xi<\mu} \alpha_{\xi+1} = \sum_{\xi<\mu} \alpha_{\xi+1}.$$

Daraus und nach Satz 2 wird ferner

$$\sum_{\xi<\lambda} \alpha_{\beta_\xi} = \lim_{\mu<\lambda} \sum_{\xi<\mu} \alpha_{\beta_\xi} = \lim_{\mu<\lambda} \alpha_{\beta_\mu} = \alpha_\beta.$$

Folgerung für Summen von Potenzen: Ist $\alpha \geqq \omega$, so gilt

a) $\alpha^\beta = \sum_{\xi<\beta} \alpha^{\xi+1}$ für $\beta > 0$, d. h. $\alpha^\beta = \sum_{\xi<\beta} \alpha^\xi$ für Limeszahlen β und $\alpha^\beta = \sum_{\xi\leqq\beta} \alpha^\xi$ für β von 1. Art.

b) $\alpha^\beta = \sum_{\xi<\lambda} \alpha^{\beta_\xi}$, wenn $\{\beta_\xi\}_{\xi<\lambda}$ eine wachsende Folge vom Limeszahltyp λ mit $\lim_{\xi<\lambda} \beta_\xi = \beta$ ist.

Beweis: $\alpha^\xi + \alpha^{\xi+1} = \alpha^\xi + \alpha^\xi \cdot \alpha = \alpha^\xi \cdot (1 + \alpha) = \alpha^\xi\ \alpha = \alpha^{\xi+1}$; also sind die Voraussetzungen von Satz 4 erfüllt.

2. Das Verhalten des Limes im Gegensatz zum Limes in der Analysis [2].

Satz 5. *Ist $\{\alpha_\xi\}_{\xi<\lambda}$ eine wachsende Folge vom Limeszahltyp λ mit $\lim_{\xi<\lambda} \alpha_\xi = \alpha$, und ist die Folge $\{\delta_\xi\}_{\xi<\lambda}$ durch $\alpha_\xi + \delta_\xi = \alpha$ definiert, so ist $\lim_{\xi<\lambda} \delta_\xi$ gleich dem kleinsten Rest von α (also >0).*

Beweis: Für die Differenzen δ_ξ gilt $\delta_\xi \geqq \delta_{\xi+1}$ für $\xi < \lambda$; daraus folgt die Existenz eines Index $\xi_0 < \lambda$, so daß $\delta_\xi = \delta_{\xi_0}$ für $\xi_0 \leqq \xi < \lambda$. Es ist $\delta_{\xi_0} > 0$, und δ_{ξ_0} ist der kleinste Rest von α: Denn ist $\alpha = \gamma + \varrho$, $\varrho > 0$, so folgt $\alpha > \gamma$, also $\gamma < \alpha_{\xi_1}$ für ein $\xi_1 < \lambda$, also $\gamma + \varrho = \alpha = \alpha_\xi + \delta_\xi \geqq \gamma + \delta_{\xi_0}$ für $\xi_2 \leqq \xi < \lambda$, wobei $\xi_2 = \max(\xi_0, \xi_1)$, also $\varrho \geqq \delta_{\xi_0}$. Somit ist δ_{ξ_0} der kleinste Rest von α.[1]

Satz 6. *Ist λ eine Limeszahl und $\beta > 0$, und sind beide Folgen $\{\alpha_\xi\}_{\xi<\lambda}$ und $\{\alpha_\xi + \beta\}_{\xi<\lambda}$ wachsend, so haben sie denselben Limes.*

Beweis: Der kleinste Rest von $\lim_{\xi<\lambda} \alpha_\xi$ sei ϱ; also ist $\beta < \varrho$, denn wäre $\beta \geqq \varrho$, so wäre $\beta = \varrho + \tau$, $\tau \geqq 0$, also $\alpha_\xi + \beta = (\alpha_\xi + \varrho) + \tau$ von einer Stelle an konstant (nach Satz 5). Wegen $\beta < \varrho$ ist nun $\alpha_\xi + \beta < \alpha_\xi + \varrho$, also $\lim_{\xi<\lambda} (\alpha_\xi + \beta) \leqq \lim_{\xi<\lambda} (\alpha_\xi + \varrho)$; weil $\alpha_\xi + \varrho$ von einer Stelle an konstant gleich $\lim_{\xi<\lambda} \alpha_\xi$ ist, folgt daraus $\lim_{\xi<\lambda} (\alpha_\xi + \beta) \leqq \lim_{\xi<\lambda} \alpha_\xi$. Da auch $\lim_{\xi<\lambda} \alpha_\xi \leqq \lim_{\xi<\lambda} (\alpha_\xi + \beta)$, ist Satz 6 bewiesen.

[1] δ_{ξ_0} ist also eine „γ-Zahl", und da α eine Limeszahl ist, ist δ_{ξ_0} eine „eigentliche γ-Zahl" (vgl. § 15).

3. Produkt und Limes.

Satz 7. *Ist $\{\alpha_\xi\}_{\xi \in W}$ eine für alle Ordnungszahlen ξ definierte Folge, und bezeichnet man die Partialprodukte mit $\pi_\mu = \prod_{\xi < \mu} \alpha_\xi$ (so daß also $\pi_0 = 1$, $\pi_{\mu+1} = \pi_\mu \cdot \alpha_\mu$), so ist für jede Limeszahl λ*

$$\pi_\lambda = \lim_{\mu < \lambda} \pi_\mu,$$

d. h., π_μ ist eine stetige Funktion in μ.

Beweis: Es sei $\alpha_\xi \geqq 1$ für $\xi < \lambda$, λ eine Limeszahl. $\{\pi_\mu\}_{\mu \in W}$ ist eine monotone Folge; ferner ist $\pi_\lambda \geqq \pi_\mu$ für alle $\mu < \lambda$. Nun ist aber π_λ auch die kleinste Zahl mit dieser Eigenschaft: π_λ ist der Ordnungstypus der Menge P aller nach letzten Differenzen geordneten Folgen $\{\beta_\xi\}_{\xi < \lambda}$ mit $\beta_\xi < \alpha_\xi$ mit nur endlich vielen $\beta_\xi > 0$. Ist $\varrho < \pi_\lambda$, so ist $W(\varrho)$ einem Abschnitt von P ähnlich. Das diesen Abschnitt A definierende Element von P sei die Folge $\{\beta'_\xi\}_{\xi < \lambda}$; ihr letztes Argument ξ mit $\beta'_\xi > 0$ sei ξ_0 (so daß also $\beta'_\xi = 0$ für $\xi_0 < \xi < \lambda$, $\beta'_{\xi_0} > 0$). Für jede Folge aus A liegt also das letzte Argument mit Wert > 0 nicht hinter der Stelle $\xi = \xi_0$. Bricht man alle Folgen hinter $\xi = \xi_0$ ab, so erhält man aus den Folgen von A lauter Folgen $\{\gamma_\xi\}_{\xi \leqq \xi_0}$ mit $\gamma_\xi < \alpha_\xi$ für $\xi \leqq \xi_0$ mit nur endlich vielen $\gamma_\xi > 0$. Also ist $\varrho \leqq \pi_{\xi_0+1}$. Gibt es ein ξ_1 mit $\xi_0 + 1 < \xi_1 < \lambda$ und $\pi_{\xi_1} > \pi_{\xi_0+1}$, so ist $\varrho < \pi_{\xi_1}$, also ist π_λ die kleinste Zahl $\geqq \pi_\mu$ für alle $\mu < \lambda$. Gibt es kein solches ξ_1, so ist $\pi_\xi = \pi_\lambda$ für $\xi_0 < \xi < \lambda$. In beiden Fällen ist also $\pi_\lambda = \lim_{\mu < \lambda} \pi_\mu$.

Satz 8. *$\alpha \cdot \beta$ ist bei festem α eine stetige Funktion von β.*

Beweis: Nach Satz 2 wird für jede Limeszahl λ und für $\alpha_\eta = \alpha$ (für $\eta < \lambda$)

$$\lim_{\xi < \lambda} (\alpha \cdot \xi) = \lim_{\xi < \lambda} \sum_{\eta < \xi} \alpha_\eta = \sum_{\eta < \lambda} \alpha_\eta = \alpha \cdot \lambda.$$

Satz 9. *α^β ist bei festem α eine stetige Funktion von β.*

Beweis: Nach Satz 7 wird für jede Limeszahl λ und für $\alpha_\eta = \alpha$ (für $\eta < \lambda$)

$$\lim_{\xi < \lambda} \alpha^\xi = \lim_{\xi < \lambda} \prod_{\eta < \xi} \alpha_\eta = \prod_{\eta < \lambda} \alpha_\eta = \alpha^\lambda.$$

Satz 10. *Die Ordnungszahlen von 2. Art sind genau die Zahlen $\omega \cdot \xi$.*

Beweis: Die kleinste Limeszahl ist ω, und die Limeszahlen wie auch die Zahlen $\omega \cdot \xi$ bilden eine Normalfunktion. Ist $\omega \cdot \xi$ eine Limeszahl, so ist die nächste Limeszahl $\omega \cdot \xi + \omega = \omega \cdot (\xi + 1)$. Daraus und aus § 5, Satz 3, folgt Satz 10.

Bemerkungen: 1. Die drei Operationen $\alpha + \beta$, $\alpha \cdot \beta$, α^β sind unstetig in der Variablen α (z. B. $\alpha + 1$, $\alpha \cdot 2$ und α^2 je an der Stelle $\alpha = \omega$).

2. Diese drei Operationen sind in α nicht wachsend (z. B. $1 + \omega = 2 + \omega$, $2 \cdot \omega = 3 \cdot \omega$, $2^\omega = 3^\omega$).

§ 12. Die Polynomdarstellung der Ordnungszahlen

1. Allgemeine Rechenregeln [5]. Definiert man $\iota_\alpha = 0$ für α von 2. Art, $\iota_\alpha = 1$ für α von 1. Art, so gilt

Satz 1. *$(\alpha + \beta) \cdot \gamma = \alpha \cdot \gamma + \beta \cdot \iota_\gamma$, wenn $\beta + \alpha = \alpha$.*

Beweis mit transfiniter Induktion nach γ: Satz 1 gilt für $\gamma = 0$. Gilt er für alle $\gamma < \gamma_0$, so gilt er für $\gamma = \gamma_0$; denn ist $\gamma_0 = \gamma_0' + 1$, so ist

$$(\alpha + \beta) \cdot \gamma_0 = (\alpha + \beta) \cdot \gamma_0' + (\alpha + \beta) = \alpha \cdot \gamma_0' + \beta \cdot \iota_{\gamma_0'} + \alpha + \beta$$
$$= \alpha \cdot \gamma_0' + \alpha + \beta = \alpha \cdot \gamma_0 + \beta,$$

und ist γ_0 eine Limeszahl, so ist

$$(\alpha + \beta) \cdot \gamma_0 = \lim_{\gamma < \gamma_0} (\alpha + \beta) \cdot \gamma = \lim_{\gamma < \gamma_0} (\alpha \cdot \gamma + \beta \cdot \iota_\gamma)$$
$$= \alpha \cdot \gamma_0 \quad \text{wegen} \quad \alpha \cdot \gamma + \beta \cdot \iota_\gamma \leqq \alpha \cdot (\gamma + 1).$$

Satz 2. *$(\alpha \cdot \beta)^\gamma = \alpha^\gamma \cdot \beta^{\iota_\gamma}$, wenn $\beta \cdot \alpha = \alpha$.*

Beweis für $\alpha > 0$ analog wie bei Satz 1 (denn es ist $\alpha^\gamma \cdot \beta^{\iota_\gamma} \leqq \alpha^{\gamma+1}$); für $\alpha = 0$ ist Satz 2 trivial.

Bemerkung: In den Sätzen 1 und 2 kommt zum Ausdruck, daß das distributive Gesetz der Form $(\alpha + \beta) \cdot \gamma = \alpha \cdot \gamma + \beta \cdot \gamma$ nicht gilt. In Verallgemeinerung dieser Sätze gilt: Zu beliebigen von 0 verschiedenen Zahlen α, β, γ gibt es eine eindeutig bestimmte endliche Zahl c mit $(\alpha + \beta) \cdot \gamma = \alpha \cdot \gamma + \beta \cdot c$ [11]. — Für beliebige Zahlen α, β, γ gilt $(\alpha + \beta) \cdot \gamma \leqq \alpha \cdot \gamma + \beta \cdot \gamma$, wobei für $(\alpha + \beta) \cdot \gamma = \alpha \cdot \gamma + \beta \cdot \gamma$ notwendig und hinreichend ist, daß entweder

1. eine der Zahlen α, β, γ Null ist,
2. $\gamma = 1$,
3. $1 < \gamma < \omega$ und $g(\alpha) \leqq g(\beta)$, oder
4. $\gamma \geqq \omega$ und $g(\alpha) + g(\gamma) < g(\beta) + g(\gamma)$.

Dies ist leicht zu beweisen, indem man für α, β, γ ihre Normalformen[1] ansetzt [7].

Satz 3 (Binomischer Satz für Ordnungszahlen). *Ist $\beta + \alpha = \alpha$ und $\gamma = \sigma + n$, wobei σ von 2. Art und $n < \omega$, so ist*

$$(\alpha + \beta)^\gamma = \alpha^\gamma + \alpha^\sigma \cdot \vartheta(n),$$

wobei

$$\vartheta(n) = \begin{cases} \alpha^{n-1} \cdot \beta + \iota_\beta \cdot \sum\limits_{2 \leqq \nu \leqq n} \alpha^{n-\nu} \cdot \beta & \textit{für} \quad n \geqq 2, \\ 0 \quad \textit{für} \quad n = 0, \\ \beta \quad \textit{für} \quad n = 1 \end{cases}$$

[1] Def. der Normalform und von $g(\alpha)$ folgt in diesem Paragraphen.

und

$$\vartheta(n) + \alpha^n = \alpha^n;$$

ist $\gamma < \omega$ *(also* $\sigma = 0$, $\gamma = n$*), so erhält man also speziell*

$$(\alpha + \beta)^n = \alpha^n + \vartheta(n);$$

ist γ *eine Limeszahl (also* $n = 0$, $\gamma = \sigma$*), so wird speziell*

$$(\alpha + \beta)^\gamma = \alpha^\gamma.$$

Beweis: a) Die Formel $\vartheta(n) + \alpha^n = \alpha^n$ stimmt für $n = 0$ und $n = 1$. Stimmt sie für ein $n \geqq 1$, so ist wegen $\vartheta(n+1) = \alpha^n \cdot \beta + \iota_\beta \cdot \vartheta(n)$

$$\begin{aligned}\vartheta(n+1) + \alpha^{n+1} &= \alpha^n \cdot \beta + \iota_\beta \cdot \vartheta(n) + \alpha^{n+1}\\ &= \alpha^n \cdot \beta + \alpha^{n+1} = \alpha^n \cdot (\beta + \alpha) = \alpha^{n+1}.\end{aligned}$$

Somit ist $\vartheta(n) + \alpha^n = \alpha^n$ für alle $n < \omega$.

b) $(\alpha + \beta)^n = \alpha^n + \vartheta(n)$ ist für alle $n < \omega$ richtig, denn dies ist für $n = 0$ und $n = 1$ richtig. und stimmt es für ein $n \geqq 1$, so ist nach a) und Satz 1

$$\begin{aligned}(\alpha+\beta)^{n+1} &= (\alpha+\beta)^n \cdot (\alpha+\beta) = \big(\alpha^n + \vartheta(n)\big) \cdot (\alpha+\beta)\\ &= \alpha^{n+1} + \vartheta(n) \cdot \iota_\alpha + \alpha^n \cdot \beta + \vartheta(n) \cdot \iota_\beta\\ &= \alpha^{n+1} + \alpha^n \cdot \beta + \vartheta(n) \cdot \iota_\beta = \alpha^{n+1} + \vartheta(n+1).\end{aligned}$$

c) Für $\gamma = \omega$ wird (wegen $\vartheta(n) \leqq \alpha^n$, also $\alpha^n + \vartheta(n) \leqq \alpha^n \cdot 2 \leqq \alpha^{n+1}$ für $\alpha \geqq 2$)

$$(\alpha+\beta)^\omega = \lim_{n<\omega} (\alpha+\beta)^n = \lim_{n<\omega} \big(\alpha^n + \vartheta(n)\big) = \lim_{n<\omega} \alpha^n = \alpha^\omega \quad \text{für} \quad \alpha \geqq 2;$$

$(\alpha + \beta)^\omega = \alpha^\omega$ folgt aber auch für $\alpha \leqq 1$.

Ist $\gamma = \sigma + n$, wobei $\sigma = \omega \cdot \eta$, so ist

$$\begin{aligned}(\alpha+\beta)^\gamma &= (\alpha+\beta)^\sigma \cdot (\alpha+\beta)^n = (\alpha+\beta)^{\omega\cdot\eta} \cdot \big(\alpha^n + \vartheta(n)\big)\\ &= \big((\alpha+\beta)^\omega\big)^\eta \cdot \big(\alpha^n + \vartheta(n)\big) = (\alpha^\omega)^\eta \cdot \big(\alpha^n + \vartheta(n)\big) = \alpha^\gamma + \alpha^\sigma \cdot \vartheta(n).\end{aligned}$$

2. Allgemeine Polynomdarstellung der Ordnungszahlen.

Satz 4. *Zu zwei beliebigen Ordnungszahlen* α *und* β *mit* $\beta \geqq 1$ *existieren zwei eindeutig definierte Zahlen* ξ *und* β_1, *so daß*

$$\alpha = \beta \cdot \xi + \beta_1, \quad \textit{wobei} \quad 0 \leqq \xi \leqq \alpha, \quad 0 \leqq \beta_1 < \beta.$$

Beweis: Es sei ξ die größte Ordnungszahl η mit $\beta \cdot \eta \leqq \alpha$. Nun gibt es eine Zahl β_1 mit $\alpha = \beta \cdot \xi + \beta_1$, wobei $\beta_1 < \beta$. Die Darstellung $\alpha = \beta \cdot \xi + \beta_1$ ist eindeutig, denn wäre auch

$$\alpha = \beta \cdot \xi' + \beta_1' \quad \text{mit} \quad 0 \leqq \xi' \leqq \alpha, \quad 0 \leqq \beta_1' < \beta,$$

so wäre $\beta \cdot \xi' \leqq \alpha < \beta \cdot (\xi' + 1)$, d.h., ξ' wäre die größte Zahl η mit $\beta \cdot \eta \leqq \alpha$, also $\xi' = \xi$. Aus $\alpha = \beta \cdot \xi + \beta_1 = \beta \cdot \xi + \beta_1'$ folgt nun $\beta_1' = \beta_1$.

Gerade und ungerade Ordnungszahlen. Setzt man in Satz 4 $\beta = 2$, so wird $\alpha = 2 \cdot \xi + \beta_1$, wobei $\beta_1 = 0$ oder $\beta_1 = 1$. Man nennt die Ordnungszahlen α der Form $\alpha = 2 \cdot \xi$ *gerade*, die Zahlen der Form $\alpha = 2 \cdot \xi + 1$ *ungerade Ordnungszahlen*. Jede Ordnungszahl ist somit gerade oder ungerade; die Ordnungszahlen von 2. Art sind gerade (denn ist $\alpha = \omega \cdot \zeta$, so ist $\alpha = 2 \cdot \omega \cdot \zeta = 2 \cdot \alpha$).

Satz 5. *Sind α und γ zwei gegebene Ordnungszahlen mit $\alpha \geqq 1$ und $\gamma \geqq 2$, so läßt sich α eindeutig in der Form*

$$\alpha = \gamma^{\alpha_0} \cdot \eta_0 + \zeta \quad \textit{mit} \quad 0 \leqq \alpha_0 \leqq \alpha, \quad 0 \leqq \eta_0 < \gamma, \quad 0 \leqq \zeta < \gamma^{\alpha_0}$$

darstellen.

Beweis: α_0 sei die größte Ordnungszahl ξ mit $\gamma^\xi \leqq \alpha$. Nach Satz 4 existiert dann eine eindeutige Darstellung $\alpha = \gamma^{\alpha_0} \cdot \eta_0 + \zeta$ mit $0 \leqq \alpha_0 \leqq \alpha$, $0 \leqq \eta_0 < \gamma$, $0 \leqq \zeta < \gamma^{\alpha_0}$.

Satz 6. *Jede Ordnungszahl $\alpha \geqq 1$ läßt sich für gegebenes $\gamma \geqq 2$ eindeutig in der Form*

$$\alpha = \sum_{i \leqq m} \gamma^{\alpha_i} \cdot \eta_i \quad \textit{mit} \quad \alpha \geqq \alpha_0 > \alpha_1 > \cdots > \alpha_m \geqq 0, \; 1 \leqq \eta_i < \gamma, \; 0 \leqq m < \omega$$

darstellen.

Beweis: Ist in der Darstellung $\alpha = \gamma^{\alpha_0} \cdot \eta_0 + \zeta$ von Satz 5 $\zeta > 0$, so wende man Satz 5 wiederum auf ζ an, so daß $\zeta = \gamma^{\alpha_1} \cdot \eta_1 + \zeta_1$ usw. Weil $\alpha > \zeta > \zeta_1 > \cdots$ ist, wird nach endlich vielen Schritten der Divisionsrest $\zeta_m = 0$; somit erhält man die Darstellung von Satz 6. — Nimmt man an, es gäbe eine zweite solche Darstellung

$$\alpha = \sum_{i \leqq m'} \gamma^{\alpha'_i} \cdot \eta'_i \text{ mit } \alpha \geqq \alpha'_0 > \alpha'_1 > \cdots > \alpha'_{m'} \geqq 0, \; 1 \leqq \eta'_i < \gamma, \; 0 \leqq m' < \omega,$$

so wäre

$$\gamma^{\alpha'_0} \leqq \alpha < \gamma^{\alpha'_0} \cdot \eta'_0 + \gamma^{\alpha'_1 + 1} \leqq \gamma^{\alpha'_0} \cdot (\eta'_0 + 1) \leqq \gamma^{\alpha'_0 + 1},$$

d.h., α'_0 wäre die größte Zahl ξ mit $\gamma^\xi \leqq \alpha$; also folgt $\alpha'_0 = \alpha_0$. Analog beweist man $\alpha'_i = \alpha_i$ und $\eta'_i = \eta_i$ für alle $i \leqq m$, ferner $m' = m$.

Bemerkungen: 1. Die durch Satz 6 gegebene Polynomdarstellung ist eine Verallgemeinerung der Darstellung einer endlichen Zahl in einem Ziffernsystem (z. B. Dezimalsystem).

2. Setzt man $\gamma = 2$, so erhält man das Ergebnis, daß jede Ordnungszahl $\alpha > 0$ eindeutig in der Form

$$\alpha = \sum_{i \leqq m} 2^{\alpha_i} \quad \text{mit} \quad \alpha \geqq \alpha_0 > \alpha_1 > \cdots > \alpha_m \geqq 0, \quad 0 \leqq m < \omega$$

darstellbar ist.

3. Die Cantorsche Normalform [1]. Der weitaus wichtigste Fall von Satz 6 ist $\gamma = \omega$; man erhält dann die CANTORsche *Normalform*: Jede Ordnungszahl $\alpha > 0$ ist eindeutig in der Form

$$\alpha = \sum_{i \leqq m} \omega^{\alpha_i} \cdot a_i \text{ mit } \alpha \geqq \alpha_0 > \alpha_1 > \cdots > \alpha_m \geqq 0, \; 1 \leqq a_i < \omega, \; 0 \leqq m < \omega$$

darstellbar. Dabei heißen die Zahlen α_i die *Exponenten (erster Stufe)* von α. Speziell heißt α_0 der *Grad* von α, den wir auch mit $\alpha_0 = g(\alpha)$ bezeichnen; er ist die größte Zahl ξ mit $\omega^\xi \leqq \alpha$. Die kritischen Zahlen der Normalfunktion ω^ξ sind dadurch charakterisiert, daß sie ihrem Grad gleich sind; ihre Normalform besteht aus nur einem Glied ($m = 0$).[1] Die endlichen Ordnungszahlen α sind durch $g(\alpha) = 0$, die transfiniten durch $g(\alpha) > 0$ charakterisiert. — Der letzte Exponent α_m hat folgende Bedeutung: Die isolierten Ordnungszahlen α sind dadurch gekennzeichnet, daß $\alpha_m = 0$ ist, die Limeszahlen durch $\alpha_m > 0$. — Definiert man die Exponenten $(n+1)$-ter Stufe als die Exponenten erster Stufe von den Exponenten n-ter Stufe, so gilt: Zu jeder Ordnungszahl $\alpha > 0$ existiert eine endliche Zahl p, so daß die Exponenten von p-ter und höherer Stufe von α lauter kritische Zahlen der Normalfunktion ω^ξ oder 0 sind [6].

Für den Grad $g(\alpha)$ von α kann man folgende Sätze beweisen:

1. $g(\alpha) \leqq \alpha$.
2. $g(\alpha) < g(\beta) \rightarrow \alpha < \beta$ (dagegen gilt die Umkehrung nicht; $g(\alpha)$ ist nur eine monotone Funktion von α).
3. $g(\alpha + \beta) = \max(g(\alpha), g(\beta)) = g(\max(\alpha, \beta))$.
4. $g(\alpha \cdot \beta) = g(\alpha) + g(\beta)$.
5. $g(\alpha^\beta) = g(\alpha) \cdot \beta$ für $\alpha \geqq \omega$.

4. Das Rechnen mit Cantorschen Normalformen [1].

Hilfssatz: *Für jede Potenz ω^γ von ω gilt: $\beta < \omega^\gamma \rightarrow \beta + \omega^\gamma = \omega^\gamma$.*

Beweis: Wenn $\beta > 0$, ist nach Satz 5 $\beta = \omega^\delta \cdot n + \eta$, wobei $n < \omega$, $\delta < \gamma$, $\eta < \omega^\delta$; also gibt es ein $\zeta > 0$ mit $\delta + \zeta = \gamma$; also wird

$$\omega^\gamma \leqq \beta + \omega^\gamma \leqq \omega^\delta \cdot (n+1) + \omega^\gamma = \omega^\delta \cdot (n + 1 + \omega^\zeta) = \omega^\delta \cdot \omega^\zeta = \omega^\gamma.$$

Nun seien zwei Ordnungszahlen α, β mit $\alpha > 0$, $\beta > 0$ gegeben, und

$$\alpha = \sum_{i \leqq m} \omega^{\alpha_i} \cdot a_i, \qquad \beta = \sum_{i \leqq n} \omega^{\beta_i} \cdot b_i$$

seien ihre Normalformen. Wir gehen daran, die Normalformen der Summe $\alpha + \beta$, des Produkts $\alpha \cdot \beta$ und der Potenz α^β aus diesen Normalformen zu berechnen. Berücksichtigt man den obigen Hilfssatz und die Rechenregeln von Nr. 1 dieses Paragraphen, so erhält man folgende Gesetze:

1. *Addition:*

a) Ist $g(\alpha) < g(\beta)$, so ist $\alpha + \beta = \beta$. (1)

b) Ist $g(\alpha) \geqq g(\beta)$, so ist $\alpha + \beta = \sum_{i \leqq \varrho} \omega^{\alpha_i} \cdot a_i + \beta$, (2)

wobei ϱ die größte Zahl i mit $\alpha_i \geqq \beta_0$ ist.

[1] Diese Zahlen sind die ε-Zahlen $> \omega$ (vgl. § 15).

2. *Multiplikation:* Es ist $\alpha = \omega^{\alpha_0} \cdot a_0 + \varrho$, wobei

$$\varrho = \sum_{1 \leqq i \leqq m} \omega^{\alpha_i} \cdot a_i \quad \text{und} \quad \varrho + \omega^{\alpha_0} \cdot a_0 = \omega^{\alpha_0} \cdot a_0;$$

also ist für $x \geqq 1$

$$\alpha \cdot \omega^x = \omega^{\alpha_0} \cdot a_0 \cdot \omega^x = \omega^{\alpha_0 + x}.$$

a) Ist β eine Limeszahl, so wird somit

$$\alpha \cdot \beta = \sum_{i \leqq n} \alpha \cdot \omega^{\beta_i} \cdot b_i = \sum_{i \leqq n} \omega^{\alpha_0 + \beta_i} \cdot b_i = \omega^{\alpha_0} \cdot \beta. \tag{3}$$

b) Ist β von 1. Art, so setzen wir $\sigma = \sum_{i<n} \omega^{\beta_i} \cdot b_i$, so daß also $\beta = \sigma + b_n$, wobei σ von 2. Art und b_n endlich. Dann wird nach Satz 1

$$\alpha \cdot b_n = \omega^{\alpha_0} \cdot \alpha_0 \cdot b_n + \varrho,$$

also

$$\begin{aligned} \alpha \cdot \beta &= \alpha \cdot (\sigma + b_n) = \alpha \cdot \sigma + \alpha \cdot b_n \\ &= \sum_{i<n} \omega^{\alpha_0 + \beta_i} \cdot b_i + \omega^{\alpha_0} \cdot a_0 \cdot b_n + \sum_{1 \leqq i \leqq m} \omega^{\alpha_i} \cdot a_i. \end{aligned} \tag{4}$$

3. *Potenzierung:* Aus Satz 3 und $\alpha = \omega^{\alpha_0} \cdot a_0 + \varrho$ folgt:

a) Ist β eine Limeszahl und $\alpha \geqq \omega$, so wird

$$\alpha^\beta = (\omega^{\alpha_0} \cdot a_0)^\beta = \omega^{\alpha_0 \cdot \beta}. \tag{5}$$

b) Ist β von 1. Art und α von 1. Art $> \omega$, so wird[1]

$$\alpha^\beta = \omega^{\alpha_0 \cdot \beta} \cdot a_0 + \omega^{\alpha_0 \cdot (\beta - 1)} \cdot a_0 \cdot \varrho + \cdots + \omega^{\alpha_0 \cdot (\sigma + 1)} \cdot a_0 \cdot \varrho + \omega^{\alpha_0 \cdot \sigma} \cdot \varrho. \tag{6}$$

c) Ist β von 1. Art und α eine Limeszahl, so wird

$$\alpha^\beta = \omega^{\alpha_0 \cdot \beta} \cdot a_0 + \omega^{\alpha_0 \cdot (\beta - 1)} \cdot a_0 \cdot \varrho = \omega^{\alpha_0 \cdot \beta} \cdot a_0 + \sum_{1 \leqq i \leqq m} \omega^{\alpha_0 \cdot (\beta - 1) + \alpha_i} \cdot a_i. \tag{7}$$

d) Im Fall $1 \leqq \alpha < \omega$ wird für β von 2. Art $\beta = \omega \cdot x$, also

$$\alpha^\beta = \alpha^{\omega \cdot x} = (\alpha^\omega)^x = \omega^x, \tag{8}$$

für β von 1. Art $\beta = \omega \cdot x + b_n$, also

$$\alpha^\beta = \alpha^{\omega \cdot x} \cdot \alpha^{b_n} = \omega^x \cdot \alpha^{b_n}. \tag{9}$$

§ 13. Funktionale Theorie der arithmetischen Operationen

1. Definition arithmetischer Operationen mittels Stammfunktionen. Die Gesetze der arithmetischen Operationen können nach JACOBSTHAL [4, 5] in einer allgemeinen funktionalen Theorie für alle Operationen gemeinsam abgeleitet werden, wobei man nicht jede Operation einzeln

[1] Def. der Differenzen $\beta - 1$, $\beta - 2$, ... siehe § 17.

betrachten muß; dabei hat man zudem die Möglichkeit, die logischen Beziehungen zwischen ihren Gesetzen zu analysieren. Wir geben hier eine vereinfachte Fassung dieser JACOBSTHALschen Theorie wieder, die aber dennoch alle ihre wichtigen Züge aufweist. Diese wird dann weiterhin angewendet bis § 17.

Eine arithmetische Operation ist eine Funktion f von zwei Variablen, die jedem geordneten Paar (α, β) von Ordnungszahlen eindeutig eine Ordnungszahl $f(\alpha, \beta)$ zuordnet. Wir werden außer den elementaren Operationen (§ 11) auch andere betrachten, wobei für $\alpha > 1$ und zugleich $\beta > 1$ immer mindestens die folgenden Bedingungen erfüllt sein sollen:

(I′) $f(\alpha, \beta)$ ist für festes α eine monotone Funktion von β mit $f(\alpha, \beta) \geqq \beta$.

(II′) $f(\alpha, \beta)$ ist für festes β eine monotone Funktion von α mit $f(\alpha, \beta) \geqq \alpha$.

Kann man einer Funktion von zwei Variablen noch viel stärkere Einschränkungen auferlegen? Zunächst scheint es doch besonders günstig zu sein, wenn $f(\alpha, \beta)$ in beiden Variablen eine Normalfunktion ist. Dies ist aber unmöglich; denn *ist* $f(\alpha, \beta)$ *in* β *eine Normalfunktion, so ist* $f(\alpha, \beta)$ *in* α *keine wachsende Funktion:* Sind α_1 und α_2 zwei bestimmte Zahlen mit $\alpha_1 < \alpha_2$, so haben die Normalfunktionen $f(\alpha_1, \beta)$ und $f(\alpha_2, \beta)$ von β eine gemeinsame kritische Zahl ξ (nach § 7), so daß also $\xi = f(\alpha_1, \xi) = f(\alpha_2, \xi)$. Man kann jedoch verlangen, daß für $\alpha > 1$ und zugleich $\beta > 1$ die folgenden Bedingungen, die wir die *arithmetischen Grundgesetze* nennen wollen (und die auch für die Operationen der Addition, Multiplikation und Potenzierung gelten), erfüllt sind:

(I) $f(\alpha, \beta)$ ist für festes α eine Normalfunktion von β,

(II) $f(\alpha, \beta)$ ist für festes β eine monotone Funktion von α mit $f(\alpha, \beta) > \alpha$.

Def. 1. Gibt es eine Funktion $f_1(\alpha, \beta)$ von zwei Variablen, so daß

$$f(\alpha, \beta + 1) = f_1(f(\alpha, \beta), \alpha), \tag{1}$$

so heißt f_1 eine *Stammfunktion* von f.[1]

Aus $f(\alpha, 0)$ und einer Stammfunktion f_1 ist f durch (1) eindeutig bestimmt, wenn f als stetige Funktion von β vorausgesetzt wird.

Satz 1. *Hat die Stammfunktion* f_1 *für* $\alpha > 1$ *und* $\beta > 1$ *die Eigenschaft* (II) *und ist sie für* $\alpha > 1$ *und* $\beta > 1$ *monoton in* β, *definiert man* $f(\alpha, \beta)$ *mit Hilfe von* f_1 *nach* (1) *als stetige Funktion von* β, *und ist ferner* $f(\alpha, 1)$ *in* α *wachsend, so gehorcht* f *den arithmetischen Grundgesetzen* (I) *und* (II).

Beweis: Für $\alpha > 1$ ist $f(\alpha, 1) > 1$, also $f(\alpha, 2) = f_1(f(\alpha, 1), \alpha) > f(\alpha, 1) > 1$, und $f(\alpha, 1)$ ist monoton in α. Ist für $\alpha > 1$ und für ein

[1] Dabei ist $\beta + 1$ die Nachfolgerzahl von β, zu dessen Definition man die Addition noch nicht voraussetzen muß.

$\beta \geqq 1$ $f(\alpha, \beta)$ monoton in α und $f(\alpha, \beta) > 1$, so ist wegen (1) auch $f(\alpha, \beta + 1)$ monoton in α und $f(\alpha, \beta + 1) = f_1(f(\alpha, \beta), \alpha) > f(\alpha, \beta)$. Ist λ eine Limeszahl, und ist für $\alpha > 1$ und $1 < \beta < \lambda$ $f(\alpha, \beta)$ monoton in α, so ist auch $f(\alpha, \lambda)$ monoton in α. Somit ist für $\alpha > 1$ und $\beta > 1$ $f(\alpha, \beta)$ monoton in α und eine Normalfunktion in β. — Für $\alpha > 1$ ist wegen $f(\alpha, 1) \geqq \alpha$ zudem $f(\alpha, \beta) > \alpha$ für $\beta > 1$.

Satz 2. *Geht man aus von der Operation des Übergangs zur Nachfolgerzahl*

$$\varphi_0(\alpha, \beta) = \alpha + 1,$$

und definiert man die Funktionen $\varphi_1, \varphi_2, \varphi_3$ von zwei Variablen α, β als stetige Funktionen von β mit Hilfe der Funktionen $\varphi_0, \varphi_1, \varphi_2$ (resp.) als Stammfunktionen, so erhält man bei geeigneter Definition ihrer Anfangswerte (nämlich $\varphi_1(\alpha, 0) = \alpha$, $\varphi_2(\alpha, 0) = 0$, $\varphi_3(\alpha, 0) = 1$) die mengentheoretisch definierten elementaren arithmetischen Operationen von § 11:

$$\varphi_1(\alpha, \beta) = \alpha + \beta,$$

$$\varphi_2(\alpha, \beta) = \alpha \cdot \beta,$$

$$\varphi_3(\alpha, \beta) = \alpha^\beta.$$

Dies ergibt sich auf Grund von Satz 1 aus den folgenden (in § 11 bewiesenen) Eigenschaften der Operationen von § 11: 1. Diese Operationen haben die oben angegebenen Anfangswerte. 2. Sie sind stetig in β. 3. Sie erfüllen die assoziativen bzw. distributiven Gesetze (4), (5), (7) dieses Paragraphen (s. weiter unten).

Folgerungen: 1. Die mengentheoretisch definierten Operationen lassen sich also auch durch transfinite Rekursion definieren. Dabei können wir diese Definitionen auch auf folgende Form bringen (wobei auch die Anfangswerte einbezogen sind):

$\alpha + \beta$ ist stetig in β, wobei $\alpha + 0 = \alpha$, $\alpha + (\beta + 1) = (\alpha + \beta) + 1$,

$\alpha \cdot \beta$ ist stetig in β, wobei $\alpha \cdot 0 = 0$, $\alpha \cdot (\beta + 1) = \alpha \cdot \beta + \alpha$,

α^β ist stetig in β, wobei $\alpha^0 = 1$, $\alpha^{\beta+1} = \alpha^\beta \cdot \alpha$.

2. Analog ist die unendliche Summe $\sigma_\mu = \sum_{\xi < \mu} \alpha_\xi$ als stetige Funktion in μ definiert mit $\sigma_0 = 0$, $\sigma_{\mu+1} = \sigma_\mu + \alpha_\mu$, das unendliche Produkt $\pi_\mu = \prod_{\xi < \mu} \alpha_\xi$ als stetige Funktion in μ mit $\pi_0 = 1$, $\pi_{\mu+1} = \pi_\mu \cdot \alpha_\mu$.

3. Die wichtigste Folgerung aus Satz 1 ist, daß die arithmetischen Grundgesetze nun mit einem Schlage für alle drei elementaren Operationen $\varphi_1, \varphi_2, \varphi_3$ bewiesen sind, und zwar bereits daraus, daß $\varphi_0(\alpha, \beta) > \alpha$ und daß alle $\varphi_i(\alpha, 1)$ in α wachsend sind (für $i = 0, 1, 2, 3$).

2. Beziehungen zwischen den Gesetzen der transfiniten Arithmetik. $f(\alpha, \beta)$ erfülle nun (I) und (II), und sei zudem für $\alpha > 1$ und beliebiges β in β wachsend (das letztere folgt für die drei elementaren Operationen unmittelbar aus ihren Definitionen durch Stammfunktionen).

Def. 2. Eine arithmetische Operation f mit der Stammfunktion f_1 erfüllt ein *verallgemeinertes distributives Gesetz*, wenn eine Funktion f_2 von zwei Variablen existiert, so daß

$$f_1(f(\alpha, \beta), f(\alpha, \gamma)) = f(\alpha, f_2(\beta, \gamma)). \tag{2}$$

Ist $f_2 = f_1$, so erfüllt f das *spezielle distributive Gesetz*.

Def. 3. Eine arithmetische Operation f erfüllt ein *verallgemeinertes assoziatives Gesetz*, wenn eine Funktion f_3 von zwei Variablen existiert, so daß

$$f(f(\alpha, \beta), \gamma) = f(\alpha, f_3(\beta, \gamma)). \tag{3}$$

Ist $f_3 = f$, so erfüllt f das *spezielle assoziative Gesetz*.

Satz 3. *Erfüllt f das verallgemeinerte assoziative Gesetz* (3), *so erfüllt f_3 das spezielle assoziative Gesetz.*

Beweis: Setzt man in (3) $\alpha = f(\xi, \alpha')$, $\beta = \beta'$, $\gamma = \gamma'$, wobei $\xi > 1$, so wird aus (3)

$$f(f(f(\xi, \alpha'), \beta'), \gamma') = f(f(\xi, \alpha'), f_3(\beta', \gamma'));$$

wendet man auf diese Ausdrücke (3) zweimal an, so wird

$$f(f(\xi, f_3(\alpha', \beta')), \gamma') = f(\xi, f_3(f_3(\alpha', \beta'), \gamma')) = f(\xi, f_3(\alpha', f_3(\beta', \gamma'))),$$

also (weil $f(\xi, \beta)$ in β wachsend ist)

$$f_3(f_3(\alpha', \beta'), \gamma') = f_3(\alpha', f_3(\beta', \gamma')),$$

und dies ist das spezielle assoziative Gesetz für f_3.

Satz 4. *Erfüllt f beide Gesetze* (2) *und* (3), *so ist f_2 Stammfunktion von f_3, und f_3 erfüllt das spezielle distributive Gesetz.*

Beweis: Für $\alpha > 1$ ist, da (1), (2), (3) für f gilt:

$$\begin{aligned} f(f(\alpha, \beta), \gamma + 1) &= f_1(f(f(\alpha, \beta), \gamma), f(\alpha, \beta)) \\ &= f_1(f(\alpha, f_3(\beta, \gamma)), f(\alpha, \beta)) = f(\alpha, f_2(f_3(\beta, \gamma), \beta)) \end{aligned}$$

und

$$f(f(\alpha, \beta), \gamma + 1) = f(\alpha, f_3(\beta, \gamma + 1)),$$

also

$$f_3(\beta, \gamma + 1) = f_2(f_3(\beta, \gamma), \beta),$$

d. h., f_2 ist Stammfunktion von f_3.

Ferner gilt für $\xi > 1$ nach (2)

$$f(\xi, f_2(f_3(\alpha, \beta), f_3(\alpha, \gamma))) = f_1(f(\xi, f_3(\alpha, \beta)), f(\xi, f_3(\alpha, \gamma)));$$

nach (3) wird dies $= f_1(f(f(\xi, \alpha), \beta), f(f(\xi, \alpha), \gamma))$;
nach (2) wird dies $= f(f(\xi, \alpha), f_2(\beta, \gamma))$,
nach (3) wird dies $= f(\xi, f_3(\alpha, f_2(\beta, \gamma)))$.

Vergleicht man das erste und letzte Glied dieser Gleichung, so folgt

$$f_2(f_3(\alpha, \beta), f_3(\alpha, \gamma)) = f_3(\alpha, f_2(\beta, \gamma)),$$

d. h., für f_3 gilt das spezielle distributive Gesetz.

Satz 5. *Ist f mittels der Stammfunktion f_1 definiert, wobei $f(\alpha, 0) = 0$ oder $f(\alpha, 0) = 1$, erfüllt f das verallgemeinerte distributive Gesetz, und definiert man f_3 als stetige Funktion in β mittels f_2 als Stammfunktion durch*

$$f_3(\alpha, 0) = 0$$
$$f_3(\alpha, \beta + 1) = f_2(f_3(\alpha, \beta), \alpha),$$

so gilt für f das assoziative Gesetz (3).

Beweis: Die zu beweisende Formel (3) gilt für $\gamma = 0$, weil nach Voraussetzung $f(f(\alpha, \beta), 0) = 0$ oder $= 1$ und $f(\alpha, f_3(\beta, 0)) = f(\alpha, 0) = 0$ oder $= 1$. Gilt (3) für γ, so gilt (3) für $\gamma + 1$, denn es wird

$$\begin{aligned}(f(\alpha, \beta), \gamma + 1) &= f_1(f(f(\alpha, \beta), \gamma), f(\alpha, \beta)) = f_1(f(\alpha, f_3(\beta, \gamma)), f(\alpha, \beta))\\ &= f(\alpha, f_2(f_3(\beta, \gamma), \beta)) = f(\alpha, f_3(\beta, \gamma + 1)).\end{aligned}$$

Gilt (3) für alle $\gamma < \gamma_0$, wobei γ_0 eine Limeszahl ist, so gilt (3) auch für γ_0, denn es wird

$$f(f(\alpha, \beta), \gamma_0) = \lim_{\gamma < \gamma_0} f(f(\alpha, \beta), \gamma) = \lim_{\gamma < \gamma_0} f(\alpha, f_3(\beta, \gamma)) = f(\alpha, f_3(\beta, \gamma_0)).$$

Satz 6. *Ist f mittels der Stammfunktion f_1 definiert, wobei entweder $f(\alpha, 0) = 0$ und $f_1(\alpha, 0) = \alpha$, oder $f(\alpha, 0) = 1$ und $f_1(\alpha, 1) = \alpha$, gilt für f_1 das spezielle assoziative Gesetz und ist $f_1(\alpha, \beta)$ stetig in β, so erfüllt f das distributive Gesetz* (2), *wobei $f_2(\alpha, \beta) = \alpha + \beta$.*

Beweis: Die zu beweisende Formel $f_1(f(\alpha, \beta), f(\alpha, \gamma)) = f(\alpha, \beta + \gamma)$ gilt für $\gamma = 0$, weil $f_1(f(\alpha, \beta), f(\alpha, 0)) = f(\alpha, \beta)$. Gilt sie für γ, so gilt sie für $\gamma + 1$; denn es wird

$$f_1(f(\alpha, \beta), f(\alpha, \gamma + 1)) = f_1(f(\alpha, \beta), f_1(f(\alpha, \gamma), \alpha));$$

weil für f_1 das spezielle assoziative Gesetz gilt, wird dies

$$= f_1(f_1(f(\alpha, \beta), f(\alpha, \gamma)), \alpha) = f_1(f(\alpha, \beta + \gamma), \alpha) = f(\alpha, \beta + \gamma + 1).$$

Gilt die zu beweisende Formel für alle $\gamma < \gamma_0$, wobei γ_0 eine Limeszahl ist, so gilt sie für γ_0, denn es wird

$$\begin{aligned}f_1(f(\alpha, \beta), f(\alpha, \gamma_0)) &= \lim_{\gamma < \gamma_0} f_1(f(\alpha, \beta), f(\alpha, \gamma))\\ &= \lim_{\gamma < \gamma_0} f(\alpha, \beta + \gamma) = f(\alpha, \beta + \gamma_0).\end{aligned}$$

Folgerungen: Wenden wir die Sätze 3 bis 6 auf die drei elementaren arithmetischen Operationen an, so sehen wir, daß sich alle distributiven und assoziativen Gesetze dieser Operationen aus dem speziellen assoziativen Gesetz für die Addition

$$(\alpha + \beta) + \gamma = \alpha + (\beta + \gamma) \tag{4}$$

beweisen lassen (dieses ist seinerseits aus der Definition der Addition mit Hilfe transfiniter Induktion nach γ leicht zu beweisen):

Setzen wir nämlich $f = \varphi_2$, $f_1 = \varphi_1$, so gilt nach Satz 6 für f das distributive Gesetz

$$\alpha \cdot \beta + \alpha \cdot \gamma = \alpha \cdot (\beta + \gamma). \tag{5}$$

Setzen wir $f = \varphi_2$, $f_3 = \varphi_2$ (also $f_1 = \varphi_1$, $f_2 = \varphi_1$), so gilt nach Satz 5 für f das assoziative Gesetz

$$(\alpha \cdot \beta) \cdot \gamma = \alpha \cdot (\beta \cdot \gamma). \tag{6}$$

Setzen wir $f = \varphi_3$ (also $f_1 = \varphi_2$), so gilt nach Satz 6 für f das distributive Gesetz

$$\alpha^\beta \cdot \alpha^\gamma = \alpha^{\beta+\gamma}. \tag{7}$$

Setzen wir $f = \varphi_3$, $f_3 = \varphi_2$ (also $f_1 = \varphi_2$, $f_2 = \varphi_1$), so gilt nach Satz 5 für f das assoziative Gesetz

$$(\alpha^\beta)^\gamma = \alpha^{\beta \cdot \gamma}. \tag{8}$$

§ 14. Höhere arithmetische Operationen

1. Iterationen arithmetischer Operationen. Die elementaren arithmetischen Operationen $\varphi_\eta (\eta \leqq 3)$ sind so definiert, daß φ_η die Stammfunktion von $\varphi_{\eta+1}$ ist für $\eta \leqq 2$ (§ 13). Die Methode der Stammfunktion besteht in einer Iteration. Es liegt auf der Hand, mit dieser Methode oder auch durch allgemeinere Iterationen dieser Operationen *höhere arithmetische Operationen* zu definieren, so daß jeder Ordnungszahl η eine Operation $\varphi_\eta(\alpha, \beta)$ zugeordnet werden kann. Dabei hat man allgemein für die Definition der Iteration einer beliebigen arithmetischen Operation $f(\alpha, \beta)$ folgende verschiedene Möglichkeiten: Die Iteration der Ordnung $\nu + 1$ kann aus der Iteration der Ordnung ν in Form von Links- oder Rechtsiteration (§ 8), ferner durch Iteration in der ersten oder zweiten oder in beiden Variablen definiert werden:

(1) Linksiteration in der 1. Variablen: $f^{\nu+1}(\alpha, \beta) = f(f^\nu(\alpha, \beta), \beta)$,
(2) Rechtsiteration in der 1. Variablen: $f^{\nu+1}(\alpha, \beta) = f^\nu(f(\alpha, \beta), \beta)$,
(3) Linksiteration in der 2. Variablen: $f^{\nu+1}(\alpha, \beta) = f(\alpha, f^\nu(\alpha, \beta))$,
(4) Rechtsiteration in der 2. Variablen: $f^{\nu+1}(\alpha, \beta) = f^\nu(\alpha, f(\alpha, \beta))$,
(5) Linksiteration in beiden Variablen: $f^{\nu+1}(\alpha, \beta) = f(f^\nu(\alpha, \beta), f^\nu(\alpha, \beta))$,
(6) Rechtsiteration in beiden Variablen: $f^{\nu+1}(\alpha, \beta) = f^\nu(f(\alpha, \beta), f(\alpha, \beta))$.

Die Iteration von Limeszahlordnung λ werde in allen Fällen durch

$$f^\lambda(\alpha, \beta) = \lim_{\nu < \lambda} f^\nu(\alpha, \beta) \tag{7}$$

definiert, sofern dieser Limes existiert. Ferner definieren wir $f^0(\alpha, \beta) = \alpha$ bei Iteration in der 1. Variablen, $f^0(\alpha, \beta) = \beta$ bei Iteration in der 2. Variablen.

Genügt f für $\alpha > 1$ und $\beta > 1$ den Gesetzen (I') und (II') (§ 13), so kann man mittels transfiniter Induktion nach ν leicht zeigen, daß die Limites $\lim_{\nu<\lambda} f^\nu(\alpha, \beta)$ immer existieren, so daß man also sechs verschiedene Folgen von Iterationen f^ν definieren kann, wobei für jede Ordnungszahl ν und für $\alpha > 1$ und $\beta > 1$ f^ν den Gesetzen (I') und (II') genügt, wozu noch das Gesetz $f^\nu(\alpha, \beta) \leqq f^{\nu+1}(\alpha, \beta)$ kommt.

Genügt f den arithmetischen Grundgesetzen (I) und (II) (die stärker als (I') und (II') sind), so ist in den Fällen (1) und (5) zudem $f^\nu(\alpha, \beta) < f^{\nu+1}(\alpha, \beta)$, ferner in allen 6 Fällen $f^\nu(\alpha, \beta) > \alpha$.

2. Definition von Funktionalen aus arithmetischen Operationen. In Verallgemeinerung der Linksiteration kann man jeder arithmetischen Operation f, die den Gesetzen (I') und (II') gehorcht, ein *Funktional* zuordnen, das jeder Folge $\{\alpha_\xi\}_{\xi<\lambda}$ mit $\lambda \geqq 1$ eine Ordnungszahl $\underset{\xi<\lambda}{F}\alpha_\xi$ eindeutig zuordnet, die wir auch mit $F(\lambda)$ bezeichnen: $F(\lambda)$ sei eine stetige Funktion von λ mit $F(1) = \alpha_0$; für die Definition von $F(\lambda + 1)$ aus $F(\lambda)$ haben wir folgende zwei Möglichkeiten:

$$F(\lambda + 1) = f(F(\lambda), \alpha_\lambda), \tag{8}$$

$$F(\lambda + 1) = f(\alpha_\lambda, F(\lambda)). \tag{9}$$

Man sieht sofort, daß für beliebige Ordnungszahlen $\alpha_\xi > 1$, $\lambda > 0$ in beiden Fällen $F(\lambda) = \underset{\xi<\lambda}{F}\alpha_\xi$ existiert, und zwar ist dieses Funktional monoton in λ nnd in allen Variablen α_ξ, ferner ist $F(\lambda) \geqq \alpha_\xi$ für alle $\xi < \lambda$. Speziell wird, wenn f den arithmetischen Grundgesetzen (I) und (II) genügt, im Fall (8) $F(\lambda)$ eine Normalfunktion von λ. Im Fall (8) haben wir eine nach rechts fortschreitende Anwendung der Operation f, im Fall (9) eine nach links fortschreitende.

Bildet man f^ν nach (1) und $F(\nu)$ nach (8), oder f^ν nach (3) und $F(\nu)$ nach (9), so wird $f^\nu(\alpha, \alpha) = F(1 + \nu)$, wenn alle $\alpha_\xi = \alpha$. Ist $f = \varphi_1$, so wird im Fall (8) $F(\lambda) = \sum_{\xi<\lambda}\alpha_\xi$; ist $f = \varphi_2$, so wird im Fall (8) $F(\lambda) = \prod_{\xi<\lambda}\alpha_\xi$.

3. Exponentenketten [6]. Ist $f = \varphi_3$, so heißen die Funktionale $F(\lambda)$ im Fall (8) und (9) *Exponentenketten*. Diese bilden die nächsthöhere Operation nach der Potenzierung. Schreibt man für diese im Fall (8) $F(\lambda) = \underset{\xi<\lambda}{\Phi}\alpha_\xi$, im Fall (9) $F(\lambda) = \underset{\xi<\lambda}{\Psi}\alpha_\xi$, so ist

$$\underset{\xi<\lambda}{\Phi}\alpha_\xi = \alpha_0^\beta, \quad \text{wobei} \quad \beta = \prod_{1\leqq\xi<\lambda}\alpha_\xi;$$

die nach (8) definierten Exponentenketten lassen sich also auf die gewöhnliche Potenz zurückführen.

Für die nach (9) definierten Exponentenketten schreiben wir für endliches n

$$\underset{\xi<n}{\Psi}\alpha_\xi = [\alpha_n, \alpha_{n-1}, \ldots, \alpha_1, \alpha_0].$$

Somit ist

$$[\alpha_0] = \alpha_0, \; [\alpha_0, \alpha_1, \ldots, \alpha_n] = \alpha_0^{[\alpha_1, \ldots, \alpha_n]}.$$

Sind alle $\alpha_\xi = \alpha$, so schreiben wir

$$\underset{\xi<\lambda}{\Psi}\alpha_\xi = \begin{bmatrix}\alpha\\ \lambda\end{bmatrix}.$$

Somit ist

$$\begin{bmatrix}\alpha\\1\end{bmatrix}=\alpha,\qquad \begin{bmatrix}\alpha\\n+1\end{bmatrix}=\alpha^{\begin{bmatrix}\alpha\\n\end{bmatrix}},\qquad \begin{bmatrix}\alpha\\\omega\end{bmatrix}=\lim_{n<\omega}\begin{bmatrix}\alpha\\n\end{bmatrix}.$$

Zum Beispiel wird für $\alpha_\xi = \omega$

$$\underset{\xi<3}{\Phi}\,\alpha_\xi = (\omega^\omega)^\omega = \omega^{\omega^2} = [\omega,\, \omega^2],\qquad \underset{\xi<3}{\Psi}\,\alpha_\xi = \omega^{\omega^\omega} = [\omega,\, \omega,\, \omega] = \begin{bmatrix}\omega\\3\end{bmatrix}.$$

Über die Werte der Exponentenketten kann man folgende Sätze beweisen:

1. Ist $\{\alpha_\xi\}_{\xi<\omega}$ eine beliebige Folge vom Typ ω von Ordnungszahlen $\alpha_\xi \geqq 2$, und ist α die kleinste Zahl $\geqq \alpha_\xi$ für alle $\xi < \omega$, so ist $\underset{\xi<\omega}{\Phi}\,\alpha_\xi$ dann und nur dann keine ε-Zahl[1], wenn folgende Bedingungen zugleich erfüllt sind:

a) Nicht alle α_ξ sind endlich.

b) Entweder hat $\{\alpha_\xi\}_{\xi<\omega}$ ein Maximum, oder dann ist α keine ε-Zahl.

2. Ist $\{\alpha_\xi\}_{\xi<\lambda}$ eine beliebige Folge vom Limeszahltyp λ von Ordnungszahlen $\alpha_\xi \geqq 2$, so ist $\underset{\xi<\lambda}{\Psi}\,\alpha_\xi$ stets eine ε-Zahl (z. B. ist $\lim\limits_{n<\omega}\,[\alpha_n,\, \alpha_{n-1},\, \ldots,\, \alpha_1,\, \alpha_0]$ eine ε-Zahl).

3. Ist $\{\alpha_\xi\}_{\xi<\omega}$ eine beliebige Folge vom Typ ω von Ordnungszahlen $\alpha_\xi \geqq 2$, ist für $\alpha_\xi < \omega$ $H_\xi = 2$ und für $\alpha_\xi \geqq \omega$ H_ξ die größte ε-Zahl $\leqq \alpha_\xi$, so ist $\lim\limits_{n<\omega}\,[\alpha_0,\, \alpha_1,\, \ldots,\, \alpha_n]$ dann und nur dann keine ε-Zahl, wenn $\{H_\xi\}_{\xi<\omega}$ ein Maximum hat, das nur endlich oft vorkommt.

4. Die Finslerschen höheren Operationen. Zu einer arithmetischen Operation f, die den arithmetischen Grundgesetzen (I) und (II) gehorcht, läßt sich eine *höhere Operation* f' definieren durch

$$f'(\alpha,\, \beta) = f^\beta(\alpha,\, \alpha), \tag{10}$$

wobei zunächst irgendeine der 6 Iterationsmöglichkeiten verwendet werde. Nicht alle Möglichkeiten (1) bis (6) sind aber gleich gut dafür geeignet. Im Fall (3) z. B. wird nämlich nach § 8, Satz (7)

$$f'(\alpha,\, \beta) = f(\alpha,\, \omega) \quad \text{für} \quad \beta \geqq \omega,$$

d. h., f' ist von einer Stelle ab in β konstant.

Wir verwenden nun die Iterationsdefinition (1); also ist

$$f'(\alpha,\, \beta+1) = f^{\beta+1}(\alpha,\, \alpha) = f(f^\beta(\alpha,\, \alpha),\, \alpha) = f(f'(\alpha,\, \beta),\, \alpha),$$

d. h., f ist Stammfunktion von f'. Dann gehorcht auch f' den arithmetischen Grundgesetzen (I) und (II) (nach § 13, Satz 1). Wenn $\varphi_0(\alpha,\, \beta) = \alpha + 1$ gesetzt wird, wird

$$\varphi_1(\alpha,\, \beta) = \varphi_0^\beta(\alpha,\, \alpha),$$

$$\varphi_2(\alpha,\, 1+\beta) = \varphi_1^\beta(\alpha,\, \alpha),$$

$$\varphi_3(\alpha,\, 1+\beta) = \varphi_2^\beta(\alpha,\, \alpha).$$

Setzt man nun weiterhin

$$\varphi_{\eta+1}(\alpha,\, \beta) = \varphi_\eta'(\alpha,\, \beta) \quad \text{für} \quad \eta \geqq 3,$$

$$\varphi_\lambda(\alpha,\, \beta) = \lim_{\eta<\lambda} \varphi_\eta(\alpha,\, \beta) \quad \text{für Limeszahlen } \lambda,$$

---

[1] Def. der ε-Zahlen siehe § 15.

so erhält man zu jeder Ordnungszahl η eine Operation φ_η. Diese sind[1] die FINSLERschen *Operationen* [3] (z.B. wird $\varphi_4(\alpha, \beta) = \alpha^{\alpha^\beta}$); ist η von 1. Art, so gehorcht φ_η den arithmetischen Grundgesetzen (I) und (II)[2]; ist η eine Limeszahl, so gelten für φ_η die Gesetze (I') und (II); ferner ist $\varphi_\eta(\alpha, \beta) \leqq \varphi_{\eta+1}(\alpha, \beta)$ für jedes η (und immer für $\alpha > 1$ und $\beta > 1$). — Diese Behauptungen werden mit transfiniter Induktion nach η bewiesen:

Für $\eta = 3$ existiert $\varphi_\eta(\alpha, \beta)$ für alle Zahlen α, β und hat die behaupteten Eigenschaften. Gilt dies für alle η mit $3 \leqq \eta < \eta_0$, wobei $\eta_0 > 3$, so gilt dies auch für $\eta = \eta_0$:

a) Ist $\eta_0 = \eta_0' + 1$, so gehorcht φ_{η_0} den Gesetzen (I) und (II). Somit existiert auch $\varphi_{\eta_0+1}(\alpha, \beta) = \varphi_{\eta_0}^\beta(\alpha, \alpha)$. Dann ist für $1 < \beta \leqq \alpha$

$$\varphi_{\eta_0+1}(\alpha, \beta) \geqq \varphi_{\eta_0}(\alpha, \alpha) \geqq \varphi_{\eta_0}(\alpha, \beta);$$

$\varphi_{\eta_0+1}(\alpha, \beta) \geqq \varphi_{\eta_0}(\alpha, \beta)$ gilt aber auch für alle $\beta > \alpha$; denn gilt dies für $\alpha > 1$, $\beta > 1$, so folgt (wegen der Induktionsvoraussetzung $\varphi_{\eta+1}(\alpha, \beta) \geqq \varphi_\eta(\alpha, \beta)$ für $\eta < \eta_0$)

$$\varphi_{\eta_0+1}(\alpha, \beta + 1) = \varphi_{\eta_0}(\varphi_{\eta_0+1}(\alpha, \beta), \alpha) \geqq \varphi_{\eta_0'}(\varphi_{\eta_0+1}(\alpha, \beta), \alpha)$$
$$\geqq \varphi_{\eta_0'}(\varphi_{\eta_0}(\alpha, \beta), \alpha) = \varphi_{\eta_0}(\alpha, \beta + 1).$$

b) Ist η_0 eine Limeszahl, so existiert der Limes $\varphi_{\eta_0}(\alpha, \beta) = \lim_{\eta < \eta_0} \varphi_\eta(\alpha, \beta)$. Für $\alpha > 1$, $\beta > 1$ ist $\varphi_{\eta_0}(\alpha, \beta)$ monoton in α und β, ferner gilt $\varphi_{\eta_0}(\alpha, \beta) > \alpha$, $\varphi_{\eta_0}(\alpha, \beta) \geqq \beta$. Also gelten die Gesetze (I') und (II) für φ_{η_0}. Also existiert auch $\varphi_{\eta_0+1}(\alpha, \beta) = \varphi_{\eta_0}^\beta(\alpha, \alpha)$. Für $\beta \leqq \alpha$ ist also

$$\varphi_{\eta_0+1}(\alpha, \beta) \geqq \varphi_{\eta_0}(\alpha, \alpha) \geqq \varphi_{\eta_0}(\alpha, \beta);$$

$\varphi_{\eta_0+1}(\alpha, \beta) \geqq \varphi_{\eta_0}(\alpha, \beta)$ gilt aber auch für $\beta > \alpha$, denn aus $\varphi_{\eta_0+1}(\alpha, \beta) \geqq \varphi_{\eta_0}(\alpha, \beta)$ für $\alpha > 1$, $\beta > 1$ folgt für alle η mit $3 \leqq \eta < \eta_0$ (wegen der Induktionsvoraussetzung $\varphi_{\eta+1}(\alpha, \beta) \geqq \varphi_\eta(\alpha, \beta)$ für $3 \leqq \eta < \eta_0$)

$$\varphi_{\eta_0+1}(\alpha, \beta + 1) = \varphi_{\eta_0}(\varphi_{\eta_0+1}(\alpha, \beta), \alpha) \geqq \varphi_{\eta_0}(\varphi_{\eta_0}(\alpha, \beta), \alpha) \geqq \varphi_\eta(\varphi_{\eta_0}(\alpha, \beta), \alpha)$$
$$\geqq \varphi_\eta(\varphi_{\eta+1}(\alpha, \beta), \alpha) = \varphi_{\eta+1}(\alpha, \beta + 1),$$

also

$$\varphi_{\eta_0+1}(\alpha, \beta + 1) \geqq \varphi_{\eta_0}(\alpha, \beta + 1).$$

Bemerkung: Definiert man die Operationen $\varphi_\eta(\alpha, \beta)$ nur für $\alpha \in Z$, $\beta \in Z$, $\eta \in Z$ (vgl. § 6), so ist φ_η auch für Limeszahlen η stetig in β: Ist $\alpha > 1$ und β eine Limeszahl, so wird nämlich

$$\varphi_\eta(\alpha, \beta) = \lim_{\eta' < \eta} \varphi_{\eta'+1}(\alpha, \beta) = \lim_{\eta' < \eta} \left(\lim_{\beta' < \beta} \varphi_{\eta'+1}(\alpha, \beta')\right) = \lim_{\beta' < \beta} \left(\lim_{\eta' < \eta} \varphi_{\eta'+1}(\alpha, \beta')\right)$$
$$= \lim_{\beta' < \beta} \varphi_\eta(\alpha, \beta'),$$

denn die Vertauschung der Limesoperationen ist gestattet, weil beide Limeszahlen η und β mit ω konfinal sind (vgl. § 5, Satz 1). —

Jeder FINSLERschen arithmetischen Operation φ_η kann man nach Def. (8) oder (9) ein Funktional zuordnen, das jeder Folge $\{\alpha_\xi\}_{\xi < \lambda}$ eine Ordnungszahl $\Phi_\eta(\lambda)$ zuordnet.

Die höheren arithmetischen Operationen können zur formalen Darstellung von Ordnungszahlen verwendet werden (vgl. § 38).

---

[1] Abgesehen von einer Vertauschung der Variablen.

[2] Auf alle diese Operationen läßt sich somit die Theorie der Hauptzahlen anwenden (§ 15).

§ 15. Die Theorie der Hauptzahlen

1. Allgemeine Theorie. Die Theorie der Hauptzahlen läßt sich für beliebige arithmetische Operationen, die den *arithmetischen Grundgesetzen* (§ 13) gehorchen, gemeinsam durchführen. $f(\alpha, \beta)$ sei im folgenden immer eine solche Operation.

Def. 1. Eine Ordnungszahl ξ heißt *Hauptzahl* bezüglich der Operation f, wenn es eine Ordnungszahl $A < \xi$ gibt, so daß $f(\alpha, \xi) = \xi$ für alle α mit $A \leqq \alpha < \xi$ [4, 8].

Def. 2. Eine Hauptzahl heißt *eigentliche Hauptzahl*, wenn sie eine Limeszahl ist, sonst *uneigentliche Hauptzahl* [4, 8].

Satz 1. *Damit ξ eine eigentliche Hauptzahl bezüglich f ist, ist notwendig und hinreichend, daß eine wachsende Folge $\{\alpha_\mu\}_{\mu<\lambda}$ von Limeszahltyp λ existiert mit $\lim\limits_{\mu<\lambda} \alpha_\mu = \xi$ und $f(\alpha_\mu, \xi) = \xi$ für alle $\mu < \lambda$.*

Beweis: Ist $f(\alpha, \xi) = \xi$ für eine bestimmte Zahl $\xi > 1$ und für ein α mit $1 < \alpha < \xi$, so ist $f(\alpha', \xi) = \xi$ für alle α' mit $1 < \alpha' < \alpha$; denn dann ist

$$\xi \leqq f(\alpha', \xi) \leqq f(\alpha, \xi) = \xi, \quad \text{also} \quad f(\alpha', \xi) = \xi.$$

Satz 2. *Alle transfiniten Hauptzahlen sind eigentliche Hauptzahlen.*

Beweis: Annahme, $\xi \geqq \omega$ sei eine Hauptzahl bezüglich f. Dann kann ξ nicht von 1. Art sein; denn sonst wäre $\xi = \xi' + 1$, $\xi' \geqq \omega$, also

$$f(\xi', \xi) > f(\xi', \xi') > \xi', \quad \text{also} \quad f(\xi', \xi) > \xi,$$

d. h., ξ wäre nicht Hauptzahl.

Satz 3. *Ist $\alpha > 1$, so ist die kleinste Hauptzahl $> \alpha$ die Zahl $\xi = \lim\limits_{\mu<\omega} \xi_\mu$, wobei*

$$\xi_0 = \alpha,$$

$$\xi_{\mu+1} = f(\xi_\mu, \xi_\mu).$$

Beweis: a) ξ ist eine Hauptzahl: Es ist $\xi \geqq \omega$, weil die Folge $\{\xi_\mu\}_{\mu<\omega}$ wachsend ist. Ist $1 < \alpha' < \xi$, so gibt es einen Index $\mu_0 < \omega$, so daß $\alpha' < \xi_{\mu_0}$, also

$$\xi \leqq f(\alpha', \xi) = \lim_{\mu<\omega} f(\alpha', \xi_\mu) \leqq \lim_{\mu<\omega} f(\xi_{\mu_0}, \xi_\mu) \leqq \lim_{\mu<\omega} f(\xi_\mu, \xi_\mu) = \lim_{\mu<\omega} \xi_{\mu+1} = \xi,$$

also $f(\alpha', \xi) = \xi$.

b) Es gibt keine Hauptzahl zwischen α und ξ: Ist $\eta > \alpha$ und η eine Hauptzahl, so ist $f(\alpha', \eta) = \eta$ für $1 < \alpha' < \eta$, also

$$\eta = f(\alpha, \eta) > f(\alpha, \alpha) = \xi_1,$$

also

$$\eta = f(\xi_1, \eta) > f(\xi_1, \xi_1) = \xi_2 \quad \text{usw.},$$

also

$$\eta \geqq \lim_{\mu<\omega} \xi_\mu = \xi.$$

Bemerkung: Nach Satz 2 und 3 kommen für die uneigentlichen Hauptzahlen also nur die Zahlen 1 und 2 in Betracht.

Satz 4. *Die Hauptzahlen bilden den Wertbereich einer Normalfunktion mit Argumentbereich W.*

Beweis: Nach Satz 3 existiert zu jeder Hauptzahl eine größere. Ist ferner $\{\xi_\mu\}_{\mu<\lambda}$ eine wachsende Folge vom Limeszahltyp λ, wobei alle ξ_μ Hauptzahlen bezüglich f sind, so ist auch $\lim\limits_{\mu<\lambda}\xi_\mu$ eine Hauptzahl bezüglich f: Denn es ist $f(\alpha, \xi_\mu) = \xi_\mu$ für $1 < \alpha < \xi_\mu$ (für alle $\mu < \lambda$); ist nun α' eine beliebige Zahl mit $1 < \alpha' < \lim\limits_{\mu<\lambda}\xi_\mu$, so gibt es einen Index $\mu_0 < \lambda$ mit $\alpha' < \xi_{\mu_0}$, also ist $\alpha' < \xi_\mu$ für $\mu_0 \leqq \mu < \lambda$, also

$$f(\alpha', \xi_\mu) = \xi_\mu \quad \text{für} \quad \mu_0 \leqq \mu < \lambda,$$

also

$$\lim_{\mu<\lambda}\xi_\mu = \lim_{\mu<\lambda} f(\alpha', \xi_\mu) = f\big(\alpha', \lim_{\mu<\lambda}\xi_\mu\big).$$

Satz 5. *Hat f eine Stammfunktion f_1, die auch den arithmetischen Grundgesetzen gehorcht, so ist jede eigentliche Hauptzahl von f auch Hauptzahl von f_1.*

Beweis: ξ sei eine eigentliche Hauptzahl von f, also nach Satz 2 eine Limeszahl mit $f(\alpha, \xi) = \xi$ für alle α mit $1 < \alpha < \xi$. Wäre nun ξ keine Hauptzahl von f_1, so würde ein α mit $1 < \alpha < \xi$ existieren mit $f_1(\alpha, \xi) > \xi$; also wäre $f_1(\alpha, \eta) > \xi$ für ein η mit $1 < \eta < \xi$. Also wäre (wegen $f(\eta, \alpha) \geqq \alpha$)

$$f(\eta, \xi) > f(\eta, \alpha + 1) = f_1(f(\eta, \alpha), \eta) \geqq f_1(\alpha, \eta) > \xi,$$

also

$$f(\eta', \xi) > \xi \quad \text{für alle } \eta' \text{ mit } \eta \leqq \eta' < \xi,$$

d. h., ξ wäre nicht Hauptzahl von f.

2. Die γ-, δ- und ε-Zahlen.

Def. 3. Wir nennen die Hauptzahlen der Addition die *γ-Zahlen*.

Somit sind die γ-Zahlen diejenigen Zahlen, die allen ihren Resten gleich sind. Die einzige uneigentliche γ-Zahl ist 1.

Satz 6. *Ist $\alpha > 0$, so ist die kleinste γ-Zahl über α die Zahl $\alpha \cdot \omega$.*

Beweis: Nach Satz 3 ist die kleinste γ-Zahl über α die Zahl $\lim\limits_{\mu<\omega}\xi_\mu$, wobei $\xi_0 = \alpha$, $\xi_{\mu+1} = \xi_\mu \cdot 2$; also wird $\xi_\mu = \alpha \cdot 2^\mu$, also $\lim\limits_{\mu<\omega}\xi_\mu = \alpha \cdot \omega$.

Folgerungen: 1. *Die γ-Zahlen sind genau die Zahlen ω^ξ.*

2. Ist α eine γ-Zahl, so ist auch α^ξ eine γ-Zahl (für beliebiges ξ).

3. Ist β eine Limeszahl, so ist α^β für beliebiges α eine γ-Zahl.

4. Ist β eine γ-Zahl und $1 \leqq \alpha \leqq \beta$, so gibt es eine γ-Zahl ξ mit $\beta = \alpha \cdot \xi$.

5. Ist $\alpha \cdot \beta$ eine γ-Zahl, so ist auch β eine γ-Zahl; ist β eine eigent liche γ-Zahl, so ist $\alpha \cdot \beta$ eine γ-Zahl für $\alpha > 0$.

Def. 4. Die Hauptzahlen der Multiplikation heißen die *δ-Zahlen*.

Die einzige uneigentliche δ-Zahl ist 2. Nach Satz 5 sind alle eigentlichen δ-Zahlen auch γ-Zahlen.

Satz 7. *Ist $\alpha > 1$, so ist die kleinste δ-Zahl über α die Zahl α^ω.*

Beweis: Nach Satz 3 ist die kleinste δ-Zahl über α die Zahl $\lim\limits_{\mu<\omega} \xi_\mu$, wobei $\xi_0 = \alpha$, $\xi_{\mu+1} = \xi_\mu^2$, also wird $\xi_\mu = \alpha^{2^\mu}$, also $\lim\limits_{\mu<\omega} \xi_\mu = \alpha^\omega$.

Folgerungen: 1. *Die δ-Zahlen sind die Zahl 2 und die Zahlen ω^{ω^ξ}.*

2. Ist α eine δ-Zahl und β eine γ-Zahl, so ist α^β eine δ-Zahl.

Def. 5. Die Hauptzahlen der Potenzierung (oder exponentiellen Hauptzahlen) heißen die *ε-Zahlen.*

Es gibt keine uneigentliche ε-Zahl. Nach Satz 5 sind alle ε-Zahlen auch δ-Zahlen und γ-Zahlen.

Satz 8. *Ist $2^\xi = \xi$, so ist ξ eine ε-Zahl.*

Beweis: Es sei $2^\xi = \xi$. ξ ist eine Limeszahl; denn wäre $\xi = \xi' + 1$, so wäre $2^\xi = 2^{\xi'+1} = 2^{\xi'} \cdot 2 = 2^{\xi'} + 2^{\xi'} > \xi' + 1 = \xi$, im Widerspruch zur Voraussetzung. Somit ist $\xi = \omega \cdot x$, also

$$2^\xi = 2^{\omega \cdot x} = (2^\omega)^x = \omega^x = \xi,$$

d. h., ξ ist eine γ-Zahl. Es ist $\lim\limits_{\xi'<\xi} 2^{\xi'} = 2^\xi = \xi$. Für $\xi' < \xi$ wird also

$$2^{\xi'} \cdot 2^\xi = 2^{\xi'+\xi} = 2^\xi = \xi,$$

also ist nach Satz 1 ξ eine δ-Zahl. Deshalb ist für $\xi' < \xi$

$$(2^{\xi'})^\xi = 2^{\xi' \cdot \xi} = 2^\xi = \xi,$$

also ist nach Satz 1 ξ eine ε-Zahl.

Folgerung: Bezeichnen wir die kritischen Zahlen der Normalfunktion $\varphi(\xi) = \omega^\xi$ mit ε_ξ, so sind die Zahlen ε_ξ die ε-Zahlen $> \omega$. Die Ableitung von $\varphi(\xi) = \alpha^\xi$ (mit $\alpha \geqq \omega$) ist $\varphi'(\xi) = \varepsilon_{\beta+\xi}$, wobei β durch $\varepsilon_\beta = \begin{bmatrix} \alpha \\ \omega \end{bmatrix}$ bestimmt ist (vgl. Satz 9); die kritischen Zahlen von $\varphi(\xi) = \alpha^\xi$ (mit $2 \leqq \alpha < \omega$) sind genau die ε-Zahlen, also $\varphi'(0) = \omega$, $\varphi'(1 + \xi) = \varepsilon_\xi$.

Bemerkung: Im Gegensatz zur Potenzierung werden bei der Addition durch die Gleichung $2 + \xi = \xi$ nicht die γ-Zahlen, sondern die transfiniten Ordnungszahlen charakterisiert, bei der Multiplikation durch $2 \cdot \xi = \xi$ nicht die δ-Zahlen, sondern einfach die Ordnungszahlen von 2. Art.

Satz 9. *Ist $\alpha \geqq 2$, so ist die kleinste ε-Zahl $> \alpha$ die Zahl $\begin{bmatrix} \alpha \\ \omega \end{bmatrix}$.*

Beweis: Nach Satz 3 gilt für die kleinste ε-Zahl $H > \alpha$

$$H = \lim_{n<\omega} \xi_n, \quad \text{wobei} \quad \xi_0 = \alpha^\alpha, \ \xi_{n+1} = \xi_n^{\xi_n};$$

daraus folgt $H \geqq \begin{bmatrix} \alpha \\ \omega \end{bmatrix}$. Ferner ist

$$\alpha^{\begin{bmatrix} \alpha \\ \omega \end{bmatrix}} = \lim_{n<\omega} \alpha^{\begin{bmatrix} \alpha \\ n \end{bmatrix}} = \lim_{n<\omega} \begin{bmatrix} \alpha \\ n+1 \end{bmatrix} = \begin{bmatrix} \alpha \\ \omega \end{bmatrix},$$

d. h., $\begin{bmatrix} \alpha \\ \omega \end{bmatrix}$ ist eine ε-Zahl; somit folgt $H = \begin{bmatrix} \alpha \\ \omega \end{bmatrix}$.

Satz 10. *Jede reguläre Limeszahl ist eine ε-Zahl.*

Beweis: Ist Λ eine reguläre Limeszahl, und wäre Λ keine ε-Zahl, so wäre

$$\Lambda = 2^\lambda + \mu, \text{ wobei } \omega \leqq \lambda < \Lambda, \mu \text{ von 2. Art und } 0 \leqq \mu < 2^\lambda.$$

Ist μ eine Limeszahl, so ist Λ mit μ konfinal, Widerspruch. Ist $\mu = 0$ und λ eine Limeszahl, so ist Λ mit λ konfinal, Widerspruch. Ist $\mu = 0$ und $\lambda = l + n$, wobei l eine Limeszahl und $1 \leqq n < \omega$, so ist $\Lambda = 2^l \cdot 2^n$ mit der Limeszahl $2^l < \Lambda$ konfinal, Widerspruch.

Folgerungen: 1. Jede ordinale Anfangszahl ist eine ε-Zahl.

2. Daraus folgt nach § 11, Satz 4:

a) $\Omega_\beta = \sum_{\xi<\beta} \Omega_{\xi+1}$ für beliebiges $\beta > 0$ (d. h. $\Omega_\beta = \sum_{\xi<\beta} \Omega_\xi$ für Limeszahlen β, $\Omega_\beta = \sum_{\xi\leqq\beta} \Omega_\xi$ für β von 1. Art),

b) $\Omega_\beta = \sum_{\xi<\beta} \Omega_{\beta_\xi}$, wenn $\{\beta_\xi\}_{\xi<\lambda}$ eine wachsende Folge vom Limeszahltyp λ mit dem Limes β ist.

§ 16. Hauptzahlen und kritische Zahlen

Satz 1. *Die mit ω konfinalen γ-Zahlen sind genau die Ordnungszahlen, die man als Limes einer wachsenden Folge $\{\alpha_n\}_{n<\omega}$ vom Typ ω darstellen kann, wobei folgende Bedingungen erfüllt sind:*

(1) $\alpha_0 = 0$,

(2) *die Differenzenfolge $\{\delta_n\}_{n<\omega}$ von $\{\alpha_n\}_{n<\omega}$ ist monoton* (vgl. § 11).

Beweis: a) Ist Δ eine mit ω konfinale γ-Zahl, so gibt es eine solche Folge $\{\alpha_n\}_{n<\omega}$: Im Fall $\Delta = \omega^{x+1}$ setze man $\alpha_n = \omega^x \cdot n$; also wird $\delta_n = \omega^x$ für alle $n < \omega$. Im Fall ω^x, wobei x eine Limeszahl ist, existiert eine wachsende Folge $\{x_n\}_{n<\omega}$ mit $\lim_{n<\omega} x_n = x$. Man setze dann $\alpha_0 = 0$, $\alpha_{n+1} = \omega^{x_n}$; es wird $\delta_n = \omega^{x_n}$.

b) Ist $\Delta = \lim_{n<\omega} \alpha_n$, wobei $\{\alpha_n\}_{n<\omega}$ eine Folge mit den Bedingungen (1) und (2) ist, und ist Δ keine mit ω konfinale γ-Zahl, so ist Δ überhaupt keine γ-Zahl; Δ_1 sei nun die größte γ-Zahl $< \Delta$ und α_{n_0} das erste Glied der Folge $\{\alpha_n\}_{n<\omega}$ mit $\alpha_{n_0} \geqq \Delta_1$; es ist $n_0 \geqq 1$, $\alpha_{n_0-1} < \Delta_1$ und $\delta_{n_0-1} \geqq \Delta_1$, also $\Delta \geqq \Delta_1 \cdot \omega$. Dies ist aber unmöglich, weil $\Delta_1 \cdot \omega$ die nächstgrößere γ-Zahl über Δ_1 ist.

Satz 2. *Damit zu einer Limeszahl $\varDelta$ eine volle Normalfunktion vom Typ $\varDelta$ existiert, die keine kritischen Zahlen hat, ist notwendig und hinreichend, daß $\varDelta$ eine mit ω konfinale γ-Zahl ist.*

Beweis: a) Ist $\varDelta$ eine mit ω konfinale γ-Zahl, so existiert nach Satz 1 eine wachsende Folge $\{\alpha_n\}_{n<\omega}$ mit dem Limes $\varDelta$, die den Bedingungen (1) und (2) genügt. Wir setzen[1]

$$\zeta(0) = 1,$$

$$\zeta(\alpha_n + \eta) = \alpha_{n+1} + \eta \quad \text{für} \quad 0 \leqq n < \omega \quad \text{und} \quad 0 < \eta \leqq -\alpha_n + \alpha_{n+1}.$$

ζ ist eine volle Normalfunktion vom Typ $\varDelta$, die keine kritischen Zahlen hat.

b) Ist ζ eine solche Normalfunktion, so sei $\alpha_n = \zeta^n(0)$; $\{\alpha_n\}_{n<\omega}$ ist dann eine wachsende Folge mit $\lim\limits_{n<\omega} \alpha_n = \varDelta$, die die Bedingungen (1) und (2) erfüllt, denn ihre Differenzen sind

$$\delta_0 = \zeta(0),$$

$$\delta_1 = -\zeta(0) + \zeta^2(0) \geqq \zeta(0) = \delta_0,$$

$$\delta_2 = -\zeta^2(0) + \zeta^3(0) \geqq -\zeta(0) + \zeta^2(0) = \delta_1,$$

usw.

Mit Hilfe des *Auswahlaxioms* läßt sich beweisen:

Satz 3. *Damit zu einer vollen Normalfunktion φ mit regulärem Argumentbereich eine ebensolche Normalfunktion Φ existiert mit $\Phi' = \varphi$, ist notwendig und hinreichend, daß folgende Bedingungen erfüllt sind:*

(3) *$\varphi(0)$ ist entweder 0 oder eine mit ω konfinale γ-Zahl,*

(4) *die Differenzenfunktion von φ hat als Werte nur entweder 1 oder mit ω konfinale γ-Zahlen* [1].

Beweis: a) Die Bedingungen sind notwendig: Ist Φ eine volle Normalfunktion mit regulärem Argumentbereich, so ist

$$\Phi'(0) = \lim_{n<\omega} \Phi^n(0).$$

Ist $\Phi(0) = 0$, so ist auch $\Phi'(0) = 0$. Ist $\Phi(0) > 0$, so ist die Folge $\{\Phi^n(0)\}_{n<\omega}$ wachsend, und sie erfüllt die Bedingungen (1) und (2). Also ist $\Phi'(0)$ eine mit ω konfinale γ-Zahl. — Für ein beliebiges Argument ξ sei nun $\varDelta_\xi = -\Phi'(\xi) + \Phi'(\xi + 1)$. Es ist

$$\Phi'(\xi + 1) = \lim_{n<\omega} \Phi^n(\Phi'(\xi) + 1).$$

Ist $\varDelta_\xi > 1$, so ist $\Phi'(\xi) + 1 < \Phi'(\xi + 1)$, also die Folge $\{\Phi^n(\Phi'(\xi) + 1)\}_{n<\omega}$ wachsend, also $\varDelta_\xi$ eine Limeszahl. Setzen wir

$$\Phi(\Phi'(\xi) + \eta) = \Phi'(\xi) + \zeta(\eta) \quad \text{für} \quad 1 \leqq \eta < \varDelta_\xi, \ \zeta(0) = 1,$$

---

[1] Def. der Differenz von Ordnungszahlen siehe § 17.

so ist ζ eine volle Normalfunktion vom Typ Δ_ξ, die keine kritischen Zahlen hat, also ist nach Satz 2 Δ_ξ eine mit ω konfinale γ-Zahl. — Φ' erfüllt also die Bedingungen (3) und (4).

b) Die Bedingungen sind hinreichend: Es sei φ eine gegebene Normalfunktion mit den Bedingungen (3) und (4). Wir setzen $\Delta_\xi = -\varphi(\xi) + \varphi(\xi + 1)$. Nach dem *Auswahlaxiom* gibt es eine Funktion, die jedem $\Delta_\xi > 1$ eine wachsende Folge mit dem Limes Δ_ξ zuordnet, und daraus folgt nach dem Beweis von Satz 1 und 2 die Existenz einer Funktion, die jedem $\Delta_\xi > 1$ eine volle Normalfunktion $\zeta_\xi(\eta)$ vom Typ Δ_ξ ohne kritische Zahlen zuordnet. Wir setzen

$$\Phi(\varphi(\xi)) = \varphi(\xi),$$

$$\Phi(\varphi(\xi) + \eta) = \varphi(\xi) + \zeta_\xi(\eta) \quad \text{für} \quad 1 \leqq \eta < \Delta_\xi.$$

Ist $\varphi(0) > 0$, so existiert nach Satz 2 eine volle Normalfunktion ζ vom Typ $\varphi(0)$ ohne kritische Zahlen, und wir setzen $\Phi(\eta) = \zeta(\eta)$ für $\eta < \varphi(0)$. — Für die dadurch definierte Normalfunktion Φ gilt $\Phi'(\xi) = \varphi(\xi)$.

Satz 4. *Alle eigentlichen Hauptzahlen einer beliebigen arithmetischen Operation, die den arithmetischen Grundgesetzen gehorcht* (vgl. § 13), *sind γ-Zahlen.*

Beweis: Ist ξ eine eigentliche Hauptzahl einer solchen Operation f, so ist ξ eine Limeszahl, und für $1 < \alpha < \xi$ ist $f(\alpha, \xi) = \xi$, ferner $f(\alpha, 2) \geqq \alpha + 1$, also $f(\alpha, 2 + \xi) \geqq \alpha + 1 + \xi$, also $\xi = f(\alpha, \xi) \geqq \alpha + \xi$. Daraus folgt $\xi = \alpha + \xi$ für $\alpha < \xi$, also ist ξ eine γ-Zahl.

Satz 5. *Zu jeder arithmetischen Operation f, die den arithmetischen Grundgesetzen gehorcht, läßt sich eine Normalfunktion effektiv bilden, deren kritische Zahlen genau die eigentlichen Hauptzahlen von f sind.*

Beweis: Es sei $\psi(\xi) = f(\xi, \xi)$. Für $\xi > 1$ ist diese Funktion wachsend. Es sei $\tilde{\psi}$ die zu ψ gehörige Normalfunktion (vgl. § 5); für $\xi > 1$ sei $\Psi(\xi) = \tilde{\psi}(\xi)$, für $\xi \leqq 1$ sei $\Psi(\xi) = 1 + \xi$. Somit ist Ψ eine Normalfunktion, die keine endlichen kritischen Zahlen hat. Ist ξ eine eigentliche Hauptzahl von f, so ist ξ eine Limeszahl mit $f(\alpha, \xi) = \xi$ für $1 < \alpha < \xi$, also $f(\alpha, \alpha) = \psi(\alpha) < \xi$, also $\xi \leqq \Psi(\xi) = \lim\limits_{\alpha<\xi} \psi(\alpha) \leqq \xi$, also $\Psi(\xi) = \xi$, d. h., ξ ist eine kritische Zahl von Ψ. — Ist umgekehrt $\xi \geqq \omega$ eine kritische Zahl von Ψ, so ist ξ eine Limeszahl; denn wäre $\xi = \xi' + 1$, so wäre $\Psi(\xi) \geqq \psi(\xi') = f(\xi', \xi') > \xi$ (denn es ist $f(\xi', \xi') \geqq \xi$; ist ξ' eine Limeszahl, so ist auch $f(\xi', \xi')$ eine Limeszahl, also $f(\xi', \xi') > \xi$; ist $\xi' = \xi'' + 1$, und wäre $f(\xi', \xi') = \xi$, so wäre $f(\xi', \xi'') \leqq \xi'$, Widerspruch). Also ist $\xi = \Psi(\xi) = \lim\limits_{\alpha<\xi} f(\alpha, \alpha)$. Für $1 < \alpha' < \xi$ ist also

$$\xi \leqq f(\alpha', \xi) = \lim_{\alpha<\xi} f(\alpha', \alpha) \leqq \lim_{\alpha<\xi} f(\alpha, \alpha) = \xi,$$

also $f(\alpha', \xi) = \xi$; d. h., ξ ist eine eigentliche Hauptzahl von f.

Bemerkungen: Für die Addition wird $\psi(\xi) = \xi \cdot 2$, für die Multiplikation $\psi(\xi) = \xi^2$, für die Potenzierung $\psi(\xi) = \xi^\xi = \begin{bmatrix} \xi \\ 2 \end{bmatrix}$. Als Verallgemeinerungen und Ergänzungen lassen sich mit Hilfe der Theorie der Hauptzahlen folgende Sätze beweisen [6]:

1. Die wachsende Funktion $\varphi(\xi) = \xi \cdot n$ (mit $2 \leqq n < \omega$) hat die Unstetigkeitsstellen $\xi = \omega^\tau \cdot m$ (mit $\tau \geqq 1$, $1 \leqq m < \omega$); die kritischen Zahlen der zugehörigen Normalfunktion $\tilde{\varphi}$ sind $\xi = 0$ und die eigentlichen γ-Zahlen.

2. Die wachsende Funktion $\varphi(\xi) = \xi^n$ (mit $2 \leqq n < \omega$) hat die Unstetigkeitsstellen δ^p mit $\delta = \omega^{\omega^\nu}$ und $1 \leqq p < \omega$; die kritischen Zahlen der zugehörigen Normalfunktion $\tilde{\varphi}$ sind $\xi = 0, 1$ und die eigentlichen δ-Zahlen.

3. Die wachsende Funktion $\varphi(\xi) = \begin{bmatrix} \xi \\ n \end{bmatrix}$ (mit $2 \leqq n < \omega$) hat als Unstetigkeitsstellen genau die ε-Zahlen; die kritischen Zahlen der zugehörigen Normalfunktion $\tilde{\varphi}$ sind $\xi = 1$ und die ε-Zahlen (für ungerades n zudem $\xi = 0$).

Ferner ergeben sich folgende Sätze über weitere spezielle Normalfunktionen [5]:

4. Die kritischen Zahlen der Normalfunktion $\sigma(\xi) = \sum_{\alpha < 1 + \xi} \alpha^n$ (mit $1 \leqq n < \omega$) sind $0, 1$ und die eigentlichen δ-Zahlen.

5. Die kritischen Zahlen der Normalfunktion π mit $\pi(\xi) = \prod_{1 \leqq \alpha < 1 + \xi} \alpha^n$ für $\xi > 0$ (mit $1 \leqq n < \omega$) und $\pi(0) = 0$ sind $\xi = 0, 1$ und die ε-Zahlen (im Fall $n = 1$ zudem $\xi = 2$).

Mit Hilfe des *Auswahlaxioms* läßt sich beweisen:

Satz 6. *Damit die Werte einer Normalfunktion ψ mit dem Argumentbereich W genau die eigentlichen Hauptzahlen einer arithmetischen Operation, die den arithmetischen Grundgesetzen gehorcht, sein können, ist notwendig und hinreichend, daß für jede isolierte Zahl ξ $\psi(\xi)$ eine mit ω konfinale γ-Zahl ist.*

Beweis: a) Die Bedingung ist notwendig: Ist f eine Operation, die den arithmetischen Grundgesetzen gehorcht, so gibt es nach Satz 5 eine Normalfunktion Ψ, deren kritische Zahlen genau die eigentlichen Hauptzahlen von f sind. Da ferner jede eigentliche Hauptzahl von f eine γ-Zahl ist, gilt für Ψ' die Bedingung von Satz 6.

b) Die Bedingung ist hinreichend: Aus der Bedingung von Satz 6 folgt, daß für ψ die Bedingungen (3) und (4) erfüllt sind, woraus unter Anwendung des *Auswahlaxioms* nach Satz 3 folgt, daß eine Normalfunktion Ψ mit $\Psi' = \psi$ existiert. — Wir setzen nun $f(\alpha, \beta) = \alpha + \Psi(\beta)$. Diese Funktion gehorcht den arithmetischen Grundgesetzen. Ihre Hauptzahlen sind genau die Werte von ψ; denn für beliebiges ξ ist für $\alpha < \psi(\xi)$

$$f(\alpha, \psi(\xi)) = \alpha + \Psi(\psi(\xi)) = \alpha + \psi(\xi) = \psi(\xi),$$

weil alle Werte von ψ γ-Zahlen sind; dagegen ist für β non $\in V\psi$ wegen $\Psi(\beta) > \beta$

$$f(\alpha, \beta) = \alpha + \Psi(\beta) > \alpha + \beta \geqq \beta.$$

§ 17. Die Umkehrungen der arithmetischen Operationen

1. Allgemeine Theorie [6, 7, 11]. Es sei f eine arithmetische Operation, für die die arithmetischen Grundgesetze (§ 13) gelten.

Def. Gilt
$$f(\alpha, \beta) = \gamma, \tag{1}$$
so nennen wir α einen *Linksteil* und β einen *Rechtsteil von* γ bezüglich der Operation f.

Da für f das kommutative Gesetz nicht erfüllt ist, hat f *zwei verschiedene inverse Operationen (Umkehrungen)*: Man kann nach der Auflösung der Gl. (1) bei gegebenem γ und α nach β, oder bei gegebenem γ und β nach α fragen. Wir betrachten nun die Möglichkeit und Eindeutigkeit dieser Umkehrungen.

1. *Gegeben γ und α, gesucht β.* — Gl. (1) ist nicht immer nach β auflösbar, wie die Beispiele $1 + \beta = 0$, $2 \cdot \beta = 3$, $2^\beta = 3$ zeigen; sie ist dann und nur dann nach β auflösbar, wenn α ein Linksteil von γ ist; ist sie nach β auflösbar, und ist $\alpha > 1$, $\beta > 1$ vorausgesetzt, so ist die Lösung *eindeutig* (weil $f(\alpha, \beta)$ eine Normalfunktion von β ist). Variiert man das gegebene α, so sieht man, daß im allgemeinen unendlich viele α existieren, für die Gl. (1) nach β auflösbar ist; man erhält aber trotzdem nur endlich viele verschiedene Lösungen β, denn es gilt:

Satz 1. *Die Menge derjenigen Rechtsteile β einer Ordnungszahl γ, für die aus* (1) $\alpha > 1$ *folgt, ist endlich.*

Beweis: Sind β und β_1 zwei solche Rechtsteile von γ mit $\beta < \beta_1$, und sind α und α_1 die kleinsten Ordnungszahlen mit $\gamma = f(\alpha, \beta) = f(\alpha_1, \beta_1)$, so folgt $\alpha > \alpha_1 > 1$. Ordnet man jedem solchen Rechtsteil β von γ die kleinste Zahl α zu, für die (1) gilt, so werden die zugehörigen Zahlen α nach abnehmender Größe geordnet; somit gibt es nur endlich viele solche Rechtsteile β.

Satz 2. *Erfüllt f das assoziative Gesetz*
$$f(f(\alpha, \beta), \gamma) = f(\alpha, f_3(\beta, \gamma)),$$
so gilt: Ist $f_3(\alpha, 0) \leqq \alpha$, so ist[1] *der kleinste Rechtsteil* > 0 *jeder beliebigen Zahl eine bezüglich f_3 unzerlegbare Zahl* (§ 19); *ist $f_3(\alpha, \beta) \leqq \alpha$ für $\beta \leqq 1$, so ist*[1] *der kleinste Rechtsteil* >1 *jeder beliebigen Zahl eine bezüglich f_3 unzerlegbare Zahl.*[2]

Beweis: Annahme: $f_3(\alpha, 0) \leqq \alpha$; γ sei eine beliebige Zahl, ξ sei der kleinste Rechtsteil >0 von γ; also gibt es eine Zahl μ mit $\gamma = f(\mu, \xi)$. Wäre ξ zerlegbar bezüglich f_3, so gäbe es zwei Zahlen $\alpha < \xi$ und $\beta < \xi$ mit $\xi = f_3(\alpha, \beta)$. Also würde
$$\gamma = f(\mu, \xi) = f(\mu, f_3(\alpha, \beta)) = f(f(\mu, \alpha), \beta),$$

[1] Sofern er existiert.

[2] In beiden Fällen sind 0 und 1 unzerlegbar bezüglich f_3.

d.h., β wäre ein Rechtsteil von γ mit $0 < \beta < \xi$ (denn $\beta = 0$ ergäbe $\xi = f_3(\alpha, 0) \leqq \alpha$). — Das Analoge im Fall $f_3(\alpha, \beta) \leqq \alpha$ für $\beta \leqq 1$ läßt sich ebenso zeigen.

Folgerung: *Bei der Addition ist der kleinste Rechtsteil* > 0 *von* γ *eine additiv unzerlegbare Zahl; bei der Multiplikation und Potenzierung ist der kleinste Rechtsteil* > 1 *von* γ *eine multiplikativ unzerlegbare Zahl.*

2. *Gegeben* γ *und* β, *gesucht* α. — Gl. (1) ist nicht immer nach α auflösbar, wie die Beispiele $\alpha + 1 = 0$, $\alpha \cdot \omega = \omega + 1$, $\alpha^\omega = \omega + 1$ zeigen; sie ist dann und nur dann nach α auflösbar, wenn β ein Rechtsteil von γ ist. Hat Gl. (1) eine Lösung α, so braucht diese nicht eindeutig zu sein; sie kann unendlich-vieldeutig sein, wie wir im folgenden sehen werden. Es gibt aber nur endlich viele Zahlen β, für die (1) nach α auflösbar ist (nach Satz 1).

Satz 3. *Für die Multiplikation und Potenz gilt: Ist* β *von 1. Art, und ist* (1) *nach* α *auflösbar, so ist die Lösung eindeutig.*

Beweis: $\alpha \cdot (\beta + 1) = \alpha \cdot \beta + \alpha$ und $\alpha^{\beta+1} = \alpha^\beta \cdot \alpha$ sind wachsende Funktionen von α.

Satz 4. *Gilt für* f *das assoziative Gesetz* (vgl. Satz 2), *hat* f *eine Stammfunktion* f_1, *die auch den arithmetischen Grundgesetzen gehorcht, ist ferner* $f(\alpha, 1) = \alpha$ *und gilt* $f_3(2, \beta) = \beta$ *für die Zahl* β, *so hat Gl.* (1), *wenn sie überhaupt eine Lösung* $\alpha > 1$ *hat, eine transfinite Folge von Limeszahltyp von Lösungen* α, *deren Limes eine Hauptzahl von* f_1 *ist.*

Beweis: Ist $\alpha > 1$ eine Lösung von (1), so ist

$$\gamma = f(\alpha, \beta) = f(\alpha, f_3(2, \beta)) = f(f(\alpha, 2), \beta);$$

somit existiert zu jeder Lösung $\alpha > 1$ von (1) eine größere Lösung $f(\alpha, 2)$ von (1). Man kann somit eine Folge $\{\alpha_\nu\}_{\nu<\mu}$ von einem Limeszahltyp μ von Lösungen α_ν konstruieren, die eine Normalfunktion von ν ist, wobei α_0 die kleinste Lösung $\alpha > 1$ ist, ferner $\alpha_{\nu+1} = f(\alpha_\nu, 2)$ für alle $\nu < \mu$, und $\tilde{\alpha} = \lim\limits_{\nu<\mu} \alpha_\nu$ keine solche Lösung ist. Dann sind alle Zahlen α mit $\alpha_0 \leqq \alpha < \tilde{\alpha}$ solche Lösungen.

$\tilde{\alpha}$ ist eine Hauptzahl von f_1: Es sei $\mu = \omega \cdot x$, ferner x' eine Zahl $< x$. Wir setzen

$$\xi_0 = \alpha_{\omega \cdot x'}, \qquad \xi_{n+1} = f_1(\xi_n, \xi_n).$$

Dann folgt $\xi_n = \alpha_{\omega \cdot x' + n}$ für $n < \omega$; denn gilt dies für n, so ist

$$\begin{aligned} \xi_{n+1} = f_1(\xi_n, \xi_n) &= f_1(\alpha_{\omega \cdot x' + n}, \alpha_{\omega \cdot x' + n}) = f_1(f(\alpha_{\omega \cdot x' + n}, 1), \alpha_{\omega \cdot x' + n}) \\ &= f(\alpha_{\omega \cdot x' + n}, 2) = \alpha_{\omega \cdot x' + n - 1}. \end{aligned}$$

Somit wird $\lim\limits_{\nu < \omega \cdot (x'+1)} \alpha_\nu = \lim\limits_{n<\omega} \xi_n$, und dies ist die kleinste Hauptzahl von f_1 über $\alpha_{\omega \cdot x'}$. Daraus folgt, daß alle α_ν mit Limeszahlindex ν und auch $\tilde{\alpha}$ Hauptzahlen von f_1 sind.

Folgerung: *Für alle drei elementaren Operationen gilt: Ist β eine Limeszahl und hat* (1) *eine Lösung $\alpha > 1$, so hat* (1) *unendlich viele Lösungen α. Ist $\tilde{\alpha}$ die kleinste Zahl >1, die nicht Lösung α von* (1) *ist, so ist $\tilde{\alpha}$ bei der Addition eine Limeszahl, bei der Multiplikation eine γ-Zahl, bei der Potenzierung eine δ-Zahl.* — Beweis: Im Fall der Multiplikation und Potenzierung ist Satz 4 anwendbar. Bei der Multiplikation wird $\alpha_\nu = \alpha_0 \cdot 2^\nu$, und $\tilde{\alpha} = \alpha_0 \cdot 2^\mu$ eine γ-Zahl; bei der Potenzierung wird $\alpha_\nu = \alpha_0^{2^\nu}$, und $\tilde{\alpha} = \alpha^{2^\mu}$ eine δ-Zahl. Im Fall der Addition ist mit α auch $\alpha + 1$ eine Lösung von (1); ist α_0 die kleinste Lösung α, so sind alle Lösungen von der Form $\alpha_0 + \nu$, und ihr Limes ist eine Limeszahl.

Satz 5. *Für alle drei elementaren arithmetischen Operationen gilt: Ist β eine Limeszahl, so ist, wenn eine Lösung $\alpha > 1$ von* (1) *existiert, die kleinste Zahl $\tilde{\alpha} > 1$, die nicht Lösung von* (1) *ist, ein Linksteil von γ.*

Beweis: a) Im Fall der Addition ist die Behauptung offensichtlich erfüllt.

b) Im Fall der Multiplikation ist $\tilde{\alpha}$ nach Satz 4 eine γ-Zahl. Ist $\alpha > 1$ eine Lösung von (1), so ist $\alpha < \tilde{\alpha}$, also gibt es nach § 15 eine Zahl α' mit $\tilde{\alpha} = \alpha \cdot \alpha'$. Wegen $\gamma \cdot \beta > \gamma$ ist γ keine Lösung α, also $\gamma \geqq \tilde{\alpha}$; also ist

$$\gamma = \tilde{\alpha} \cdot \beta_1 + \varrho, \quad \text{wobei} \quad 0 \leqq \varrho < \tilde{\alpha}, \beta_1 \geqq 1.$$

Wäre nun α nicht Linksteil von ϱ, d.h., wäre für jede Zahl α'' $\varrho \neq \alpha \cdot \alpha''$, so wäre für jede Zahl α''

$$\gamma \neq \alpha \cdot \alpha' \cdot \beta_1 + \alpha \cdot \alpha'' = \alpha \cdot (\alpha' \cdot \beta_1 + \alpha''),$$

also wäre (wegen $\gamma = \alpha \cdot \beta$) $\beta < \alpha' \cdot \beta_1$, also $\gamma < \alpha \cdot \alpha' \cdot \beta_1 = \tilde{\alpha} \cdot \beta_1$, Widerspruch. Somit ist jede Lösung $\alpha > 1$ von (1) ein Linksteil von ϱ. — Da $\varrho < \tilde{\alpha}$, gibt es eine Lösung α''' von (1) mit $\alpha''' > \varrho$, also ist nach dem Obigen α''' ein Linksteil von ϱ, also $\varrho = 0$, also $\gamma = \tilde{\alpha} \cdot \beta_1$.

c) Satz 5 folgt allgemein für eine mittels einer Stammfunktion f_1 definierte arithmetische Operation f, wenn folgende Bedingungen erfüllt sind:

$$f(\alpha, 0) = 1, \quad f(\alpha, 1) = \alpha, \quad f_1(\alpha, 1) = \alpha;$$

f_1 erfüllt das spezielle assoziative Gesetz $f_1(f_1(\alpha, \beta), \gamma) = f_1(\alpha, f_1(\beta, \gamma))$ und gehorcht den arithmetischen Grundgesetzen.

Dann folgt nämlich nach § 13

$$f_1(f(\alpha, \beta), f(\alpha, \gamma)) = f(\alpha, \beta + \gamma),$$
$$f(f(\alpha, \beta), \gamma) = f(\alpha, \beta \cdot \gamma),$$

also $f_3(\alpha, \beta) = \alpha \cdot \beta$, also $f_3(2, \beta) = \beta$, somit ist Satz 4 anwendbar. — Es ist noch zu zeigen, daß es eine Zahl β_1 mit $f(\tilde{\alpha}, \beta_1) = \gamma$ gibt: Nach b) haben alle Zahlen $\varrho \geqq 1$ mit $\varrho \cdot \beta = \beta$ einen Limes δ, der eine γ-Zahl ist, und es ist $\beta = \delta \cdot \beta_1$, $\beta_1 < \beta$. Ist $\alpha > 1$ eine Lösung von (1), so ist auch $f(\alpha, \varrho)$ für jedes ϱ mit $\varrho \cdot \beta = \beta$ eine Lösung, denn dann wird

$$f(f(\alpha, \varrho), \beta) = f(\alpha, \varrho \cdot \beta) = f(\alpha, \beta) = \gamma.$$

Somit gilt für solche Zahlen ϱ stets $f(\alpha, \varrho) < \tilde{\alpha}$, also

$$\tilde{\alpha} \geqq \lim_{\varrho < \delta} f(\alpha, \varrho) = f(\alpha, \delta).$$

Wäre $\alpha > f(\alpha, \delta)$, so wäre auch $f(\alpha, \delta)$ eine Lösung von (1), also

$\gamma = f(f(\alpha, \delta), \beta) = f(\alpha, \delta \cdot \beta) > f(\alpha, \delta \cdot \beta_1) = f(\alpha, \beta) = \gamma$, Widerspruch.

Also ist $\alpha = f(\alpha, \delta)$, also

$$\gamma = f(\alpha, \beta) = f(\alpha, \delta \cdot \beta_1) = f(f(\alpha, \delta), \beta_1) = f(\tilde{\alpha}, \beta_1).$$

Satz 5 gilt also speziell auch für die Potenzierung.

Folgerung: *Für alle drei elementaren arithmetischen Operationen gilt: Die Menge der Linksteile jeder beliebigen Ordnungszahl γ ist in W abgeschlossen* (vgl. § 7).

Beweis: Für die Addition ist diese Behauptung evident. Im Fall der Multiplikation und Potenzierung sei $\{\alpha_\xi\}_{\xi < \lambda}$ eine wachsende Folge von Linksteilen von γ, wobei λ eine Limeszahl ist. Somit gibt es eine Folge $\{\beta_\xi\}_{\xi < \lambda}$, so daß

$$f(\alpha_\xi, \beta_\xi) = \gamma \quad \text{für alle} \quad \xi < \lambda.$$

Für $\xi < \eta$ ist $\alpha_\xi < \alpha_\eta$, also $\beta_\xi \geqq \beta_\eta$; also ist von einer Stelle ξ_0 ab $\beta_\xi = \beta_{\xi_0}$ für $\xi_0 \leqq \xi < \lambda$. Also sind die Zahlen α_ξ mit $\xi_0 \leqq \xi < \lambda$ Lösungen α von $f(\alpha_\xi, \beta_{\xi_0}) = \gamma$. — β_{ξ_0} kann nicht von 1. Art sein, weil sonst nur eine Lösung α_ξ mit $\xi_0 \leqq \xi < \lambda$ existieren würde (nach Satz 3). Der Fall $\beta_{\xi_0} = 0$ ist trivial. Ist β_{ξ_0} eine Limeszahl, so ist nach Satz 4 und 5 $\lim_{\xi < \lambda} \alpha_\xi$ entweder auch eine Lösung (also Linksteil von γ), oder dann sonst ein Linksteil von γ. —

Wir gehen nun daran, die Umkehrungen der einzelnen elementaren arithmetischen Operationen zu betrachten, wobei die Frage der Ausführbarkeit der inversen Operationen ihre völlige Beantwortung findet. Wie wir gesehen haben, ist diese Frage gelöst, wenn wir Kriterien haben, die zu zwei beliebigen Ordnungszahlen die Frage entscheiden, ob die eine Links- oder Rechtsteil der andern ist.

2. Die Subtraktionen. Die Umkehrungen der Addition, die *Subtraktionen*, bestehen in der Auflösung der Gleichung

$$\alpha + \beta = \gamma \tag{2}$$

nach α oder β. Gilt (2), so ist α ein *Abschnitt* von γ, wenn $\alpha < \gamma$, und β ein *Rest* von γ, wenn $\beta > 0$ (vgl. § 4). Die Abschnitte von γ sind somit die Linksteile $<\gamma$ von γ, die Reste von γ die Rechtsteile >0 von γ. Nach Satz 1 hat λ nur endlich viele Reste; der kleinste Rest ist eine

γ-Zahl. Die γ-Zahlen sind charakterisiert als die Zahlen, die allen ihren Resten gleich sind.

Sind γ und α gegeben, so ist Gl. (2) immer nach β auflösbar, wenn $\alpha \leqq \gamma$ (nach § 10, Satz (1)), und die Lösung β ist eindeutig. Mit andern Worten: Ist $\alpha \leqq \gamma$, so kann man α *„von links" von γ subtrahieren.* Man schreibt dann für die Lösung

$$\beta = -\alpha + \gamma;$$

dabei heißt γ der *Minuend*, α der *Subtrahend*. Die additiven Linksteile von γ sind also genau die Zahlen $\alpha \leqq \gamma$.

Ist γ und β gegeben, so hat Gl. (2) nicht immer eine Lösung α, d. h., man kann β nicht immer *„von rechts" von γ subtrahieren*; dies ist jedoch dann und nur dann möglich, wenn β ein Rest von γ oder γ selbst ist.[1] Ist $\beta \geqq \omega$, so hat Gl. (2), wenn sie überhaupt eine Lösung α hat, unendlich viele Lösungen α (Satz 4); ist $\beta < \omega$, so hat man (wenn überhaupt eine) eine eindeutige Lösung (Satz 3). In allen Fällen, wo eine Lösung α existiert, bezeichnet man die kleinste Lösung mit

$$\alpha = \gamma - \beta.$$

Somit bedeutet $\gamma - 1$ den unmittelbaren Vorgänger von γ (welcher existiert, wenn γ von 1. Art).

3. Die Umkehrungen der Multiplikation. Im Fall der Multiplikation wird Gl. (1) zu

$$\alpha \cdot \beta = \gamma; \tag{3}$$

man nennt die Linksteile und Rechtsteile von γ *Linksteiler* bzw. *Rechtsteiler* von γ. Es sei nun $\gamma > 0$. Wir stellen γ in seiner Normalform dar: $\gamma = \sum\limits_{i \leqq n} \omega^{\gamma_i} \cdot c_i$.

Satz 6. *Damit α ein Linksteiler von $\gamma > 0$ ist, ist notwendig und hinreichend, daß entweder*

(1) $1 \leqq \alpha \leqq \omega^{\gamma_n}$, *oder*

(2) $\alpha = \omega^{\gamma_j} \cdot p_j + \sum\limits_{j < i \leqq n} \omega^{\gamma_i} \cdot c_i$, *wobei* $0 \leqq j \leqq n$ *und* p_j *ein Teiler von* c_j *ist.*

Beweis mit Hilfe von Zerlegung von α, β und γ in ihre Normalformen [12].

Folgerungen: 1. Die Menge der Linksteiler von $\gamma > 0$ besteht aus allen Zahlen α mit $1 \leqq \alpha \leqq \omega^{\gamma_n}$ und aus höchstens endlich vielen Zahlen $> \omega^{\gamma_n}$. — Beweis: In der Normalform von γ gibt es nur endlich viele Glieder, also gibt es nur endlich viele Faktoren der Zahlen c_i, also sind die Linksteiler der Form (2) nur in endlicher Anzahl vorhanden.

[1] Notwendige und hinreichende Bedingungen dafür, daß eine Zahl β ein Rest einer anderen Zahl γ ist, werden erst in § 20 gegeben (dagegen findet sich das Entsprechende für Links- und Rechtsteile bei Multiplikation und Potenzierung noch in diesem Paragraphen).

2. Die Menge der Linksteiler von γ ist somit in W abgeschlossen.

3. Die endlichen Linksteiler von γ sind im Falle γ von 1. Art die Teiler von c_n, im Falle γ von 2. Art alle endlichen Zahlen.

4. Die Summe zweier Ordnungszahlen, die einen gemeinsamen Linksteiler haben, hat diesen auch als Linksteiler.

Satz 7. *Damit β ein Rechtsteiler von $\gamma > 0$ ist, ist notwendig und hinreichend, daß entweder*

(1') $\beta = \sum_{i \leqq n} \omega^{-\tau+\gamma_i} \cdot c_i$, *wobei* $\tau < \gamma_n$, *oder*

(2') $\beta = \sum_{i<j} \omega^{-\gamma_j+\gamma_i} \cdot c_i + r_j$, *wobei* $0 \leqq j \leqq n$ *und* r_j *ein Teiler von* c_j *ist.*

Der Beweis verläuft genau analog wie bei Satz 6.

Folgerungen: 1. Die endlichen Rechtsteiler von γ sind die Teiler von c_0.

2. Die Summe zweier Ordnungszahlen, die einen gemeinsamen endlichen Rechtsteiler haben, hat diesen auch als Rechtsteiler.

Bemerkung: Ein gemeinsamer Rechtsteiler von α und β muß aber im allgemeinen nicht Rechtsteiler von $\alpha + \beta$, oder von $\alpha - \beta$, oder von $-\alpha + \beta$ sein. — Beweis: a) Ist $\alpha = \omega^2$, $\beta = \omega$, so haben α und β den gemeinsamen Rechtsteiler ω. Hätte auch $\alpha + \beta$ diesen Rechtsteiler, so wäre $\alpha + \beta = \xi \cdot \omega$, also $\omega < \xi < \omega^2$, also $\xi = \omega \cdot k + l$ mit $1 \leqq k < \omega, l < \omega$, also $\xi \cdot \omega = \omega^2$, Widerspruch zu $\xi \cdot \omega = \alpha + \beta > \omega^2$. b) Ist $\alpha = 1$, $\beta = \omega$, so haben β und $\alpha + \beta$ den gemeinsamen Rechtsteiler ω; α hat aber nicht den Rechtsteiler ω. c) Ist $\alpha = \omega \cdot 2$, $\beta = 1$, so haben α und $\alpha + \beta = (\omega + 1) \cdot 2$ den gemeinsamen Rechtsteiler 2, aber β hat nicht den Rechtsteiler 2.

3. Jede Ordnungszahl $\gamma > 0$ hat *höchstens einen* transfiniten multiplikativ unzerlegbaren (§ 19) Rechtsteiler; hat γ einen solchen, so hat γ keine endlichen Rechtsteiler > 1.

4. Es seien β und β_1 zwei Rechtsteiler von $\gamma > 0$ mit $\beta > \beta_1$. Ist β eine Limeszahl, so ist β_1 ein Rechtsteiler von β. Ist β von 1. Art, so ist auch β_1 von 1. Art; sind dann e und e_1 die größten endlichen Linksteiler von β bzw. β_1, so daß $\beta = e \cdot \beta'$, $\beta_1 = e_1 \cdot \beta_1'$, so ist $\beta' \geqq \beta_1'$; ist $\beta' > \beta_1'$, so ist β_1 ein Rechtsteiler von β', also auch von β. — Beweis aus der Form der Links- und Rechtsteiler von γ nach Satz 6 und 7. —

Die Gl. (3) ist nach β auflösbar dann und nur dann, wenn α ein Linksteiler von γ ist. Andernfalls kann man eine *Division mit Rest* ausführen: Nach § 12, Satz 4, existieren zu zwei Zahlen γ und α mit $\alpha > 0$ zwei eindeutig bestimmte Zahlen ξ und α_1, so daß

$$\gamma = \alpha \cdot \xi + \alpha_1, \quad \text{wobei} \quad 0 \leqq \xi \leqq \gamma, \quad 0 \leqq \alpha_1 < \alpha.$$

ξ ist der Quotient und α_1 der Rest bei der Division von γ durch α.

Euklidischer Algorithmus: Für jedes geordnete Paar (γ, α) mit $\alpha > 0$ kann man somit setzen:

$$\gamma = \alpha \cdot \xi_0 + \alpha_1,$$
$$\alpha = \alpha_1 \cdot \xi_1 + \alpha_2,$$
$$\alpha_1 = \alpha_2 \cdot \xi_2 + \alpha_3,$$

usw. Da $\alpha > \alpha_1 > \alpha_2 > \cdots$, geht die Division nach endlich vielen solchen Schritten auf, so daß man für eine natürliche Zahl m

$$\alpha_{m-1} = \alpha_m \cdot \xi_m$$

hat. Damit ist jedem Paar (γ, α) mit $\alpha > 0$ eindeutig ein „*Quotientenkomplex*" $(\xi_0, \xi_1, \ldots, \xi_m)$ zugeordnet. α_m ist der größte gemeinsame Linksteiler von γ und α (vgl. § 18).

Rationale Ordnungszahlen: Weil der Euklidische Algorithmus auch im Gebiete der transfiniten Ordnungszahlen ausführbar ist, kann man „rationale Ordnungszahlen" als geordnete Paare γ/α mit $\alpha > 0$ definieren [22], wobei wir $\gamma/\alpha = \gamma'/\alpha'$ setzen, wenn (γ, α) und (γ', α') denselben Quotientenkomplex haben. Die arithmetischen Gesetze, die für diese rationalen Ordnungszahlen gelten, stimmen z.T. mit denjenigen für die gewöhnlichen rationalen Zahlen überein, weichen aber teilweise auch von ihnen ab, so daß diese rationalen Ordnungszahlen (im Gegensatz zu den in § 23 definierten) unzweckmäßig sind für eine Erweiterung des Zahlbereichs.

4. Die Umkehrungen der Potenzierung. Ist

$$\alpha^\beta = \gamma, \tag{4}$$

so heißt α eine *Wurzel* von γ; in Analogie zur finiten Arithmetik müßte man β einen Logarithmus von γ nennen.

Wir definieren drei Typen von Ordnungszahlen [4]: Eine Ordnungszahl $\gamma > 1$ mit der Normalform $\gamma = \sum_{i \leqq n} \omega^{\gamma_i} \cdot c_i$, deren Grad γ_0 die Normalform $\gamma_0 = \sum_{i \leqq n'} \omega^{\gamma'_i} \cdot c'_i$ hat, sei vom *Typ I*, wenn gilt:

1. $n = 0$, und
2. entweder ist c_0 eine Potenz $c_0 = a^b$ mit $a > 1$, $b > 1$, oder dann ist $\gamma_0 > 0$.

γ sei vom *Typ II*, wenn $n > 0$ und eine endliche Zahl j mit $0 \leqq j \leqq n'$ und ein Faktor p_j von c'_j existiert, so daß $c'_j = p_j \cdot q_j$ und

1. $j > 0$ oder $p_j < c'_j$, und
2. $\left(\omega^{\gamma'_j} \cdot p_j + \sum_{j < i \leqq n'} \omega^{\gamma'_i} \cdot c'_i\right) \cdot \left(\sum_{i<j} \omega^{-\gamma'_j + \gamma'_i} \cdot c'_i + q_j - 1\right) < \gamma_0$.

γ sei vom *Typ III*, wenn $n > 0$ und endliche Zahlen j, p, q mit $p \cdot q = n$ und $0 \leqq j \leqq n'$ existieren, so daß gilt:

1. $j > 0$ oder $p < n$.
2. $\gamma_{k \cdot p} = \sum_{i<j} \omega^{\gamma'_i} \cdot c'_i + \omega^{\gamma'_j} \cdot (q - k) \cdot p_j + \sum_{j < i \leqq n'} \omega^{\gamma'_i} \cdot c'_i$ für $0 \leqq k < q$, wobei p_j eine natürliche Zahl ist.
3. $\gamma_n = \sum_{i<j} \omega^{\gamma'_i} \cdot c'_i$.

4. Ist $p > 1$, so ist $-\gamma_{k \cdot p} + \gamma_{(k-1) \cdot p + i} = -\gamma_{h \cdot p} + \gamma_{(h-1) \cdot p + i}$ für $1 \leqq k \leqq q$, $1 \leqq h \leqq q$, $1 \leqq i < p$.

5. Ist $q > 1$, so ist $c_0 \cdot c_n = c_{k \cdot p}$ für $1 \leqq k < q$.

6. Ist $p > 1$, so ist $c_{k \cdot p + i} = c_{h \cdot p + i}$ für $k < q$, $h < q$, $1 \leqq i < p$.

Beispiele: $\alpha = \omega^{\omega \cdot 2 + 2} + \omega^{\omega \cdot 2 + 1}$ ist vom Typ II (wobei $j = 0$ oder $j = 1$); $\alpha = \omega^{\omega^2 + \omega \cdot 2} \cdot 2 + \omega^{\omega^2 + \omega + 2} \cdot 3 + \omega^{\omega^2 + \omega} \cdot 10 + \omega^{\omega^2 + 2} \cdot 3 + \omega^{\omega^2} \cdot 5$ ist vom Typ III (mit $j = 1$, $p = 2$, $q = 2$); $\alpha = \omega^4 + \omega^3 + \omega^2 + \omega + 1$ ist vom Typ III (wobei $j = 0$, $p = 2$ oder 1, $q = 2$ bzw. 4); $\alpha = \omega^{\omega^2 + \omega + 1} + \omega^{\omega^2 + \omega}$ ist vom Typ II und III; $\alpha = \omega^{\omega + 1} + \omega^{\omega}$ ist vom Typ III, aber nicht vom Typ II; $\alpha = \omega^4 + \omega^3$ ist vom Typ II, aber nicht vom Typ III.

Nun gilt:

Satz 8. *$\gamma > 1$ hat eine Wurzel $< \gamma$ dann und nur dann, wenn γ mindestens von einem der Typen I, II oder III ist.* — Der Beweis wird mit Hilfe von Zerlegung von α, β und γ in ihre Normalformen und den Rechenregeln von § 12 geführt [4].

Folgerungen: 1. Für die Menge S der Wurzeln von γ gilt: Ist γ vom Typ I und $\gamma_0 = 0$, so besteht S aus endlich vielen endlichen Zahlen. Ist γ vom Typ I, $\gamma_0 > 0$ und $c_0 > 1$, so besteht S aus endlich vielen endlichen Zahlen und einer endlichen Menge von Zahlen $\geqq \omega$. Ist γ vom Typ I, $\gamma_0 > 0$ und $c_0 = 1$, so besteht S aus allen Zahlen α mit $1 < \alpha \leqq \omega^{\omega^{\gamma'_{n'}}}$ und höchstens endlich vielen größeren Zahlen. Ist γ vom Typ II oder III, so besteht S aus einer endlichen Zahl von Zahlen $> \omega$ [4].

2. Somit ist S in W abgeschlossen.

3. γ hat unendlich viele Wurzeln dann und nur dann, wenn γ eine γ-Zahl ist.

§ 18. Größte gemeinsame Teiler und kleinste gemeinsame Vielfache

Die Begriffe des größten gemeinsamen Teilers und kleinsten gemeinsamen Vielfachen lassen sich auch auf Ordnungszahlen ausdehnen und zudem für alle drei elementaren arithmetischen Operationen f definieren [6, 11].

Satz 1. *Zu zwei beliebigen Ordnungszahlen α, β mit $\alpha > 1$, $\beta > 1$ existiert der größte gemeinsame Linksteil $\tau(\alpha, \beta)$ und der größte gemeinsame Rechtsteil $\tau'(\alpha, \beta)$ von α und β (außer im Fall der Potenzierung, wo ein gemeinsamer Linksteil nicht immer existiert).*

Beweis: Satz 1 folgt aus der Abgeschlossenheit der Menge der Linksteile, aus der Endlichkeit der Menge der Rechtsteile und daraus, daß bei der Addition immer 0 gemeinsamer Linksteil sowie gemeinsamer Rechtsteil, bei der Multiplikation immer 1 gemeinsamer Linksteil sowie gemeinsamer Rechtsteil und bei der Potenzierung immer 1 gemeinsamer Rechtsteil von α und β ist.

Bemerkung: Für die Addition ist $\tau(\alpha, \beta) = \min(\alpha, \beta)$.

Def. Wir bezeichnen eine Ordnungszahl, die α und β als Linksteile hat, als ein *gemeinsames linksseitiges Vielfaches* von α und β, eine solche, die α und β als Rechtsteile hat, als *gemeinsames rechtsseitiges Vielfaches* von α und β.

Zu zwei beliebigen Ordnungszahlen α, β ist im Fall der Addition $\max(\alpha, \beta)$ ein gemeinsames linksseitiges Vielfaches; im Fall der Multiplikation ist 0 und im Fall der Potenzierung 1 gemeinsames linksseitiges sowie rechtsseitiges Vielfaches. — Neben diesen trivialen Fällen gemeinsamer Vielfache gibt es auch andere Fälle:

Satz 2. *Zu zwei beliebigen Ordnungszahlen α, β mit $\alpha > 1$, $\beta > 1$ existieren gemeinsame linksseitige Vielfache > 1, aber nicht immer gemeinsame rechtsseitige Vielfache > 1 von α und β.*

Beweis: Ist ξ die kleinste Hauptzahl $> \max(\alpha, \beta)$, so ist $f(\alpha, \xi) = f(\beta, \xi) = \xi$ ein gemeinsames linksseitiges Vielfaches von α und β. — Für $\alpha = \omega$, $\beta = \omega + 1$ existiert kein gemeinsames rechtsseitiges Vielfaches > 1: Im Fall der Addition ist dies evident; im Fall der Multiplikation würde aus $1 < \xi \cdot \omega = \eta \cdot (\omega + 1)$ folgen, daß (weil $\xi \cdot \omega$ eine γ-Zahl ist) auch $\eta \cdot (\omega + 1)$ eine γ-Zahl wäre, was unmöglich ist, weil die Normalform von $\eta \cdot (\omega + 1) = \eta \cdot \omega + \eta$ mehr als ein Glied hat; im Fall der Potenz würde aus $1 < \xi^\omega = \eta^{\omega+1}$ folgen, daß $\eta^{\omega+1}$ eine δ-Zahl ist, während $\eta^\omega < \eta^{\omega+1}$ und $\eta^\omega \cdot \eta^{\omega+1} = \eta^{\omega \cdot 2 + 1} > \eta^{\omega+1}$, Widerspruch.

Bemerkung: Über die Existenz gemeinsamer rechtsseitiger Vielfache zweier Ordnungszahlen α und β (wobei $\alpha > \beta > 1$ sei) gilt der Satz [23]: α und β haben dann und nur dann ein gemeinsames rechtsseitiges Vielfaches, wenn eine der drei folgenden Bedingungen erfüllt ist:

1. β ist eine Limeszahl und $\alpha = \omega^\nu \cdot \beta$ mit $\nu > 0$.
2. β ist keine Limeszahl und $\alpha = \beta + c$ mit $0 < c < \omega$.
3. β ist keine Limeszahl und $\alpha = \omega^\nu \cdot (\beta + q \cdot b) + \lambda$, wobei $\nu > 0$, $q < \omega$, $\lambda < \omega^\nu$ und b das letzte Glied in der Normalform von β ist (d. h. die Zahl $b < \omega$ mit $\beta = \omega \cdot \gamma + b$).

Wir bezeichnen das kleinste gemeinsame linksseitige Vielfache > 0 von α und β mit $\mu(\alpha, \beta)$. Nach Satz 2 existiert $\mu(\alpha, \beta)$ für $\alpha > 0, \beta > 0$. Ferner gilt:

Satz 3. *Für die Addition und Multiplikation gelten für $\alpha > 0, \beta > 0, \gamma > 0$ die Gesetze*

$$\tau\big(f(\gamma, \alpha), f(\gamma, \beta)\big) = f\big(\gamma, \tau(\alpha, \beta)\big),$$

$$\mu\big(f(\gamma, \alpha), f(\gamma, \beta)\big) = f\big(\gamma, \mu(\alpha, \beta)\big).$$

Beweis: Das erste Gesetz ist für die Addition evident; für die Multiplikation kann man es so beweisen: Die Anwendung des Euklidischen Algorithmus auf die Paare (α, β) und $(\gamma \cdot \alpha, \gamma \cdot \beta)$ zeigt, daß der letzte Divisionsrest > 0 $\tau(\alpha, \beta)$ bzw. $\tau(\gamma \cdot \alpha, \gamma \cdot \beta)$ wird, und daß $\tau(\gamma \cdot \alpha, \gamma \cdot \beta)$

$= \gamma \cdot \tau(\alpha, \beta)$. Das zweite Gesetz fließt aus dem speziellen assoziativen Gesetz.

Satz 4. *Für die Addition und Multiplikation gilt: Ist* $\alpha > 0$, $\beta > 0$, $\alpha \neq \beta$, *und setzen wir*

$$\alpha = f(\tau(\alpha, \beta), \alpha'), \quad \beta = f(\tau(\alpha, \beta), \beta'),$$

so ist

$$\mu(\alpha, \beta) = f(\tau(\alpha, \beta), \mu(\alpha', \beta')),$$

und bei der Addition $\tau(\alpha', \beta') = 0$, *bei der Multiplikation* $\tau(\alpha', \beta') = 1$.

Beweis: Setzen wir $\mu(\alpha, \beta) = f(\alpha, \alpha'') = f(\beta, \beta'')$, so folgt aus dem speziellen assoziativen Gesetz

$$\mu(\alpha, \beta) = f(\tau(\alpha, \beta), f(\alpha, \alpha'')) = f(\tau(\alpha, \beta), f(\beta', \beta'')),$$

also ist $f(\alpha', \alpha'') = f(\beta', \beta'')$ ein gemeinsames linksseitiges Vielfaches > 0 von α' und β'. Wäre $f(\alpha', \alpha''') = f(\beta', \beta''')$ ein weiteres solches Vielfaches $< f(\alpha, \alpha'')$, so wäre

$$\mu(\alpha,\beta) > f(\tau(\alpha,\beta), f(\alpha', \alpha''')) = f(\tau(\alpha,\beta), f(\beta', \beta''')) = f(f(\tau(\alpha,\beta), \alpha'), \alpha''')$$
$$= f(f(\tau(\alpha, \beta), \beta'), \beta'''),$$

also

$$\mu(\alpha, \beta) > f(\alpha, \alpha''') = f(\beta, \beta'''),$$

d.h., $\mu(\alpha, \beta)$ wäre nicht das kleinste gemeinsame Vielfache > 0. Somit ist

$$f(\alpha', \alpha'') = f(\beta', \beta'') = \mu(\alpha', \beta'), \quad \text{also} \quad \mu(\alpha, \beta) = f(\tau(\alpha, \beta), \mu(\alpha', \beta')).$$

Satz 5. *Für die Addition und Multiplikation gilt: Der größte gemeinsame Linksteil zweier Zahlen* α, β *mit* $\alpha > 0$, $\beta > 0$ *enthält jeden gemeinsamen Linksteil von* α *und* β *als Linksteil; der größte gemeinsame Rechtsteil von* α *und* β *mit* $\alpha > 0$, $\beta > 0$ *enthält jeden gemeinsamen Rechtsteil von* α *und* β *als Rechtsteil.*

Beweis: a) Addition: Ist τ_1 ein gemeinsamer Linksteil von α und β, so ist $\tau_1 \leqq \tau(\alpha, \beta)$, somit ist τ_1 Linksteil von $\tau(\alpha, \beta)$. — Ist τ_1' ein gemeinsamer Rechtsteil von α und β, so ist $\alpha = \alpha' + \tau'(\alpha, \beta) = \alpha_1' + \tau_1'$; wegen $\tau_1' \leqq \tau'(\alpha, \beta)$ wird $\alpha_1' \geqq \alpha'$, also $\alpha_1' = \alpha' + \gamma$, also $\alpha = \alpha' + \tau'(\alpha, \beta)$ $= \alpha' + \gamma + \tau_1'$, also $\tau'(\alpha, \beta) = \gamma + \tau_1'$, d.h., τ_1' ist Rechtsteil von $\tau'(\alpha, \beta)$.

b) Multiplikation: τ_1 sei ein gemeinsamer Linksteiler von α und β, und es sei $\alpha = \tau_1 \cdot \alpha_1$, $\beta = \tau_1 \cdot \beta_1$, also wird nach Satz 3 $\tau(\alpha, \beta)$ $= \tau_1 \cdot \tau(\alpha_1, \beta_1)$, d.h., τ_1 ist Linksteiler von $\tau(\alpha, \beta)$. — Es sei nun τ_1' ein gemeinsamer Rechtsteiler von α und β. Wir zeigen, daß τ_1' ein Rechtsteiler von $\tau'(\alpha, \beta)$ ist: Es ist $\tau_1' \leqq \tau'(\alpha, \beta)$; im Fall $\tau_1' = \tau'(\alpha, \beta)$ ist nichts Weiteres zu beweisen. Es sei nun $\tau_1' < \tau'(\alpha, \beta)$.

Ist $\tau'(\alpha, \beta)$ eine Limeszahl, so ist nach § 17, Folgerung 4 von Satz 7, τ_1 ein Rechtsteiler von $\tau'(\alpha, \beta)$.

Ist $\tau'(\alpha, \beta)$ von 1. Art, und ist $\tau'(\alpha, \beta) = e \cdot \gamma'$, $\tau_1' = e_1 \cdot \gamma_1'$, wobei e und e_1 die größten endlichen Linksteiler von $\tau'(\alpha, \beta)$ bzw. τ_1' sind, so ist nach derselben Folgerung 4 $\gamma_1' \leqq \gamma'$; ist $\gamma_1' < \gamma'$, so ist τ_1' ein Rechtsteiler von γ', also auch von $\tau'(\alpha, \beta)$. — Es sei nun $\gamma_1' = \gamma'$, d.h., $\tau'(\alpha, \beta) = e \cdot \gamma'$, $\tau_1' = e_1 \cdot \gamma'$, somit $e > e_1$. Da $\tau'(\alpha, \beta)$ der größte gemeinsame Rechtsteiler von α und β ist, muß jede in e_1 enthaltene Primzahlpotenz auch in e enthalten sein, d.h., $e = e_2 \cdot e_1$, also $\tau'(\alpha, \beta) = e_2 \cdot \tau_1'$.

Satz 6. *Für die Addition und Multiplikation gilt: Jedes gemeinsame linksseitige Vielfache > 0 zweier Zahlen α und β ist linksseitiges Vielfaches des kleinsten gemeinsamen linksseitigen Vielfachen > 0 von α und β.*

Beweis: a) Addition: Ist μ_1 ein gemeinsames linksseitiges Vielfaches > 0 von α und β, so ist $\mu_1 \geqq \mu(\alpha, \beta)$; somit ist μ_1 ein linksseitiges Vielfaches von $\mu(\alpha, \beta)$.

b) Multiplikation: Es sei μ_1 ein gemeinsames linksseitiges Vielfaches > 0 von α und β. Dann ist $\mu_1 \geqq \mu(\alpha, \beta)$, also

$$\mu_1 = \mu(\alpha, \beta) \cdot \xi + \varrho, \quad \text{wobei} \quad 0 \leqq \varrho < \mu(\alpha, \beta).$$

Da $\mu(\alpha, \beta)$ und μ_1 die Zahlen α und β als Linksteiler haben, so muß auch ϱ diese beiden Zahlen als Linksteiler haben; also ist $\varrho = 0$, d.h., $\mu_1 = \mu(\alpha, \beta) \cdot \xi$ ist ein linksseitiges Vielfaches von $\mu(\alpha, \beta)$.

§ 19. Unzerlegbare Zahlen und Primzahlen

1. Vorbemerkung über die gewöhnlichen endlichen Primzahlen. Die gewöhnlichen endlichen Primzahlen lassen sich auf folgende zwei Arten definieren:

1. $p > 1$ ist eine Primzahl, wenn aus $p = a \cdot b$ entweder $a = p$ oder $b = p$ folgt (d.h., p ist eine Primzahl, wenn p genau zwei verschiedene Teiler hat).

2. $p > 1$ ist eine Primzahl, wenn gilt: Ist p Teiler von $a \cdot b$, so ist p Teiler von a oder von b.

Die Verallgemeinerung der Definition 1. auf alle drei elementaren arithmetischen Operationen und auf transfinite Ordnungszahlen ergibt uns den Begriff der *unzerlegbaren Ordnungszahl*; die Verallgemeinerung der Definition 2. führt auf eine Klasse von Ordnungszahlen, die wir auch *Primzahlen* nennen wollen. Wir zeigen in diesem Paragraphen, daß ein dem Begriff der endlichen Primzahl analoger Begriff für transfinite Ordnungszahlen nicht durch Verallgemeinerung von 2., sondern zweckmäßiger durch Verallgemeinerung von 1. erhalten wird.

2. Unzerlegbare Zahlen. Es sei f eine beliebige der drei elementaren arithmetischen Operationen.

Def. 1. Eine Ordnungszahl ξ heißt *zerlegbar* (oder *reduzibel*) bezüglich der Operation f, wenn zwei Zahlen $\alpha < \xi$ und $\beta < \xi$ mit $\xi = f(\alpha, \beta)$ existieren, sonst *unzerlegbar* (oder *irreduzibel*).

Satz 1. *Alle Hauptzahlen sind unzerlegbar.*

Beweis: Ist ξ eine Hauptzahl von f, und wäre $\xi = f(\alpha, \beta)$ mit $\alpha < \xi$ und $\beta < \xi$, so könnte nicht $\alpha \leqq 1$ sein, also wäre, weil $f(\alpha, \beta)$ in β wachsend ist, $\xi = f(\alpha, \beta) < f(\alpha, \xi) = \xi$, Widerspruch.

Nun erhebt sich die Frage, ob es außer den Hauptzahlen weitere unzerlegbare Zahlen gibt.

Satz 2. *Die γ-Zahlen sind alle additiv unzerlegbaren Zahlen >0.*

Beweis: $\xi > 0$ sei additiv unzerlegbar. Ist $\alpha < \xi$, so ist $\xi = \alpha + \beta$, also $\beta = \xi$, also $\xi = \alpha + \xi$, d.h., ξ ist eine γ-Zahl.

Satz 3. *Außer den δ-Zahlen sind die endlichen Primzahlen und die Zahlen $\omega^\xi + 1$ die einzigen multiplikativ unzerlegbaren Zahlen >1.*

Beweis: $\alpha > \omega$ sei multiplikativ unzerlegbar. Es ist

$$\alpha = \omega^\xi \cdot \eta + \zeta \quad \text{mit} \quad 1 \leqq \xi \leqq \alpha,\ 1 \leqq \eta < \omega,\ 0 \leqq \zeta < \omega^\xi,$$
$$\text{also} \quad \alpha = (\omega^\xi + \zeta) \cdot \eta.$$

Wegen $\eta < \alpha$ muß also $\omega^\xi + \zeta = \alpha$ sein, also $\eta = 1$.

Ist $\zeta = 0$, d.h. $\alpha = \omega^\xi$, so muß ξ additiv unzerlegbar sein (also $\xi = \omega^\eta$); denn sonst wäre $\xi = \xi_1 + \xi_2$ mit $\xi_1 < \xi$, $\xi_2 < \xi$, also $\alpha = \omega^{\xi_1} \cdot \omega^{\xi_2}$, d.h., α wäre multiplikativ zerlegbar. Somit ist α eine δ-Zahl.

Ist $\zeta > 0$, so ist $\zeta = 1$; denn wäre $\zeta > 1$, so wäre

$$\alpha = \zeta \cdot (\omega^{-\xi' + \xi} + 1), \quad \text{wobei} \quad \xi' = g(\zeta),$$

und beide Faktoren ζ und $\omega^{-\xi'+\xi} + 1$ wären $<\alpha$, d.h., α wäre zerlegbar. Also muß $\alpha = \omega^\xi + 1$ sein.

Alle Zahlen $\alpha = \omega^\xi + 1$ sind multiplikativ unzerlegbar; denn wäre $\alpha = \alpha_1 \cdot \alpha_2$ mit $\alpha_1 < \alpha$, $\alpha_2 < \alpha$, so müßten α_1 und α_2 von 1. Art sein, also $\alpha_1 = \alpha_1' + 1$, $\alpha_2 = \alpha_2' + 1$ mit $\alpha_1' > 0$, $\alpha_2' > 0$, also

$$\alpha = (\alpha_1' + 1) \cdot \alpha_2' + \alpha_1' + 1, \quad \text{also} \quad \omega^\xi = (\alpha_1' + 1) \cdot \alpha_2' + \alpha_1',$$

wobei $(\alpha_1' + 1) \cdot \alpha_2' < \omega^\xi$ und $\alpha_1' < \omega^\xi$, d.h., ω^ξ wäre additiv zerlegbar, Widerspruch.

Satz 4. *Außer den ε-Zahlen sind die Ordnungszahlen >1, die keinem der drei Typen I, II oder III von § 17 angehören, die einzigen exponentiell unzerlegbaren Zahlen >1.*

Beweis: Ist $\xi > 1$ eine Zahl, die keinem dieser drei Typen angehört, so hat sie keine Wurzel $< \xi$, somit ist ξ exponentiell unzerlegbar. — Ist $\xi > 1$ exponentiell unzerlegbar und keine ε-Zahl, so gehört ξ keinem der drei Typen an, denn sonst hätte ξ eine Wurzel $< \xi$, also wäre $\xi = \alpha$,

$\alpha < \xi$; damit wäre auch $\beta < \xi$ (weil sonst $\alpha^\xi = \xi$, also ξ eine ε-Zahl wäre), also wäre ξ zerlegbar gegen die Annahme.

3. Primzahlen.

Def. 2. Eine Ordnungszahl $\pi > 1$ heißt eine *Primzahl* bezüglich f, wenn folgende Bedingungen zugleich erfüllt sind:

(1) Ist π Linksteil von $f(\alpha, \beta)$, so ist π Linksteil von α oder von β.

(2) Ist π Rechtsteil von $f(\alpha, \beta)$, so ist π Rechtsteil von α oder von β.

Satz 5. *Jede Primzahl ist eine unzerlegbare Zahl.*

Beweis: π sei eine Primzahl und $\pi = f(\alpha, \beta)$ mit $\alpha < \pi, \beta < \pi$. Da π Linksteil von sich selbst ist, ist π nach Voraussetzung (1) Linksteil von α oder β. Nun ist aber jeder Linksteil einer Zahl γ immer $\leqq \gamma$, außer bei der Multiplikation im Fall $\gamma = 0$ und bei der Potenzierung im Fall $\gamma = 1$. $\alpha = 0$ oder $\beta = 0$ ist im Fall der Multiplikation, $\alpha = 1$ oder $\beta = 1$ im Fall der Potenzierung unmöglich, da sonst $\pi = f(\alpha, \beta) = 0$ bzw. $\pi = \alpha$ wäre. Somit ist $\pi \leqq \alpha$ oder $\pi \leqq \beta$, Widerspruch.

Nun erhebt sich wieder die Frage, ob auch umgekehrt alle unzerlegbaren Zahlen Primzahlen sind.

Satz 6. *Die additiven Primzahlen sind genau die eigentlichen γ-Zahlen.*

Beweis: γ sei eine eigentliche γ-Zahl. Ist $\alpha + \beta = \gamma + \mu$, so ist entweder $\gamma \leqq \alpha$ (also γ Linksteil von α) oder dann $\gamma > \alpha$; im letzten l ist $\gamma = \alpha + \gamma$, also $\alpha + \beta = \alpha + \gamma + \mu \geqq \alpha + \gamma$, also $\beta \geqq \gamma$, d. h., γ ist Linksteil von β. — Ist $\alpha + \beta = \mu + \gamma$, so ist entweder $\alpha \leqq \mu$ (also $\beta = (-\alpha + \mu) + \gamma$, d. h. γ Rechtsteil von β), oder dann $\alpha > \mu$, also $\gamma = (-\mu + \alpha) + \beta$, also entweder $\beta = \gamma$ (also γ Rechtsteil von β), oder $\beta = 0$ (also $\alpha = \mu + \gamma$, also γ Rechtsteil von α). — Somit sind die Bedingungen (1) und (2) von Def. 2 erfüllt; jede eigentliche γ-Zahl ist additive Primzahl. Da nach Satz 5 auch die Umkehrung gilt, ist Satz 6 bewiesen.

Satz 7. *Die multiplikativen Primzahlen sind genau die endlichen Primzahlen und ω.*

Beweis: Wir nehmen $\alpha > 1$, $\beta > 1$ an, weil sonst alles trivial ist.

a) Bedingung (2) von Def. 2 wird von allen multiplikativ unzerlegbaren Zahlen ξ erfüllt: Es sei $\alpha \cdot \beta = \mu \cdot \xi$. Ist $\xi = p$ (endliche Primzahl), so folgt (2) für ξ aus der Gestalt der Normalform von $\alpha \cdot \beta$ (vgl. § 12) und aus § 17, Folgerung 1 von Satz 7. — Nun sei ξ transfinit und multiplikativ unzerlegbar; η sei der kleinste Rechtsteiler >1 von β; also ist η multiplikativ unzerlegbar (§ 17, Satz 2); es sei $\beta = \gamma \cdot \eta$. Also ist $\alpha \cdot \beta = \alpha \cdot \gamma \cdot \eta = \mu \cdot \xi$. $\alpha \cdot \beta$ hat (nach § 17, Folgerung 3 von Satz 7) ξ als einzigen multiplikativ unzerlegbaren Rechtsteiler, also ist $\eta = \xi$, $\beta = \gamma \cdot \xi$, also ξ Rechtsteiler von β.

b) Die endlichen Primzahlen p und ω erfüllen die Bedingung (1): Ist $\alpha \cdot \beta = \omega \cdot \mu$, so ist entweder α oder β eine Limeszahl, also ist ω

Linksteiler von α oder β. — Es sei nun $\alpha \cdot \beta = p \cdot \mu$. Im Fall $\mu < \omega$ ist $\alpha \cdot \beta$ endlich, die Behauptung also trivial. Es sei $\mu \geqq \omega$. Ist μ eine Limeszahl, so ist entweder α oder β eine Limeszahl; ist α eine Limeszahl, so ist $p \cdot \alpha = \alpha$, also p Linksteiler von α; analog für β. Ist μ von 1. Art, so sind α und β von 1. Art, und die Zerlegung von α und β in multiplikativ unzerlegbare Faktoren liefert die nach § 20 einzige solche Zerlegung von $\alpha \cdot \beta$; die Zerlegung von μ liefert ebenfalls eine Zerlegung von $\alpha \cdot \beta$; p muß also als Linksteiler von α auftreten.

c) Die multiplikativ unzerlegbaren Zahlen $> \omega$ erfüllen Bedingung (1) nicht: Diese Zahlen sind von der Form $\eta = \omega^{\xi} + 1$ $(\xi \geqq 1)$ oder $\eta = \omega^{\omega^{\xi}}$ $(\xi \geqq 1)$. Im ersten Fall ist

$$\eta \cdot \omega^{\xi \cdot 2} = (\omega^{\xi} + 1) \cdot \omega^{\xi \cdot 2} = \omega^{\xi \cdot 3} = (\omega^{\xi \cdot 2} + 1) \cdot \omega^{\xi},$$

d. h., η ist Linksteiler von $(\omega^{\xi \cdot 2} + 1) \cdot \omega^{\xi}$, ohne aber Linksteiler von $\omega^{\xi \cdot 2} + 1$ oder von ω^{ξ} zu sein; denn wäre[1]

$$\omega^{\xi \cdot 2} + 1 = \eta \cdot \mu = (\omega^{\xi} + 1) \cdot \mu = \omega^{\xi} \cdot \mu + \iota_{\mu},$$

so wäre wegen der Eindeutigkeit der Normalform $\mu = \omega^{\xi}$, $\iota_{\mu} = 1$ (Widerspruch); und wäre

$$\omega^{\xi} = \eta \cdot \mu = (\omega^{\xi} + 1) \cdot \mu = \omega^{\xi} \cdot \mu + \iota_{\mu},$$

so wäre $\mu = 1$ (Widerspruch). — Im zweiten Fall ist $\eta \cdot \omega = (\omega^{\omega^{\xi}} + 1) \cdot \omega$, d.h. η Linksteiler von $(\omega^{\omega^{\xi}} + 1) \cdot \omega$, ohne Linksteiler von $\omega^{\omega^{\xi}} + 1$ oder von ω zu sein (wie man wie oben zeigen kann).

4. Anhang: Probleme der gewöhnlichen Zahlentheorie im Transfiniten.

1. Der „*große* FERMAT*sche Satz*" in der gewöhnlichen (finiten) Zahlentheorie, nach dem die Gleichung $\alpha^{\mu} + \beta^{\mu} = \gamma^{\mu}$ (wobei μ eine gegebene natürliche Zahl ist) für $\mu \geqq 3$ keine Lösung in natürlichen Zahlen α, β, γ hat, und der weder bewiesen noch widerlegt ist, ist im Gebiete der Ordnungszahlen falsch [16]: Ist μ eine beliebige Ordnungszahl $\geqq 1$, so gibt es drei (beliebig große) Ordnungszahlen α, β, γ mit $\alpha^{\mu} + \beta^{\mu} = \gamma^{\mu}$. Denn ist μ von 1. Art, so ist für $\xi \geqq 1$

$$(\omega^{\xi})^{\mu} + (\omega^{\xi} \cdot 2)^{\mu} = (\omega^{\xi} \cdot 3)^{\mu};$$

ist μ eine Limeszahl, so ist für $\xi \geqq 1$

$$(\omega^{\xi})^{\mu} + (\omega^{\xi \cdot \mu})^{\mu} = (\omega^{\xi \cdot \mu} + 1)^{\mu}.$$

2. Ein weiteres ungelöstes Problem der gewöhnlichen Zahlentheorie ist die GOLDBACH*sche Vermutung*, nach der jede gerade natürliche Zahl > 2 die Summe zweier Primzahlen ist. Für die Ordnungszahlen ist sie falsch: So ist z.B. $\omega + 10$ die kleinste gerade Ordnungszahl, die keine Summe von zwei multiplikativ unzerlegbaren Zahlen ist [16].

---

[1] Def. von ι_{μ} siehe § 12.

3. Ist ν eine natürliche Zahl, so ist nach einem *Satz von* POMPEIU ν dann und nur dann keine Primzahl, wenn $\nu = \alpha + \beta + \gamma + \delta$ mit $\alpha > 0$, $\beta > 0$, $\gamma > 0$, $\delta > 0$ und $\alpha \cdot \delta = \beta \cdot \gamma$. Ist ν eine Ordnungszahl, so gilt nach SIERPINSKI [17]: Ist $\nu = \alpha + \beta + \gamma + \delta$ mit $\alpha > 0$, $\beta > 0$, $\gamma > 0$, $\delta > 0$ und $\alpha \cdot \delta = \beta \cdot \gamma$, so ist ν multiplikativ zerlegbar; aber die Umkehrung gilt nicht (Gegenbeispiel $\nu = \omega + 2$); ν ist dann und nur dann multiplikativ zerlegbar, wenn $\nu = \alpha + \beta + \gamma + \delta$ und entweder $\alpha \cdot \delta = \beta \cdot \gamma$ oder $1 < \alpha < \nu$, $1 < \beta < \nu$, $1 < \gamma < \nu$, $1 < \delta < \nu$.

4. Über die Gleichung $\xi^\varphi = \eta^\psi + q$, wobei φ und ψ Ordnungszahlen 1. Art > 1 seien und $q < \omega$ sei, kann man folgende Aussage machen [20]: Ist $q > 0$, so genügt kein Paar von transfiniten Ordnungszahlen ξ und η dieser Gleichung. Ist $q = 0$, so sind alle Ordnungszahlen ξ und η von 1. Art, die dieser Gleichung genügen, durch die Formeln $\xi = \tau^m$, $\eta = \tau^n$ gegeben, wobei τ beliebig ist, aber m und n endliche Zahlen sein müssen mit der Bedingung $\varphi \cdot m = \psi \cdot n$ (d.h., die Gleichung ist dann und nur dann mit Zahlen ξ und η von 1. Art erfüllbar, wenn φ und ψ additiv vertauschbar sind, vgl. § 22). — Beispiele von Zahlen ξ und η, die der Gleichung $\xi^2 = \eta^3$ genügen: $\xi = \omega^3 + \omega^2$, $\eta = \omega^2 + \omega$; $\xi = \omega^3 + \omega^2 \cdot 2 + \omega \cdot 2 + 2$, $\eta = \omega^2 + \omega \cdot 2 + 2$.

Diese Untersuchungen wurden 1961 weitergeführt von NAGAI [9]. Er diskutierte die Gleichung

$$\sum_{i \leq p} \xi^{m_i} \cdot a_i = \sum_{i \leq q} \eta^{n_i} \cdot b_i,$$

wobei p, q und alle a_i, b_i, m_i und n_i endliche, dagegen ξ und η beliebige Ordnungszahlen sind. Er bestimmte für den Fall, daß ihre Lösungen ξ, η Limeszahlen sind, alle lösbaren Typen dieser Gleichung und ihre Lösungen.

5. Analog zur finiten Zahlentheorie nennt man eine Ordnungszahl *links-perfekt (rechts-perfekt)*, wenn sie gleich der Summe ihrer echten, in wachsender Folge angeordneten Linksteiler (Rechtsteiler) ist. Es gelten folgende Sätze [24]: Es gibt keine transfinite rechts-perfekte Zahl. Dagegen gibt es transfinite links-perfekte Zahlen. Zu ihrer Charakterisierung verwenden wir die Normalform $\alpha = \sum_{i \leq m} \omega^{\alpha_i} \cdot a_i$, ferner nennen wir eine endliche Zahl n *fast perfekt*, wenn die Summe ihrer echten Teiler $n - 1$ ist; ferner definieren wir für $\xi > 0$ die Funktionswerte $f(\xi)$ durch die Gleichung $\omega^{f(\xi)} = \sum_{\zeta < \omega^\xi} \zeta$ (also $f(1) = 1$, $f(2) = 3$, $f(3) = 5, \ldots$). Nun ist die transfinite Zahl α dann und nur dann links-perfekt, wenn eine der folgenden Bedingungen erfüllt ist:

a) $\alpha_m = 0$ (d.h., α ist von 1. Art), und die endliche Zahl a_0 ist perfekt (z.B. $\alpha = \omega \cdot 6 + 1$).

b) $\alpha_m > 0$, $a_0 > 1$, $f(\alpha_m) < \alpha_0$ (also $m > 0$), und a_0 ist perfekt (z. B. $\alpha = \omega^2 \cdot 6 + \omega$, $\omega^4 \cdot 28 + \omega^2$).

c) $\alpha_m > 0$, $a_0 > 1$, $f(\alpha_m) = \alpha_0$, und a_0 ist fast perfekt (z.B. $\alpha = \omega^3 \cdot 4 + \omega^2$, $\omega^3 \cdot 2 + \omega^2$, $\omega \cdot 2$, $\omega \cdot 4$).

d) $\alpha_m > 0$, $a_0 = a_1 = 1$, und $f(\alpha_m) = \alpha_0$ (z.B. $\alpha = \omega^3 + \omega^2$, $\omega^5 + \omega^4 + \omega^3$, $\omega^5 + \omega^3$).

e) $m = 0$, $a_0 = 1$, und $\alpha_0 = \omega^\beta$, d.h., $\alpha = \omega^{\omega^\beta}$ ist eine transfinite δ-Zahl (z.B. $\alpha = \omega$, ω^ω, ω^{ω^2}, Ω_1).

Das Problem, alle transfiniten perfekten Ordnungszahlen zu finden, ist somit zurückgeführt auf das noch offene Problem, alle endlichen perfekten (z.B. 6, 28, ...) und alle endlichen fast perfekten Zahlen (z.B. 1, 2, 4, 8, ...) zu finden.

§ 20. Zerlegung einer Ordnungszahl in unzerlegbare Zahlen

1. Additive Zerlegung.

Satz 1. *Jede Ordnungszahl $\alpha > 0$ kann eindeutig als Summe einer nicht-wachsenden*[1] *endlichen Folge von γ-Zahlen dargestellt werden* [14].

Beweis: a) Existenz der Zerlegung: Es sei $\alpha = \alpha' + \varrho'$, wobei ϱ' der kleinste Rest von α ist, und α' der kleinste Abschnitt von α, der zu diesem Rest gehört (d.h. die kleinste Zahl ξ mit $\xi + \varrho' = \alpha$). Ebenso zerlegen wir α' in eine Summe $\alpha' = \alpha'' + \varrho''$, dann α'' usw. Es ist $\alpha > \alpha' > \alpha'' > \cdots$ Nach endlich vielen Schritten erhält man Zahlen α_i und ϱ_i, so daß für ein $k < \omega$

$$\alpha = \sum_{i<k} \varrho_i,$$

wobei $\alpha = \alpha_k > \alpha_{k-1} > \cdots > \alpha_1 > \alpha_0 = 0$ und alle ϱ_i γ-Zahlen sind; für jedes $j < k$ ist $\alpha_{j+1} = \alpha_j + \varrho_j$, wobei ϱ_j der kleinste Rest von α_{j+1} ist, und α_j der kleinste Abschnitt von α_{j+1}, der zu diesem Rest gehört. Für jedes $j < k - 1$ ist $\varrho_j \geqq \varrho_{j+1}$, denn wäre $\varrho_j < \varrho_{j+1}$, so wäre

$$\alpha_{j+2} = \alpha_{j+1} + \varrho_{j+1} = \alpha_j + \varrho_j + \varrho_{j+1} = \alpha_j + \varrho_{j+1},$$

also wäre (wegen $\alpha_j < \alpha_{j+1}$) α_{j+1} nicht der kleinste Abschnitt von α_{j+2}, der zum Rest ϱ_{j+1} gehört.

b) Eindeutigkeit der Zerlegung: Ist $\alpha = \sum_{i<k} \varrho_i$ eine Darstellung von α als Summe einer nicht-wachsenden Folge $\{\varrho_i\}_{i<k}$ von γ-Zahlen, so ist ϱ_0 als die größte γ-Zahl $\leqq \alpha$ eindeutig bestimmt, also $\sum_{1 \leqq i<k} \varrho_i$ eindeutig; ϱ_1 ist als größte γ-Zahl $\leqq \sum_{1 \leqq i<k} \varrho_i$ ebenfalls eindeutig usw.

Bemerkungen: 1. Die Summenreste $r_n = \sum_{n \leqq i<k} \varrho_i$ (für $n < k$) sind gerade *die Reste von* α (während die Abschnitte von α genau alle Zahlen $\leqq \alpha$ sind): Ist ϱ ein Rest von α, so ist $\varrho \geqq \varrho_{k-1} = r_{k-1}$. Wäre $\varrho \neq r_n$ für alle $n < k$, so wäre also für ein bestimmtes $n < k - 1$

$$r_{n+1} < \varrho < r_n = \varrho_n + r_{n+1},$$

d.h., ϱ wäre ein Rest $> r_{n+1}$ von $\varrho_n + r_{n+1}$, also $\varrho = \xi + r_{n+1}$, wobei ξ ein Rest von ϱ_n, also $\xi = \varrho_n$ ist, also $\varrho = \varrho_n + r_{n+1} = r_n$, Widerspruch.

2. Die additive Zerlegung von α in unzerlegbare Zahlen liefert uns die CANTORsche Normalform, und umgekehrt folgt die Existenz und Eindeutigkeit dieser Zerlegung auch unmittelbar aus der CANTORschen Normalform; denn kommt in der Zerlegung die γ-Zahl ω^{β_i} genau a_i-mal

---

[1] Eine Folge $\{\alpha_\xi\}_{\xi<\lambda}$ heiße *nicht-wachsend*, wenn $\alpha_{\xi_1} \geqq \alpha_{\xi_2}$ für $\xi_1 < \xi_2 < \lambda$.

vor (für $i \leqq m$), und faßt man die gleich großen Glieder zusammen, so wird

$$\alpha = \sum_{i<k} \varrho_i = \sum_{i \leqq m} \omega^{\beta_i} \cdot a_i, \quad \text{wobei} \quad k = \sum_{i \leqq m} a_i.$$

2. Multiplikative Zerlegung. Die multiplikative Zerlegung einer Ordnungszahl in ein Produkt einer nicht-wachsenden endlichen Folge von multiplikativ unzerlegbaren Faktoren ist nicht immer eindeutig. Ist α von 1. Art, so ist sie eindeutig (siehe Satz 3); ist α eine Limeszahl, so ist sie (wegen $\alpha = 2 \cdot \alpha$) nicht eindeutig (auch nicht, wenn die Zahl der Faktoren vorgeschrieben wird, wie das Beispiel $\omega^2 = \omega \cdot \omega = (\omega + 1) \cdot \omega$ zeigt). Man kann Eindeutigkeit erlangen, indem man der Zerlegung zusätzliche Bedingungen auferlegt; so gelten die folgenden Sätze [4, 13]:

Satz 2. *Jede Ordnungszahl $\alpha > 1$ kann eindeutig als Produkt endlich vieler multiplikativ unzerlegbarer Faktoren dargestellt werden, wenn die folgenden Bedingungen erfüllt sind: Von beliebigen zwei aufeinanderfolgenden Faktoren gilt:*

(1) *ist der erste von 1. Art, so ist der zweite von 1. Art,*

(2) *sind sie endlich, so ist der zweite nicht größer als der erste,*

(3) *sind sie von 2. Art, so ist der zweite nicht größer als der erste.*

Beweis: a) Existenz der Zerlegung: Es sei $\alpha = \alpha' \cdot \sigma'$, wobei σ' der kleinste Rechtsteiler >1 von α ist, und α' der kleinste zu diesem Rechtsteiler gehörige Quotient von α (die kleinste Zahl ξ mit $\xi \cdot \sigma' = \alpha$). Ebenso zerlegen wir α' in ein Produkt $\alpha' = \alpha'' \cdot \sigma''$ usw. Es ist $\alpha > \alpha' > \alpha'' > \cdots$ Nach endlich vielen Schritten erhält man Zahlen α_i und σ_i, so daß für ein $k < \omega$

$$\alpha = \prod_{i<k} \sigma_i,$$

wobei $\alpha = \alpha_k > \alpha_{k-1} > \cdots > \alpha_1 > \alpha_0 = 1$ und alle σ_i multiplikativ unzerlegbar sind (nach § 17, Satz 2); für jedes $j < k$ ist $\alpha_{j+1} = \alpha_j \cdot \sigma_j$, wobei σ_j der kleinste Rechtsteiler >1 von α_{j+1} ist, und α_j der kleinste zu diesem Rechtsteiler gehörige Faktor von α_{j+1}. Wir zeigen, daß die Bedingungen (1) bis (3) erfüllt sind: Es seien σ_j, σ_{j+1} zwei aufeinanderfolgende Faktoren ($j < k - 1$).

Bed. (1): σ_j sei von 1. Art, $\sigma_j = \gamma + 1$. Wäre σ_{j+1} von 2. Art, so wäre

$$\alpha_{j+2} = \alpha_{j+1} \cdot \sigma_{j+1} = \alpha_j \cdot \sigma_j \cdot \sigma_{j+1} = \alpha_j \cdot (\gamma + 1) \cdot \sigma_{j+1} = \alpha_j \cdot \gamma \cdot \sigma_{j+1},$$

also wäre wegen

$$\alpha_j \cdot \gamma < \alpha_j \cdot (\gamma + 1) = \alpha_j \cdot \sigma_j = \alpha_{j+1}$$

α_{j+1} nicht der kleinste zum Rechtsteiler σ_{j+1} gehörige Faktor von α_{j+2}.

Bed. (2): σ_j und σ_{j+1} seien endlich. Wäre $\sigma_j < \sigma_{j+1}$, so wäre

$$\alpha_{j+2} = \alpha_j \cdot \sigma_j \cdot \sigma_{j+1} = \alpha_j \cdot \sigma_{j+1} \cdot \sigma_j,$$

also wäre σ_{j+1} nicht der kleinste Rechtsteiler >1 von α_{j+2}.

Bed. (3): σ_j und σ_{j+1} seien Limeszahlen, also $\sigma_j = \omega^{\omega^\xi}$, $\sigma_{j+1} = \omega^{\omega^\eta}$. Wäre $\sigma_j < \sigma_{j+1}$, so wäre $\xi < \eta$, also $\sigma_j \cdot \sigma_{j+1} = \sigma_{j+1}$, also

$$\alpha_{j+2} = \alpha_j \cdot \sigma_j \cdot \sigma_{j+1} = \alpha_j \cdot \sigma_{j+1};$$

wegen $\alpha_j < \alpha_{j+1}$ wäre also α_{j+1} nicht der kleinste Quotient von α_{j+2}, der zum Rechtsteiler σ_{j+1} gehört.

b) Eindeutigkeit der Zerlegung: Es sei $\alpha = \prod_{i<k} \sigma_i$ eine Zerlegung von α in ein endliches Produkt multiplikativ unzerlegbarer Zahlen, wobei die Bedingungen von Satz 2 erfüllt sind. Das Produkt der endlichen Faktoren am Ende sei r, der erste transfinite Faktor (von rechts gezählt) sei σ_{i_0} (wir nehmen an, ein solcher existiere, denn sonst ist der Beweis einfach). Ferner sei $\alpha = \beta \cdot r$. Wir haben nun § 17, Folgerung 3 von Satz 7 öfters anzuwenden: Ist $r > 1$, so hat α keinen multiplikativ unzerlegbaren Rechtsteiler $\geqq \omega$; r ist eindeutig (denn ist $\alpha = \sum_{i \leqq m} \omega^{\beta_i} a_i$ die Normalform von α, so ist $r = a_0$), also ist auch β eindeutig. Die Zerlegung von r in endliche Faktoren ist eindeutig wegen Bed. (2). Weil σ_{i_0} ein multiplikativ unzerlegbarer Rechtsteiler von β ist, ist σ_{i_0} eindeutig. Ist σ_{i_0} von 1. Art, so ist $\prod_{i<i_0} \sigma_i$ eindeutig (§ 17, Satz 3) usw. Ist σ_{i_0} von 2. Art, so ist auch σ_{i_0-1} von 2. Art nach Bed. (1) usw., also sind alle σ_i mit $i \leqq i_0$ von 2. Art, d.h., es gilt für $i \leqq i_0$ $\sigma_i = \omega^{\omega^{\gamma_i}}$ mit $\gamma_0 \geqq \gamma_1 \geqq \cdots \geqq \gamma_{i_0}$ nach Bed. (3), also $\beta = \omega^{\left(\sum_{i \leqq i_0} \omega^{\gamma_i}\right)}$; durch β ist also $\sum_{i \leqq i_0} \omega^{\gamma_i}$, und dadurch sind die γ_i eindeutig bestimmt, somit die σ_i.

Bemerkungen: 1. Eine andere Zerlegung von α in endlich viele multiplikativ unzerlegbare Faktoren kann nach CANTOR [3] aus der Normalform $\alpha = \sum_{i \leqq m} \omega^{\alpha_i} \cdot a_i$ gewonnen werden: Es ist (wenn $m \geqq 1$)

$$\alpha = \Big(\sum_{1 \leqq i \leqq m} \omega^{\alpha_i} \cdot a_i\Big) \cdot (\omega^{-\alpha_1 + \alpha_0} \cdot a_0 + 1);$$

durch mehrmalige Anwendung dieser Formel erhält man

$$\alpha = \omega^{\alpha_m} \cdot a_m \cdot \prod_{1 \leqq i \leqq m} (\omega^{-\alpha_{m-i+1} + \alpha_{m-i}} \cdot a_{m-i} + 1)$$

$$= \omega^{\alpha_m} \cdot a_m \cdot \prod_{1 \leqq i \leqq m} (\omega^{-\alpha_{m-i+1} + \alpha_{m-i}} + 1) \cdot a_{m-i}.$$

Ist $\alpha_m > 0$ und $\alpha_m = \sum_{i<r} \varrho_i$ die Zerlegung von α_m in γ-Zahlen, und setzen wir $\omega^{-\alpha_{m-i+1} + \alpha_{m-i}} = \gamma_i$, so wird

$$\alpha = \prod_{i<r} \omega^{\varrho_i} \cdot a_m \cdot \prod_{1 \leqq i \leqq m} (\gamma_i + 1) \cdot a_{m-i}$$

$$= \prod_{i<r} \delta_i \cdot a_m \cdot \prod_{1 \leqq i \leqq m} (\gamma_i + 1) \cdot a_{m-i},$$

wobei die δ_i δ-Zahlen mit $\delta_i \geqq \delta_{i+1}$, die γ_i γ-Zahlen (also die $\gamma_i + 1$ multiplikativ unzerlegbar) und die a_i endlich sind (zerlegt man die a_i noch in ihre Primfaktoren, so sind alle Faktoren von α multiplikativ unzerlegbar). Man kann ferner leicht zeigen, daß jede solche Zerlegung eindeutig ist.

2. Jede Ordnungszahl ist Summe endlich vieler additiv unzerlegbarer und Produkt endlich vieler multiplikativ unzerlegbarer Zahlen, aber nicht jede Ordnungszahl ist Summe endlich vieler multiplikativ unzerlegbarer Zahlen (Gegenbeispiel: ω^2).

Def. Wir bezeichnen für jede Ordnungszahl $\alpha > 1$ die Zahl ihrer multiplikativ unzerlegbaren Faktoren in einer bestimmten Zerlegung mit $\tau(\alpha)$. Für endliches α ist also $\tau(\alpha)$ die eindeutige Zahl der Primfaktoren >1 von α. Ferner sei $\tau(1) = 0$.

Die Normalform von α sei $\alpha = \sum_{i \leqq m} \omega^{\alpha_i} \cdot a_i$, ferner $T = m + \sum_{i \leqq m} \tau(a_i)$.

Satz 3. *Jede Ordnungszahl $\alpha > 1$ von 1. Art ist eindeutiges Produkt endlich vieler multiplikativ unzerlegbarer Faktoren (bis auf die endlichen Faktoren, die permutiert werden können), und es ist $\tau(\alpha) = T$.*

Beweis: Es sei $\alpha = \prod_{i < \tau(\alpha)} \sigma_i$ eine Zerlegung von α in ein endliches Produkt multiplikativ unzerlegbarer Faktoren; da α von 1. Art, sind alle σ_i von 1. Art. Nach dem Beweis von Satz 2 folgt die Eindeutigkeit dieser Zerlegung. Der behauptete Wert von $\tau(\alpha)$ folgt aus der Cantorschen Produktdarstellung von α.

Hilfssatz. *Ist α eine multiplikativ zerlegbare γ-Zahl >1, so gibt es genau eine Darstellung von α als Produkt $\alpha = \sigma_0 \cdot \sigma_1$ von zwei multiplikativ unzerlegbaren Faktoren mit der Bedingung*

(4) *$\sigma \cdot \sigma_1 < \alpha$ für jede multiplikativ unzerlegbare Zahl $\sigma < \sigma_0$.*

Beweis: Es sei $\alpha = \omega^{\alpha_0}$, $\alpha_0 > 1$, $\alpha_0 = \sum_{i \leqq r} \omega^{\gamma_i} \cdot c_i$,

$$\delta = \sum_{i<r} \omega^{\gamma_i} \cdot c_i + \omega^{\gamma_r} \cdot (c_r - 1).$$

a) Existenz der Zerlegung: Ist δ eine γ-Zahl, so hat die Zerlegung $\alpha = \omega^\delta \cdot \omega^{\omega^{\gamma_r}}$, ist δ keine γ-Zahl, so hat die Zerlegung $\alpha = (\omega^\delta + 1) \cdot \omega^{\omega^{\gamma_r}}$ die verlangten Eigenschaften.

b) Eindeutigkeit der Zerlegung: Ist $\alpha = \sigma_0 \cdot \sigma_1$ eine Zerlegung von α mit der Bed. (4), so muß $\sigma_1 = \omega^{\omega^{\gamma_r}}$ sein. Ferner ist $\sigma_0 = \omega^\mu$ oder $= \omega^\mu + 1$, also $\alpha = \omega^{\mu + \omega^{\gamma_r}}$, also $\mu + \omega^{\gamma_r} = \alpha_0$, also $\mu = \delta + \eta$, wobei $0 \leqq \eta < \omega^{\gamma_r}$. Wäre $\eta > 0$, so wäre $\delta < \mu$, also $\omega^\delta + 1 < \sigma_0$, also nach Bed. (4) $(\omega^\delta + 1) \cdot \sigma_1 < \alpha$, im Widerspruch zu $(\omega^\delta + 1) \cdot \sigma_1 = \omega^{\delta + \omega^{\gamma_r}} = \omega^{\alpha_0} = \alpha$. Also ist $\eta = 0$, also $\mu = \delta$, also $\sigma_0 = \omega^\delta$ oder $= \omega^\delta + 1$. Ist δ eine γ-Zahl, so ist ω^δ multiplikativ unzerlegbar; wäre dann $\sigma_0 = \omega^\delta + 1$, so wäre nach Bed. (4) $\alpha = \omega^\delta \cdot \sigma_1 < \alpha$; also muß $\sigma_0 = \omega^\delta$ sein. Ist δ

keine γ-Zahl, so muß $\sigma_0 = \omega^\delta + 1$ sein (denn dann ist ω^δ multiplikativ zerlegbar).

Satz 4. *Jede Ordnungszahl $\alpha > 1$ läßt sich (abgesehen von der Reihenfolge der endlichen Faktoren) eindeutig als Produkt $\alpha = \prod_{i<\tau(\alpha)} \sigma_i$ endlich vieler multiplikativ unzerlegbarer Faktoren darstellen mit den Bedingungen:*

(5) *$\tau(\alpha)$ ist minimal.*

(6) *Ist σ_1 von 2. Art, so gilt $\sigma \cdot \sigma_1 < \sigma_0 \cdot \sigma_1$ für jede multiplikativ unzerlegbare Zahl $\sigma < \sigma_0$.*

Ferner ist $\tau(\alpha) = T$ im Fall α von 1. Art ($\alpha_m = 0$); $\tau(\alpha) = T + 1$ im Fall $\alpha_m > 0$ und wenn α_m eine γ-Zahl ist; $\tau(\alpha) = T + 2$ im Fall $\alpha_m > 0$ und wenn α_m keine γ-Zahl ist.

Beweis: Für α von 1. Art ist der Satz bereits bewiesen (vgl. Satz 3). Es sei nun $\alpha_m > 0$. Ist σ_0 ein multiplikativ unzerlegbarer Linksteiler von α und $\alpha = \sigma_0 \cdot \beta$, so ist $\beta = \sum_{i \leqq m} \omega^{\beta_i} \cdot a_i$. Jede Zerlegung von α muß also die Form

$$\alpha = \Big(\prod_{i<n} \sigma_i\Big) \cdot \gamma \quad \text{mit} \quad \gamma = \sum_{i \leqq m} \omega^{\varphi_i} \cdot a_i, \quad \varphi_m = 0, \quad n > 0, \quad \prod_{i<n} \sigma_i = \omega^{\alpha_m}$$

haben. Damit $\tau(\alpha)$ minimal ist, muß n minimal sein. Da γ von 1. Art, ist die Zerlegung von γ in T Faktoren eindeutig (Satz 3).

Ist α_m eine γ-Zahl, so ist $n = 1$ gleichbedeutend mit $\sigma_0 = \omega^{\alpha_m}$, $\alpha = \omega^{\alpha_m} \cdot \gamma$, und da ω^{α_m} multiplikativ unzerlegbar ist, ist die Zerlegung von α eindeutig und $\tau(\alpha) = T + 1$.

Ist α_m keine γ-Zahl, so ist ω^{α_m} multiplikativ zerlegbar, also $n > 1$. Nach dem Hilfssatz kann ω^{α_m} eindeutig in ein Produkt $\omega^{\alpha_m} = \sigma_0 \cdot \sigma_1$ zerlegt werden (also $n = 2$), wobei σ_1 eine Limeszahl ist. Also kann α eindeutig in $\tau(\alpha) = T + 2$ Faktoren zerlegt werden.

Satz 5. *Ist entweder $\alpha_m = 0$ (also α von 1. Art), oder α_m eine γ-Zahl > 0, oder $\alpha_m = \varrho + 1$, wobei ϱ keine γ-Zahl ist, so läßt sich α (abgesehen von der Reihenfolge der endlichen Faktoren) eindeutig als Produkt $\alpha = \prod_{i<\tau(\alpha)} \sigma_i$ endlich vieler multiplikativ unzerlegbarer Faktoren mit der Bedingung (5) zerlegen; sonst ist die Zerlegung mit dieser einzigen Bedingung nicht eindeutig.*

Beweis: Ist $\alpha_m = 0$ oder α_m eine γ-Zahl, so folgt Satz 5 aus Satz 3 und 4. Ist $\alpha_m > 0$ keine γ-Zahl, so kann nach dem Beweis des Hilfssatzes ω^{α_m} dann und nur dann ohne weitere Bedingung eindeutig in zwei multiplikativ unzerlegbare Faktoren zerlegt werden, wenn $\omega^{\alpha_m} = (\omega^\varrho + 1) \cdot \omega = \omega^{\varrho+1}$ (also $\alpha_m = \varrho + 1$), wobei ϱ keine γ-Zahl ist.

§ 21. Permutation einer Folge von Ordnungszahlen

1. Die Anzahl der Summen und Produkte bei Permutationen einer gegebenen Folge. Es sei $F = \{\alpha_\xi\}_{\xi<\beta}$ eine Folge vom Typ β von Ordnungszahlen. Ist γ eine Ordnungszahl und Φ eine eineindeutige Abbildung[1] von $W(\gamma)$ auf $W(\beta)$, so daß also jedem $\xi < \gamma$ eine Zahl $\Phi(\xi) < \beta$ entspricht, so ist $\{\alpha_{\Phi(\xi)}\}_{\xi<\gamma}$ eine Folge vom Typ γ, die aus den gleichen Werten gebildet ist, wie die ursprüngliche Folge F. Wir nennen die neue Folge eine *Anordnung von F im Typ γ*. Eine Anordnung einer Folge vom Typ β im Typ β heiße eine *Permutation* dieser Folge.

Da für die Addition und die Multiplikation das kommutative Gesetz nicht gilt, sind Summe $\sum\limits_{\xi<\beta} \alpha_{\Phi(\xi)}$ und Produkt $\prod\limits_{\xi<\beta} \alpha_{\Phi(\xi)}$ einer Permutation von F im allgemeinen verschieden von der Summe $\sum\limits_{\xi<\beta} \alpha_\xi$ bzw. dem Produkt $\prod\limits_{\xi<\beta} \alpha_\xi$ von F. Wir bezeichnen die Mächtigkeit der Menge der verschiedenen Summen- bzw. Produktwerte, die man aus allen Permutationen einer gegebenen Folge F erhält, mit $s(F)$ bzw. $p(F)$; ist der Typ β von F endlich, so ist $1 \leqq s(F) \leqq \beta!$ und $1 \leqq p(F) \leqq \beta!$ Ferner gilt:

Satz 1. *Ist $\beta = \omega$, so ist $s(F)$ endlich (d.h. aus einer Folge vom Typ ω erhält man durch Permutationen nur endlich viele verschiedene Summen).*

Beweis: a) Wir nehmen an, daß für alle Terme der gegebenen Folge $F = \{\alpha_\xi\}_{\xi<\omega}$ gilt $\alpha_\xi \neq 0$. Wir sagen, der Term α_ξ habe die Eigenschaft E, wenn es in F höchstens endlich viele Indizes $\eta < \omega$ mit $\alpha_\eta \geqq \alpha_\xi$ gibt. Die Zahl der Terme mit der Eigenschaft E ist endlich: Denn gäbe es eine Folge $\{\alpha_{\xi_i}\}_{i<\omega}$ von solchen Termen, so wäre $\alpha_{\xi_i} < \alpha_{\xi_0}$ für ein genügend großes i, $\alpha_{\xi_j} < \alpha_{\xi_i}$ für ein genügend großes j usw., wodurch man eine fallende Folge vom Typ ω erhalten würde, was unmöglich ist.

b) Die Summe $\sigma = \sum\limits_{\xi<\omega} \alpha_\xi$ ist eine Limeszahl; ϱ sei ihr kleinster Rest (also eine γ-Zahl). Nun sei $\{\alpha_{\Phi(\xi)}\}_{\xi<\omega}$ eine Permutation von F, $\sigma' = \sum\limits_{\xi<\omega} \alpha_{\Phi(\xi)}$ ihre Summe und ϱ' der kleinste Rest von σ'. Es gibt eine Zahl $n < \omega$, so daß unter den α_ξ mit $n \leqq \xi < \omega$ und auch unter den $\alpha_{\Phi(\xi)}$ mit $n \leqq \xi < \omega$ keine Terme mit der Eigenschaft E vorkommen, und daß zugleich

$$\varrho = \sum_{n \leqq \xi < \omega} \alpha_\xi, \qquad \varrho' = \sum_{n \leqq \xi < \omega} \alpha_{\Phi(\xi)}.$$

Wir zeigen, daß $\varrho = \varrho'$: Weil die Terme α_ξ und $\alpha_{\Phi(\xi)}$ mit $n \leqq \xi < \omega$ die Eigenschaft E nicht haben, gibt es ein $n_0 > n$ mit $\alpha_{n_0} \geqq \alpha_{\Phi(n)}$, ferner ein $n_1 > n_0$ mit $\alpha_{n_1} \geqq \alpha_{\Phi(n+1)}$, ein $n_2 > n_1$ mit $a_{n_2} \geqq \alpha_{\Phi(n+2)}$ usw.; also ist

$$\varrho' \leqq \sum_{i<\omega} \alpha_{n_i} \leqq \varrho.$$

[1] Die Existenz einer solchen Abbildung besteht dann und nur dann, wenn $\bar{\beta} = \bar{\gamma}$ (vgl. § 27).

Analog folgt, daß es ein $m_0 > n$ mit $\alpha_{\Phi(m_0)} \geqq \alpha_n$, ein $m_1 > m_0$ mit $\alpha_{\Phi(m_1)} \geqq \alpha_{n+1}$ gibt usw., so daß also

$$\varrho \leqq \sum_{i<\omega} \alpha_{\Phi(m_i)} \leqq \varrho'.$$

Somit folgt $\varrho' = \varrho$, also $\sigma' = \sum_{\xi<n} \alpha_{\Phi(\xi)} + \varrho$.

c) Wir brauchen die folgende Hilfsformel: Ist ϱ eine γ-Zahl, so ist $\eta + \alpha + \varrho = \alpha + \varrho$ für $\eta < \varrho$: Im Falle $\alpha < \varrho$ wird nämlich $\alpha + \varrho = \varrho$, also $\eta + \alpha + \varrho = \eta + \varrho = \varrho = \alpha + \varrho$, im Falle $\alpha \geqq \varrho$ ist $\alpha = \varrho + \tau$, also $\alpha + \varrho \leqq \eta + \alpha + \varrho = \eta + \varrho + \tau + \varrho = \varrho + \tau + \varrho = \alpha + \varrho$.

d) Ist $\alpha_{\Phi(\xi)}$ ein Term mit $\xi < n$, der nicht die Eigenschaft E hat, so ist $\alpha_{\Phi(\xi)} < \varrho$ (denn wäre $\alpha_{\Phi(\xi)} \geqq \varrho$, so gäbe es nur endlich viele Indizes η mit $\alpha_{\Phi(\eta)} \geqq \alpha_{\Phi(\xi)}$). Solche Terme lassen sich also durch fortgesetzte Anwendung der Hilfsformel c) wegschaffen, so daß bleibt:

$$\sigma' = \sum_{i<s} \alpha_{\xi_i} + \varrho,$$

wobei die Folge $\{\alpha_{\xi_i}\}_{i<s}$ die durch die Abbildung Φ induzierte Permutation der Folge der Terme von F, die die Eigenschaft E haben, ist. Da die letztere Folge endlich ist und nur endlich viele Permutationen zuläßt, folgt, daß es aus F auch nur endlich viele Summen σ' gibt.

Bemerkungen: 1. Ist $\{\alpha_\xi\}_{\xi<\omega}$ eine Folge mit der Eigenschaft, daß zu jedem Term α_ξ unendlich viele Indizes η mit $\alpha_\eta \geqq \alpha_\xi$ existieren (z.B. eine wachsende Folge), so hängt die Summe nicht von der Ordnung der Terme ab (d.h., $s(F) = 1$). Diese Bedingung ist aber nicht notwendig dafür, wie das Beispiel der Folge $\{\alpha_\xi\}_{\xi<\omega}$ mit $\alpha_0 = \omega$, $\alpha_\xi = \xi$ für $1 \leqq \xi < \omega$ zeigt.

2. Zu jeder natürlichen Zahl n gibt es Folgen F vom Typ ω mit $s(F) = n$ (z.B. $\alpha_\xi = \omega$ für $\xi < n - 1$, $\alpha_{n-1} = \omega^2$, $\alpha_\xi = 1$ für $n \leqq \xi < \omega$; man erhält die n Werte $\omega^2 + \omega \cdot k$ mit $1 \leqq k < n$).

3.[1] Für eine Folge F vom Typ $\beta > \omega$ kann $s(F)$ bereits unendlich sein: Zum Beispiel ergibt $\sum_{\xi<\omega+1} \xi = \omega \cdot 2$ bei Vertauschen der Summanden ω und n den Wert $\omega \cdot 2 + n$, ferner ergibt $\sum_{\xi<\omega} \omega^2 \cdot \xi + \sum_{\xi<\omega} \xi$ bei Vertauschen der Summanden $\omega^2 \cdot n$ und 1 den Wert $\omega^3 + \omega^2 \cdot n + \omega$; aus beiden Folgen (von den Typen $\omega + 1$ bzw. $\omega \cdot 2$) lassen sich also unendlich viele Summen gewinnen. — Für eine Folge F von einem Typ $< \omega_1$ ist aber $s(F)$ höchstens abzählbar [4].

4. Zu jeder Ordnungszahl α gibt es Folgen F vom Typ $\omega_{\alpha+1}$ mit $s(F) = \aleph_{\alpha+1}$: Man setze $\alpha_\xi = 1$ für $\xi < \omega_\alpha$, $\alpha_\xi = 0$ für $\omega_\alpha \leqq \xi < \omega_{\alpha+1}$; ist τ eine beliebige Zahl mit $\omega_\alpha \leqq \tau < \omega_{\alpha+1}$, so gibt es eine einein-

[1] Bei den Bem. 3 bis 5 werden einige erst später (§§ 27, 30, 34) definierte Begriffe verwendet.

deutige Abbildung zwischen $W(\omega_\alpha)$ und $W(\tau)$, so daß jedem $\xi < \tau$ eine Zahl $\varphi(\xi) < \omega_\alpha$ entspricht; wir setzen $\varphi(\tau + \xi) = \omega_\alpha + \xi$ für $\xi < \omega_{\alpha+1}$. Dann wird $\sum_{\xi < \omega_{\alpha+1}} \alpha_{\varphi(\xi)} = \tau$.

5. Ist F eine Folge vom Typ $\beta = \omega_\varrho$, wobei ω_ϱ regulär und $\varrho > 0$ ist, so ist $s(F) \leqq \aleph_{\varrho}^{\aleph_\varrho}$; ist F monoton, so ist $s(F) = 1$.

Satz 2. *Ist $\beta = \omega$, so ist auch $p(F)$ endlich. Ist F eine monotone Folge, so ist ihr Produkt vom der Ordnung ihrer Terme unabhängig* $(p(F) = 1)$. — Beweis siehe [9].

2. Die maximale Zahl von Summen und Produkten endlicher Folgen. Ist n eine endliche Zahl, so sei $S(n)$ bzw. $P(n)$ das Maximum von $s(F)$ bzw. $p(F)$, wobei F alle Folgen vom Typ n von Ordnungszahlen durchläuft. Über diese zahlentheoretische Funktionen gelten folgende Sätze:

Satz 3. *$S(n)$ ist gegeben durch*

$$S(1) = 1,$$

$$S(n) = \max_{1 \leqq k < n} \left((k \cdot 2^{k-1} + 1) \cdot S(n-k)\right) \quad \textit{für} \quad n > 1.$$

Beweis: Es sei $F = \{\alpha_i\}_{i<n}$ eine Folge vom Typ n (wobei n eine feste Zahl mit $1 < n < \omega$ sei), ferner $\gamma = \min_{i<n} \beta_i$, wobei β_i das erste Glied in der Zerlegung von α_i in γ-Zahlen ist; k sei die Anzahl der Terme α_i mit $\beta_i = \gamma$ (also ist $1 \leqq k \leqq n$). Alle Permutationen $\{\alpha_{\Phi(i)}\}_{i<n}$ von F, bei denen kein Term α_i mit $\beta_i = \gamma$ am Ende steht, geben maximal $S(n-k)$ verschiedene Summen, da alle Terme α_i mit $\beta_i = \gamma$ von den folgenden absorbiert werden. Wählen wir eine Folge F mit transfiniten α_i, mit $\beta_i = \gamma$ für $i < k$ und $\alpha_i = \gamma \cdot 2^i + \delta_i$ für $i < k$ (wobei $\delta_i < \gamma$ und $\delta_i \neq \delta_j$ für $i < k$ und $j < k$), so wird für jede Permutation von F, bei der genau r Terme α_i mit $\beta_i = \gamma$ am Ende stehen (wobei also $1 \leqq r \leqq k$),

$$\sum_{i<n} \alpha_{\Phi(i)} = \sum_{i<n-r} \alpha_{\Phi(i)} + \gamma \cdot \sum_{n-r \leqq i < n} 2^{\Phi(i)} + \delta_{\Phi(n-1)},$$

wobei im ersten Glied $\sum_{i<r-n} \alpha_{\Phi(i)} \geqq \gamma \cdot \omega$ alle $k - r$ Terme α_i mit $\beta_i = \gamma$ absorbiert werden; diese Permutationen liefern also für das erste Glied maximal $S(n-k)$, für das zweite Glied $\binom{k}{r}$ und für das dritte Glied r Werte, total also maximal $r \cdot \binom{k}{r} \cdot S(n-k)$ verschiedene Summen (denn die gewählten α_i geben die größte Zahl verschiedener Summen). Alle Permutationen von F liefern also

$$S(n-k) + \sum_{1 \leqq r \leqq k} S(n-k) \cdot r \cdot \binom{k}{r} = (1 + k \cdot 2^{k-1}) \cdot S(n-k)$$

verschiedene Summen. Also ist

$$S(n) = \max_{1 \leqq k \leqq n} \left((1 + k \cdot 2^{k-1}) \cdot S(n-k)\right).$$

Bemerkungen: 1. Die ersten Werte der Funktion S sind $S(1) = 1$, $S(2) = 2$, $S(3) = 5$, $S(4) = 13$, $S(5) = 33$, $S(6) = 81$, $S(7) = 193$, $S(8) = 449$, $S(9) = 1089$, $S(10) = 2673$.

2. Aus Satz 3 kann man eine Formel zur expliziten Berechnung von $S(n)$ aufstellen: Es ist

$$S(5 \cdot k + l) = 81^{k-l+1} \cdot 193^{l-1} \quad \text{für} \quad k \geqq 3, \ 1 \leqq l \leqq 4,$$

$$S(5 \cdot k) = 33 \cdot 81^{k-1} \quad \text{für} \quad k \geqq 4.$$

3. Daraus folgt

$$S(n) = 81 \cdot S(n-5) \quad \text{für} \quad n \geqq 21, \quad \text{ferner}$$

$$\lim_{n \to \infty} \frac{S(n)}{n!} = 0, \quad \text{aber} \quad \lim_{n \to \infty} S(n) = \infty.$$

4. Für die Existenz von 4 Ordnungszahlen, deren Summe genau k verschiedene Werte annimmt, ist die Bedingung $k \leqq 13$ notwendig und hinreichend [11].

Der zu Satz 3 analoge Satz über Produkte lautet:

Satz 4. *Es ist* $P(n) = n!$

Beweis: Setzen wir $\alpha_i = \omega + i$, so wird für eine Permutation $\{\alpha_{\Phi(i)}\}_{1 \leqq i \leqq n}$ von $F = \{\alpha_i\}_{1 \leqq i \leqq n}$

$$\prod_{1 \leqq i \leqq n} \alpha_{\Phi(i)} = \omega^n + \sum_{1 \leqq i \leqq n} \omega^{n-i} \cdot \Phi(n+1-i),$$

somit ist $P(F) = n!$

3. Maximal- und Minimalsummen.[1] Ist $\{\alpha_{\Psi(\xi)}\}_{\xi < \beta}$ eine solche Permutation der Folge $F = \{\alpha_\xi\}_{\xi < \beta}$, so daß

$$\sum_{\xi < \beta} \alpha_{\Psi(\xi)} \geqq \sum_{\xi < \beta} \alpha_{\Phi(\xi)}$$

für jede Permutation $\{\alpha_{\Phi(\xi)}\}_{\xi < \beta}$ von F gilt, so heißt $\sum_{\xi < \beta} \alpha_{\Psi(\xi)}$ eine *Maximalsumme* von F. Über die Existenz einer Maximalsumme gelten folgende Sätze [2]:

Satz 5. *Ist β von 1. Art und $\omega < \beta < \omega_1$, oder β beliebig $\geqq \omega_1$, so existiert eine Folge vom Typ β, die keine Maximalsumme hat.*

Satz 6. *Ist β endlich oder eine beliebige Limeszahl $< \omega_1$, so hat jede Folge vom Typ β eine Maximalsumme.*

Bemerkung: Als *offenes Problem* besteht die Aufgabe, zu jeder gegebenen Ordnungszahl β (von 1. Art mit $\omega < \beta < \omega_1$, oder beliebig

[1] Def. der Ordnungszahlen ω_α siehe § 27.

$\geqq\omega_1$) die Folgen vom Typ β zu charakterisieren, die Maximalsummen haben.

Über die Größe der *Minimalsumme* einer Folge (die analog zur Maximalsumme definiert ist, aber stets existiert) weiß man nur in gewissen speziellen Fällen etwas [7]: Es sei I_{pk} die Menge der Ordnungszahlen ξ mit $\omega_p^k \leqq \xi < \omega_p^k + \omega$, I_{pkn} die Menge der Ordnungszahlen ξ mit $\omega_p^k + \omega_n \leqq \xi < \omega_p^k + \omega_{n+1}$ und I_{pkp} die Menge der Ordnungszahlen ξ mit $\omega_p^k + \omega_p \leqq \xi < \omega_p^{k+1}$. Jede transfinite Ordnungszahl liegt also in genau einem solchen Intervall, wobei p eine beliebige Ordnungszahl, $0 < k < \omega_{p+1}$ und $n < p$ ist. Bezeichnen wir die Minimalsumme der speziellen Folge $\{\xi\}_{\xi<\beta}$ mit $\sigma(\beta)$ und diejenige der Folge $\{\xi\}_{\alpha\leqq\xi<\beta}$ mit $\sigma(\alpha, \beta)$, so gilt:

$$\sigma(\beta) = \begin{cases} \omega_p^k \cdot (-\omega_p^k + \beta + 1), & \text{wenn } \beta \in I_{pk}, \\ \omega_p^k \cdot \omega_n, & \text{wenn } \beta \in I_{pkn}, \\ \omega_p^{k+1}, & \text{wenn } \beta \in I_{pkp}, \end{cases}$$

und

$$\sigma(\alpha, \beta) = \begin{cases} \alpha \cdot (-\alpha + \beta), & \text{wenn } -\alpha + \beta < \omega \text{ und } \alpha \geqq \omega, \\ \alpha \cdot \omega_p, & \text{wenn } \omega_p \leqq -\alpha + \beta < \omega_{p+1} \text{ und } \beta \leqq \alpha \cdot \omega_p, \\ \sigma(\beta), & \text{wenn } \alpha \text{ und } \beta \text{ verschiedenen der oben definierten Intervalle angehören und } \beta \geqq \omega. \end{cases}$$

4. Mischsummen. Ist $\{\alpha_\xi\}_{\xi<\mu}$ eine Folge von Ordnungszahlen und $\{A_\xi\}_{\xi<\mu}$ eine Folge von disjunkten Mengen mit $\overline{A_\xi} = \alpha_\xi$ für alle $\xi < \mu$, so heißt der Ordnungstypus von $M = \mathfrak{S}_{\xi<\mu} A_\xi$ eine *Mischsumme* der Zahlen α_ξ, wenn M so geordnet ist, daß die A_ξ als Teile von M wieder ihre frühere Ordnung aufweisen. Die Bildung einer Mischsumme von Ordnungszahlen stellt also eine Verallgemeinerung der Summierung einer Permutation dieser Folge dar. Über die Mischsummen endlich vieler Ordnungszahlen $\alpha_0, \alpha_1, \ldots, \alpha_{n-1}$ sind folgende Sätze bewiesen worden [5, 6]:

a) Die Zahl der verschiedenen Mischsummen von $\{\alpha_\xi\}_{\xi<n}$ ist endlich.

b) Das Maximum der Werte der Mischsummen ist gleich der HESSENBERGschen Summe $\alpha_0 \# \alpha_1 \# \cdots \# \alpha_{n-1}$ (siehe § 23). Ihr Minimum ist durch $\alpha_0 \mathbin{\widehat{+}} \alpha_1 \mathbin{\widehat{+}} \cdots \mathbin{\widehat{+}} \alpha_{n-1}$ gegeben, wobei die kommutative und assoziative Operation $\widehat{+}$ so definiert ist: Ist $\alpha = \omega\cdot\alpha' + a$ und $\beta = \omega\cdot\beta' + b$ mit $a < \omega$ und $b < \omega$, so sei

$$\alpha \mathbin{\widehat{+}} \beta = \begin{cases} \max(\alpha, \beta), & \text{wenn } \alpha' \neq \beta', \\ \omega\cdot\alpha' + a + b = \alpha + b = \beta + a, & \text{wenn } \alpha' = \beta'. \end{cases}$$

c) Diese Mischsummen können vollständig charakterisiert werden: Ist $\alpha_\xi = \sum_{\iota\leqq n_\xi} \omega^{\beta(\xi,\iota)}$ die Zerlegung von α_ξ in γ-Zahlen mit

$$\beta(\xi, 0) \geqq \beta(\xi, 1) \geqq \cdots \geqq \beta(\xi, n_\xi) \geqq 0 \qquad \text{(vgl. S. 92)}, \qquad r = \sum_{\xi<n} (n_\xi + 1),$$

ferner $F(\alpha_\xi, r)$ die Menge der Folgen vom Typ r von Ordnungszahlen, die aus der Folge $\{\omega^{\beta(\xi,\iota)}\}_{\iota\leqq n_\xi}$ durch Einsetzen von Nullen entstehen, und definiert man ferner für jede endliche Folge $\{\gamma_\xi\}_{\xi<n}$ von Ordnungszahlen

$$\underset{\xi<n}{M}\gamma_\xi = \begin{cases} \sum\limits_{\xi<n}\gamma_\xi, & \text{wenn } \gamma_\xi \leqq 1 \text{ für alle } \xi < n, \\ \max\limits_{\xi<n}\gamma_\xi & \text{sonst,} \end{cases}$$

so ist μ dann und nur dann Mischsumme von $\alpha_0, \alpha_1, \ldots, \alpha_{n-1}$, wenn es für jedes $i < n$ eine Folge $\{\eta_\xi^{(i)}\}_{\xi<r}$ aus $F(\alpha_i, r)$ gibt, so daß $\mu = \underset{i<n}{M}\eta_\xi^{(i)}$ ist.

§ 22. Vertauschbare Ordnungszahlen

1. Allgemeine Vorbemerkungen. Fast alle Erscheinungen der transfiniten Arithmetik haben ihren Grund darin, daß das kommutative Gesetz für die arithmetischen Operationen nicht allgemein gilt. Wir betrachten in diesem Paragraphen die Ausnahmefälle, in denen das kommutative Gesetz doch gilt, d.h., wir behandeln die Frage, für welche Paare α, β von Ordnungszahlen die Gleichung

$$f(\alpha, \beta) = f(\beta, \alpha) \tag{1}$$

erfüllt ist, wobei f eine beliebige der drei elementaren arithmetischen Operationen ist. Ist (1) erfüllt, so heißen α und β miteinander *vertauschbar* bezüglich f, und zwar im Fall der Addition *additiv vertauschbar*, im Fall der Multiplikation *multiplikativ vertauschbar* und im Fall der Potenzierung *exponentiell vertauschbar*.

Satz 1. *Für die Addition und Multiplikation gilt: Sind zwei Zahlen β, γ mit einer gegebenen Zahl α vertauschbar, so ist auch $f(\beta, \gamma)$ mit α vertauschbar.*

Beweis: Aus der Voraussetzung $f(\alpha, \beta) = f(\beta, \alpha)$, $f(\alpha, \gamma) = f(\gamma, \alpha)$ und aus dem speziellen assoziativen Gesetz folgt

$$\begin{aligned} f(\alpha, f(\beta, \gamma)) &= f(f(\alpha, \beta), \gamma) = f(f(\beta, \alpha), \gamma) = f(\beta, f(\alpha, \gamma)) \\ &= f(\beta, f(\gamma, \alpha)) = f(f(\beta, \gamma), \alpha). \end{aligned}$$

Für die folgenden Betrachtungen wählen wir im Fall $\alpha > 0$, $\beta > 0$ die eindeutigen Darstellungen

$$\alpha = \omega^\mu \cdot a + \varrho \quad (\text{mit } 0 < a < \omega,\ 0 \leqq \varrho < \omega^\mu,\ \mu \geqq 0),$$
$$\beta = \omega^\nu \cdot b + \sigma \quad (\text{mit } 0 < b < \omega,\ 0 \leqq \sigma < \omega^\nu,\ \nu \geqq 0).$$

2. Additiv vertauschbare Ordnungszahlen [3]. Eine Ordnungszahl α sei gegeben. Wir suchen alle Zahlen β, die mit α additiv vertauschbar sind, d. h. für die

$$\alpha + \beta = \beta + \alpha \tag{2}$$

gilt. Der Fall $\alpha = 0$ ist trivial, weil jede Zahl mit 0 additiv vertauschbar ist. Es sei also $\alpha > 0$.

Wir bezeichnen die kleinste mit α additiv vertauschbare Zahl >0 mit $\tilde{\alpha}$. Da unter den gesuchten Zahlen β die Zahlen 0 und α auftreten, ist $0 < \tilde{\alpha} \leqq \alpha$.

Satz 2. *Die mit $\alpha > 0$ additiv vertauschbaren Zahlen sind genau die Zahlen $\tilde{\alpha} \cdot n$ (wobei $n < \omega$).*

Beweis: a) Zunächst beweist man mit Hilfe gewöhnlicher Induktion nach n, daß alle Zahlen $\tilde{\alpha} \cdot n$ mit α vertauschbar sind.

b) Sodann zeigt man, daß diese Zahlen die einzigen mit α vertauschbaren Zahlen sind: Ist $\beta > 0$ mit α vertauschbar, so gilt $\mu = \nu$; denn sonst wäre $\alpha + \beta = \beta$ oder $\beta + \alpha = \alpha$, was der Voraussetzung (2) widerspricht. Aus (2) folgt

$$\omega^\mu \cdot a + \varrho + \omega^\mu \cdot b + \sigma = \omega^\mu \cdot b + \sigma + \omega^\mu \cdot a + \varrho,$$

also

$$\omega^\mu \cdot (a + b) + \sigma = \omega^\mu \cdot (b + a) + \varrho,$$

also

$$\sigma = \varrho, \quad \beta = \omega^\mu \cdot b + \varrho.$$

Somit ist $\tilde{\alpha} = \omega^\mu + \varrho$, also $\beta = \tilde{\alpha} \cdot b$.

Folgerungen: 1. *Für die additive Vertauschbarkeit von α und β ist die Existenz einer Zahl γ notwendig und hinreichend, so daß $\alpha = \gamma \cdot m$, $\beta = \gamma \cdot n$ für zwei endliche Zahlen m, n.*

2. Alle mit $\alpha > 0$ additiv vertauschbaren Zahlen $\beta > 0$ haben denselben Grad wie α; d.h., sind α und β additiv vertauschbar, so ist für eine bestimmte Zahl ξ $\omega^\xi \leqq \alpha < \omega^{\xi+1}$ und $\omega^\xi \leqq \beta < \omega^{\xi+1}$, d. h., α und β liegen zwischen zwei aufeinanderfolgenden γ-Zahlen.

3. Die additive Vertauschbarkeit ist reflexiv, symmetrisch und transitiv.

4. *Für die additive Vertauschbarkeit von α und β ist die Existenz zweier endlicher Zahlen m, n mit $1 \leqq m < \omega$, $1 \leqq n < \omega$ und $\alpha \cdot n = \beta \cdot m$ notwendig und hinreichend.*[1]

3. Multiplikativ vertauschbare Ordnungszahlen [1, 3]. Wir suchen zu einer gegebenen Ordnungszahl α alle Zahlen β, die der Gleichung

$$\alpha \cdot \beta = \beta \cdot \alpha \tag{3}$$

[1] Dagegen umfaßt die Klasse der Paare $\{\alpha, \beta\}$ von Ordnungszahlen α, β, zu denen es zwei beliebige Ordnungszahlen σ, τ mit $\sigma > 0$, $\tau > 0$ gibt, so daß $\alpha \cdot \sigma = \beta \cdot \tau$, bereits alle Paare von Ordnungszahlen >0 (wegen der Existenz gemeinsamer linksseitiger Vielfache, vgl. § 18). Die Klasse K der Paare $\{\alpha, \beta\}$ von Ordnungszahlen α, β, zu denen es zwei Ordnungszahlen σ, τ mit $\sigma > 0$, $\tau > 0$ gibt, so daß $\sigma \cdot \alpha = \tau \cdot \beta$, enthält die Paare multiplikativ vertauschbarer Ordnungszahlen >0 und die Paare von Ordnungszahlen >0, von denen die eine Rechtsteiler der andern ist, wobei aber die durch K definierte Beziehung zwischen zwei Ordnungszahlen (d. h. die zwischen zwei Ordnungszahlen α, β dann und nur dann bestehen soll, wenn $\{\alpha, \beta\} \in K$) nicht transitiv ist [12].

genügen. Der Fall $\alpha \leqq 1$ ist trivial, weil dann alle Zahlen mit α vertauschbar sind. Es sei also $\alpha > 1$.

Die kleinste mit α multiplikativ vertauschbare Zahl >1 sei $\tilde{\alpha}$. Es ist also $1 < \tilde{\alpha} \leqq \alpha$. Man sieht, daß auch alle Zahlen $\tilde{\alpha} \cdot n$ für $n < \omega$ mit α vertauschbar sind. Im Fall der Multiplikation sind aber diese Zahlen im allgemeinen nicht die einzigen mit α vertauschbaren Zahlen. Zunächst gilt:

Satz 3. *Ist $1 < \alpha < \omega$, so sind die mit α multiplikativ vertauschbaren Zahlen genau die endlichen Zahlen.*

Beweis: Ist $1 < \alpha < \omega$ und $\beta \geqq \omega$, so ist

$$\alpha \cdot \beta = \alpha \cdot (\omega^{\nu} \cdot b + \sigma) = \omega^{\nu} \cdot b + \alpha \cdot \sigma < \omega^{\nu} \cdot (b+1) \leqq \omega^{\nu} \cdot b \cdot \alpha + \sigma = \beta \cdot \alpha,$$

d.h., α und β sind nicht vertauschbar.

Da somit endliches α keine Schwierigkeiten bietet, nehmen wir $\alpha \geqq \omega$ an. Nach Satz 3 muß dann auch $\beta \geqq \omega$ sein (außer wenn $\beta \leqq 1$).

1. Es sei α *von 1. Art*. Dann ist auch jedes mit α vertauschbare β von 1. Art, denn für Limeszahlen β hat die Normalform von $\alpha \cdot \beta$ weniger Glieder als diejenige von $\beta \cdot \alpha$ (nach § 12).

Es sei $\alpha < \beta$; δ sei der größte gemeinsame Linksteiler von α und β (§ 18), und es sei $\alpha = \delta \cdot \alpha_1$, $\beta = \delta \cdot \beta_1$. Die Zahlen $\alpha_1, \beta_1, \delta$ sind ebenfalls von 1. Art, und es ist $\alpha_1 > \beta_1$. Setzt man (3) voraus, so folgt $\alpha_1 \cdot \delta \cdot \beta_1 = \beta_1 \cdot \delta \cdot \alpha_1$. α_1 und β_1 können nicht beide transfinit sein; denn sonst hätten sie einen gemeinsamen Linksteiler >1 (dies ist durch Zerlegung jeder Zahl der letzten Gleichung in multiplikativ unzerlegbare Zahlen und aus der Eindeutigkeit der Zerlegung von $\alpha_1 \cdot \delta \cdot \beta_1$ zu beweisen). Auch können sie nicht beide endlich sein; denn sonst wäre δ transfinit, und wenn l der endliche linksseitige Endfaktor bei der Zerlegung von δ ist, müßte $\alpha_1 \cdot l = \beta_1 \cdot l$ sein (was ebenso einzusehen ist wie oben), also $\alpha_1 = \beta_1$, Widerspruch. Somit muß $\alpha_1 > \omega$ und $\beta_1 < \omega$ sein. Ferner ist $\beta_1 = 1$, weil sonst β_1 Linksteiler >1 von α_1 wäre. Also ist $\beta = \delta$ und

$$\alpha = \beta \cdot \alpha_1 = \alpha_1 \cdot \beta \quad \text{mit} \quad \alpha_1 < \alpha.$$

Jedem Paar (α, β) von multiplikativ vertauschbaren transfiniten Ordnungszahlen von 1. Art entspricht also ein ebensolches Paar (α_1, β), in welchem die größere der beiden Zahlen kleiner ist als im ersten, und wenn das zweite Paar eine Darstellung $\alpha_1 = \gamma^m$, $\beta = \gamma^n$ mit natürlichen Zahlen m, n gestattet, so gestattet das erste Paar eine ebensolche Darstellung. Gäbe es nun solche Paare (α, β) mit den obigen Eigenschaften, die nicht so darstellbar wären, so gäbe es unter diesen eines, dessen größeres Glied minimal ist. Wird dieses als erstes Paar genommen, so gestattet das zugehörige zweite Paar aber eine solche Darstellung, also auch das erste Paar, Widerspruch. Somit gilt:

Satz 4. *Ist α von 1. Art und $>\omega$, so ist für die multiplikative Vertauschbarkeit von α und β die Existenz einer Zahl γ notwendig und hinreichend, so daß $\alpha = \gamma^m$, $\beta = \gamma^n$ für natürliche Zahlen m und n.*

Folgerung: *Ist α von 1. Art und $>\omega$, so sind die mit α multiplikativ vertauschbaren Zahlen >0 genau die Zahlen $(\tilde{\alpha})^n$ mit $n < \omega$.* — Beweis: Es ist $\tilde{\alpha} = \gamma^m$, $\alpha = \gamma^n$ für bestimmte Zahlen γ, m, n mit $1 \leqq m < \omega$, $1 \leqq n < \omega$. Da $\tilde{\alpha}$ die kleinste mit α vertauschbare Zahl ist, ist $m = 1$, also $\alpha = (\tilde{\alpha})^n$.

2. Nun sei α *eine Limeszahl.* Gilt (3), so ist auch β eine Limeszahl, und es folgt

$$\omega^{\mu+\nu} \cdot b + \omega^{\mu} \cdot \sigma = \omega^{\nu+\mu} \cdot a + \omega^{\nu} \cdot \varrho,$$

also aus der Eindeutigkeit der Normalform

$$\mu + \nu = \nu + \mu, \qquad a = b, \qquad \omega^{\mu} \cdot \sigma = \omega^{\nu} \cdot \varrho.$$

Ist τ die kleinste mit μ additiv vertauschbare Zahl >0, so gibt es zwei natürliche Zahlen m, n mit $\mu = \tau \cdot m$, $\nu = \tau \cdot n$ (weil μ und ν additiv vertauschbar sind). Die mit $\alpha = \omega^{\tau \cdot m} \cdot a + \varrho$ multiplikativ vertauschbaren Zahlen sind also genau die Zahlen $\beta = \omega^{\tau \cdot n} \cdot a + \sigma$, wobei n eine natürliche Zahl und $\omega^{\tau \cdot m} \cdot \sigma = \omega^{\tau \cdot n} \cdot \varrho$ ist. Ferner gibt es eine natürliche Zahl n_1 mit

$$\tilde{\alpha} = \omega^{\tau \cdot n_1} \cdot a + \sigma_1, \quad \text{wobei} \quad \omega^{\tau \cdot m} \cdot \sigma_1 = \omega^{\tau \cdot n_1} \cdot \alpha.$$

Setzt man für eine beliebige natürliche Zahl p

$$\beta = \omega^{\tau \cdot p} \cdot \tilde{\alpha} = \omega^{\tau \cdot (n_1 + p)} \cdot a + \omega^{\tau \cdot p} \cdot \sigma_1,$$

so wird

$$\omega^{\tau \cdot m} \cdot \omega^{\tau \cdot p} \cdot \sigma_1 = \omega^{\tau \cdot p} \cdot \omega^{\tau \cdot n_1} \cdot \varrho = \omega^{\tau \cdot (n_1 + p)} \cdot \varrho,$$

d.h., β ist mit α vertauschbar. Daraus folgt:

Satz 5. *Ist $\alpha = \omega^{\tau \cdot m} \cdot a + \varrho$ eine Limeszahl (wobei τ die kleinste mit $g(\alpha)$ additiv vertauschbare Zahl >0 ist), so sind die mit α multiplikativ vertauschbaren Zahlen >1 genau die Zahlen $\omega^{\tau \cdot p} \cdot \tilde{\alpha}$ mit $p < \omega$. — Ferner gilt dann: Diese Zahlen sind dann und nur dann genau die Zahlen $(\tilde{\alpha})^n$ mit $1 \leqq n < \omega$, wenn $n_1 = 1$ (d.h., $\tilde{\alpha} = \omega^{\tau} \cdot a + \sigma_1$, wobei $\sigma_1 < \omega^{\tau}$ und von 2. Art ist).*

Das letztere ist so zu beweisen: Ist $n_1 = 1$, so sind die mit α vertauschbaren Zahlen >1 genau die Zahlen $\beta_n = \omega^{\tau \cdot n} \cdot a + \sigma_n$ mit $1 \leqq n < \omega$, wobei $\omega^{\tau \cdot m} \cdot \sigma_n = \omega^{\tau \cdot n} \cdot \varrho$. Es ist $\beta_n = (\tilde{\alpha})^n$ für $1 \leqq n < \omega$; denn dies gilt für $n = 1$, und gilt es für n, so ist

$$\begin{aligned}(\tilde{\alpha})^{n+1} &= (\tilde{\alpha})^n \cdot \tilde{\alpha} = \beta_n \cdot \tilde{\alpha} = (\omega^{\tau \cdot n} \cdot a + \sigma_n) \cdot (\omega^{\tau} \cdot a + \sigma_1) \\ &= \omega^{\tau \cdot (n+1)} \cdot a + \omega^{\tau \cdot n} \sigma_1,\end{aligned}$$

also

$$\omega^{\tau\cdot m}\cdot(\tilde{\alpha})^{n+1} = \omega^{\tau\cdot(m+n+1)}\cdot a + \omega^{\tau\cdot(m+n)}\cdot\sigma_1$$

$$= \omega^{\tau\cdot(m+n+1)}\cdot a + \omega^{\tau\cdot(n+1)}\cdot\varrho = \omega^{\tau\cdot(m+n+1)}\cdot a + \omega^{\tau\cdot m}\cdot\sigma_{n+1}$$

$$= \omega^{\tau\cdot m}\cdot(\omega^{\tau\cdot(n+1)}\cdot a + \sigma_{n+1}) = \omega^{\tau\cdot m}\cdot\beta_{n+1},$$

also

$$(\tilde{\alpha})^{n+1} = \beta_{n+1}.$$

Folgerungen: 1. Die multiplikative Vertauschbarkeit ist reflexiv, symmetrisch und transitiv. — Beweis aus Satz 4 und 5.

2. *Für die multiplikative Vertauschbarkeit zweier beliebiger Zahlen α, β ist die Existenz zweier natürlicher Zahlen m, n mit $\alpha^n = \beta^m$ notwendig und hinreichend.* — Beweis aus Satz 4 und 5.

3. Alle mit $\alpha > 1$ multiplikativ vertauschbaren Zahlen β liegen zwischen zwei aufeinanderfolgenden δ-Zahlen, d.h., im Fall $\alpha \geqq \omega$ existiert ein ξ mit $\omega^{\omega^\xi} \leqq \alpha < \omega^{\omega^{\xi+1}}$ und $\omega^{\omega^\xi} \leqq \beta < \omega^{\omega^{\xi+1}}$.

4. Exponentiell vertauschbare Ordnungszahlen [3]. Die Gleichung

$$\alpha^\beta = \beta^\alpha \tag{4}$$

sei vorgelegt. Sehen wir vom trivialen Fall $\alpha = \beta$ ab, so ist für endliches α und β die Gl. (4) nur für das Paar $\{2, 4\}$ möglich. Außerdem ist der Fall, daß die eine Zahl endlich, die andere transfinit ist, ausgeschlossen: Ist nämlich $1 < \alpha < \omega$ und $\beta \geqq \omega$, so hat die Normalform von α^β nur ein Glied, also würde aus (4) $\beta = \omega^\nu \cdot b$ folgen, also (wegen $\alpha^{\omega^\xi} = \omega^{\omega^{-1+\xi}}$ für $1 < \alpha < \omega$ und $\xi \geqq 1$)

$$\alpha^\beta = \omega^{\omega^{-1+\nu}\cdot b}, \quad \beta^\alpha = \omega^{\nu\cdot\alpha}\cdot b, \quad \text{also} \quad b = 1, \quad \omega^{-1+\nu} = \nu\cdot\alpha.$$

Die letzte Gleichung ist aber unmöglich.

Wir machen nun die Annahme $\alpha \geqq \omega$, $\beta \geqq \omega$. Aus (4) folgt dann, wenn wir $\varrho = \varrho' + r$, $\sigma = \sigma' + s$ setzen, wobei ϱ' und σ' von 2. Art und r und s endlich sind,

$$\omega^{\mu\cdot(\beta-s)}\cdot\alpha^s = \omega^{\nu\cdot(\alpha-r)}\cdot\beta^r.$$

1. Sind α und β von 1. Art, also $r > 0$, $s > 0$, so ist

$$\alpha^s = \omega^{\mu\cdot s}\cdot a + \cdots + r, \qquad \beta^r = \omega^{\nu\cdot r}\cdot b + \cdots + s,$$

also

$$\omega^{\mu\cdot\beta}\cdot a + \cdots + \omega^{\mu\cdot(\beta-s)}\cdot r = \omega^{\nu\cdot\alpha}\cdot b + \cdots + \omega^{\nu\cdot(\alpha-r)}\cdot s.$$

Aus der Eindeutigkeit der Normalform wird

$$\mu\cdot\beta = \nu\cdot\alpha, \quad \mu\cdot(\beta - s) = \nu\cdot(\alpha - r), \quad r = s,$$

also

$$\mu\cdot(\beta - r) = \nu\ (\alpha - r).$$

Aus $\mu \cdot \beta = \mu \cdot (\beta - r) + \mu \cdot r = \nu \cdot (\alpha - r) + \nu \cdot r$ folgt wegen $\mu \cdot (\beta - r) = \nu \cdot (\alpha - r)$ die Gleichung $\mu \cdot r = \nu \cdot r$. Daraus folgt $\mu = \nu$, also wegen $\mu \cdot \beta = \nu \cdot \alpha$ die Gleichung $\alpha = \beta$. Abgesehen von diesem trivialen Fall können also nicht beide Zahlen α und β von 1. Art sein.

2. α sei eine Limeszahl ($r = 0$), und β sei von 1. Art ($s > 0$). Dann folgt aus (4)

$$\alpha^\beta = \omega^{\mu \cdot (\beta - s)} \cdot \alpha^s = \omega^{\nu \cdot \alpha},$$

d.h., $\alpha^\beta = \beta^\alpha$ ist eine γ-Zahl; also ist wegen $\alpha^\beta = \omega^{\mu \cdot (\beta - s)} \cdot \alpha^{s-1} \cdot \alpha$ nach § 15 auch α eine γ-Zahl, also $\alpha = \omega^\mu$. Somit ist

$$\alpha^\beta = \omega^{\mu \cdot \beta} = \beta^\alpha = \omega^{\nu \cdot \alpha}, \quad \text{also} \quad \mu \cdot \beta = \nu \cdot \alpha.$$

Dies ist aber unmöglich, weil $\nu \cdot \alpha$ eine γ-Zahl ist, aber $\mu \cdot \beta$ eine Normalform mit mehr als einem Glied hat.

3. Das Bestehen der Gl. (4) ist im Fall $\alpha \neq \beta$, $\alpha \geqq \omega$ also nur dann möglich, wenn α und β Limeszahlen sind. Dann wird aus (4)

$$\omega^{\mu \cdot \beta} = \omega^{\nu \cdot \alpha}, \quad \text{also} \quad \mu \ \beta = \nu \cdot \alpha, \quad \text{also} \quad \omega^{g(\mu)} \cdot \beta = \omega^{g(\nu)} \cdot \alpha.$$

Wäre $g(\mu) = g(\nu)$, so wäre also $\alpha = \beta$, was wir ausschließen.

Es sei $\beta > \alpha$ und $g(\nu) = g(\mu) + \varepsilon$ mit $\varepsilon > 0$. Somit ist

$$\beta = \omega^\varepsilon \cdot \alpha = \omega^{\varepsilon + \mu} \cdot a + \cdots = \omega^\nu \cdot b + \cdots,$$

also $\nu = \varepsilon + \mu$. Wegen $g(\nu) > g(\mu)$ ist $g(\varepsilon) = g(\nu)$, also $\varepsilon \geqq \omega^{g(\mu) + \varepsilon}$, also $\varepsilon = \omega^\varepsilon$, d.h., ε ist eine ε-Zahl. Da ferner $g(\mu) < g(\varepsilon) = \varepsilon$, ist $\mu < \varepsilon$, also $\varepsilon = \omega^\varepsilon > \alpha$; ferner wird $\beta = \omega^\varepsilon \cdot \alpha = \varepsilon \cdot \alpha$.

Umgekehrt erfüllen auch alle Zahlen $\beta = \varepsilon \cdot \alpha$ die Gl. (4), wenn ε eine ε-Zahl $> \alpha$ ist (denn dann ist $\alpha^\beta = \alpha^{\varepsilon \cdot \alpha} = \varepsilon^\alpha$, $\beta^\alpha = (\varepsilon \cdot \alpha)^\alpha = \varepsilon^\alpha$).

Im Fall $\beta < \alpha$ ist (4) äquivalent mit $\alpha = \varepsilon \cdot \beta$, wobei ε eine ε-Zahl $> \beta$ ist. — Somit gilt:

Satz 6. *Gl.* (4) *ist für $\alpha \geqq \omega$ und $\beta \neq \alpha$ nur möglich, wenn α eine Limeszahl ist. Die Zahlen $\beta > \alpha$, die die Gleichung erfüllen, sind dann genau die Zahlen $\beta = \varepsilon \cdot \alpha$, wobei ε die ε-Zahlen $> \alpha$ durchläuft. Ist α von der Form $\alpha = \varepsilon \cdot \gamma$ (wobei ε eine ε-Zahl $> \gamma$ ist), so existiert noch ein einziges $\beta < \alpha$, das Gl.* (4) *erfüllt (nämlich $\beta = \gamma$).*

§ 23. Natürliche Operationen

1. Definition und wichtigste Gesetze verschiedener „natürlicher" Operationen. Da die Gesetze der transfiniten Arithmetik von denen der finiten Arithmetik verschieden sind, taucht die Frage auf, ob man andere arithmetische Operationen definieren kann, die wie die gewöhnlichen auch die finite Arithmetik als Spezialfall enthalten, die aber den wichtigsten Gesetzen der finiten Arithmetik gehorchen. Solche Operationen sind die sog. *„natürlichen" Operationen.*

1. *Die natürliche Summe nach* **Hessenberg** [2, 7]. Auf der Suche nach einer absorptionsfreien Addition (vgl. S. 53) drängt sich der Gedanke auf, bei der Addition von α und β zuerst α in zwei Teile $\alpha' + \alpha''$ zu zerlegen, wobei α'' der Teil ist, der von β absorbiert wird, und dann zum Teil α' zuerst β und dann erst den Teil α'' zu addieren, wobei man bei der Addition von β und α'' wieder analog verfahren kann, usw. Das heißt, man kann drei endliche Folgen von Ordnungszahlen bilden durch die Definitionen: $\sigma_0 = 0$, $\alpha_0 = \alpha$, $\beta_0 = \beta$; σ_{n+1} sei die kleinste Ordnungszahl σ mit $\alpha_n + \beta_n = \sigma + \beta_n$, $\alpha_{n+1} = \beta_n$, $\beta_{n+1} = \alpha_n - \sigma_{n+1}$; nach endlich vielen Schritten kommt man erstmals auf eine Zahl N mit $\beta_N = 0$. Nun kann man als absorptionsfreie („natürliche") Summe von α und β definieren:

$$\alpha \# \beta = \sum_{n \leqq N+1} \sigma_n .$$

Auf *dieselbe* natürliche Summe kommt man von den Cantorschen Normalformen her. Sind endlich viele Ordnungszahlen $\alpha, \beta, \ldots$ in ihren Normalformen

$$\alpha = \sum_{i \leqq m} \omega^{\alpha_i} \cdot a_i , \qquad \beta = \sum_{i \leqq n} \omega^{\beta_i} \cdot b_i , \ldots$$

gegeben, so gibt es eine sog. *gemeinsame Darstellung* derart, daß alle Zahlen dieselben Exponenten haben, so daß

$$\alpha = \sum_{k \leqq q} \omega^{\sigma_k} \cdot m_k , \qquad \beta = \sum_{k \leqq q} \omega^{\sigma_k} \cdot n_k , \ldots ,$$

wobei $\sigma_0 > \sigma_1 > \cdots > \sigma_q \geqq 0$, $0 \leqq m_k < \omega$, $0 \leqq n_k < \omega, \ldots$, und für jedes $k \leqq q$ nicht alle Zahlen $m_k, n_k, \ldots$ gleichzeitig $= 0$ sind. Dann gilt für die natürliche Summe von α und β

$$\alpha \# 0 = 0 \# \alpha = \alpha ,$$

$$\alpha \# \beta = \sum_{k \leqq q} \omega^{\sigma_k} \cdot (m_k + n_k) \quad \text{für} \quad \alpha > 0, \ \beta > 0;$$

man erhält sie also, indem man mit den Normalformen wie mit gewöhnlichen Polynomen rechnet. Offensichtlich ist $\alpha \# \beta$ der Ordnungstypus einer bestimmten Wohlordnung von $A + B$ (wobei A und B zwei wohlgeordnete Mengen mit den Ordnungstypen α bzw. β sind), wie auch $\alpha + \beta$ der Ordnungstypus einer bestimmten (aber andern) Wohlordnung von $A + B$ ist. Die natürliche Summe braucht weder mit $\alpha + \beta$ noch mit $\beta + \alpha$ übereinzustimmen (z.B. im Fall $\alpha = \omega$, $\beta = \omega^2 + 1$, wobei $\alpha \# \beta = \omega^2 + \omega + 1$, $\alpha + \beta = \omega^2 + 1$, $\beta + \alpha = \omega^2 + \omega$). Die folgenden Gesetze der natürlichen Addition lassen sich sehr leicht beweisen:

a) Allgemein ist $\alpha \# \beta \geqq \alpha + \beta$; es ist $\alpha \# \beta = \alpha + \beta$, wenn der Exponent von α nicht kleiner als der Grad von β ist.

b) Die natürliche Addition ist kommutativ und assoziativ.

c) $\alpha \# \beta$ ist bei festem α eine wachsende Funktion von β und bei festem β eine wachsende Funktion von α; diese Funktionen sind aber keine Normalfunktionen. Für $\alpha_1 < \alpha_2$ ist also $\alpha_1 \# \beta < \alpha_2 \# \beta$, d.h., die natürliche Addition ist absorptionsfrei.

d) Die Gleichung $\alpha \# \beta = \gamma$ hat bei gegebenem γ nur endlich viele Lösungspaare (α, β); denn ist $\gamma = \sum_{k \leqq q} \omega^{\sigma_k} \cdot p_k$ die Normalform von γ, so daß α, β, γ gemeinsam dargestellt sind, so muß $p_k = m_k + n_k$ sein (für $k \leqq q$); es gibt nur endlich viele Paare (m_k, n_k) mit dieser Bedingung. Die Anzahl der Lösungspaare (α, β) ist $n_\gamma = \prod_{k \leqq q} (p_k + 1)$.

e) Die Hauptzahlen der natürlichen Addition sind die γ-Zahlen.

2. *Das natürliche Produkt nach* HESSENBERG [2]. Ein natürliches Produkt von zwei Ordnungszahlen α, β erhält man, indem man ihre Normalformen wie gewöhnliche Polynome miteinander multipliziert und dabei die Exponenten natürlich addiert, also

$$\alpha \divideontimes \beta = 0, \quad \text{wenn} \quad \alpha \text{ oder } \beta = 0,$$

$$\alpha \divideontimes \beta = \sum \omega^{\alpha_i \# \beta_j} \cdot a_i \cdot b_j \quad \text{für} \quad \alpha > 0,\ \beta > 0,$$

wobei über alle Paare (i, j) mit $i \leqq m,\ j \leqq n$ summiert wird und dabei die Summanden nach abnehmender Größe geordnet werden. Diese Multiplikation ist kommutativ und assoziativ; zwischen ihr und der natürlichen Addition besteht das Distributivgesetz in beiden Formen (wie in der finiten Arithmetik):

$$\alpha \divideontimes (\beta \# \gamma) = (\alpha \divideontimes \beta) \# (\alpha \divideontimes \gamma), \qquad (\alpha \# \beta) \divideontimes \gamma = (\alpha \divideontimes \gamma) \# (\beta \divideontimes \gamma).$$

Speziell ist also $\alpha \divideontimes (\beta + 1) = (\alpha \divideontimes \beta) \# \alpha$; wegen $\alpha \# \beta \geqq \alpha + \beta$ folgt daraus $\alpha \divideontimes \beta \geqq \alpha \cdot \beta$.

Ferner ist dieses natürliche Produkt ebenfalls absorptionsfrei, d.h., für $\alpha_1 < \alpha_2$ und $\beta > 0$ ist stets $\alpha_1 \divideontimes \beta < \alpha_2 \divideontimes \beta$.

Bei der weiteren Verfolgung der Theorie dieses natürlichen Produkts sieht man, daß z.B. die *Primzahlen* bezüglich dieses Produkts nicht so einfach charakterisierbar sind wie diejenigen bezüglich des gewöhnlichen Produkts [7], z.B. ist $\omega^2 + \omega + 1$ eine Primzahl bezüglich des natürlichen, aber zerlegbar bezüglich des gewöhnlichen Produkts.

3. *Das natürliche Produkt nach* JACOBSTHAL [4]. Ausgehend von der natürlichen Summe als Stammfunktion kann man ein natürliches Produkt $\alpha \times \beta$ als stetige Funktion von β definieren durch den Ansatz

$$\alpha \times 0 = 0$$

$$\alpha \times (\beta + 1) = (\alpha \times \beta) \# \alpha.$$

Allgemein gilt dann $\alpha \times \beta \geqq \alpha \cdot \beta$; ist β eine Limeszahl, so ist $\alpha \times \beta = \alpha \cdot \beta$; ist β von 1. Art, so ist $\alpha \times \beta = \alpha \cdot \beta$, wenn α endlich oder eine γ-Zahl ist. Die Hauptzahlen des Produkts $\alpha \times \beta$ sind die δ-Zahlen. Weiterhin gilt das distributive Gesetz

$$(\alpha \times \beta) \# (\alpha \times \gamma) = \alpha \times (\beta \# \gamma);$$

daraus folgt nach § 13 das assoziative Gesetz

$$(\alpha \times \beta) \times \gamma = \alpha \times (\beta \times \gamma).$$

4. *Die natürliche Potenz nach* JACOBSTHAL [4]. Definiert man mit $\alpha \times \beta$ als Stammfunktion die Funktion $\alpha^{\underline{\beta}}$ als stetige Funktion von β mit

$$\alpha^{\underline{0}} = 1,$$

$$\alpha^{\underline{\beta+1}} = \alpha^{\underline{\beta}} \times \alpha,$$

so erhält man die JACOBSTHALsche natürliche Potenz. Nach § 13 folgt, daß das distributive und assoziative Gesetz gilt:

$$\alpha^{\underline{\beta}} \times \alpha^{\underline{\gamma}} = \alpha^{\underline{\beta+\gamma}}, \qquad \left(\alpha^{\underline{\beta}}\right)^{\underline{\gamma}} = \alpha^{\underline{\beta\cdot\gamma}}.$$

Diese Gesetze wären denjenigen der gewöhnlichen transfiniten Arithmetik ganz analog, wenn auf den rechten Seiten statt $\beta + \gamma$ und $\beta \cdot \gamma$ stehen würde $\beta \# \gamma$ bzw. $\beta \times \gamma$. Wegen $\alpha \times \beta \geqq \alpha \cdot \beta$ ist $\alpha^{\underline{\beta}} \geqq \alpha^{\beta}$; es ist $\alpha^{\underline{\beta}} = \alpha^{\beta}$, wenn entweder α oder β eine Limeszahl ist, oder wenn α und β endlich sind. Die

Hauptzahlen der Potenz $\alpha^{\underline{\beta}}$ sind die ε-Zahlen.

2. Ganze, rationale und reelle Ordnungszahlen. Da die HESSENBERGschen natürlichen Operationen wie die Operationen der finiten Arithmetik die Eigenschaften haben, die man für eine Erweiterung des Bereichs der natürlichen Zahlen braucht, ist es nach KLAUA [7] möglich, den Bereich W der Ordnungszahlen (die man dann auch „*natürliche Ordnungszahlen*“ nennt), zu einem Bereich von „reellen Ordnungszahlen“ auszudehnen, wobei man nach dem klassischen Muster vorgehen kann: Die „*ganzen Ordnungszahlen*“ definiert man als die Äquivalenzklassen der Äquivalenzdefinition

$$(m, n) \sim (m', n') \longleftrightarrow m \# n' = m \# n'$$

für Paare natürlicher Ordnungszahlen; bezeichnet man die durch solche Paare (m_1, n_1) und (m_2, n_2) repräsentierten ganzen Ordnungszahlen mit $\alpha_1 = G(m_1, n_1)$ und $\alpha_2 = G(m_2, n_2)$, so definiert man ferner:

$$\alpha_1 < \alpha_2 \longleftrightarrow m_1 \# n_2 < m_2 \# n_1,$$

$$\alpha_1 \# \alpha_2 = G(m_1 \# m_2, n_1 \# n_2),$$

$$\alpha_1 \divideontimes \alpha_2 = G((m_1 \divideontimes m_2) \# (n_1 \divideontimes n_2), (m_1 \divideontimes n_2) + (m_2 \divideontimes n_1)),$$

$$-\alpha_2 = G(n_2, m_2),$$

$$\alpha_1 - \alpha_2 = \alpha_1 \# (-\alpha_2).$$

Die Klasse der ganzen Ordnungszahlen von der Form $G(m, 0)$ ist isomorph zu W; deshalb kann $G(m, 0)$ mit m identifiziert werden.

Die „*rationalen Ordnungszahlen*“ definiert man ganz analog als die Äquivalenzklassen mit der Äquivalenzdefinition

$$(g, h) \sim (g', h') \longleftrightarrow g \divideontimes h' = g' \divideontimes h$$

für Paare ganzer Ordnungszahlen; bezeichnet man die durch solche Paare (g_1, h_1) und (g_2, h_2) repräsentierten rationalen Ordnungszahlen mit $\alpha_1 = R(g_1, h_1)$ und $\alpha_2 = R(g_2, h_2)$, so definiert man ferner:

$$\alpha_1 < \alpha_2 \longleftrightarrow ((g_2 \divideontimes h_1) - (g_1 \divideontimes h_2)) \divideontimes h_1 \divideontimes h_2 > 0,$$

$$\alpha_1 \# \alpha_2 = R((g_1 \divideontimes h_2) \# (g_2 \divideontimes h_1), h_1 \divideontimes h_2),$$

$$-\alpha_2 = R(-g_2, h_2),$$

$$\alpha_1 - \alpha_2 = \alpha_1 \# (-\alpha_2),$$

$$\alpha_1 \divideontimes \alpha_2 = R(g_1 \divideontimes g_2, h_1 \divideontimes h_2),$$

$$\alpha_2^{-1} = R(h_2, g_2) \quad \text{für} \quad \alpha_2 \neq 0,$$

$$\frac{\alpha_1}{\alpha_2} = \alpha_1 \divideontimes \alpha_2^{-1} \quad \text{für} \quad \alpha_2 \neq 0.$$

Die Klasse der rationalen Ordnungszahlen von der Form $R(g, 1)$ ist isomorph zur Klasse aller ganzen Ordnungszahlen; man kann also $R(g, 1)$ mit g identifizieren.

Die *„reellen Ordnungszahlen“* kann man ebenfalls nach klassischem Muster entweder als DEDEKINDsche Schnitte, als Fundamentfolgen oder als Intervallschachtelungen im Bereiche der rationalen Ordnungszahlen einführen und ihre Operationen definieren. Auf alle drei Arten ergeben sich zueinander isomorphe Klassen reeller Ordnungszahlen, wenn man von den DEDEKINDschen Schnitten nicht nur fordert, daß Unter- und Oberklasse nicht-leer sind, sondern daß sie zudem der HÖLDER-Bedingung genügen (zu jedem $\varepsilon > 0$ gibt es eine Zahl a der Unterklasse und eine Zahl b der Oberklasse mit $b - a = \varepsilon$). Diese Bedingung, und nicht die Nichtleerheit von Unter- und Oberklasse, zeigt sich also als die zentrale Eigenschaft der klassischen DEDEKINDschen Schnitte, die zur Konstruktion sinnvoller reeller Ordnungszahlen verallgemeinert werden kann. — Es ergibt sich aber noch die Schwierigkeit, daß die Unter- und Oberklasse keine Mengen sind, so daß man also nach den üblichen Axiomen das Paar zweier solcher Klassen nicht bilden kann. Deshalb beschränkt man die Klasse W der natürlichen Ordnungszahlen auf eine Menge $W(\omega_\alpha)$ mit denselben strukturellen Eigenschaften wie W, wobei ω_α eine reguläre Anfangszahl ist; dadurch ergeben sich bei den natürlichen, ganzen und rationalen Ordnungszahlen durch die beschriebene Konstruktion noch die auf eine solche Menge $W(\omega_\alpha)$ relativierten Strukturen, bei den reellen Ordnungszahlen nur diese relativierten Strukturen. Die Strukturen bezüglich ω sind dabei die klassischen Zahlbereiche, über denen sich jetzt eine Unendlichkeit weiterer transfiniter Zahlbereiche erhebt.

Interessant sind die topologischen Eigenschaften eines solchen Systems S_α (mit $\alpha > 0$) von aus $W(\omega_\alpha)$ konstruierten reellen Ordnungszahlen, das als Modell einer geometrischen Geraden betrachtet werden kann. In S_α ist die Addition nicht-archimedisch; jeder Punkt von S_α läßt sich durch wachsende Folgen vom Typ ω_α approximieren. Zwischen zwei rationalen Ordnungszahlen liegt eine Menge der Mächtigkeit $\aleph_\alpha$ von Zahlen aus S_α. S_α ist also im unendlich Fernen wie im unendlich Kleinen unvorstellbar viel feiner und dichter als das gröbste Modell, das gewöhnliche (auf $W(\omega)$ relativierte) Kontinuum S_0 (§ 37), und zwar immer feiner, je größer α ist. Sodann ist S_α (mit $\alpha > 0$) im Gegensatz zu S_0 nicht mehr stetig zusammenhängend, sondern diskontinuierlich (gemäß dem klassischen Zusammenhangsbegriff), d. h., S_α zerfällt in Äquivalenzklassen „nicht unterscheidbarer“ Punkte; mit wachsendem α treten immer mehr Lücken und Sprünge auf. Man kann S_0 als die „makroskopische“ Struktur und S_α (mit $\alpha > 0$) als die „mikroskopische“ Struktur der Geraden auffassen.

Analoges gilt für den n-dimensionalen transfiniten Zahlenraum (d.h. für die Menge der n-Tupel reeller Ordnungszahlen aus S_α). Die klassischen Sätze, wie der LINDELÖFsche Überdeckungssatz, der LINDELÖFsche Satz über Kondensationspunkte, der Satz von BAIRE-HAUSDORFF über Folgen offener oder abgeschlossener Mengen oder der CANTOR-BENDIXSONsche Satz gelten in ihm relativ zu ω_α in derselben Form, wie sie im gewöhnlichen n-dimensionalen Raum bezüglich ω gelten.

3. Funktionen von zwei Variablen mit eindeutigen Inversen. Die gewöhnlichen, aber auch die natürlichen Operationen f haben keine eindeutigen Umkehrungen, d.h., die Gleichung

$$f(\alpha, \beta) = \gamma$$

hat bei gegebenem γ im allgemeinen viele Lösungspaare (α, β). Deshalb taucht hier das Problem auf, eine solche Funktion f von zwei Variablen zu finden, bei der die obige Gleichung genau ein Lösungspaar (α, β) hat, d.h., die $[W, W]$ eineindeutig auf W abbildet. Zunächst sieht man, daß f nicht kommutativ sein kann. *Ferner kann f nicht von der Form*

$$f(\alpha, \beta) = u_\alpha + v_\beta$$

sein, wobei die v_β beliebig groß werden: denn sonst gibt es nämlich eine Zahl μ mit $\omega^\mu > u_0$, $\omega^\mu > u_1$, und eine Zahl β mit $v_\beta > \omega^\mu$; also wird $f(0, \beta) = f(1, \beta) = v_\beta$.

Im folgenden zeigen wir nicht nur, daß das obige Problem lösbar ist, sondern auch, daß man jeder Ordnungszahl $\Lambda \geqq \omega$ effektiv eine eineindeutige Abbildung zwischen $W(\Lambda)$ und $[W(\Lambda), W(\Lambda)]$ zuordnen kann.

Satz. *Man kann eine Funktion effektiv definieren, die jeder Ordnungszahl $\Lambda \geqq \omega$ eine eineindeutige Abbildung zwischen $W(\Lambda)$ und $[W(\Lambda), W(\Lambda)]$ zuordnet, d.h. also eine Funktion f von zwei Variablen mit den Eigenschaften:*

1. *Zu jedem geordneten Paar (α, β) mit $\alpha < \Lambda$, $\beta < \Lambda$ existiert genau eine Ordnungszahl $f(\alpha, \beta) < \Lambda$.*

2. *Die Gleichung $f(\alpha, \beta) = \gamma$ hat für jede Ordnungszahl $\gamma < \Lambda$ genau ein Lösungspaar (α, β) mit $\alpha < \Lambda$, $\beta < \Lambda$.*

Beweis: a) Die Funktion $f_0(\alpha, \beta) = 2^\alpha \cdot (2 \cdot \beta + 1) - 1$ (definiert für endliche α und β) stellt eine eineindeutige Abbildung zwischen $W(\omega)$ und $[W(\omega), W(\omega)]$ her, wobei $f_0(0, 0) = 0$.

b) Ist die gemeinsame Darstellung zweier Zahlen α, β mit $\alpha \cdot \beta > 0$

$$\alpha = \sum_{k \leqq q} \omega^{\sigma_k} \cdot m_k, \qquad \beta = \sum_{k \leqq q} \omega^{\sigma_k} \cdot n_k,$$

und ordnen wir diesem Paar den Wert $f_1(\alpha, \beta) = \sum_{k \leqq q} \omega^{\sigma_k} \cdot f_0(m_k, n_k)$ zu, und setzen wir ferner $f_1(0, 0) = 0$, so stellt f_1 eine eineindeutige Abbildung zwischen W und $[W, W]$ her, ferner für jede beliebige eigentliche γ-Zahl ω^λ eine solche zwischen $W(\omega^\lambda)$ und $[W(\omega^\lambda), W(\omega^\lambda)]$.

c) Es sei $\Lambda \geqq \omega$, und die Normalform von Λ sei $\Lambda = \sum_{i \leqq n} \omega^{\lambda_i} \cdot l_i = \omega^{\lambda_0} \cdot l_0 + l'$. Definieren wir

$$\Phi(l_0 \cdot \nu + l) = \begin{cases} \omega^{\lambda_0} \cdot l_0 + \nu & \text{für } l = 0 \text{ und } \nu < l', \\ -l' + \nu & \text{für } l = 0 \text{ und } l' \leqq \nu < \omega^{\lambda_0}, \\ \omega^{\lambda_0} \cdot l + \nu & \text{für } 0 < l < l_0 \text{ und } \nu < \omega^{\lambda_0}, \end{cases}$$

so stellt Φ eine eineindeutige Abbildung zwischen $W(\Lambda)$ und $W(\omega^{\lambda_0})$ her. Durch die Funktion

$$f(\alpha, \beta) = \Phi(f_1(\Phi^{-1}(\alpha), \Phi^{-1}(\beta)))$$

wird eine eineindeutige Abbildung zwischen $W(\Lambda)$ und $[W(\Lambda), W(\Lambda)]$ hergestellt.

IV. Arithmetik der Mächtigkeiten und Kardinalzahlen ohne Auswahlaxiom

§ 24. Die Mächtigkeit beliebiger Mengen und ihre Arithmetik ohne Auswahlaxiom

1. Über die Einführung der Mächtigkeiten in der Mengenlehre. Wir verlassen nun die ordinale Theorie und gehen zur kardinalen über. In § 3 haben wir gesehen, wie man den endlichen Mengen ihre Mächtigkeiten zuordnen kann. Es erhebt sich die Frage, ob dies für alle Mengen möglich ist, d.h., ob das Axiom der Mächtigkeiten im ZERMELO-FRAENKELschen System erfüllbar ist, so daß es überflüssig wird (daß dies für das Axiom der Ordnungszahlen möglich ist, wurde in § 4 gezeigt).

Da die Klasse aller Mengen, die zu einer gegebenen Menge M äquivalent sind, selbst keine Menge ist[1] (wie auch die Klasse aller Mengen, die zu einer gegebenen wohlgeordneten Menge ähnlich sind), ist schon die Definition „relativer Mächtigkeiten" versucht worden: Ist M eine genügend große Menge, so kann die *Mächtigkeit einer Menge A relativ zu M* als die Menge aller Teilmengen von M, die zu A äquivalent sind, definiert werden. Dabei wird aber nicht jeder Menge überhaupt eine Mächtigkeit zugeordnet.

Setzt man die Gültigkeit des *Fundierungsaxioms* voraus, so kann jeder Menge M eine Mächtigkeit zugeordnet werden, wenn $\overline{\overline{M}}$ definiert wird als die Menge aller Mengen kleinsten Ranges, die zu M äquivalent sind (§ 4).

Setzt man die Gültigkeit des *Auswahlaxioms* voraus, so kann man zu jeder Menge M ihre Mächtigkeit $\overline{\overline{M}}$ definieren als die kleinste Ordnungszahl α, für die M ähnlich auf $W(\alpha)$ abgebildet werden kann (diese Ordnungszahl ist dann eine sog. kardinale Anfangszahl, vgl. §§ 27 und 31).

Wir nehmen nun einfach an, das Axiom der Mächtigkeiten sei erfüllt.

2. Gesetze über die Äquivalenz von Mengen. Für die Definition und die Gesetze der Operationen mit Mächtigkeiten sind die folgenden Gesetze über die Äquivalenz von Mengen grundlegend.

Eine Menge X sei vorgelegt, und jedem Element $x \in X$ seien zwei Mengen M_x und N_x zugeordnet mit der Eigenschaft $M_x \sim N_x$ für alle $x \in X$. Die Voraussetzung besagt also, daß zu jedem $x \in X$ die Klasse K_x

[1] Angenommen, die Menge M' aller Mengen, die zu M äquivalent sind, existiere. Dann existiert (nach § 26) eine Menge N, die größere Mächtigkeit hat als M'. Ferner existiert zu jedem $X \in N$ die Menge P_X aller Paare (X, Y) mit $Y \in M$, sodann die Menge P aller Mengen P_X mit $X \in N$. Nun ist $P_X \sim M$ für jedes $X \in N$, also $P \subset M'$, ferner $P \sim N$, Widerspruch.

der eineindeutigen Abbildungen Φ_x zwischen M_x und N_x nicht-leer ist. Existiert eine Auswahlfunktion, die jedem $x \in X$ eindeutig eine solche Abbildung Φ_x zwischen M_x und N_x zuordnet, so kann man leicht beweisen, daß gilt:

$$\underset{x\in X}{\mathfrak{V}} M_x \sim \underset{x\in X}{\mathfrak{V}} N_x, \text{ wenn die } M_x \text{ und die } N_x \text{ je paarweise disjunkt sind,} \tag{1}$$

$$\underset{x\in X}{\mathfrak{P}} M_x \sim \underset{x\in X}{\mathfrak{P}} N_x \text{ in jedem Fall.} \tag{2}$$

Bemerkung: Die Existenz einer solchen Auswahlfunktion folgt aus dem Auswahlaxiom (§ 2). Setzt man dieses nicht voraus, so kann man (1) und (2) nur für endliche[1] Mengen X beweisen, oder wenn man eine Auswahlfunktion effektiv bilden kann.

Für die Vereinigungs-, Durchschnitts- und Produktbildung von Mengen gilt das *kommutative* und *assoziative Gesetz*, ferner gelten zwischen diesen Operationen verschiedene *distributive Gesetze*, so daß eine *Algebra der Mengen* aufgestellt werden kann [18]. Wir erwähnen hier nur diejenigen Gesetze der Mengenalgebra, die wir in der Theorie der Mächtigkeiten verwenden müssen:

Die Menge X sei selbst Vereinigung von paarweise disjunkten Mengen X_a (jedem Element a einer gegebenen Menge A sei eine Menge X_a zugeordnet, wobei die X_a paarweise disjunkt sind und $X = \underset{a\in A}{\mathfrak{V}} X_a$ ist).
Dann gelten die *assoziativen Gesetze:*

$$\underset{x\in X}{\mathfrak{V}} M_x = \underset{a\in A}{\mathfrak{V}}\Big(\underset{x\in X_a}{\mathfrak{V}} M_x\Big), \tag{3}$$

$$\underset{x\in X}{\mathfrak{P}} M_x \sim \underset{a\in A}{\mathfrak{P}}\Big(\underset{x\in X_a}{\mathfrak{P}} M_x\Big). \tag{4}$$

Sodann gilt das *distributive Gesetz:* Sind die M_x paarweise disjunkt, so gilt

$$\underset{a\in A}{\mathfrak{P}}\Big(\underset{x\in X_a}{\mathfrak{V}} M_x\Big) = \underset{f\in F}{\mathfrak{V}}\Big(\underset{a\in A}{\mathfrak{P}} M_{f(a)}\Big), \quad \text{wobei} \quad F = \underset{a\in A}{\mathfrak{P}} X_a. \tag{5}$$

Spezialfälle davon sind

$$M \times \underset{x\in X}{\mathfrak{V}} M_x = \underset{x\in X}{\mathfrak{V}} (M \times M_x), \tag{6}$$

$$\underset{x\in X}{\mathfrak{V}} M'_x = M \times X, \quad \text{wobei} \quad M'_x = M \times \{x\}. \tag{7}$$

---

[1] Definition der endlichen und unendlichen Menge siehe § 3.

Ferner gelten die *Potenzgesetze:*

$$N^{\left(\underset{x \in X}{\mathfrak{B}} M_x\right)} \sim \underset{x \in X}{\mathfrak{P}} (N^{M_x}), \tag{8}$$

$$(M^A)^B \sim M^{A \times B}, \tag{9}$$

$$\left(\underset{x \in X}{\mathfrak{P}} M_x\right)^N \sim \underset{x \in X}{\mathfrak{P}} (M_x^N). \tag{10}$$

Zum Beispiel sei der Beweis von (5) angeführt: Ist φ ein Element der linken Seite von (5), so ist φ eine Funktion, die jedem $a \in A$ ein Element $\varphi(a) \in \underset{x \in X_a}{\mathfrak{B}} M_x$ zuordnet; somit gibt es genau ein Element $f(a) \in X_a$, so daß $\varphi(a) \in M_{f(a)}$; φ ist also eine Funktion, die jedem $a \in A$ ein Element $\varphi(a) \in M_{f(a)}$ zuordnet, d.h., φ ist ein Element der rechten Seite von (5). Ist umgekehrt φ ein Element der rechten Seite, so ist φ eine Funktion, die jedem $a \in A$ ein Element $\varphi(a) \in M_{f(a)}$ zuordnet, wobei $f \in F$, also $f(a) \in X_a$ für $a \in A$, also $\varphi(a) \in \underset{x \in X_a}{\mathfrak{B}} M_x$, d.h., φ ist ein Element der linken Seite.

3. Arithmetische Operationen mit endlich vielen Mächtigkeiten. Es sei eine Funktion mit der Argumentmenge X gegeben, die jedem Element $x \in X$ eindeutig eine Mächtigkeit $\mathfrak{m}_x$ zuordnet. Um eine Summe oder ein Produkt aller $\mathfrak{m}_x$ (mit $x \in X$) zu definieren, benötigt man eine Auswahlfunktion, die jedem $x \in X$ eine Menge M_x mit $\overline{\overline{M_x}} = \mathfrak{m}_x$ zuordnet. Da durch die Mächtigkeiten $\mathfrak{m}_x$ aber nur die Klassen K_x, wobei K_x aus den Mengen mit der Mächtigkeit $\mathfrak{m}_x$ besteht, gegeben sind, braucht man also im allgemeinen Fall das Auswahlaxiom. Da wir dieses für unendliche Mengen noch nicht voraussetzen wollen, können wir vorderhand die arithmetischen Operationen nur für endlich viele Mächtigkeiten definieren. X sei also eine endliche Menge.

Wir ordnen nun jedem $x \in X$ eine Menge M_x mit $\overline{\overline{M_x}} = \mathfrak{m}_x$ zu. Man kann diese M_x als paarweise disjunkte Mengen voraussetzen; denn sind sie es nicht, so ersetze man für jedes $x \in X$ die Menge M_x durch die Menge M'_x der geordneten Paare (x, a) mit $a \in M_x$. Die neuen Mengen M'_x sind paarweise disjunkt, und es ist $\overline{\overline{M'_x}} = \mathfrak{m}_x$.

Man definiert nun die *Summe* $\sum_{x \in X} \mathfrak{m}_x$ als die Mächtigkeit von $\underset{x \in X}{\mathfrak{B}} M_x$, das *Produkt* $\prod_{x \in X} \mathfrak{m}_x$ als diejenige von $\underset{x \in X}{\mathfrak{P}} M_x$. Die so definierten Mächtigkeiten sind wirklich nur von den Mächtigkeiten $\mathfrak{m}_x$, und nicht von der speziellen Wahl der Mengen M_x abhängig: denn sind N_x weitere Mengen mit $\overline{\overline{N_x}} = \mathfrak{m}_x$, so ist $N_x \sim M_x$ für $x \in X$, also ist nach (1) und (2)

$$\overline{\overline{\underset{x \in X}{\mathfrak{B}} M_x}} = \overline{\overline{\underset{x \in X}{\mathfrak{B}} N_x}} \quad \text{und} \quad \overline{\overline{\underset{x \in X}{\mathfrak{P}} M_x}} = \overline{\overline{\underset{x \in X}{\mathfrak{P}} N_x}}.$$

Wir betrachten nun nur noch Operationen mit *zwei* Mächtigkeiten; die Verallgemeinerung auf endlich viele liegt ja auf der Hand. Es seien $\mathfrak{m}$, $\mathfrak{n}$, $\mathfrak{p}$ drei Mächtigkeiten und M, N, P drei paarweise disjunkte Mengen mit $\overline{\overline{M}} = \mathfrak{m}$, $\overline{\overline{N}} = \mathfrak{n}$, $\overline{\overline{P}} = \mathfrak{p}$. Die Summe von $\mathfrak{m}$ und $\mathfrak{n}$, die man mit $\mathfrak{m} + \mathfrak{n}$ bezeichnet, ist somit $\mathfrak{m} + \mathfrak{n} = \overline{\overline{M + N}}$; das Produkt von $\mathfrak{m}$ und $\mathfrak{n}$ wird mit $\mathfrak{m} \cdot \mathfrak{n}$ bezeichnet, und es ist $\mathfrak{m} \cdot \mathfrak{n} = \overline{\overline{M \times N}} = \overline{\overline{[M, N]}}$. Nach den Gesetzen der Mengenalgebra gelten folgende Gesetze:

$\mathfrak{m} + \mathfrak{n} = \mathfrak{n} + \mathfrak{m}$ (kommutatives Gesetz der Addition),

$\mathfrak{m} \cdot \mathfrak{n} = \mathfrak{n} \cdot \mathfrak{m}$ (kommutatives Gesetz der Multiplikation),

$(\mathfrak{m} + \mathfrak{n}) + \mathfrak{p} = \mathfrak{m} + (\mathfrak{n} + \mathfrak{p})$ (assoziatives Gesetz der Addition),

$(\mathfrak{m} \cdot \mathfrak{n}) \cdot \mathfrak{p} = \mathfrak{m} \cdot (\mathfrak{n} \cdot \mathfrak{p})$ (assoziatives Gesetz der Multiplikation),

$(\mathfrak{m} + \mathfrak{n}) \cdot \mathfrak{p} = \mathfrak{m} \cdot \mathfrak{p} + \mathfrak{n} \cdot \mathfrak{p}$ (distributives Gesetz).

Die Arithmetik der Mächtigkeiten ist also grundverschieden von derjenigen der Ordnungszahlen. Es wird $\mathfrak{m} + 0 = \mathfrak{m}$, $\mathfrak{m} \cdot 0 = 0$ und $\mathfrak{m} \cdot 1 = \mathfrak{m}$ für jede Mächtigkeit $\mathfrak{m}$.

Satz. *Ist Q eine Menge mit $\overline{\overline{Q}} = \mathfrak{m} \cdot \mathfrak{n}$, so gibt es eine Menge der Mächtigkeit $\mathfrak{n}$ von paarweise disjunkten Mengen je von der Mächtigkeit $\mathfrak{m}$, deren Vereinigung Q ist.*

Beweis: Es seien M, N Mengen mit den Mächtigkeiten $\mathfrak{m}$ bzw. $\mathfrak{n}$; für $x \in N$ sei M_x die Menge aller geordneten Paare (x, m) mit $m \in M$. Nun folgt nach (7) $\overline{\overline{Q}} = \overline{\overline{\mathfrak{V}_{x \in N} M_x}}$. Da also eine eineindeutige Abbildung zwischen Q und $\mathfrak{V}_{x \in N} M_x$ existiert, wird Q in paarweise disjunkte Mengen der Mächtigkeit $\mathfrak{m}$ zerlegt.

Bemerkung: Die Umkehrung des Satzes, nämlich, daß die Mächtigkeit der Vereinigung einer Menge von der Mächtigkeit $\mathfrak{n}$ von paarweise disjunkten Mengen von je der Mächtigkeit $\mathfrak{m}$ gleich $\mathfrak{m} \cdot \mathfrak{n}$ ist, kann nur mittels des Auswahlaxioms bewiesen werden; ohne Auswahlaxiom kann diese Umkehrung nur für den Fall der Vereinigung endlich vieler Mengen bewiesen werden: Denn ist jedem Element $x \in N$ eine Menge M_x mit $\overline{\overline{M_x}} = \overline{\overline{M}} = \mathfrak{m}$ zugeordnet, wobei die M_x paarweise disjunkt sind, so kann man $\mathfrak{V}_{x \in N} M_x \sim M \times N$ nur dann beweisen, wenn man eine Auswahlfunktion hat, die jedem $x \in N$ eine Abbildung zwischen M_x und M zuordnet. Im Falle einer endlichen Folge $\{M_\xi\}_{\xi < n}$ von Mengen M_ξ mit $\overline{\overline{M_\xi}} = \mathfrak{m}_\xi = \mathfrak{m}$ (wobei $n < \omega$) existiert eine solche Auswahlfunktion, und es wird $\sum_{\xi < n} \mathfrak{m}_\xi = \mathfrak{m} \cdot n$.

Unter der *Potenz* $\mathfrak{m}^{\mathfrak{n}}$ versteht man die Mächtigkeit von M^N. Diese ist ebenfalls nicht von der speziellen Wahl der Mengen M und N abhängig. Auf Grund der Potenzgesetze (8), (9), (10) für Mengen gelten für

Funktion g existiert, die jedem $X \in S$ eindeutig ein Element $g(X) \in M - X$ zuordnet.

Beweis: a) Es existiere eine solche Funktion g. Nun sei D der Durchschnitt aller Mengen K mit den Eigenschaften

$$1.\ X \in KS \rightarrow X + \{g(X)\} \in K,$$

$$2.\ K_1 \subset K \rightarrow \underset{Y \in K_1}{\mathfrak{B}} Y \in K;$$

ferner sei $N = \underset{X \in D}{\mathfrak{B}} X$. Setzt man für zwei Elemente x und y von N $x \prec y$ dann und nur dann, wenn eine Menge $X \in D$ existiert, so daß $x \in X$, aber y non $\in X$, so kann leicht gezeigt werden, daß N durch die Beziehung $\prec$ wohlgeordnet wird, und daß N non $\in S$.

b) Existiert eine Teilmenge $N \subset M$ mit N non $\in S$, die wohlgeordnet werden kann, so erhält man eine Funktion g mit den Bedingungen von Satz 2, wenn man für $g(X)$ das erste Element von $N - X$ in dieser Wohlordnung von N setzt (für $X \in S$).

Satz 3. *Ist $\bar{\bar{S}} \leqq \bar{\bar{M}}$, so existiert eine Teilmenge $N \subset M$ mit N non $\in S$, die wohlgeordnet werden kann.*

Beweis: Nach Voraussetzung existiert eine Funktion f, die S eineindeutig auf eine Teilmenge $M' \subset M$ abbildet, so daß jedem $X \in S$ ein Bildelement $f(X) \in M'$ zugeordnet wird. Für jedes $X \in S$ sei nun X' die Menge der Elemente $x \in XM'$, für die x non $\in f^{-1}(x)$, und es sei $g(X) = f(X')$. Die Funktion g hat die Eigenschaften von Satz 2; also läßt sich Satz 2 anwenden.

Als einfache Folgerungen ergeben sich nun die beiden Sätze:

Satz 4. *Ist M eine beliebige Menge und P die Menge aller Teilmengen $X \subset M$, die wohlgeordnet werden können, so ist $\bar{\bar{M}} < \bar{\bar{P}}$.*

Beweis: Es ist $\bar{\bar{M}} \leqq \bar{\bar{P}}$, denn die mit M äquivalente Menge aller Teilmengen $X \subset M$ mit $\bar{\bar{X}} = 1$ ist eine Teilmenge von P. Wäre $\bar{\bar{P}} = \bar{\bar{M}}$, so gäbe es nach Satz 3 eine Teilmenge $N \subset M$ mit N non $\in P$, die wohlgeordnet werden kann; Widerspruch.

Satz 5. *Jede Menge hat eine kleinere Mächtigkeit als ihre Potenzmenge; d.h., für jede Mächtigkeit $\mathfrak{m}$ gilt $\mathfrak{m} < 2^{\mathfrak{m}}$.*

Beweis aus Satz 1 und 4.

Folgerung: *Zu jeder Menge gibt es also eine Menge von größerer Mächtigkeit („Satz von* CANTOR*"). Die Klasse aller Mengen und die Klasse aller Mächtigkeiten sind somit keine Mengen,* da sonst die CANTORsche Antinomie folgen würde (vgl. § 1).[1]

Der Satz von CANTOR kann noch wesentlich verschärft werden:

Satz 6. *Zu jeder Menge S von Mengen X gibt es eine Menge M mit $\bar{\bar{M}} > \bar{\bar{X}}$ für alle $X \in S$.*

---

[1] Im FINSLERschen System gilt der Satz von CANTOR nicht für alle Mengen.

Beweis: Es sei $T = \mathop{\mathfrak{S}}\limits_{X \in S} X$ und M die Potenzmenge von T. Für jedes $X \in S$ gilt nun $X \subset T$, also $\overline{\overline{X}} \leqq \overline{\overline{T}} < \overline{\overline{M}}$.

Bemerkung: Die Mächtigkeiten $\mathfrak{m}_\xi = \overline{\overline{N_\xi}}$ der Mengen N_ξ des Systems Π (§ 4) bilden eine transfinite Skala $\{\mathfrak{m}_\xi\}_{\xi \in W}$ von Mächtigkeiten, wobei $\mathfrak{m}_\alpha < \mathfrak{m}_\beta$ für $\alpha < \beta$ (denn für jede Limeszahl λ ist $N_\lambda = \mathop{\mathfrak{S}}\limits_{\xi < \lambda} N_\xi$ und $\mathfrak{m}_\lambda$ größer als alle $\mathfrak{m}_\xi$ mit $\xi < \lambda$, und für jedes ξ gilt $\mathfrak{m}_{\xi+1} = 2^{\mathfrak{m}_\xi}$).

Folgende weitere Sätze über Teilmengen der Potenzmenge einer Menge M lassen sich ohne Auswahlaxiom beweisen:

Satz 7: *Ist m ein Element von M und P die Menge aller Teilmengen $X \subset M$ mit $\overline{\overline{X}} \geqq \overline{\overline{M - \{m\}}}$, so ist $\overline{\overline{M}} < \overline{\overline{P}}$* [11].

Satz 8: *Ist P eine wohlgeordnete unendliche Menge von Teilmengen $X \subset M$ mit $\overline{\overline{X}} < \mathfrak{n}$, wobei $\mathfrak{n}$ eine Mächtigkeit mit $\mathfrak{n} < \overline{\overline{M}}$ ist, und mit $\overline{\overline{P}} = \overline{\overline{M}}$, so existiert eine Teilmenge $P' \subset P$ mit $\overline{\overline{P'}} = \overline{\overline{M}}$ und $\overline{\overline{M - \mathop{\mathfrak{S}}\limits_{X \in P'} X}} = \overline{\overline{M}}$* [4].

Satz 9: *Ist $\tilde{\mathfrak{m}}$ die Mächtigkeit der Menge aller endlichen Teilmengen einer unendlichen Menge M, so ist $(2^{\tilde{\mathfrak{m}}})^{\aleph_0} = 2^{\tilde{\mathfrak{m}}}$* [8].[1]

Daraus (mit $\mathfrak{m} = \overline{\overline{M}}$) beweist man ohne Auswahlaxiom sehr leicht die folgenden Sätze für beliebige unendliche Mächtigkeiten $\mathfrak{m}$:

$$2^{2^{\mathfrak{m}}} \cdot 2^{\tilde{\mathfrak{m}}} = 2^{2^{\mathfrak{m}}} \quad (\text{daraus } 2^{2^{\mathfrak{m}}} \cdot 2 = 2^{2^{\mathfrak{m}}} \text{ und } 2^{2^{\mathfrak{m}}} \cdot 2^{\mathfrak{m}} = 2^{2^{\mathfrak{m}}}),$$

$$2^{2^{\mathfrak{m}}} = 2^{2^{\mathfrak{m}}} \cdot \mathfrak{m}^{\aleph_0} \quad (\text{daraus } \mathfrak{m}^{\aleph_0} \leqq 2^{2^{\mathfrak{m}}} \text{ und } 2^{2^{\mathfrak{m}}} \cdot \aleph_0^{\mathfrak{m}} = 2^{2^{\mathfrak{m}}}).$$

2. Potenzmenge und Paarmenge [19].

Satz 10. *Für jede Mächtigkeit* $\mathfrak{m} \geqq 5$ *gilt* $2^{\mathfrak{m}}$ non $\leqq \mathfrak{m}^2$.

Beweis: M sei eine Menge von mindestens 5 Elementen. Annahme: Es gibt eine eineindeutige Abbildung F der Potenzmenge von M auf eine Teilmenge der Paarmenge $[M, M]$. Wir definieren eine Abbildung G, die jeder Folge N vom Typ $\lambda \geqq 5$ von verschiedenen Elementen aus M (deren Wertmenge mit N' bezeichnet werde) eindeutig ein Element $G(N) \in M - N'$ zuordnet: P sei die Potenzmenge von N'.

a) $5 \leqq \lambda < \omega$: P läßt sich eindeutig wohlordnen. Wegen $\overline{\overline{P}} > \overline{\overline{[N', N']}}$ existiert das erste Element $x \in P$ mit $F(x)$ non $\in [N', N']$; es sei $F(x)$ das Paar $(a, b) \in [M, M]$. Ist a non $\in N'$, so sei $G(N) = a$, sonst $G(N) = b$.

b) $\lambda \geqq \omega$: Die Abbildung F induziert eine eineindeutige Abbildung F_P von P auf eine Teilmenge von $[M, M]$. Wir definieren eine Abbildung H von $[N', N']$ auf eine Teilmenge von P: Es sei $x \in [N', N']$; gibt es ein $y \in P$ mit $F_P(y) = x$, so sei $H(x) = y$; sonst sei $H(x) = 0$ (Nullmenge). Nach § 23 läßt sich eine eineindeutige Abbildung K von N' auf $[N', N']$ effektiv konstruieren. Die Zusammensetzung der Abbildungen H und K liefert eine Abbildung L von N' auf einen Teil von P. — Nun sei T die

[1] Def. von $\aleph_0$ siehe § 27.

Menge der Elemente $a \in N'$ mit a non $\in L(a)$. Es ist $T \neq L(b)$ für $b \in N'$ (denn sonst führt $b \in T$ sowie b non $\in T$ auf einen Widerspruch); also ist $T \neq H(x)$ für $x \in [N', N']$; setzen wir $F_P(T) = (a, b)$, so ist also (a, b) non $\in [N', N']$, weil sonst $H(F_P(T)) = T$ wäre. Ist a non $\in N'$, so setzen wir $G(N) = a$, sonst $G(N) = b$.

Wir definieren nun für jede Ordnungszahl $\xi \geqq 5$ eine Folge N_ξ (mit Wertmenge N'_ξ) vom Typ ξ von Elementen aus M: Es sei N_5 eine durch Herausheben von 5 Elementen aus M gebildete Folge; $N_{\xi+1}$ sei die aus N_ξ durch Anhängen von $G(N_\xi)$ erhaltene Folge; ist ξ eine Limeszahl, so sei $N'_\xi = \mathfrak{V}_{\eta<\xi} N'_\eta$. Also ist $\bar{\xi} \leqq \overline{M}$ für jede Ordnungszahl ξ, im Widerspruch zum Satz von HARTOGS (§ 30).

Folgerungen: 1. $\mathfrak{m} + 1 < 2^{\mathfrak{m}}$ *für* $\mathfrak{m} \geqq 2$. — Beweis: Es ist $\mathfrak{m} + 1 \leqq \mathfrak{m}^2$ und $\mathfrak{m} + 1 \leqq 2^{\mathfrak{m}}$; wäre $\mathfrak{m} + 1 = 2^{\mathfrak{m}}$, so wäre $2^{\mathfrak{m}} \leqq \mathfrak{m}^2$, Widerspruch (für $\mathfrak{m} \geqq 5$).

2. *Ist k eine endliche Mächtigkeit und* $\mathfrak{m}$ *eine beliebige unendliche Mächtigkeit, so ist* $k \cdot \mathfrak{m} < 2^{\mathfrak{m}}$. — Beweis: Es ist $k < \mathfrak{m}$ (§ 30), also $k \cdot \mathfrak{m} \leqq \mathfrak{m}^2$, $k \cdot \mathfrak{m} \leqq 2^{\mathfrak{m}}$; aus $k \cdot \mathfrak{m} = 2^{\mathfrak{m}}$ würde $2^{\mathfrak{m}} \leqq \mathfrak{m}^2$ folgen, Widerspruch.

§ 27. Die Kardinalzahlen und die kardinalen Anfangszahlen

1. Die Kardinalzahlen und die Alephs. Ist α eine Ordnungszahl, so haben alle wohlgeordneten Mengen M mit $\overline{\overline{M}} = \alpha$ dieselbe Mächtigkeit, die wir mit $\bar{\alpha}$ bezeichnen; es ist somit $\bar{\alpha} = \overline{W(\alpha)}$. Durchläuft α alle Ordnungszahlen, so durchläuft $\bar{\alpha}$ genau die Mächtigkeiten aller wohlgeordneten Mengen, d.h. alle *Kardinalzahlen*. Es gilt: $\alpha < \beta \to \bar{\alpha} \leqq \bar{\beta}$, $\bar{\alpha} < \bar{\beta} \to \alpha < \beta$.

Für beliebige endliche Folgen $\{\alpha_\xi\}_{\xi<n}$ von Ordnungszahlen (wobei also $n < \omega$) gelten die Gesetze:

$$\overline{\sum_{\xi<n} \alpha_\xi} = \sum_{\xi<n} \overline{\alpha_\xi}, \qquad \overline{\prod_{\xi<n} \alpha_\xi} = \prod_{\xi<n} \overline{\alpha_\xi}.$$

Diese können ohne Auswahlaxiom bewiesen werden; das zweite gilt deshalb, weil $\prod_{\xi<n} \alpha_\xi$ für $n < \omega$ der Ordnungstypus der gesamten in einer bestimmten Weise wohlgeordneten Produktmenge $\mathfrak{P}_{\xi<n} W(\alpha_\xi)$ ist.[1]

---

[1] Aus dem zweiten Gesetz folgt $\overline{\alpha^m} = (\bar{\alpha})^m$ für $m < \omega$ (aber nur $\overline{\alpha^\beta} \leqq (\bar{\alpha})^{\bar{\beta}}$ für beliebige Ordnungszahlen α, β); nach § 28 ist also $\overline{\alpha^m} = \bar{\alpha}$ für $\alpha \geqq \omega$ und $m < \omega$. Es gilt aber auch $\overline{\alpha^\omega} = \bar{\alpha}$ für $\alpha \geqq \omega$; denn ist ε die kleinste ε-Zahl $> \alpha$, so ist $\varepsilon > \alpha^\omega$, d.h., die Ordnungszahlen ξ mit $\alpha < \xi \leqq \alpha^\omega$ sind keine kardinalen Anfangszahlen (vgl. weiter unten in diesem Paragraphen).

Die Kardinalzahlen bilden deshalb eine so wichtige Klasse von Mächtigkeiten, weil für sie das *Gesetz der Trichotomie* gilt und die Klasse der Kardinalzahlen der Größe nach *wohlgeordnet* ist (beides folgt unmittelbar daraus, daß es für die Ordnungszahlen gilt).

Die Kardinalzahlen $\bar{\alpha}$ mit $\alpha < \omega$, also die natürlichen Zahlen, nennt man auch *endliche Kardinalzahlen*; die Kardinalzahlen $\bar{\alpha}$ mit $\alpha \geqq \omega$ heißen *transfinite Kardinalzahlen oder Alephs*.[1] Die Klasse der Alephs läßt sich eineindeutig auf W abbilden, so daß jeder Ordnungszahl ξ ein Aleph $\aleph_\xi$ zugeordnet ist: Man setzt $\aleph_0 = \bar{\omega}$; ist $\xi > 0$ und $\{\aleph_\eta\}_{\eta<\xi}$ eine wachsende Folge von Alephs, so sei $\aleph_\xi = \bar{\beta}$, wobei β die kleinste Ordnungszahl mit $\bar{\beta} > \aleph_\eta$ für alle $\eta < \xi$ ist (diese Zahl β existiert für jedes $\xi > 0$ [2]). Es ist $\aleph_\alpha < \aleph_\beta$ für $\alpha < \beta$.

Die Kardinalzahl $\aleph_\alpha$ folgt unmittelbar auf alle $\aleph_\beta$ mit $\beta < \alpha$, speziell folgt $\aleph_{\alpha+1}$ unmittelbar auf $\aleph_\alpha$, d.h., zwischen $\aleph_\alpha$ und $\aleph_{\alpha+1}$ liegt keine weitere Mächtigkeit (d.h., es gibt keine Mächtigkeit $\mathfrak{x}$ mit $\aleph_\alpha < \mathfrak{x} < \aleph_{\alpha+1}$). Ohne Auswahlaxiom folgt aber nicht, daß $\aleph_{\alpha+1}$ die einzige auf $\aleph_\alpha$ unmittelbar folgende Mächtigkeit ist; denn es besteht ja die Möglichkeit, daß eine weitere (mit $\aleph_{\alpha+1}$ unvergleichbare) Mächtigkeit $\mathfrak{m} > \aleph_\alpha$ existieren könnte mit der Eigenschaft, daß es keine Mächtigkeit $\mathfrak{x}$ mit $\aleph_\alpha < \mathfrak{x} < \mathfrak{m}$ gibt. Dies wird erst durch das Auswahlaxiom ausgeschlossen.

Die wichtigste Eigenschaft der Alephs ist, daß für jedes Aleph $\mathfrak{m}$ gilt $\mathfrak{m} = \mathfrak{m} \cdot 2 = \mathfrak{m}^2$ (siehe § 28, Satz 1), woraus für jede endliche Kardinalzahl $k \neq 0$ folgt $\mathfrak{m} = \mathfrak{m} \cdot k = \mathfrak{m}^k$.

2. Die kardinalen Anfangszahlen und Zahlklassen. Die endlichen Ordnungszahlen, die die erste ordinale Zahlklasse bilden, werden auch zur ersten kardinalen Zahlklasse zusammengefaßt. Nach §§ 3 und 4 folgt aus $m < \omega$ und $n < \omega$ stets $\bar{m} \neq \bar{n}$; die endlichen Mächtigkeiten sind also genau die endlichen Kardinalzahlen, und wir machen keinen Unterschied in der Bezeichnungsweise der endlichen Ordnungs- und Kardinalzahlen, schreiben also $\overline{\overline{W(n)}} = \bar{n} = n$ für $n < \omega$ (oder $n < \aleph_0$).

Die transfiniten Ordnungszahlen teilt man dagegen so in Klassen (die wir *kardinale Zahlklassen* nennen) ein, indem man zwei Ordnungszahlen α und β dann und nur dann in dieselbe Klasse legt, wenn $\bar{\alpha} = \bar{\beta}$. Man bezeichnet die kleinste Ordnungszahl in der zum Aleph $\aleph_\xi$ gehörigen Klasse mit ω_ξ; jedem $\xi \in W$ ist somit ein ω_ξ zugeordnet. Wir nennen die ω_ξ die *kardinalen Anfangszahlen*. Es ist $\omega_0 = \omega$. Im Gegensatz zu

---

[1] Weil sie (wie wir sogleich sehen) mit dem ersten Buchstaben $\aleph$ (Aleph) des hebräischen Alphabets bezeichnet werden.

[2] Denn ist ξ von 1. Art, so folgt die Existenz von β aus dem Satz von HARTOGS (§ 30); ist ξ eine Limeszahl, so ist $\beta = \lim_{\eta<\xi} \omega_\eta$ (vgl. weiter unten in diesem Paragraphen).

den endlichen Ordnungszahlen gilt für die transfiniten Ordnungszahlen α stets $\overline{\alpha} = \overline{\alpha + 1}$ (wegen $\alpha = 1 + \alpha$); mit $\alpha \geqq \omega$ ist also auch $\alpha + 1$ in derselben kardinalen Zahlklasse wie α. Jede kardinale Anfangszahl ist also eine Limeszahl. Es gilt $\eta < \omega_\xi \to \overline{\eta} < \overline{\omega_\xi} = \aleph_\xi$, aber nur $\eta > \omega_\xi \to \overline{\eta} \geqq \aleph_\xi$. Die kardinale Zahlklasse der Zahlen η mit $\overline{\eta} = \aleph_\xi$ ist die Klasse der η mit $\omega_\xi \leqq \eta < \omega_{\xi+1}$; die zu $\aleph_0$ gehörige Zahlklasse heißt die *zweite*, die zu $\aleph_1$ gehörige die *dritte kardinale Zahlklasse* usw.

Satz 2. *Die kardinalen Anfangszahlen bilden eine Normalfunktion.*

Beweis: Ist λ eine Limeszahl und $\alpha < \omega_\lambda$, so ist α in einer kardinalen Zahlklasse, die einer Anfangszahl ω_η mit $\eta < \lambda$ entspricht; also ist $\alpha < \omega_{\eta+1}$. Somit ist $\omega_\lambda = \lim\limits_{\xi < \lambda} \omega_\xi$.

Satz 3. *Jede kardinale Anfangszahl ist eine ε-Zahl.*

Beweis [6]: Annahme: ω_α sei die kleinste Anfangszahl, die keine ε-Zahl ist. Da ω eine ε-Zahl ist, folgt $\alpha \geqq 1$. Ist σ die größte Ordnungszahl mit $2^\sigma \leqq \omega_\alpha$, so ist $\overline{2^\sigma} = \overline{\omega_\alpha}$, und es gibt eine Anfangszahl ω_β mit $\overline{\sigma} = \overline{\omega_\beta}$, wobei $\beta < \alpha$ (weil $\omega \leqq \sigma < \omega_\alpha$ wegen $\omega_\alpha < 2^{\omega_\alpha}$); also $2^{\omega_\beta} = \omega_\beta$. Aus $\overline{\sigma} = \overline{\omega_\beta}$ kann man leicht beweisen, daß $\overline{2^\sigma} = \overline{2^{\omega_\beta}}$ ist; also folgt $\overline{\omega_\alpha} = \overline{\omega_\beta}$, Widerspruch.

Folgerungen: 1. Die Menge der Zahlen α mit $\overline{\alpha} = \aleph_\xi$ hat den Ordnungstypus $\omega_{\xi+1}$, also die Mächtigkeit $\aleph_{\xi+1}$. — Beweis: Da die Zahlen ω_ξ nach Satz 3 auch γ-Zahlen sind, ist $-\omega_\xi + \omega_{\xi+1} = \omega_{\xi+1}$.

2. Nach § 11, Satz 4, folgt: Es gilt $\omega_\alpha = \sum\limits_{\xi < \alpha} \omega_{\xi+1}$ für jede Ordnungszahl $\alpha > 0$ (d.h. also, $\omega_\alpha = \sum\limits_{\xi < \alpha} \omega_\xi$ für jede Limeszahl α und $\omega_\alpha = \sum\limits_{\xi \leqq \alpha} \omega_\xi$ für jede Zahl α von 1. Art); ferner $\omega_\alpha = \sum\limits_{\xi < \lambda} \omega_{\alpha_\xi}$, wenn $\{\alpha_\xi\}_{\xi < \lambda}$ eine wachsende Folge vom Limeszahltyp λ mit dem Limes α ist.

Bemerkung: Die endlichen Ordnungszahlen und die kardinalen Anfangszahlen lassen sich auch unabhängig vom Begriff der Mächtigkeit einführen (indem man sie als die Ordnungszahlen μ mit der Bedingung $W(\alpha)$ non $\sim W(\mu)$ für $\alpha < \mu$ definiert) und können deshalb als die durch das *Axiom der Kardinalzahlen* (§ 3) postulierten Dinge verwendet werden (womit also dieses Axiom *im Rahmen des* Zermelo-Fraenkel*schen Systems erfüllbar* ist).

3. Die Beziehungen zwischen den ordinalen und kardinalen Anfangszahlen.

Satz 4. *Die bezüglich α normalen Ordnungszahlen* (§ 6) *sind genau die Zahlen ξ, für die es eine Menge X mit $\overline{\overline{X}} \leqq \overline{\alpha}$ von Mengen M mit $\overline{\overline{M}} < \xi$ gibt, deren Vereinigung $W(\xi)$ ist.*

Beweis: a) Annahme, es gäbe eine Ordnungszahl ξ, die bezüglich $\alpha > 0$ normal ist, wobei es aber keine Menge X mit $\overline{\overline{X}} \leqq \overline{\alpha}$ von Mengen M mit $\overline{\overline{M}} < \overline{\xi}$ gibt, deren Vereinigung $W(\xi)$ ist; ξ_0 sei die kleinste Zahl mit dieser Eigenschaft. Hat eine Zahl ξ diese Eigenschaft, so hat auch jede Zahl η mit $\overline{\eta} = \overline{\xi}$ diese Eigenschaft; also ist ξ_0 eine kardinale Anfangszahl, also eine Limeszahl. Es gibt also eine wachsende Folge $\{\eta_\nu\}_{\nu<\lambda}$ vom Limeszahltyp $\lambda \leqq \alpha$ mit dem Limes ξ_0; also ist $W(\xi_0) = \mathfrak{B}_{\nu<\lambda} W(\eta_\nu)$, Widerspruch.

b) Existiert die kleinste Zahl Λ, die nicht bezüglich α normal ist, und wäre $W(\Lambda) = \mathfrak{B}_{x\in X} M_x$, wobei $\overline{\overline{X}} \leqq \overline{\alpha}$ und $\overline{\overline{M_x}} < \overline{\Lambda}$ für alle $x \in X$, so sei $\alpha_x = \sup M_x$, also $\alpha_x < \Lambda$. Dann wäre $W(\Lambda) = \mathfrak{B}_{x\in X} W(\alpha_x)$. Da Λ regulär ist, wäre (im Fall $\alpha > 0$) $\Lambda = \alpha_x$ für ein $x \in X$, Widerspruch.

Folgerungen: 1. *Jede ordinale Anfangszahl Ω_ξ (§ 6) ist eine kardinale Anfangszahl*; denn ist ξ von 1. Art, so folgt aus Satz 4, daß Ω_ξ die kleinste Zahl ist, für die $W(\Omega_\xi) = \mathfrak{B}_{x\in X} M_x$ mit $\overline{\overline{X}} \leqq \overline{\Omega_{\xi-1}}$ und $\overline{\overline{M_x}} < \overline{\Omega_\xi}$ für alle $x \in X$ nicht gilt, woraus folgt, daß Ω_ξ eine kardinale Anfangszahl ist; also sind alle Ω_ξ mit ξ von 1. Art und somit überhaupt alle Ω_ξ kardinale Anfangszahlen.

2. Wir setzen deshalb $\Omega_\xi = \omega_{\Phi(\xi)}$, wobei dann $\Phi(\xi)$ eine ganz bestimmte Normalfunktion ist, mit den Eigenschaften: $\Phi(0) = 0$, $\alpha \leqq \Phi(\alpha) \leqq \Omega_\alpha$ für jede Ordnungszahl α; ist $\Phi(\alpha+1)$ eine Limeszahl, so ist $\Phi(\alpha+1) = \Omega_{\alpha+1}$ (das letztere folgt daraus, daß dann $\Omega_{\alpha+1} = \omega_{\Phi(\alpha+1)}$ regulär ist).

Bemerkung: Ohne Verwendung des Auswahlaxioms kann man über die Normalfunktion $\Phi(\xi)$ keine weiteren Angaben machen (denn man kann die Existenz höherer als der zweiten ordinalen Zahlklasse nicht beweisen, wohl aber diejenige aller höheren kardinalen Zahlklassen). Aus dem Auswahlaxiom folgt, daß $\Phi(\xi) = \xi$ für jede Ordnungszahl ξ. Daß man zum Beweis dieser Beziehung das Auswahlaxiom braucht, leuchtet ein; denn man müßte die Beziehung $\Phi(\xi+1) = \Phi(\xi) + 1$ beweisen, d.h., daß für alle bezüglich Ω_ξ normalen Zahlen α gilt $\overline{\alpha} \leqq \aleph_{\Phi(\xi)}$. Dazu würde man annehmen, dies gelte für alle Zahlen β mit $\Omega_\xi \leqq \beta < \alpha$, wobei α eine bestimmte bezüglich Ω_ξ normale Zahl ist, und man müßte zeigen, daß die Behauptung auch für α gilt. Nach Satz 4 ist $W(\alpha) = \mathfrak{B}_{x\in X} M_x$, wobei $\overline{\overline{X}} \leqq \aleph_{\Phi(\xi)}$ und $\overline{\overline{M_x}} < \overline{\alpha}$ (also $\overline{\overline{M_x}} \leqq \aleph_{\Phi(\xi)}$) für alle $x \in X$. Nun müßte man eine Auswahlfunktion haben, die jedem $x \in X$ eine Abbildung zwischen M_x und $W(\alpha_x)$ zuordnet, wobei α_x die kleinste Zahl α mit $\overline{\alpha} = \overline{\overline{M_x}}$ ist. Dann wäre nach § 28 $\overline{\alpha} = \sum_{x\in X} \overline{\overline{M_x}} \leqq \aleph_{\Phi(\xi)}^2 = \aleph_{\Phi(\xi)}$.

§ 28. Arithmetik der Kardinalzahlen ohne Auswahlaxiom

1. Definition unendlicher Summen und Produkte von Kardinalzahlen. Ist eine Funktion mit der Argumentmenge X gegeben, die jedem Element $x \in X$ eine Kardinalzahl $\mathfrak{m}_x$ eindeutig zuordnet, so kann man jedem $x \in X$ effektiv eine wohlgeordnete Menge A_x mit $\overline{\overline{A_x}} = \mathfrak{m}_x$ zuordnen, wobei die A_x paarweise disjunkt sind, indem man nämlich A_x als die Menge der geordneten Paare (x, ξ) mit $\xi < \alpha_x$ definiert, wobei α_x die kleinste Ordnungszahl α mit $\overline{\alpha} = \mathfrak{m}_x$ ist. Dadurch ist es möglich, auch *unendliche* Summen und Produkte von Kardinalzahlen zu definieren, ohne das Auswahlaxiom zu verwenden, indem man setzt

$$\sum_{x \in X} \mathfrak{m}_x = \overline{\overline{\mathfrak{V}_{x \in X} A_x}}, \quad \prod_{x \in X} \mathfrak{m}_x = \overline{\overline{\mathfrak{P}_{x \in X} A_x}}.$$

Bemerkungen: 1. Es treten aber folgende Schwierigkeiten auf: Hat man eine weitere Funktion mit derselben Argumentmenge X, die jedem $x \in X$ eine Menge A'_x mit $\overline{\overline{A'_x}} = \overline{\overline{A_x}}$ zuordnet, so kann man ohne Auswahlaxiom nicht beweisen, ob $\overline{\overline{\mathfrak{V}_{x \in X} A'_x}} = \sum_{x \in X} \mathfrak{m}_x$ und $\overline{\overline{\mathfrak{P}_{x \in X} A'_x}} = \prod_{x \in X} \mathfrak{m}_x$, es sei denn, daß wir eine Auswahlfunktion, die jedem $x \in X$ eine eineindeutige Abbildung Φ_x zwischen A_x und A'_x zuordnet, effektiv bilden können. Unsere Definitionen der unendlichen Summen und Produkte von Kardinalzahlen sind also von den speziellen Mengen A_x abhängig.

2. Abgesehen von speziellen Fällen kann man ohne Auswahlaxiom nicht entscheiden, ob eine solche unendliche Summe oder ein unendliches Produkt wieder eine Kardinalzahl ist.

3. Jedoch kann man ohne Auswahlaxiom beweisen, daß ein solches Produkt dann und nur dann $= 0$ ist, wenn ein Faktor $= 0$ ist (denn man hat ja zu jedem $x \in X$ eine effektive Wohlordnung von A_x).

4. Ist eine weitere Funktion mit Argumentmenge A gegeben, die jedem Element $a \in A$ eine Menge X_a zuordnet, so daß die X_a paarweise disjunkt sind und $X = \mathfrak{V}_{a \in A} X_a$ gilt, so kann man Summen von Summen, Produkte von Summen, usw., definieren, von der Form

$$\sum_{a \in A} \Big(\sum_{x \in X_a} \mathfrak{m}_x\Big), \quad \prod_{a \in A} \Big(\prod_{x \in X_a} \mathfrak{m}_x\Big), \quad \prod_{a \in A} \Big(\sum_{x \in X_a} \mathfrak{m}_x\Big), \quad \sum_{a \in A} \Big(\prod_{x \in X_a} \mathfrak{m}_x\Big),$$

obschon die Glieder unter dem äußeren Σ- oder Π-Symbol nicht notwendigerweise Kardinalzahlen sind: Im ersten Fall würde man z. B. so vorgehen: Ist $\sum_{x \in X_a} \mathfrak{m}_x$ eine Kardinalzahl $\mathfrak{m}$, so verwenden wir natürlicherweise wieder die Menge S_a aller Paare (a, ξ) mit $\xi < \alpha$, wobei α die kleinste Ordnungszahl mit $\overline{\alpha} = \mathfrak{m}$ ist. Ist $\sum_{x \in X_a} \mathfrak{m}_x$ keine Kardinalzahl, so setzen wir $S_a = \mathfrak{V}_{x \in X_a} A_x$. Sodann sei

$$\sum_{a \in A} \Big(\sum_{x \in X_a} \mathfrak{m}_x\Big) = \overline{\overline{\mathfrak{V}_{a \in A} S_a}}.$$

Analog müßte man in den andern drei Fällen verfahren.

Trotzdem ist es aber nicht möglich, ohne Auswahlaxiom die allgemeinen assoziativen und distributiven Gesetze (entsprechend den Formeln (1) bis (10) der Mengenalgebra von § 24) zu beweisen; denn will man z. B. die Gleichung

$$\sum_{x \in X} \mathfrak{m}_x = \sum_{a \in A} \Big(\sum_{x \in X_a} \mathfrak{m}_x\Big)$$

beweisen, so geht man so vor: Nach (3) ist $\mathfrak{V}_{x \in X} A_x = \mathfrak{V}_{a \in A} \Big(\mathfrak{V}_{x \in X_a} A_x\Big)$. Um zu zeigen, daß die Behauptung richtig ist, muß man zeigen, daß $\sum_{a \in A} \Big(\sum_{x \in X_a} \mathfrak{m}_x\Big) = \overline{\overline{\mathfrak{V}_{a \in A} \Big(\mathfrak{V}_{x \in X_a} A_x\Big)}}$. Dazu müßte man jedem $a \in A$ in effektiver Weise eine eineindeutige Abbildung zwischen S_s und $\mathfrak{B}_{x \in X_s} A_x$ zuordnen; in den Fällen, wo $\sum_{x \in X_s} \mathfrak{m}_x = \overline{\overline{S_s}}$ eine Kardinalzahl ist, kann man aber im allgemeinen keine solche Zuordnung definieren, obschon $S_s \sim \mathfrak{B}_{x \in X_s} A_x$.

5. Es ist jedoch leicht möglich, die beiden folgenden speziellen Gesetze zu beweisen: Ist $\mathfrak{m}_x = \mathfrak{m}$ für alle $x \in X$, so ist

$$\sum_{x \in X} \mathfrak{m}_x = \mathfrak{m} \cdot \overline{\overline{X}} \quad \text{und} \quad \prod_{x \in X} \mathfrak{m}_x = \mathfrak{m}^{\overline{\overline{X}}}.$$

Ferner gelten die kommutativen Gesetze: Ist $\{\mathfrak{m}_\xi\}_{\xi < \lambda}$ eine Folge von Kardinalzahlen und Φ eine eineindeutige Abbildung von $W(\lambda)$ auf sich selbst, die jeder Ordnungszahl $\xi < \lambda$ eine Ordnungszahl $\Phi(\xi) < \lambda$ zuordnet, so ist

$$\sum_{\xi < \lambda} \mathfrak{m}_\xi = \sum_{\xi < \lambda} \mathfrak{m}_{\Phi(\xi)} \quad \text{und} \quad \prod_{\xi < \lambda} \mathfrak{m}_\xi = \prod_{\xi < \lambda} \mathfrak{m}_{\Phi(\xi)}.$$

2. Grundlegende Alephformeln. Ohne Auswahlaxiom lassen sich folgende grundlegende Alephformeln beweisen:

Satz 1 (Hauptformel). *Für jede Ordnungszahl α ist $\aleph_\alpha^2 = \aleph_\alpha$.*

Erster Beweis: Weil $\omega_{\alpha+1}$ eine ε-Zahl ist, ist $\omega_\alpha^2 < \omega_{\alpha+1}$, also

$$\aleph_\alpha = \overline{\omega_\alpha^2} = (\overline{\omega_\alpha})^2 = \aleph_\alpha^2.$$

Zweiter Beweis: Nach § 23 gibt es eine Funktion $f(\xi, \eta)$, die die Paarmenge $[W(\omega_\alpha), W(\omega_\alpha)]$ eineindeutig auf die Menge $W(\omega_\alpha)$ abbildet, woraus Satz 1 folgt.

Als Folgerung ergibt sich ein Satz von HESSENBERG:

$$\aleph_\alpha + \aleph_\beta = \aleph_\alpha \cdot \aleph_\beta = \aleph_{\max(\alpha, \beta)},$$

der mit Hilfe von Satz 1 und des Äquivalenzsatzes (§ 25) bewiesen werden kann.

Satz 2 (BERNSTEINsche Formel).

$$\aleph_\alpha^{\aleph_\beta} = 2^{\aleph_\beta} \quad \textit{für} \quad \alpha \leqq \beta.$$

Beweis (vgl. § 29): Für $\alpha \leqq \beta$ ist $2^{\aleph_\beta} > \aleph_\beta \geqq \aleph_\alpha$, also $(2^{\aleph_\beta})^{\aleph_\beta} = 2^{\aleph_\beta} \geqq \aleph_\alpha^{\aleph_\beta} \geqq 2^{\aleph_\beta}$, woraus Satz 2 folgt.

Satz 3. *Für jede Ordnungszahl α ist $\aleph_\alpha = \sum_{\mu < \omega_\alpha} \bar{\mu}$.*

Beweis: Für $1 \leqq \mu < \omega_\alpha$ ist $1 \leqq \bar{\mu} < \aleph_\alpha$, also (vgl. § 29)

$$\aleph_\alpha = \sum_{\mu < \omega_\alpha} 1 \leqq \sum_{\mu < \omega_\alpha} \bar{\mu} \leqq \sum_{\mu < \omega_\alpha} \aleph_\alpha = \aleph_\alpha^2 = \aleph_\alpha.$$

Satz 4. *Ist $\{\alpha_\xi\}_{\xi < \lambda}$ eine wachsende Folge vom Limeszahltyp λ mit dem Limes α, so ist $\aleph_\alpha = \sum_{\xi < \lambda} \aleph_{\alpha_\xi}$; für jede Ordnungszahl $\beta > 0$ ist $\aleph_\beta = \sum_{\xi < \beta} \aleph_{\xi+1}$.*

Beweis aus $\omega_\alpha = \sum_{\xi < \lambda} \omega_{\alpha_\xi}$ und $\omega_\beta = \sum_{\xi < \beta} \omega_{\xi+1}$.

Bemerkung: Wie für die Ordnungszahlen kann man auch für die Kardinalzahlen einen *Limesbegriff* einführen: Ist $\{\mathfrak{m}_\xi\}_{\xi<\lambda}$ eine Folge von Kardinalzahlen, wobei λ eine Limeszahl ist, so schreiben wir $\mathfrak{m} = \lim\limits_{\xi<\lambda} \mathfrak{m}_\xi$, wenn es zu jeder Kardinalzahl $\mathfrak{n} < \mathfrak{m}$ eine Ordnungszahl $\mu < \lambda$ gibt, so daß $\mathfrak{n} < \mathfrak{m}_\xi \leqq \mathfrak{m}$ für alle ξ mit $\mu < \xi < \lambda$.

Ist α_ξ die kleinste Ordnungszahl α mit $\overline{\alpha} = \mathfrak{m}_\xi$, so ist $\lim\limits_{\xi<\lambda} \mathfrak{m}_\xi = \overline{\lim\limits_{\xi<\lambda} \alpha_\xi}$. Ist die Folge $\{\mathfrak{m}_\xi\}_{\xi<\lambda}$ von einer Stelle ab monoton, so existiert ihr Limes. Ist die Folge wachsend, so ist $\lim\limits_{\xi<\lambda} \mathfrak{m}_\xi = \sum\limits_{\xi<\lambda} \mathfrak{m}_\xi$.

3. Vorläufige Bemerkung über die Beths. Die Potenzen $\mathfrak{m}^\mathfrak{n}$ (vgl. § 24), wobei $\mathfrak{m}$ und $\mathfrak{n}$ Kardinalzahlen sind, sind für endliche Kardinalzahlen $\mathfrak{n}$ nicht interessant, weil dann für endliches $\mathfrak{m}$ auch $\mathfrak{m}^\mathfrak{n}$ endlich ist, während für transfinites $\mathfrak{m} = \aleph_\alpha$ nach Satz 1 $\mathfrak{m}^\mathfrak{n} = \mathfrak{m}$ für $1 \leqq \mathfrak{n} < \aleph_0$ wird; ferner ist $1^\mathfrak{n} = 1$ für jede beliebige Mächtigkeit $\mathfrak{n}$.

Wir betrachten deshalb besonders die Potenzen $\mathfrak{m}^\mathfrak{n}$ mit $\mathfrak{m} > 1$ und transfiniten Exponenten $\mathfrak{n} = \aleph_\beta$. Wir nennen diese Mächtigkeiten die *Beths*[1]; diese sind auf Grund von Satz 2 einfach die Alephpotenzen $\aleph_\alpha^{\aleph_\beta}$. Ohne Auswahlaxiom kann man nicht beweisen, ob alle Beths auch wieder Alephs sind, oder ob man bei der Bildung der Beths den Bereich der Kardinalzahlen überschreitet. Dagegen ist umgekehrt sofort einzusehen, daß nicht jedes Aleph ein Beth ist. Die Beths $\aleph_\alpha^{\aleph_\beta}$ zerfallen in zwei Klassen:

a) Einerseits haben wir die Potenzen $\aleph_\alpha^{\aleph_\beta}$ mit $\alpha > \beta$. Mit Hilfe des Auswahlaxioms läßt sich zeigen, daß dann $\aleph_\alpha^{\aleph_\beta}$ die Mächtigkeit der Menge der Teilmengen $M \subset W(\omega_\alpha)$ mit $\overline{\overline{M}} = \aleph_\beta$ ist (vgl. § 31). Über die Größe dieser Potenzen kann man ohne weitere Hilfsmittel nicht viel aussagen (vgl. § 36). Da $\aleph_\alpha^n = \aleph_\alpha$ für $1 \leqq n < \aleph_0$, so taucht die Frage auf, ob für $\alpha > 0$ auch noch $\aleph_\alpha^{\aleph_0} = \aleph_\alpha$ ist, oder ob $\aleph_\alpha^{\aleph_0} > \aleph_\alpha$ ist. Ohne Auswahlaxiom kann man nur beweisen, daß $\aleph_\lambda^{\aleph_0} > \aleph_\lambda$, wenn λ eine mit ω konfinale Limeszahl ist: Dann gibt es nämlich eine wachsende Folge $\{\lambda_n\}_{n<\omega}$ mit dem Limes λ, so daß also nach Satz 4 $\aleph_\lambda = \sum\limits_{n<\omega} \aleph_{\lambda_n}$; also ist nach § 29, Formel (5), $\aleph_\lambda < \aleph_\lambda^{\aleph_0}$.

b) Anderseits spielen auch die Potenzen $\aleph_\alpha^{\aleph_\beta}$ mit $\alpha \leqq \beta$ eine wichtige Rolle. Nach Satz 2 sind dies einfach die Potenzen der Form $2^{\aleph_\beta}$. $2^{\aleph_\beta}$ ist die Mächtigkeit der Potenzmenge von $W(\omega_\beta)$. Auch über die Größen dieser Beths können wir vorderhand nicht viel aussagen ohne weitere Hypothesen (vgl. § 36). Wir wissen nur, daß $2^{\aleph_\beta} > \aleph_\beta$; aber $2^{\aleph_\beta} \geqq \aleph_{\beta+1}$ kann ohne Auswahlaxiom nicht abgeleitet werden, denn dazu müßte

[1] Diese Bezeichnung stammt von Church [2]. Beth ist der zweite Buchstabe des hebräischen Alphabets.

man eine Teilmenge der Mächtigkeit $\aleph_{\beta+1}$ effektiv aus der Potenzmenge von $W(\omega_\beta)$ herausgreifen können (dieses Problem ist bisher nicht einmal im Fall $\beta = 0$ ohne Auswahlaxiom gelöst worden, vgl. § 37). Ohne Auswahlaxiom kann man aber beweisen, daß $2^{2^{\aleph_\beta}} > \aleph_{\beta+1}$ (vgl. § 30).

4. Über die Definition von Summen von Beths. Nun seien jedem $x \in X$ zwei Kardinalzahlen $\mathfrak{m}_x$ und $\mathfrak{n}_x$ zugeordnet, und A_x bzw. B_x seien die zugehörigen Mengen mit $\overline{\overline{A_x}} = \mathfrak{m}_x$, $\overline{\overline{B_x}} = \mathfrak{n}_x$. Nun lassen sich sogar unendliche Summen und Produkte von Beths, von der Form $\sum_{x \in X} \mathfrak{m}_x^{\mathfrak{n}_x}$ und $\prod_{x \in X} \mathfrak{m}_x^{\mathfrak{n}_x}$, definieren: Wir definieren für jedes $x \in X$ Mengen C_x so: Ist $\mathfrak{m}_x^{\mathfrak{n}_x}$ eine Kardinalzahl $\mathfrak{p}$, so sei C_x die Menge der Paare (x, η) mit $\eta < \gamma_x$, wobei γ_x die kleinste Ordnungszahl γ mit $\bar{\gamma} = \mathfrak{p}$ ist; ist $\mathfrak{m}_x^{\mathfrak{n}_x}$ keine Kardinalzahl, so sei $C_x = A_x^{B_x}$. Sodann sei

$$\sum_{x \in X} \mathfrak{m}_x^{\mathfrak{n}_x} = \overline{\overline{\mathfrak{B}_{x \in X} C_x}}, \quad \prod_{x \in X} \mathfrak{m}_x^{\mathfrak{n}_x} = \overline{\overline{\mathfrak{P}_{x \in X} C_x}}.$$

Will man aber die allgemeinen Potenzregeln ableiten (gemäß den Formeln (8), (9) und (10) von § 24), so kommt man auf Schwierigkeiten: Will man z. B. die Gleichung

$$\mathfrak{m}^{\left(\sum_{x \in X} \mathfrak{n}_x\right)} = \prod_{x \in X} \mathfrak{m}^{\mathfrak{n}_x}$$

für Kardinalzahlen $\mathfrak{m}$ beweisen, so müßte man so vorgehen: Nach Formel (8) von § 24 ist, wenn $A = W(\alpha)$, wobei α die kleinste Ordnungszahl mit $\bar{\alpha} = \mathfrak{m}$ ist, $A^{\left(\mathfrak{B}_{x \in X} B_x\right)} \sim \mathfrak{P}_{x \in X} A^{B_x}$, also $\mathfrak{m}^{\left(\sum_{x \in X} \mathfrak{n}_x\right)} = \overline{\overline{A^{\left(\mathfrak{B}_{x \in X} B_x\right)}}} = \overline{\overline{\mathfrak{P}_{x \in X} A^{B_x}}}$. Um zu beweisen, daß $\overline{\overline{\mathfrak{P}_{x \in X} A^{B_x}}} = \overline{\overline{\mathfrak{P}_{x \in X} C_x}} = \prod_{x \in X} \mathfrak{m}^{\mathfrak{n}_x}$, müßte man $\mathfrak{P}_{x \in X} A^{B_x}$ eineindeutig auf $\mathfrak{P}_{x \in X} C_x$ abbilden; das gelingt nur, wenn man eine Auswahlfunktion hat, die jedem $x \in X$ eine Abbildung zwischen A^{B_x} und C_x zuordnet. Gibt es unendlich viele $x \in X$, für die $\mathfrak{m}^{\mathfrak{n}_x}$ eine Kardinalzahl ist, so steht uns eine solche Funktion aber nicht zur Verfügung.

Wir sehen somit, daß die Kardinalzahlenarithmetik ohne Auswahlaxiom nur ein Stückwerk ist.

§ 29. Ungleichungen für unendliche Summen und Produkte von Kardinalzahlen

1. Die einfachsten Ungleichungen. Es sei eine Menge X vorgelegt, und jedem Element $x \in X$ seien zwei Kardinalzahlen $\mathfrak{m}_x$ und $\mathfrak{n}_x$ mit $\mathfrak{m}_x \leqq \mathfrak{n}_x$ zugeordnet. Es sei im folgenden immer α_x die kleinste Ordnungszahl α mit $\bar{\alpha} = \mathfrak{m}_x$, β_x die kleinste Ordnungszahl β mit $\bar{\beta} = \mathfrak{n}_x$, ferner A_x die Menge der Paare (x, ξ) mit $\xi < \alpha_x$ und B_x die Menge der Paare (x, η) mit $\eta < \beta_x$. — Dann lassen sich ohne Auswahlaxiom folgende Ungleichungen beweisen:

$$\sum_{x \in X} \mathfrak{m}_x \leqq \sum_{x \in X} \mathfrak{n}_x, \quad \prod_{x \in X} \mathfrak{m}_x \leqq \prod_{x \in X} \mathfrak{n}_x,$$

denn es gilt $A_x \subset B_x$, also $\mathop{\mathfrak{V}}_{x\in X} A_x \subset \mathop{\mathfrak{V}}_{x\in X} B_x$ und $\mathop{\mathfrak{P}}_{x\in X} A_x \subset \mathop{\mathfrak{P}}_{x\in X} B_x$. Ferner gelten folgende Ungleichungen: Ist $Y \subset X$, so ist

$$\sum_{x\in Y} \mathfrak{m}_x \leqq \sum_{x\in X} \mathfrak{m}_x; \quad \prod_{x\in Y} \mathfrak{m}_x \leqq \prod_{x\in X} \mathfrak{m}_x \quad (\text{wenn alle } \mathfrak{m}_x > 0).$$

Beweis: Die erste dieser beiden Ungleichungen folgt aus $\mathop{\mathfrak{V}}_{x\in Y} A_x \subset \mathop{\mathfrak{V}}_{x\in X} A_x$. — Sind alle $\mathfrak{m}_x > 0$, so läßt sich jede auf Y definierte Funktion f, die jedem Element $x \in Y$ ein Element $f(x) \in A_x$ zuordnet, erweitern zu einer Funktion g, die jedem Element $x \in X$ ein Element $g(x) \in A_x$ zuordnet: Man hat nur zu setzen: $g(x) = f(x)$ für $x \in Y$, $g(x) = (x, 0)$ für $x \in X - Y$. Somit ist $\mathop{\mathfrak{P}}_{x\in Y} A_x$ eineindeutig auf eine Teilmenge von $\mathop{\mathfrak{P}}_{x\in X} A_x$ abgebildet, woraus die zweite Ungleichung folgt.

2. Die Ungleichungen von Zermelo. Ferner läßt sich auf Grund der Definition der unendlichen Summen und Produkte von Kardinalzahlen folgender Satz ohne Auswahlaxiom beweisen:

Satz von Zermelo [25]: *Ist* $\mathfrak{m}_x < \mathfrak{n}_x$ *für alle* $x \in X$, *so gilt*

$$\sum_{x\in X} \mathfrak{m}_x < \prod_{x\in X} \mathfrak{n}_x.$$

Beweis: a) Ist $X \neq 0$, so ist für jedes $x \in X$ A_x ein Abschnitt von B_x. Setzen wir $R_x = B_x - A_x$, so sind alle $R_x \neq 0$ und wohlgeordnet. Es sei r_x das erste Element von R_x, ferner T_x die Menge der Funktionen f mit $f(x') = r_{x'}$ für $x' \neq x$, $f(x) \in A_x$. Dann ist $\overline{\overline{T_x}} = \mathfrak{m}_x$, und man hat eine effektive Zuordnung zwischen T_x und A_x, wenn man dem Element $a \in A_x$ die Funktion $f \in T_x$ mit $f(x) = a$ zuordnet. Also ist $\mathop{\mathfrak{V}}_{x\in X} A_x \sim \mathop{\mathfrak{V}}_{x\in X} T_x$, also $\mathop{\mathfrak{V}}_{x\in X} T_x = \sum_{x\in X} \mathfrak{m}_x$. Offensichtlich ist $\mathop{\mathfrak{V}}_{x\in X} T_x$ eine Teilmenge von $\mathop{\mathfrak{P}}_{x\in X} B_x$, also ist $\sum_{x\in X} \mathfrak{m}_x \leqq \prod_{x\in X} \mathfrak{n}_x$.

b) Annahme, es gäbe eine eineindeutige Abbildung Φ von $\mathop{\mathfrak{V}}_{x\in X} A_x$ auf $\mathop{\mathfrak{P}}_{x\in X} B_x$. Dann würde $\mathop{\mathfrak{P}}_{x\in X} B_x$ in Teilmengen P_x zerfallen, so daß $\mathop{\mathfrak{P}}_{x\in X} B_x = \mathop{\mathfrak{V}}_{x\in X} P_x$ und die P_x durch Φ eineindeutig auf die A_x abgebildet wären. $P_x \subset \mathop{\mathfrak{P}}_{x\in X} B_x$ besteht aus Funktionen f, die jedem $x \in X$ ein Element $f(x)$ zuordnen; es sei W_x die Menge der Elemente $a \in B_x$ mit $f(x) = a$ für ein $f \in P_x$. Da A_x wohlgeordnet ist, ist vermöge Φ auch P_x eindeutig wohlgeordnet. Wir teilen P_x in Klassen ein, indem wir zur selben Klasse zwei solche Funktionen $f \in P_x$ nehmen, die denselben Wert $f(x)$ für das Argument x haben. Die Menge dieser Klassen hat die Mächtigkeit von W_x; ferner bilden auch die ersten Elemente dieser Klassen eine Menge der Mächtigkeit W_x, die eine Teilmenge von P_x ist;

also ist $\overline{\overline{W_x}} \leqq \overline{\overline{P_x}} = \overline{\overline{A_x}} < \overline{\overline{B_x}}$. Da $W_x \subset B_x$, kann man $U_x = B_x - W_x$ bilden, und die U_x sind nicht-leere, paarweise disjunkte, effektiv wohlgeordnete Mengen. Ihre ersten Elemente seien u_x; diese gehören nicht zu W_x; also gehört die Funktion $f \in \mathop{\mathfrak{P}}\limits_{x \in X} B_x$ mit $f(x) = u_x$ nicht zu P_x, Widerspruch.

Bemerkung: Die Formel $\mathfrak{m} < 2^{\mathfrak{m}}$ ist ein Spezialfall dieses Satzes: Setzt man $\mathfrak{m}_x = 1$, $\mathfrak{n}_x = 2$, $\overline{\overline{X}} = \mathfrak{m}$, so wird $\sum\limits_{x \in X} \mathfrak{m}_x = \mathfrak{m} < \prod\limits_{x \in X} \mathfrak{n}_x = 2^{\mathfrak{m}}$.

Zusatz: *Ist* $\mathfrak{m}_x \leqq \mathfrak{n}_x$ *und* $\mathfrak{n}_x$ *transfinit für alle* $x \in X$, *so gilt*

$$\sum_{x \in X} \mathfrak{m}_x \leqq \prod_{x \in X} \mathfrak{n}_x.$$

Beweis: Wie vorher zeigt man, daß $\sum\limits_{x \in X} \mathfrak{m}_x \leqq \prod\limits_{x \in X} \mathfrak{n}_x$; der obige Beweis bedarf folgender Modifikationen: A_x ist entweder ein Abschnitt von B_x oder $A_x = B_x$. Im letzteren Fall ist $R_x = B_x - A_x = 0$; um dies auszuschalten, ersetzen wir B_x durch die Menge B'_x der Paare (x, η) mit $\eta \leqq \beta_x$ (statt $\eta < \beta_x$). Dann sei $R'_x = B'_x - A_x$. Dann sind alle $R'_x \neq 0$ und paarweise disjunkt; r'_x sei das erste Element von R'_x, T'_x die Menge der Funktionen f mit $f(x') = r'_{x'}$ für $x' \neq x$ und $f(x) \in A_x$. Man zeigt wie vorher, daß $\mathop{\mathfrak{B}}\limits_{x \in X} A_x \sim \mathop{\mathfrak{B}}\limits_{x \in X} T'_x \subset \mathop{\mathfrak{P}}\limits_{x \in X} B'_x$. Da man für jedes $x \in X$ eine bestimmte Abbildung von B'_x auf B_x hat, ist $\mathop{\mathfrak{P}}\limits_{x \in X} B'_x \sim \mathop{\mathfrak{P}}\limits_{x \in X} B_x$, also $\sum\limits_{x \in X} \mathfrak{m}_x \leqq \prod\limits_{x \in X} \mathfrak{n}_x$.

Bemerkung: *Ist X eine wohlgeordnete Menge, so gilt der obige Zusatz schon unter der Bedingung, daß alle* $\mathfrak{n}_x \geqq 2$ *sind:* Es sei U die Menge der $x \in X$, für die $\mathfrak{n}_x$ transfinit ist, V die Menge der x, für die $\mathfrak{n}_x$ endlich ist. Dann gilt $\sum\limits_{x \in U} \mathfrak{m}_x \leqq \prod\limits_{x \in U} \mathfrak{n}_x$; im Fall $\overline{\overline{V}} \geqq \aleph_0$ ist

$$\sum_{x \in V} \mathfrak{m}_x \leqq \aleph_0 \cdot \overline{\overline{V}} = \overline{\overline{V}} < 2^{\overline{\overline{V}}} \leqq \prod_{x \in V} \mathfrak{n}_x,$$

im Fall $\overline{\overline{V}} < \aleph_0$ ist ebenso $\sum\limits_{x \in V} \mathfrak{m}_x \leqq \prod\limits_{x \in V} \mathfrak{n}_x$; also wird

$$\sum_{x \in X} \mathfrak{m}_x = \sum_{x \in U} \mathfrak{m}_x + \sum_{x \in V} \mathfrak{m}_x \leqq \prod_{x \in U} \mathfrak{n}_x + \prod_{x \in V} \mathfrak{n}_x.$$

Im Fall $U \neq 0$ und $V \neq 0$ wird dies $\leqq \prod\limits_{x \in U} \mathfrak{n}_x \cdot \prod\limits_{x \in V} \mathfrak{n}_x = \prod\limits_{x \in X} \mathfrak{n}_x$.

3. Anwendungen: Die Sätze von König und damit verwandte Sätze. Es sei nun eine Folge $\{\mathfrak{m}_\xi\}_{\xi < \lambda}$ vcn beliebigem Typ λ von Kardinalzahlen $\mathfrak{m}_\xi$ vorgelegt. Dann gilt:

(1) $\sum\limits_{\xi < \lambda} \mathfrak{m}_\xi < \prod\limits_{\xi < \lambda} \mathfrak{n}_\xi$, *wenn* $\mathfrak{m}_\xi < \mathfrak{n}_\xi$ *für alle* $\xi < \lambda$.

(2) $\sum\limits_{\xi < \lambda} \mathfrak{m}_\xi \leqq \prod\limits_{\xi < \lambda} \mathfrak{n}_\xi$, *wenn* $\mathfrak{m}_\xi \leqq \mathfrak{n}_\xi$ *und* $\mathfrak{n}_\xi \geqq 2$ *für alle* $\xi < \lambda$.

Aus (1) folgt für $\lambda = 2$: $\mathfrak{m}_0 + \mathfrak{m}_1 < \mathfrak{n}_0 \cdot \mathfrak{n}_1$ für $\mathfrak{m}_0 < \mathfrak{n}_0$ und $\mathfrak{m}_1 < \mathfrak{n}_1$.

Aus (1) und (2) folgen die nach JOURDAIN benannten Sätze [15]: Aus (1) folgt

(3) *Ist* $\{\mathfrak{m}_\xi\}_{\xi<\lambda}$ *eine wachsende Folge vom Limeszahltyp* λ *von Kardinalzahlen* $\mathfrak{m}_\xi$, *so ist* $\sum\limits_{\xi<\lambda} \mathfrak{m}_\xi < \prod\limits_{\xi<\lambda} \mathfrak{m}_\xi$.

Beweis: Setzt man $\mathfrak{n}_\xi = \mathfrak{m}_{\xi+1}$, so folgt $\mathfrak{m}_\xi < \mathfrak{n}_\xi$, also nach (1)

$$\sum_{\xi<\lambda} \mathfrak{m}_\xi < \prod_{\xi<\lambda} \mathfrak{n}_\xi \leqq \prod_{\xi<\lambda} \mathfrak{m}_\xi .$$

Aus (2) folgt unmittelbar:

(4) *Ist* $\{\mathfrak{m}_\xi\}_{\xi<\lambda}$ *eine beliebige Folge von beliebigem Typ* λ *von Kardinalzahlen* $\mathfrak{m}_\xi \geqq 2$, *so ist* $\sum\limits_{\xi<\lambda} \mathfrak{m}_\xi \leqq \prod\limits_{\xi<\lambda} \mathfrak{m}_\xi$.

Ist speziell $\lambda = 2$, so folgt Satz 3 von § 25.

Aus (3) folgt:

(5) *Ist* $\{\mathfrak{m}_\xi\}_{\xi<\lambda}$ *eine wachsende Folge vom Limeszahltyp* λ *von Kardinalzahlen, so ist* $\sum\limits_{\xi<\lambda} \mathfrak{m}_\xi < \Big(\sum\limits_{\xi<\lambda} \mathfrak{m}_\xi\Big)^{\bar{\lambda}}$.

Beweis: Wegen $\mathfrak{m}_\xi \leqq \sum\limits_{\xi<\lambda} \mathfrak{m}_\xi$ für $\xi < \lambda$ ist $\prod\limits_{\xi<\lambda} \mathfrak{m}_\xi \leqq \Big(\sum\limits_{\xi<\lambda} \mathfrak{m}_\xi\Big)^{\bar{\lambda}}$, also $\sum\limits_{\xi<\lambda} \mathfrak{m}_\xi < \prod\limits_{\xi<\lambda} \mathfrak{m}_\xi \leqq \Big(\sum\limits_{\xi<\lambda} \mathfrak{m}_\xi\Big)^{\bar{\lambda}}$.

Aus (4) folgt:

(6) *Ist* $\{\mathfrak{m}_\xi\}_{\xi<\lambda}$ *eine beliebige Folge von beliebigem Typ* λ *von Kardinalzahlen* $\mathfrak{m}_\xi \geqq 2$, *so ist* $\Big(\sum\limits_{\xi<\lambda} \mathfrak{m}_\xi\Big)^{\bar{\lambda}} = \Big(\prod\limits_{\xi<\lambda} \mathfrak{m}_\xi\Big)^{\bar{\lambda}}$.

Beweis: Wie oben zeigt man, daß $\sum\limits_{\xi<\lambda} \mathfrak{m}_\xi \leqq \prod\limits_{\xi<\lambda} \mathfrak{m}_\xi \leqq \Big(\sum\limits_{\xi<\lambda} \mathfrak{m}_\xi\Big)^{\bar{\lambda}}$, also $\Big(\sum\limits_{\xi<\lambda} \mathfrak{m}_\xi\Big)^{\bar{\lambda}} \leqq \Big(\prod\limits_{\xi<\lambda} \mathfrak{m}_\xi\Big)^{\bar{\lambda}} \leqq \Big(\sum\limits_{\xi<\lambda} \mathfrak{m}_\lambda\Big)^{\bar{\lambda}\cdot\bar{\lambda}} = \Big(\sum\limits_{\xi<\lambda} \mathfrak{m}_\xi\Big)^{\bar{\lambda}}$, woraus (6) folgt. —

Setzt man in (1) bis (6) $\lambda = \omega$, so erhält man die nach KÖNIG benannten Sätze [10].

§ 30. Beziehungen zwischen Kardinalzahlen und Mächtigkeiten[1]

1. Allgemeine Beziehungen.

Satz 1. *Ist* $\mathfrak{m}$ *eine beliebige Mächtigkeit, und gibt es eine Kardinalzahl* $\mathfrak{n}$ *mit* $\mathfrak{m} \leqq \mathfrak{n}$, *so ist auch* $\mathfrak{m}$ *eine Kardinalzahl.*

Beweis: Nach Voraussetzung ist $\mathfrak{m}$ die Mächtigkeit einer Teilmenge von $W(\alpha)$, wobei $\bar{\alpha} = \mathfrak{n}$; also ist (nach § 3) $\mathfrak{m}$ die Mächtigkeit eines Abschnitts von $W(\alpha)$ oder von ganz $W(\alpha)$, also $\mathfrak{m} = \bar{\beta}$ für ein $\beta \leqq \alpha$.

Satz 1′ (vgl. § 25, Def. 2): *Ist* $\mathfrak{m}$ *eine beliebige Mächtigkeit, und gibt es eine Kardinalzahl* $\mathfrak{n}$ *mit* $\mathfrak{m} \leqq * \,\mathfrak{n}$, *so ist* $\mathfrak{m} \leqq \mathfrak{n}$, *also* $\mathfrak{m}$ *eine Kardinalzahl.*

Beweis: Nach Voraussetzung gibt es eine wohlgeordnete Menge N mit $\bar{N} = \mathfrak{n}$; es sei $\bar{M} = \mathfrak{m}$. Also gibt es eine Funktion mit Argument-

[1] Vgl. auch Satz 1 von § 35.

menge N und Wertmenge M. Wir ordnen jedem Element von M sein Urbild zu, das in der Wohlordnung von N als erstes auftritt. Somit ist M einer Teilmenge von N äquivalent.

Satz 1'': *Ist* $\mathfrak{m}$ *oder* $\mathfrak{n}$ *eine Kardinalzahl, so folgt aus* $\mathfrak{m} + \mathfrak{n} = \mathfrak{m} \cdot \mathfrak{n}$, *daß* $\mathfrak{m}$ *und* $\mathfrak{n}$ *vergleichbar sind* (zum Beweis vgl. § 25, Satz 2).

Satz 2: *Ist* $\mathfrak{a}$ *ein Aleph und* $\mathfrak{m}$ *eine beliebige Mächtigkeit mit* $\mathfrak{a} \leqq \mathfrak{m}$, *so ist* $\mathfrak{a} + \mathfrak{m} = \mathfrak{m}$.

Beweis: Da eine Mächtigkeit $\mathfrak{x}$ mit $\mathfrak{a} + \mathfrak{x} = \mathfrak{m}$ existiert, ist

$$\mathfrak{m} = \mathfrak{a} + \mathfrak{x} = \mathfrak{a} + \mathfrak{a} + \mathfrak{x} = \mathfrak{a} + \mathfrak{m}.$$

Satz 3: *Ist* $\mathfrak{a}$ *ein Aleph, und sind* $\mathfrak{m}$ *und* $\mathfrak{n}$ *beliebige Mächtigkeiten, so gilt:* $\mathfrak{a} \leqq \mathfrak{m} \cdot \mathfrak{n} \rightarrow$ *entweder* $\mathfrak{a} \leqq \mathfrak{m}$ *oder* $\mathfrak{a} \leqq \mathfrak{n}$.

Beweis: Es gibt eine Ordnungszahl α mit $\mathfrak{a} = \overline{\alpha}$. M sei eine Menge mit $\overline{\overline{M}} = \mathfrak{m}$, N eine Menge mit $\overline{\overline{N}} = \mathfrak{n}$. Nach der Voraussetzung $\mathfrak{a} \leqq \mathfrak{m} \cdot \mathfrak{n}$ gibt es eine Teilmenge $A \subset [M, N]$ mit $\overline{\overline{A}} = \overline{\alpha}$; wir können deshalb die Paare von A mit (m_ξ, n_ξ) bezeichnen (wobei $\xi < \alpha$). Es sei M' die Menge der Elemente m_ξ mit $\xi < \alpha$, N' die Menge der Elemente n_ξ mit $\xi < \alpha$; also sind $\mathfrak{m}' = \overline{\overline{M'}}$ und $\mathfrak{n}' = \overline{\overline{N'}}$ Kardinalzahlen mit $\mathfrak{m}' \leqq \mathfrak{m}$, $\mathfrak{n}' \leqq \mathfrak{n}$. Wegen $A \subset [M', N']$ ist $\overline{\alpha} \leqq \mathfrak{m}' \cdot \mathfrak{n}'$, also ist entweder $\mathfrak{m}'$ oder $\mathfrak{n}'$ ein Aleph, also entweder $\mathfrak{m}' \cdot \mathfrak{n}' = \mathfrak{m}'$ oder $\mathfrak{m}' \cdot \mathfrak{n}' = \mathfrak{n}'$, somit entweder $\mathfrak{a} \leqq \mathfrak{m}$ oder $\mathfrak{a} \leqq \mathfrak{n}$.

Folgerung: *Ist* $\mathfrak{a}$ *ein Aleph, und sind* $\mathfrak{m}$ *und* $\mathfrak{n}$ *beliebige Mächtigkeiten, so gilt:* $\mathfrak{a} \leqq \mathfrak{m} + \mathfrak{n} \rightarrow$ *entweder* $\mathfrak{a} \leqq \mathfrak{m}$ *oder* $\mathfrak{a} \leqq \mathfrak{n}$. — Beweis aus Satz 3 von § 25 und dem obigen Satz 3.

Satz 3': *Ist* $\mathfrak{a}$ *ein Aleph, und sind* $\mathfrak{m}, \mathfrak{n}, \mathfrak{p}$ *beliebige Mächtigkeiten mit* $\mathfrak{a} \cdot \mathfrak{p} \leqq \mathfrak{m} + \mathfrak{n}$, *so gilt entweder* $\mathfrak{a} \leqq \mathfrak{m}$ *oder* $\mathfrak{p} \leqq \mathfrak{n}$ *(und entweder* $\mathfrak{a} \leqq \mathfrak{n}$ *oder* $\mathfrak{p} \leqq \mathfrak{m}$*)*.

Beweis: Es seien A, M, N, P zueinander disjunkte Mengen mit $\overline{\overline{A}} = \mathfrak{a}$, $\overline{\overline{M}} = \mathfrak{m}$, $\overline{\overline{N}} = \mathfrak{n}$ und $\overline{\overline{P}} = \mathfrak{p}$. Aus der Voraussetzung $\mathfrak{a} \cdot \mathfrak{p} \leqq \mathfrak{m} + \mathfrak{n}$ folgt die Existenz einer eineindeutigen Abbildung Φ von $[A, P]$ auf eine Teilmenge von $M + N$. Gibt es ein Element $p \in P$, so daß allen Paaren (a, p) mit $a \in A$ vermöge Φ lauter Elemente von M entsprechen, so ist $\mathfrak{a} \leqq \mathfrak{m}$. — Gibt es kein solches Element $p \in P$, so gibt es zu jedem $p \in P$ ein Element $a \in A$, so daß dem Paar (a, p) durch Φ ein Element von N zugeordnet ist; weil A eine wohlgeordnete Menge ist, gibt es in der Wohlordnung von A ein erstes Element a_p mit dieser Eigenschaft; somit entspricht jedem $p \in P$ genau ein Paar (a_p, p), dem durch Φ ein Element von N zugeordnet ist, woraus $\mathfrak{p} \leqq \mathfrak{n}$ folgt.

2. Die Hartogssche Funktion $\aleph(\mathfrak{m})$.

Satz 4 (von Hartogs). *Zu jeder Mächtigkeit* $\mathfrak{m}$ *gibt es eine Kardinalzahl* $\mathfrak{x}$ *mit* $\mathfrak{x}$ non $\leqq \mathfrak{m}$ *(oder: zu jeder Menge* M *gibt es eine wohlgeordnete Menge* E*, die mit keiner Teilmenge von* M *äquivalent ist)*.

Beweis: Es sei M eine unendliche Menge mit $\overline{\overline{M}} = \mathfrak{m}$, E die Klasse aller Ordnungszahlen α mit $\overline{\alpha} \leqq \mathfrak{m}$. Wir verstehen unter der Abschnittsmenge einer wohlgeordneten Menge die Menge aller ihrer Abschnitte. Es sei Q die Menge derjenigen Teilmengen der Potenzmenge von M, die Abschnittsmengen von bestimmten Wohlordnungen solcher Teilmengen von M sind, die wohlgeordnet werden können; also ist $\overline{\overline{Q}} \leqq 2^{2^{\mathfrak{m}}}$. Jedem Element von Q ist eindeutig eine Ordnungszahl $\alpha \in E$ zugeordnet, wobei alle $\alpha \in E$ Bilder sind. Somit ist E eine Menge. Also existiert die kleinste Ordnungszahl λ mit $\lambda \operatorname{non} \in E$, und es ist $E = W(\lambda)$. Wäre $\overline{\overline{E}} \leqq \mathfrak{m}$, so wäre $\overline{\lambda} \leqq \mathfrak{m}$, also $\lambda \in E$, Widerspruch. Also gilt $\overline{\overline{E}} \operatorname{non} \leqq \mathfrak{m}$. $\overline{\overline{E}}$ ist die kleinste Kardinalzahl mit dieser Eigenschaft. Ferner gilt:

$$\overline{\overline{E}} \leqq * \overline{\overline{Q}}, \quad \text{also} \quad \overline{\overline{E}} \leqq * 2^{2^{\mathfrak{m}}}, \quad \text{und} \quad \overline{\overline{E}} < 2^{\overline{\overline{E}}} \leqq 2^{2^{2^{\mathfrak{m}}}}.$$

Def. 1. Ist $\mathfrak{m}$ eine beliebige Mächtigkeit, so bezeichnet man die kleinste Kardinalzahl, die nicht $\leqq \mathfrak{m}$ ist, mit $\aleph(\mathfrak{m})$. Die Funktion $\aleph(\mathfrak{m})$ heißt die Hartogs*sche Funktion* [5]. Nach dem Obigen ist $\aleph(\mathfrak{m})$ die Mächtigkeit der Menge aller Ordnungszahlen α mit $\overline{\alpha} \leqq \mathfrak{m}$.

Satz 5. *Zu jeder Mächtigkeit* $\mathfrak{m}$ *gibt es eine eindeutig bestimmte Kardinalzahl, die weder größer noch kleiner als* $\mathfrak{m}$ *ist* (sie ist $\leqq \aleph(\mathfrak{m})$).

Beweis: Nach Satz 4 gibt es Kardinalzahlen $\mathfrak{x}$ mit $\mathfrak{x} \operatorname{non} \leqq \mathfrak{m}$, also gibt es Kardinalzahlen $\mathfrak{x}$ mit $\mathfrak{x} \operatorname{non} < \mathfrak{m}$. Unter diesen ist die kleinste nicht $> \mathfrak{m}$, denn sonst wäre $\mathfrak{m}$ eine Kardinalzahl, die noch kleiner wäre und nicht $> \mathfrak{m}$ wäre.

Eigenschaften der Hartogs*schen Funktion*[1]*:*

1. Für $\mathfrak{m} \leqq \mathfrak{n}$ ist $\aleph(\mathfrak{m}) \leqq \aleph(\mathfrak{n})$. Für endliche Mächtigkeiten $\mathfrak{m}$ ist $\aleph(\mathfrak{m}) = \mathfrak{m} \dotplus 1$; für unendliche Mächtigkeiten $\mathfrak{m}$ ist $\aleph(\mathfrak{m})$ ein Aleph, speziell ist $\aleph(\aleph_\alpha) = \aleph_{\alpha+1}$.

2. *Für beliebige unendliche Mächtigkeiten* $\mathfrak{m}$ *und* $\mathfrak{n}$ *gilt*

$$\aleph(\mathfrak{m} + \mathfrak{n}) = \aleph(\mathfrak{m} \cdot \mathfrak{n}) = \aleph(\mathfrak{m}) + \aleph(\mathfrak{n}) = \aleph(\mathfrak{m}) \cdot \aleph(\mathfrak{n}).$$

Beweis: Es sei $\aleph(\mathfrak{m}) \geqq \aleph(\mathfrak{n})$. Nach Satz 3 gilt für jede Ordnungszahl α

$$\overline{\alpha} \leqq \mathfrak{m} \cdot \mathfrak{n} \rightarrow \text{ entweder } \overline{\alpha} \leqq \mathfrak{m} \text{ oder } \overline{\alpha} \leqq \mathfrak{n};$$

also folgt $\overline{\alpha} \leqq \mathfrak{m} \cdot \mathfrak{n} \rightarrow \overline{\alpha} \leqq \mathfrak{m}$; deshalb ist die Menge der Ordnungszahlen α mit $\overline{\alpha} = \mathfrak{m} \cdot \mathfrak{n}$ gleich der Menge der Ordnungszahlen α mit $\overline{\alpha} \leqq \mathfrak{m}$, also ist $\aleph(\mathfrak{m} \cdot \mathfrak{n}) = \aleph(\mathfrak{m})$; also wird wegen $\mathfrak{m} \leqq \mathfrak{m} + \mathfrak{n} \leqq \mathfrak{m} \cdot \mathfrak{n}$ (§ 25, Satz 3)

$$\aleph(\mathfrak{m}) \leqq \aleph(\mathfrak{m} + \mathfrak{n}) \leqq \aleph(\mathfrak{m} \cdot \mathfrak{n}) = \aleph(\mathfrak{m}),$$

und zusammen mit Satz 1 von § 28 ergibt sich auch der Rest der Behauptung.

---

[1] Vgl. auch [13].

Folgerung: *Für jede unendliche Mächtigkeit* $\mathfrak{m}$ *ist* $\aleph(\mathfrak{m}^2) = \aleph(\mathfrak{m})$.

3. *Für jede Mächtigkeit* $\mathfrak{m}$ *ist* $\mathfrak{m} < \mathfrak{m} + \aleph(\mathfrak{m})$; *ist* $\mathfrak{m}$ *transfinit* (siehe weiter unten), *so gibt es keine Mächtigkeit* $\mathfrak{x}$ *mit* $\mathfrak{m} < \mathfrak{x} < \mathfrak{m} + \aleph(\mathfrak{m})$.

Beweis: Es ist $\mathfrak{m} \leqq \mathfrak{m} + \aleph(\mathfrak{m})$; wäre $\mathfrak{m} = \mathfrak{m} + \aleph(\mathfrak{m})$, so wäre $\aleph(\mathfrak{m}) \leqq \mathfrak{m}$, Widerspruch; also ist $\mathfrak{m} < \mathfrak{m} + \aleph(\mathfrak{m})$. — Ist $\mathfrak{m}$ transfinit, und gäbe es eine Mächtigkeit $\mathfrak{x}$ mit $\mathfrak{m} < \mathfrak{x} < \mathfrak{m} + \aleph(\mathfrak{m})$, so gäbe es Mächtigkeiten $\mathfrak{n}$, $\mathfrak{p}$, $\mathfrak{q}$ mit $\mathfrak{m} + \mathfrak{n} = \mathfrak{x}$, $\mathfrak{p} + \mathfrak{q} = \mathfrak{x}$, $\mathfrak{p} \leqq \mathfrak{m}$, $\mathfrak{q} \leqq \aleph(\mathfrak{m})$. Im Fall $\mathfrak{q} = \aleph(\mathfrak{m})$ wäre $\aleph(\mathfrak{m}) \leqq \mathfrak{m} + \mathfrak{n}$. Nach der Folgerung von Satz 3 wäre also entweder $\aleph(\mathfrak{m}) \leqq \mathfrak{m}$ oder $\aleph(\mathfrak{m}) \leqq \mathfrak{n}$, wovon das erstere unmöglich ist, also wäre $\aleph(\mathfrak{m}) \leqq \mathfrak{n}$, also $\mathfrak{m} + \aleph(\mathfrak{m}) \leqq \mathfrak{m} + \mathfrak{n} = \mathfrak{x}$, im Widerspruch zur Voraussetzung $\mathfrak{x} < \mathfrak{m} + \aleph(\mathfrak{m})$. Also könnte nur $\mathfrak{q} < \aleph(\mathfrak{m})$ sein, also wäre $\mathfrak{q}$ eine Kardinalzahl mit $\mathfrak{q} \leqq \mathfrak{m}$, also $\mathfrak{m} + \mathfrak{q} = \mathfrak{m}$ (Satz 2), also

$$\mathfrak{x} = \mathfrak{p} + \mathfrak{q} \leqq \mathfrak{m} + \mathfrak{q} = \mathfrak{m},$$

im Widerspruch zur Voraussetzung $\mathfrak{x} > \mathfrak{m}$.

4. $2^{\aleph(\mathfrak{m})} \leqq 2^{2^{2^{\mathfrak{m}}}}$, $\aleph(\mathfrak{m}) < 2^{2^{2^{\mathfrak{m}}}}$.

Dies folgt aus dem Beweis von Satz 4 und wegen $\overline{\overline{E}} = \aleph(\mathfrak{m})$.

5. $2^{\aleph(\mathfrak{m})} \leqq 2^{2^{\mathfrak{m}^2}}$, $\aleph(\mathfrak{m}) < 2^{2^{\mathfrak{m}^2}}$.

Beweis: Vgl. den Beweis von Satz 4. Q' sei die Teilmenge derjenigen Elemente der Potenzmenge der Paarmenge $[M, M]$, die Teilmengen von M wohlordnen; also $\overline{\overline{Q'}} \leqq 2^{\mathfrak{m}^2}$. Jedem Element von Q' ist eindeutig eine Ordnungszahl $< \lambda$ zugeordnet, wobei alle Ordnungszahlen $< \lambda$ Bilder sind. Also ist $\aleph(\mathfrak{m}) \leqq * \, 2^{\mathfrak{m}^2}$, also $\aleph(\mathfrak{m}) < 2^{\aleph(\mathfrak{m})} \leqq 2^{2^{\mathfrak{m}^2}}$.

6. Folgerung: Setzt man $\mathfrak{m} = \aleph_\alpha$, so folgt: $\aleph_{\alpha+1} \leqq * \, 2^{\aleph_\alpha}$ *für jede Ordnungszahl* α.

7. *Für jede Ordnungszahl* α *ist* $\aleph_{\alpha+1} < 2^{2^{\aleph_\alpha}}$.

Beweis: Es ist $\aleph(\aleph_\alpha) = \aleph_{\alpha+1} < 2^{2^{\aleph_\alpha^2}} = 2^{2^{\aleph_\alpha}}$ nach 5.

3. Unendliche und transfinite Mächtigkeiten.

Nach § 3 heißt eine Menge eine *endliche Menge*, und ihre Mächtigkeit eine *endliche Mächtigkeit*, wenn sie einer Menge $W(n)$ mit $n < \omega$ äquivalent ist; eine Menge (Mächtigkeit), die nicht endlich ist, heißt *unendlich*; ferner ist eine endliche Menge nie einer ihrer echten Teilmengen äquivalent. Daß die Umkehrung des letzteren Satzes nicht gilt, wenn wir das Auswahlaxiom noch nicht verwenden, zeigen die folgenden Sätze.

Satz 6. *Jede unendliche Mächtigkeit ist größer als jede endliche Mächtigkeit.*

Beweis: M sei eine unendliche Menge mit $\overline{\overline{M}} = \mathfrak{m}$, $a_0 \in M$. Dann ist $M - \{a_0\} \neq 0$, weil sonst M endlich wäre; also existiert ein Element $a_1 \in M - \{a_0\}$ usw. Ohne Verwendung des Auswahlaxioms folgt somit für jede beliebige endliche Zahl k die Existenz einer mit $W(k)$ äquivalenten Teilmenge von M, also $k \leqq \mathfrak{m}$. Wäre $k = \mathfrak{m}$, so wäre $\mathfrak{m}$ endlich; also ist $k < \mathfrak{m}$.

Def. 2. Eine Menge M (und ihre Mächtigkeit $\overline{\overline{M}}$) heißt *abzählbar*, wenn $\overline{\overline{M}} = \aleph_0$. Eine Menge heißt *höchstens abzählbar*, wenn sie endlich oder abzählbar ist ($\overline{\overline{M}} \leqq \aleph_0$).

Somit kann jede höchstens abzählbare Menge wohlgeordnet werden. Gilt für eine Mächtigkeit $\mathfrak{m}$ $\mathfrak{m} < \aleph_0$, so ist $\mathfrak{m}$ endlich; $\aleph_0$ ist also eine „kleinste unendliche Mächtigkeit".

Def. 3. Eine Menge M heißt eine *transfinite* Menge, und ihre Mächtigkeit $\overline{\overline{M}}$ eine transfinite Mächtigkeit[1], wenn $\overline{\overline{M}} \geqq \aleph_0$ (d.h. also, wenn eine abzählbare Teilmenge von M existiert). M und $\overline{\overline{M}}$ heißen *überabzählbar*, wenn $\overline{\overline{M}} > \aleph_0$.

Jede abzählbare oder überabzählbare Mächtigkeit ist somit transfinit, jede transfinite Mächtigkeit ist unendlich.

Satz 7. *Eine Menge ist dann und nur dann transfinit, wenn sie einer echten Teilmenge äquivalent ist.*

Beweis: a) Ist M eine transfinite Menge, so enthält sie eine abzählbare Teilmenge $A \subset M$, die also die Wertmenge einer Folge $\{a_n\}_{n<\omega}$ ist. Es sei $M' = M - \{a_0\}$. M' ist eine echte Teilmenge von M mit $M' \sim M$ (um letzteres zu zeigen, setzen wir $\Phi(a_n) = a_{n+1}$ für $n < \omega$ und $\Phi(m) = m$ für $m \in M - A$; die Funktion Φ bildet M und M' eineindeutig aufeinander ab).

b) M sei einer echten Teilmenge $M' \subset M$ äquivalent. Also kann nach § 3 M keine endliche Menge sein. Wegen $M' \sim M$ existiert eine eineindeutige Abbildung Φ, die jedem Element $a \in M$ ein Element $\Phi(a) \in M'$ zuordnet. Es sei $a_0 \in M - M'$. Wir definieren eine Folge $\{a_n\}_{n<\omega}$ von Elementen aus M, indem wir $a_{n+1} = \Phi(a_n)$ für $n < \omega$ setzen. Alle a_n sind verschieden; denn wäre a_q das erste Element mit $a_p = a_q$ für ein $p < q$ (wobei $q > 0$), so wäre $a_q = \Phi(a_{q-1})$, also $a_q \in M'$, also $a_q \neq a_0$, also $a_p \neq a_0$, also $p > 0$, also $a_p = \Phi(a_{p-1}) = \Phi(a_{q-1})$, also $a_{p-1} = a_{q-1}$, was der Annahme widerspricht. Somit existiert eine abzählbare Teilmenge von M.

Als Folgerung ergibt sich:

Satz 8. *Eine Mächtigkeit* $\mathfrak{m}$ *ist dann und nur dann transfinit, wenn* $\mathfrak{m} + 1 = \mathfrak{m}$ *(oder* $\mathfrak{m} + k = \mathfrak{m}$ *für irgend eine endliche Mächtigkeit* k*).*

Über die Beziehung zwischen „unendlich" und „transfinit" kann ohne Auswahlaxiom bewiesen werden:

Satz 9. *Folgende drei Bedingungen sind äquivalent:*

(1) $\mathfrak{m}$ *ist eine unendliche Mächtigkeit.*

(2) $2^{2^{\mathfrak{m}}}$ *ist transfinit.*

[1] Oder „reflexive" Mächtigkeit nach WHITEHEAD-RUSSELL [24].

(3) *Jede Menge der Mächtigkeit* $2^{\mathfrak{m}}$ *ist in eine abzählbare Menge von nicht-leeren, paarweise disjunkten Teilmengen zerlegbar.*

Beweis: Aus (2) oder aus (3) folgt, daß $\mathfrak{m}$ unendlich ist. Ist M eine unendliche Menge mit $\overline{\overline{M}} = \mathfrak{m}$, so gibt es nach Satz 6 für jedes $n < \omega$ eine Teilmenge $X \subset M$ mit $\overline{\overline{X}} = n$. Es sei S_n die Menge aller Teilmengen $X \subset M$ mit $\overline{\overline{X}} = n$. Ist S die Menge aller S_n mit $n < \omega$, so ist $\overline{\overline{S}} = \aleph_0 \leqq 2^{2^{\mathfrak{m}}}$, also $2^{2^{\mathfrak{m}}}$ transfinit. Setzt man $S_0' = P - \mathfrak{B}_{n<\omega} S_n$, wobei P die Potenzmenge von M ist, so ist $P = S_0' + \mathfrak{B}_{n<\omega} S_n$ eine Zerlegung von P in abzählbar viele nicht-leere, paarweise disjunkte Teilmengen.

Bemerkung: Dedekind [3] definierte die unendlichen Mengen als solche, die einer ihrer echten Teilmengen äquivalent sind. Ohne Auswahlaxiom kann man aber nicht auf Äquivalenz der Begriffe „unendliche Menge" (in unserem Sinne) und „transfinite Menge" (oder unendliche Menge im Dedekindschen Sinne) schließen; ist $\mathfrak{m}$ eine unendliche Mächtigkeit, so folgt nicht, daß $\mathfrak{m}$ transfinit ist, ja nicht einmal, daß $2^{\mathfrak{m}}$ transfinit ist (wohl aber, daß $2^{2^{\mathfrak{m}}}$ transfinit ist, vgl. Satz 9).

4. Die Differenz zweier Mächtigkeiten [17, 18].

Def. 4. Sind $\mathfrak{m}$ und $\mathfrak{n}$ zwei Mächtigkeiten, und existiert genau eine Mächtigkeit $\mathfrak{x}$, so daß $\mathfrak{n} + \mathfrak{x} = \mathfrak{m}$, so nennt man $\mathfrak{x}$ die *Differenz*

$$\mathfrak{x} = \mathfrak{m} - \mathfrak{n}$$

der beiden Mächtigkeiten $\mathfrak{m}$ und $\mathfrak{n}$.

Ist $\mathfrak{m} \geqq \mathfrak{n}$, so folgt die Existenz einer Mächtigkeit $\mathfrak{x}$ mit $\mathfrak{n} + \mathfrak{x} = \mathfrak{m}$; um die Existenz der Differenz $\mathfrak{m} - \mathfrak{n}$ (also auch die Eindeutigkeit von $\mathfrak{x}$) zu beweisen, braucht man aber im allgemeinen das Auswahlaxiom. Ist $\mathfrak{m}$ ein Aleph und $\mathfrak{m} > \mathfrak{n}$, so ist $\mathfrak{m} - \mathfrak{n} = \mathfrak{m}$. Für beliebige Mächtigkeiten $\mathfrak{m}$ und $\mathfrak{n}$ kann man ohne Auswahlaxiom nur folgendes sagen:

Satz 10. *Ist* $\mathfrak{m} > \mathfrak{n}$ *und ist* $\mathfrak{n}$ *nicht transfinit, so existiert die Differenz* $\mathfrak{m} - \mathfrak{n}$.

Beweis: Es gibt eine Mächtigkeit $\mathfrak{x}$ mit $\mathfrak{n} + \mathfrak{x} = \mathfrak{m}$. Diese ist eindeutig; denn wäre $\mathfrak{m} = \mathfrak{n} + \mathfrak{x}_1$ mit $\mathfrak{x}_1 \neq \mathfrak{x}$, so wäre $\mathfrak{n} + \mathfrak{x} = \mathfrak{n} + \mathfrak{x}_1$. Nach dem Lemma von Lindenbaum-Tarski (§ 25) gäbe es also Mächtigkeiten $\mathfrak{p}$, $\mathfrak{x}'$, $\mathfrak{x}_1'$ mit $\mathfrak{x} = \mathfrak{p} + \mathfrak{x}'$, $\mathfrak{x}_1 = \mathfrak{p} + \mathfrak{x}_1'$, $\mathfrak{n} + \mathfrak{x}' = \mathfrak{n} + \mathfrak{x}_1' = \mathfrak{n}$; es ist $\mathfrak{x}' = \mathfrak{x}_1' = 0$, weil sonst $\mathfrak{n}$ transfinit wäre; also ist $\mathfrak{x} = \mathfrak{x}_1$, Widerspruch.

Satz 11. *Ist* $\mathfrak{n}$ *ein Aleph, so existiert die Differenz* $\mathfrak{m} - \mathfrak{n}$ *für alle Mächtigkeiten* $\mathfrak{m} > \mathfrak{n}$ *dann und nur dann, wenn jede Mächtigkeit mit* $\mathfrak{n}$ *vergleichbar ist.*

Beweis: a) Jede Mächtigkeit sei mit $\mathfrak{n}$ vergleichbar. Ist $\mathfrak{m} > \mathfrak{n}$, so gibt es ein $\mathfrak{x}$ mit $\mathfrak{n} + \mathfrak{x} = \mathfrak{m}$. Wäre $\mathfrak{x} \leqq \mathfrak{n}$, so wäre $\mathfrak{m} = \mathfrak{n}$, Widerspruch. Also ist $\mathfrak{x} > \mathfrak{n}$, also gibt es ein $\mathfrak{y}$ mit $\mathfrak{x} = \mathfrak{n} + \mathfrak{y}$, also ist $\mathfrak{m} = \mathfrak{n} + \mathfrak{x} = \mathfrak{n} + \mathfrak{n} + \mathfrak{y} = \mathfrak{n} + \mathfrak{y} = \mathfrak{x}$, also $\mathfrak{m} = \mathfrak{x}$. Also ist $\mathfrak{x}$ eindeutig, und es ist $\mathfrak{m} - \mathfrak{n} = \mathfrak{m}$.

b) Annahme: Die Differenz $\mathfrak{m} - \mathfrak{n}$ existiere für alle Mächtigkeiten $\mathfrak{m} > \mathfrak{n}$; $\mathfrak{p}$ sei eine beliebige Mächtigkeit. Ist $\mathfrak{p}$ non $\leqq \mathfrak{n}$, so ist also $\mathfrak{p} + \mathfrak{n} > \mathfrak{n}$ (denn es ist $\mathfrak{p} + \mathfrak{n} \geqq \mathfrak{n}$, aber aus $\mathfrak{p} + \mathfrak{n} = \mathfrak{n}$ folgt $\mathfrak{p} \leqq \mathfrak{n}$). Also existiert die Differenz $(\mathfrak{p} + \mathfrak{n}) - \mathfrak{n}$, d.h., es gibt genau eine Mächtigkeit $\mathfrak{x}$ mit $\mathfrak{n} + \mathfrak{x} = \mathfrak{p} + \mathfrak{n}$;

also ist $\mathfrak{x} = \mathfrak{p}$; wegen $\mathfrak{n} + (\mathfrak{n} + \mathfrak{p}) = \mathfrak{n} + \mathfrak{p}$ ist ferner $\mathfrak{n} + \mathfrak{p} = \mathfrak{x} = \mathfrak{p}$, also $\mathfrak{n} \leqq \mathfrak{p}$. Somit ist $\mathfrak{p}$ mit $\mathfrak{n}$ vergleichbar.

Satz 12. *Die folgenden Bedingungen für Mächtigkeiten* $\mathfrak{m}$ *sind äquivalent:*

(1) $\mathfrak{m}$ *ist nicht transfinit.*

(2) $\mathfrak{m} < \mathfrak{m} + 1$.

(3) $\mathfrak{m} - \mathfrak{m} = 0$ *(oder: die Differenz* $\mathfrak{m} - \mathfrak{m}$ *existiert).*

(4) *Für beliebige Mächtigkeiten* $\mathfrak{p}, \mathfrak{q}$ *gilt:* $\mathfrak{m} + \mathfrak{p} = \mathfrak{m} + \mathfrak{q} \rightarrow \mathfrak{p} = \mathfrak{q}$.

(5) *Für beliebige Mächtigkeiten* $\mathfrak{p}, \mathfrak{q}$ *gilt:* $\mathfrak{m} + \mathfrak{p} \leqq \mathfrak{m} + \mathfrak{q} \rightarrow \mathfrak{p} \leqq \mathfrak{q}$.

Beweis: (1) $\longleftrightarrow$ (2) folgt aus Satz 8.

(2) $\longleftrightarrow$ (3): Annahme: $\mathfrak{m} < \mathfrak{m} + 1$. Es ist $\mathfrak{m} + 0 = \mathfrak{m}$; wäre $\mathfrak{m} + \mathfrak{x} = \mathfrak{m}$ für ein $\mathfrak{x} > 0$, so wäre $\mathfrak{m} + 1 \leqq \mathfrak{m} + \mathfrak{x} = \mathfrak{m}$, also $\mathfrak{m} + 1 = \mathfrak{m}$, Widerspruch. Also ist $\mathfrak{m} - \mathfrak{m} = 0$. — Existiert $\mathfrak{m} - \mathfrak{m}$, so ist $\mathfrak{m} < \mathfrak{m} + 1$ (denn sonst wäre $\mathfrak{m} = \mathfrak{m} + 1$ und $\mathfrak{m} = \mathfrak{m} + 0$, im Widerspruch zur Existenz von $\mathfrak{m} - \mathfrak{m}$).

(1) $\longleftrightarrow$ (4): $\mathfrak{m}$ sei nicht transfinit und $\mathfrak{m} + \mathfrak{p} = \mathfrak{m} + \mathfrak{q} = \mathfrak{n}$. Es ist $\mathfrak{n} \geqq \mathfrak{m}$. Ist $\mathfrak{n} = \mathfrak{m}$, so ist wegen (3) $\mathfrak{p} = \mathfrak{q} = 0$; ist $\mathfrak{n} > \mathfrak{m}$, so existiert nach Satz 10 $\mathfrak{n} - \mathfrak{m}$, also ist $\mathfrak{p} = \mathfrak{q}$. Also gilt (4). — Gilt (4), so ist $\mathfrak{m}$ nicht transfinit, denn sonst wäre $\mathfrak{m} + 0 = \mathfrak{m} + 1$, also $0 = 1$, Widerspruch.

(1) $\longleftrightarrow$ (5): $\mathfrak{m}$ sei nicht transfinit und $\mathfrak{m} + \mathfrak{p} \leqq \mathfrak{m} + \mathfrak{q}$. Nach § 25, Anhang, Satz 6, schließt man $\mathfrak{p} \leqq \mathfrak{q}$. — Gilt (5), so ist $\mathfrak{m}$ nicht transfinit, denn sonst wäre $\mathfrak{m} + 1 \leqq \mathfrak{m} + 0$, also $1 \leqq 0$, Widerspruch.

Def. 5. Die Mächtigkeit $\mathfrak{m}$ heißt *unzerlegbar*, wenn $\mathfrak{m}$ nicht in der Form $\mathfrak{m} = \mathfrak{p} + \mathfrak{q}$ mit $\mathfrak{p} < \mathfrak{m}$, $\mathfrak{q} < \mathfrak{m}$ darstellbar ist (d.h., wenn $\mathfrak{m} = \mathfrak{p} + \mathfrak{q} \rightarrow$ entweder $\mathfrak{p} = \mathfrak{m}$ oder $\mathfrak{q} = \mathfrak{m}$).

Jedes Aleph ist unzerlegbar (nach § 28, Satz 1).

Satz 13. *Ist* $\mathfrak{m}$ *eine beliebige Mächtigkeit, so ist* $\mathfrak{m} - \mathfrak{n} = \mathfrak{m}$ *für* $\mathfrak{n} < \mathfrak{m}$ *dann und nur dann, wenn* $\mathfrak{m}$ *unzerlegbar ist.*

Beweis: Ist $\mathfrak{m}$ unzerlegbar und $\mathfrak{n} < \mathfrak{m}$, so gibt es eine Mächtigkeit $\mathfrak{x}$ mit $\mathfrak{n} + \mathfrak{x} = \mathfrak{m}$; es ist $\mathfrak{x} \leqq \mathfrak{m}$. Wäre $\mathfrak{x} < \mathfrak{m}$, so wäre $\mathfrak{m}$ nicht unzerlegbar, Widerspruch; also ist $\mathfrak{m} - \mathfrak{n} = \mathfrak{m}$. — Umgekehrt folgt aus $\mathfrak{m} - \mathfrak{n} = \mathfrak{m}$ für $\mathfrak{n} < \mathfrak{m}$, daß $\mathfrak{m}$ unzerlegbar ist; denn wäre $\mathfrak{m} = \mathfrak{p} + \mathfrak{q}$ mit $\mathfrak{p} < \mathfrak{m}$ und $\mathfrak{q} < \mathfrak{m}$, so wäre $\mathfrak{m} - \mathfrak{p} = \mathfrak{m}$, also $\mathfrak{q} = \mathfrak{m}$, Widerspruch.

Weitere Sätze über Differenzen können ohne Auswahlaxiom bewiesen werden. Da ihre Beweise meist langwierig, die Sätze selbst aber nicht sehr interessant sind, führen wir nur einige Beispiele ohne Beweise an:

1. Existiert $\mathfrak{n} - \mathfrak{x}$, so existiert $(\mathfrak{m} + \mathfrak{n}) - \mathfrak{x}$ und ist $= \mathfrak{m} + (\mathfrak{n} - \mathfrak{x})$.
2. Existiert $\mathfrak{m} - (\mathfrak{n} + \mathfrak{x})$, so existiert $\mathfrak{m} - \mathfrak{n}$ und ist $= (\mathfrak{m} - (\mathfrak{n} + \mathfrak{x})) + \mathfrak{x}$.
3. Existiert eine der Mächtigkeiten $\mathfrak{m} - (\mathfrak{n} + \mathfrak{x})$ und $(\mathfrak{m} - \mathfrak{n}) + \mathfrak{x}$, so existiert auch die andere, und beide sind einander gleich.
4. Existiert $\mathfrak{m} - \mathfrak{n}$ und $\mathfrak{n} - \mathfrak{x}$, so existiert $\mathfrak{m} - (\mathfrak{n} - \mathfrak{x})$ und ist $= (\mathfrak{m} - \mathfrak{n}) + \mathfrak{x}$.
5. Existiert für eine endliche Mächtigkeit $k > 0$ eine der Mächtigkeiten $\mathfrak{m} - \mathfrak{n}$ oder $k \cdot \mathfrak{m} - k \cdot \mathfrak{n}$, so existiert auch die andere, und es ist $k \cdot (\mathfrak{m} - \mathfrak{n}) = k \cdot \mathfrak{m} - k \cdot \mathfrak{n}$.
6. Für jede Mächtigkeit $\mathfrak{m}$ existiert $2^{\mathfrak{m}} - \mathfrak{m}$; ist $\mathfrak{m}$ transfinit, so ist $2^{\mathfrak{m}} - \mathfrak{m} = 2^{\mathfrak{m}} = 2^{\mathfrak{m}} + \mathfrak{m}$.

Bemerkung: Analog zur Differenz zweier Mächtigkeiten definiert man auch den *Quotienten:* Sind $\mathfrak{m}$ und $\mathfrak{n}$ zwei Mächtigkeiten, und gibt es genau eine Mächtigkeit $\mathfrak{x}$ mit $\mathfrak{n} \cdot \mathfrak{x} = \mathfrak{m}$, so heißt $\mathfrak{x} = \mathfrak{m} \div \mathfrak{n}$ der Quotient von $\mathfrak{m}$ und $\mathfrak{n}$.

V. Die Konsequenzen des Auswahlaxioms und der Alephhypothese in der Kardinalzahlenarithmetik

§ 31. Äquivalenzen zum Auswahlaxiom

1. Auswahlaxiom, Wohlordnungssatz und Trichotomie. Wir betrachten zuerst solche Konsequenzen des Auswahlaxioms $(\mathfrak{A})$ (vgl. § 2), die ihm äquivalent sind. Besonders wichtig ist die Äquivalenz von $(\mathfrak{A})$ mit den beiden folgenden Sätzen:

$(\mathfrak{A}_2)$ Wohlordnungssatz: *Jede Menge kann wohlgeordnet werden, d.h., jede Mächtigkeit ist eine Kardinalzahl* [31, 35, 36].

Bemerkung: $(\mathfrak{A}_2)$ besagt nicht, daß man jeder Menge effektiv eine Wohlordnung zuordnen kann, sondern nur, daß eine solche existiert.

$(\mathfrak{A}_3)$ Gesetz der Trichotomie für die Mächtigkeiten: *Zwei beliebige Mächtigkeiten sind immer vergleichbar* [5].

Äquivalenzbeweise (auf Grund der Axiome (I) bis (VII) von § 2):

$(\mathfrak{A}) \to (\mathfrak{A}_2)$: Es sei M eine beliebige Menge und S die Menge ihrer echten Teilmengen. Nach $(\mathfrak{A})$ existiert eine Funktion g, die jedem $X \in S$ ein Element $g(X) \in M - X$ zuordnet. Nach § 26, Satz 2, existiert also eine Teilmenge $N \subset M$ mit N non $\in S$, die wohlgeordnet werden kann. Also folgt $N = M$; M kann also wohlgeordnet werden.

$(\mathfrak{A}_2) \to (\mathfrak{A})$: Es sei X eine Menge, deren Elemente M nicht-leere und paarweise disjunkte Mengen sind. Nach $(\mathfrak{A}_2)$ existiert eine Wohlordnung von $\underset{M \in X}{\mathfrak{V}} M$. Somit hat jede Menge $M \in X$ ein erstes Element $\Phi(M)$. Die Wertmenge von Φ ist eine Auswahlmenge von X.

$(\mathfrak{A}_2) \to (\mathfrak{A}_3)$: Nach $(\mathfrak{A}_2)$ ist jede Mächtigkeit eine Kardinalzahl; für die Kardinalzahlen gilt das Gesetz der Trichotomie (§ 27).

$(\mathfrak{A}_3) \to (\mathfrak{A}_2)$: Ist M eine beliebige Menge mit $\overline{\overline{M}} = \mathfrak{m}$, so existiert eine Kardinalzahl $\aleph(\mathfrak{m})$, die nicht $\leqq \mathfrak{m}$ ist (§ 30). Nach $(\mathfrak{A}_3)$ ist also $\aleph(\mathfrak{m}) > \mathfrak{m}$, also ist $\mathfrak{m}$ eine Kardinalzahl (§ 30, Satz 1).

2. Weitere mit dem Auswahlaxiom äquivalente Sätze über Mächtigkeiten [16, 28]. Die folgenden Sätze, deren Gültigkeit offensichtlich aus $(\mathfrak{A})$ folgt, da sie für alle Alephs (teilweise sogar für alle Kardinalzahlen) gelten, sind mit $(\mathfrak{A})$ äquivalent:

$(\mathfrak{A}_4)$ *Für beliebige unendliche Mächtigkeiten* $\mathfrak{m}$ *und* $\mathfrak{n}$ *gilt* $\mathfrak{m} + \mathfrak{n} = \mathfrak{m} \cdot \mathfrak{n}$.

$(\mathfrak{A}_5)$ *Jede unendliche Mächtigkeit ist unzerlegbar.*

$(\mathfrak{A}_6)$ *Für beliebige unendliche Mächtigkeiten* $\mathfrak{m}$ *und* $\mathfrak{n}$ *ist entweder* $\mathfrak{m} + \mathfrak{n} = \mathfrak{m}$ *oder* $\mathfrak{m} + \mathfrak{n} = \mathfrak{n}$.

$(\mathfrak{A}_7)$ *Für beliebige unendliche Mächtigkeiten* $\mathfrak{m}$ *und* $\mathfrak{n}$ *ist entweder* $\mathfrak{m} \cdot \mathfrak{n} = \mathfrak{m}$ *oder* $\mathfrak{m} \cdot \mathfrak{n} = \mathfrak{n}$.

($\mathfrak{A}_8$) *Für jede unendliche Mächtigkeit* $\mathfrak{m}$ *gilt: Ist* $\mathfrak{n} < \mathfrak{m}$, *so existiert die Differenz* $\mathfrak{m} - \mathfrak{n}$ (§ 30).

($\mathfrak{A}_9$) *Für jede unendliche Mächtigkeit* $\mathfrak{m}$ *gilt:* $\mathfrak{n} < \mathfrak{m} \rightarrow \mathfrak{m} - \mathfrak{n} = \mathfrak{m}$.

($\mathfrak{A}_{10}$) *Für jede unendliche Mächtigkeit* $\mathfrak{m}$ *gilt: Ist* $\mathfrak{n} < \mathfrak{m}$, *so gibt es eine Mächtigkeit* $\mathfrak{p}$ *mit* $\mathfrak{m} = \mathfrak{n} \cdot \mathfrak{p}$.[1]

($\mathfrak{A}_{11}$) *Für jede unendliche Mächtigkeit* $\mathfrak{m}$ *gilt: Ist* $\mathfrak{n} < \mathfrak{m}$, *so existiert* $\mathfrak{m} \div \mathfrak{n}$ (§ 30).

($\mathfrak{A}_{12}$) *Für jede unendliche Mächtigkeit* $\mathfrak{m}$ *gilt:* $\mathfrak{n} < \mathfrak{m} \rightarrow \mathfrak{m} \div \mathfrak{n} = \mathfrak{m}$.

($\mathfrak{A}_{13}$) *Für jede unendliche Mächtigkeit* $\mathfrak{m}$ *gilt:* $\mathfrak{n} < \mathfrak{m} \rightarrow \mathfrak{m} \cdot \mathfrak{n} = \mathfrak{m}$.

($\mathfrak{A}_{14}$) *Zu jeder Mächtigkeit* $\mathfrak{m}$ *gibt es eine Mächtigkeit* $\mathfrak{n}$ *(ein „unmittelbarer Nachfolger" von* $\mathfrak{m}$*) mit* $\mathfrak{m} < \mathfrak{n}$ *und* $\mathfrak{m} < \mathfrak{x} \rightarrow \mathfrak{n} \leqq \mathfrak{x}$ *für jede Mächtigkeit* $\mathfrak{x}$.[2]

($\mathfrak{A}_{15}$) *Zu jeder unendlichen Mächtigkeit* $\mathfrak{m}$ *gibt es eine Mächtigkeit* $\mathfrak{n}$ *mit* $\mathfrak{m} = \mathfrak{n}^2$.

($\mathfrak{A}_{16}$) *Für jede unendliche Mächtigkeit* $\mathfrak{m}$ *gilt* $\mathfrak{m}^2 = \mathfrak{m}$.

($\mathfrak{A}_{17}$) *Für beliebige Mächtigkeiten* $\mathfrak{m}$ *und* $\mathfrak{n}$ *gilt:* $\mathfrak{m}^2 = \mathfrak{n}^2 \rightarrow \mathfrak{m} = \mathfrak{n}$.

($\mathfrak{A}_{18}$) *Für beliebige Mächtigkeiten* $\mathfrak{m}$ *und* $\mathfrak{n}$ *gilt* $\mathfrak{m}^2 < \mathfrak{n}^2 \rightarrow \mathfrak{m} < \mathfrak{n}$.[3]

($\mathfrak{A}_{19}$) *Für jede unendliche Mächtigkeit* $\mathfrak{m}$ *gilt:* $\mathfrak{p} < \mathfrak{m}, \mathfrak{q} < \mathfrak{m} \rightarrow \mathfrak{p} + \mathfrak{q} \neq \mathfrak{m}$.

($\mathfrak{A}_{20}$) *Für beliebige unendliche Mächtigkeiten* $\mathfrak{m}$ *und* $\mathfrak{n}$ *gilt:* $\mathfrak{p} < \mathfrak{m}$, $\mathfrak{q} < \mathfrak{n} \rightarrow \mathfrak{p} + \mathfrak{q} < \mathfrak{m} + \mathfrak{n}$.

($\mathfrak{A}_{21}$) *Für jede unendliche Mächtigkeit* $\mathfrak{m}$ *gilt:* $\mathfrak{p} < \mathfrak{m}, \mathfrak{q} < \mathfrak{m} \rightarrow \mathfrak{p} \cdot \mathfrak{q} \neq \mathfrak{m}$.

($\mathfrak{A}_{22}$) *Für beliebige unendliche Mächtigkeiten* $\mathfrak{m}$ *und* $\mathfrak{n}$ *gilt:* $\mathfrak{p} < \mathfrak{m}$, $\mathfrak{q} < \mathfrak{n} \rightarrow \mathfrak{p} \cdot \mathfrak{q} < \mathfrak{m} \cdot \mathfrak{n}$.

---

[1] Dagegen folgt aus $\mathfrak{n} \leqq \mathfrak{m}$ die Existenz einer Mächtigkeit $\mathfrak{p}$ mit $\mathfrak{m} = \mathfrak{n} + \mathfrak{p}$ schon ohne ($\mathfrak{A}$).

[2] Ähnliche Sätze über die Existenz eines unmittelbaren Nachfolgers zu jeder Mächtigkeit sind:

(a) Zu jeder Mächtigkeit $\mathfrak{m}$ gibt es eine Mächtigkeit $\mathfrak{n}$ mit $\mathfrak{m} < \mathfrak{n}$, so daß keine Mächtigkeit $\mathfrak{x}$ mit $\mathfrak{m} < \mathfrak{x} < \mathfrak{n}$ existiert.

(b) Zu jeder Mächtigkeit $\mathfrak{m}$ gibt es eine Mächtigkeit $\mathfrak{n}$ mit $\mathfrak{m} < \mathfrak{n}$ und $\mathfrak{x} < \mathfrak{n} \rightarrow \mathfrak{x} \leqq \mathfrak{m}$.

(c) Für beliebige Mächtigkeiten $\mathfrak{m}, \mathfrak{n}, \mathfrak{p}$ mit $\mathfrak{m} < \mathfrak{n}$, $\mathfrak{m} < \mathfrak{p}$ und mit der Eigenschaft $\mathfrak{x} < \mathfrak{p} \rightarrow \mathfrak{x} \leqq \mathfrak{p}$ gilt $\mathfrak{p} \leqq \mathfrak{n}$.

(d) Für beliebige Mächtigkeiten $\mathfrak{m}, \mathfrak{n}, \mathfrak{p}, \mathfrak{q}$ mit $\mathfrak{m} < \mathfrak{n}$, $\mathfrak{m} < \mathfrak{p}$, $\mathfrak{n} < \mathfrak{q}$, der Eigenschaft $\mathfrak{x} < \mathfrak{p} \rightarrow \mathfrak{x} \leqq \mathfrak{p}$ und der Eigenschaft $\mathfrak{x} < \mathfrak{q} \rightarrow \mathfrak{x} \leqq \mathfrak{q}$ gilt $\mathfrak{p} < \mathfrak{q}$.

Satz (a) kann ohne Auswahlaxiom bewiesen werden (nach § 30 erfüllt nämlich für nicht-transfinites $\mathfrak{m}$ die Mächtigkeit $\mathfrak{n} = \mathfrak{m} + 1$, für transfinites $\mathfrak{m}$ die Mächtigkeit $\mathfrak{n} = \mathfrak{m} + \aleph(\mathfrak{m})$ die für $\mathfrak{n}$ geforderten Bedingungen), während das logische Produkt von (b) und (c) sowie auch das logische Produkt von (b) und (d) mit ($\mathfrak{A}$) äquivalent ist [27, 33].

[3] Mit ($\mathfrak{A}$) ist schon äquivalent der Satz: „Es gibt eine Mächtigkeit $\mathfrak{p} > 1$, so daß es zu beliebigen Mächtigkeiten $\mathfrak{m}$ und $\mathfrak{n}$ eine Mächtigkeit $\mathfrak{q}$ mit $1 < \mathfrak{q} < \mathfrak{p}$ gibt mit der Eigenschaft $\mathfrak{m}^{\mathfrak{q}} < \mathfrak{n}^{\mathfrak{q}} \rightarrow \mathfrak{m} < \mathfrak{n}$ [16].

($\mathfrak{A}_{23}$) *Für beliebige unendliche Mächtigkeiten* $\mathfrak{m}$ *und* $\mathfrak{n}$ *gilt:* $\mathfrak{m} + \mathfrak{m} < \mathfrak{m} + \mathfrak{n} \to \mathfrak{m} < \mathfrak{n}$.

($\mathfrak{A}_{24}$) *Für beliebige unendliche Mächtigkeiten* $\mathfrak{m}, \mathfrak{n}, \mathfrak{p}$ *gilt:* $\mathfrak{m} + \mathfrak{p} < \mathfrak{n} + \mathfrak{p} \to \mathfrak{m} < \mathfrak{n}$.

($\mathfrak{A}_{25}$) *Für beliebige unendliche Mächtigkeiten* $\mathfrak{m}, \mathfrak{n}, \mathfrak{p}$ *gilt:* $\mathfrak{m} \cdot \mathfrak{p} < \mathfrak{n} \cdot \mathfrak{p} \to \mathfrak{m} < \mathfrak{n}$.

($\mathfrak{A}_{26}$) *Für beliebige unendliche Mächtigkeiten* $\mathfrak{m}, \mathfrak{n}, \mathfrak{p}$ *gilt: Ist* $\mathfrak{m} + \mathfrak{p} = \mathfrak{m} + \mathfrak{q}$, *so ist entweder* $\mathfrak{p} = \mathfrak{q}$ *oder gleichzeitig* $\mathfrak{p} \leqq \mathfrak{m}$ *und* $\mathfrak{q} \leqq \mathfrak{m}$.

($\mathfrak{A}_{27}$) *Für beliebige unendliche Mächtigkeiten* $\mathfrak{m}, \mathfrak{n}, \mathfrak{p}$ *gilt:* $\mathfrak{m}^{\mathfrak{p}} < \mathfrak{m}^{\mathfrak{q}} \to \mathfrak{p} < \mathfrak{q}$.

Um die Äquivalenz dieser Sätze mit ($\mathfrak{A}$) zu beweisen, zeigen wir, daß aus jedem dieser Sätze ($\mathfrak{A}_2$) folgt:

($\mathfrak{A}_4$) $\to$ ($\mathfrak{A}_2$): Ist $\mathfrak{m}$ eine unendliche Mächtigkeit, so folgt aus ($\mathfrak{A}_4$) $\mathfrak{m} + \aleph(\mathfrak{m}) = \mathfrak{m} \cdot \aleph(\mathfrak{m})$, also sind $\mathfrak{m}$ und $\aleph(\mathfrak{m})$ nach § 30, Satz 1″, vergleichbar, also ist $\mathfrak{m} < \aleph(\mathfrak{m})$, also ist $\mathfrak{m}$ eine Kardinalzahl.

($\mathfrak{A}_5$) $\to$ ($\mathfrak{A}_3$): Es seien $\mathfrak{m}$ und $\mathfrak{n}$ zwei beliebige unendliche Mächtigkeiten. Es ist $\mathfrak{m} + \mathfrak{n} \geqq \mathfrak{m}$ und $\mathfrak{m} + \mathfrak{n} \geqq \mathfrak{n}$. Da nach ($\mathfrak{A}_5$) $\mathfrak{m} + \mathfrak{n}$ unzerlegbar ist, ist entweder $\mathfrak{m} + \mathfrak{n} = \mathfrak{m}$ oder $\mathfrak{m} + \mathfrak{n} = \mathfrak{n}$. Im ersten Fall wird $\mathfrak{n} \leqq \mathfrak{m}$, im zweiten Fall $\mathfrak{m} \leqq \mathfrak{n}$, d.h., $\mathfrak{m}$ und $\mathfrak{n}$ sind vergleichbar.

($\mathfrak{A}_6$) $\to$ ($\mathfrak{A}_3$): Ist $\mathfrak{m} + \mathfrak{n} = \mathfrak{m}$, so ist $\mathfrak{n} \leqq \mathfrak{m}$; ist $\mathfrak{m} + \mathfrak{n} = \mathfrak{n}$, so ist $\mathfrak{m} \leqq \mathfrak{n}$, also sind $\mathfrak{m}$ und $\mathfrak{n}$ vergleichbar.

($\mathfrak{A}_7$) $\to$ ($\mathfrak{A}_3$): Aus $\mathfrak{m} \cdot \mathfrak{n} = \mathfrak{m}$ folgt $\mathfrak{n} \leqq \mathfrak{m}$ und aus $\mathfrak{m} \cdot \mathfrak{n} = \mathfrak{n}$ folgt $\mathfrak{m} \leqq \mathfrak{n}$, also sind $\mathfrak{m}$ und $\mathfrak{n}$ vergleichbar.

($\mathfrak{A}_8$) $\to$ ($\mathfrak{A}_2$): Es sei $\mathfrak{m}$ eine beliebige unendliche Mächtigkeit. Es ist $\mathfrak{m} + \aleph(\mathfrak{m}) \geqq \aleph(\mathfrak{m})$. Wäre $\mathfrak{m} + \aleph(\mathfrak{m}) > \aleph(\mathfrak{m})$, so würde nach ($\mathfrak{A}_8$) die Differenz $(\mathfrak{m} + \aleph(\mathfrak{m})) - \aleph(\mathfrak{m})$ existieren, d.h., es gäbe genau eine Mächtigkeit $\mathfrak{x}$ mit $\mathfrak{m} + \aleph(\mathfrak{m}) = \mathfrak{x} + \aleph(\mathfrak{m})$. Da diese Gleichung für $\mathfrak{x} = \mathfrak{m}$ und für $\mathfrak{x} = \mathfrak{m} + \aleph(\mathfrak{m})$ erfüllt ist, folgt $\mathfrak{m} + \aleph(\mathfrak{m}) = \mathfrak{m}$, also $\aleph(\mathfrak{m}) \leqq \mathfrak{m}$, Widerspruch. Also ist $\mathfrak{m} + \aleph(\mathfrak{m}) = \aleph(\mathfrak{m})$, also $\mathfrak{m} \leqq \aleph(\mathfrak{m})$, d.h., $\mathfrak{m}$ ist eine Kardinalzahl.

($\mathfrak{A}_9$) $\to$ ($\mathfrak{A}_8$): Offensichtlich.

($\mathfrak{A}_{10}$) $\to$ ($\mathfrak{A}_2$): Ist $\mathfrak{m}$ eine unendliche Mächtigkeit, so ist $\aleph(\mathfrak{m}) \leqq \mathfrak{m} + \aleph(\mathfrak{m})$, also gibt es nach ($\mathfrak{A}_{10}$) eine Mächtigkeit $\mathfrak{p}$ mit $\mathfrak{m} + \aleph(\mathfrak{m}) = \aleph(\mathfrak{m}) \cdot \mathfrak{p}$. Nach Satz 3′ von § 30 ist also entweder $\aleph(\mathfrak{m}) \leqq \mathfrak{m}$ oder $\mathfrak{p} \leqq \aleph(\mathfrak{m})$. Da die erste Möglichkeit ausgeschlossen ist, folgt $\mathfrak{p} \leqq \aleph(\mathfrak{m})$, also $\aleph(\mathfrak{m}) \cdot \mathfrak{p} = \aleph(\mathfrak{m})$. Also ist $\mathfrak{m} + \aleph(\mathfrak{m}) = \aleph(\mathfrak{m})$, also $\mathfrak{m} \leqq \aleph(\mathfrak{m})$, also $\mathfrak{m}$ eine Kardinalzahl.

($\mathfrak{A}_{11}$) $\to$ ($\mathfrak{A}_{10}$), ($\mathfrak{A}_{12}$) $\to$ ($\mathfrak{A}_{11}$) und ($\mathfrak{A}_{13}$) $\to$ ($\mathfrak{A}_{10}$): Offensichtlich.

($\mathfrak{A}_{14}$) $\to$ ($\mathfrak{A}_{16}$): Ist $\mathfrak{m}$ eine transfinite Mächtigkeit, so gilt nach ($\mathfrak{A}_{14}$) für den Nachfolger $\mathfrak{n}$ von $\mathfrak{m}$, weil nach § 30 $\mathfrak{m} < \mathfrak{m} + \aleph(\mathfrak{m})$ ist, $\mathfrak{m} < \mathfrak{n} \leqq \mathfrak{m} + \aleph(\mathfrak{m})$, also (ebenfalls nach § 30) $\mathfrak{n} = \mathfrak{m} + \aleph(\mathfrak{m})$. Wäre $\mathfrak{m} < \mathfrak{m}^2$, so wäre nach ($\mathfrak{A}_{14}$) $\mathfrak{n} \leqq \mathfrak{m}^2$, also $\aleph(\mathfrak{m}) = \aleph(\mathfrak{m}^2) \leqq \mathfrak{n} \leqq \mathfrak{m}^2$, also $\aleph(\mathfrak{m}^2) \leqq \mathfrak{m}^2$, was unmöglich ist. Also folgt $\mathfrak{m} = \mathfrak{m}^2$, d.h. $(\mathfrak{A}_{16})$ für transfinite Mächtigkeiten $\mathfrak{m}$. Aus der untenstehenden Bemerkung folgt daraus $(\mathfrak{A}_{16})$ für beliebige unendliche Mächtigkeiten.

$(\mathfrak{A}_{15}) \to (\mathfrak{A}_2)$: Ist $\mathfrak{m}$ eine unendliche Mächtigkeit, so gibt es eine Mächtigkeit $\mathfrak{n}$ mit $\mathfrak{m} + \aleph(\mathfrak{m}) = \mathfrak{n}^2$, also $\aleph(\mathfrak{m}) \leqq \mathfrak{n}^2$; daraus folgt aus Satz 3 von § 30 $\aleph(\mathfrak{m}) \leqq \mathfrak{n}$; also existiert eine Mächtigkeit $\mathfrak{p}$ mit $\mathfrak{n} = \aleph(\mathfrak{m}) + \mathfrak{p}$, also ist

$$\mathfrak{m} + \aleph(\mathfrak{m}) = \mathfrak{n}^2 = \left(\aleph(\mathfrak{m}) + \mathfrak{p}\right)^2 = \aleph(\mathfrak{m}) + 2 \cdot \aleph(\mathfrak{m}) \cdot \mathfrak{p} + \mathfrak{p}^2 \geqq \aleph(\mathfrak{m}) \cdot \mathfrak{p}.$$

Daraus folgt nach Satz 3′ von § 30 entweder $\aleph(\mathfrak{m}) \leqq \mathfrak{m}$ oder $\mathfrak{p} \leqq \aleph(\mathfrak{m})$. Da die erste der beiden Alternativen unmöglich ist, folgt $\mathfrak{p} \leqq \aleph(\mathfrak{m})$, also $\mathfrak{n} = \aleph(\mathfrak{m})$, also $\mathfrak{n}^2 = \aleph(\mathfrak{m})$, also $\mathfrak{m} + \aleph(\mathfrak{m}) = \aleph(\mathfrak{m})$, also $\mathfrak{m} \leqq \aleph(\mathfrak{m})$.

$(\mathfrak{A}_{16}) \to (\mathfrak{A}_{15})$: Offensichtlich.

$(\mathfrak{A}_{17}) \to (\mathfrak{A}_2)$: Es sei $\mathfrak{m}$ eine beliebige unendliche Mächtigkeit, ferner $\mathfrak{n} = \mathfrak{m}^{\aleph_0}$, $\mathfrak{p} = \mathfrak{n} + \aleph(\mathfrak{n})$, $\mathfrak{q} = \mathfrak{n} \cdot \aleph(\mathfrak{n})$. Dann folgt

$$\mathfrak{n}^2 = \mathfrak{m}^{\aleph_0 \cdot 2} = \mathfrak{m}^{\aleph_0} = \mathfrak{n},$$

$$\mathfrak{p}^2 = \mathfrak{n}^2 + 2 \cdot \mathfrak{n} \cdot \aleph(\mathfrak{n}) + \left(\aleph(\mathfrak{m})\right)^2 = \mathfrak{n} + \mathfrak{n} \cdot \aleph(\mathfrak{n}) + \aleph(\mathfrak{n}) = \mathfrak{n} + \aleph(\mathfrak{n}) + \mathfrak{n} \cdot \aleph(\mathfrak{n}).$$

Nach § 25, Satz 3, ist $\mathfrak{n} + \aleph(\mathfrak{n}) \leqq \mathfrak{n} \cdot \aleph(\mathfrak{n})$, also

$$\mathfrak{n} \cdot \aleph(\mathfrak{n}) \leqq \mathfrak{p}^2 = \left(\mathfrak{n} + \aleph(\mathfrak{n})\right) + \mathfrak{n} \cdot \aleph(\mathfrak{n}) \leqq 2 \cdot \mathfrak{n} \cdot \aleph(\mathfrak{n}) = \mathfrak{n} \cdot \aleph(\mathfrak{n}),$$

also $\mathfrak{p}^2 = \mathfrak{n} \cdot \aleph(\mathfrak{n})$, $\mathfrak{q}^2 = \mathfrak{n}^2 \cdot \left(\aleph(\mathfrak{n})\right)^2 = \mathfrak{n} \cdot \aleph(\mathfrak{n}) = \mathfrak{p}^2$. Nach $(\mathfrak{A}_{17})$ folgt $\mathfrak{p} = \mathfrak{q}$, d.h., $\mathfrak{n} + \aleph(\mathfrak{n}) = \mathfrak{n} \cdot \aleph(\mathfrak{n})$. Nach § 30, Satz 1″, sind also $\mathfrak{n}$ und $\aleph(\mathfrak{n})$ vergleichbar, also ist $\aleph(\mathfrak{n}) > \mathfrak{n}$, also $\mathfrak{n}$ ein Aleph. Wegen $\mathfrak{m} \leqq \mathfrak{n}$ ist auch $\mathfrak{m}$ ein Aleph. Somit gilt $(\mathfrak{A}_2)$.

$(\mathfrak{A}_{18}) \to (\mathfrak{A}_2)$: Es sei $\mathfrak{p}$ eine beliebige unendliche Mächtigkeit, ferner $\mathfrak{q} = \mathfrak{p}^{\aleph_0}$, also

$$\mathfrak{q}^2 = \mathfrak{p}^{\aleph_0 \cdot 2} = \mathfrak{p}^{\aleph_0} = \mathfrak{q};$$

ferner sei $\mathfrak{m} = \mathfrak{q} \cdot \aleph(\mathfrak{q})$, also

$$\mathfrak{m}^2 = \mathfrak{q}^2 \cdot \aleph(\mathfrak{q}) = \mathfrak{m},$$

schließlich sei $\mathfrak{n} = \mathfrak{q} + \aleph(\mathfrak{m})$, also $\mathfrak{q} \leqq \mathfrak{m}$. Also ist

$$\mathfrak{n}^2 = \mathfrak{q}^2 + \mathfrak{q} \cdot \aleph(\mathfrak{m}) + \aleph(\mathfrak{m}) \geqq \mathfrak{q} \cdot \aleph(\mathfrak{m}) \geqq \mathfrak{q} \cdot \aleph(\mathfrak{q}) = \mathfrak{m} = \mathfrak{m}^2,$$

also $\mathfrak{m}^2 \leqq \mathfrak{n}^2$, ferner $\aleph(\mathfrak{m}) \leqq \mathfrak{n} \leqq \mathfrak{n}^2$. Wäre nun $\mathfrak{m}^2 = \mathfrak{n}^2$, so wäre $\aleph(\mathfrak{m}) \leqq \mathfrak{m}^2 = \mathfrak{m}$, was unmöglich ist. Also ist $\mathfrak{m}^2 < \mathfrak{n}^2$, also nach $(\mathfrak{A}_{18})$ $\mathfrak{m} < \mathfrak{n}$, also $\mathfrak{q} \cdot \aleph(\mathfrak{q}) < \mathfrak{q} + \aleph(\mathfrak{m})$, also nach Satz 3′ von § 30 entweder $\aleph(\mathfrak{q}) \leqq \mathfrak{q}$ oder $\mathfrak{q} \leqq \aleph(\mathfrak{m})$. Die erste Möglichkeit ist ausgeschlossen, also ist $\mathfrak{p} \leqq \mathfrak{q} \leqq \aleph(\mathfrak{m})$, also ist $\mathfrak{p}$ eine Kardinalzahl.

$(\mathfrak{A}_{19}) \to (\mathfrak{A}_9)$: Ist $\mathfrak{m}$ eine unendliche Mächtigkeit und $\mathfrak{n} < \mathfrak{m}$, so gibt es eine Mächtigkeit $\mathfrak{p}$, so daß $\mathfrak{p} + \mathfrak{n} = \mathfrak{m}$, also $\mathfrak{p} \leqq \mathfrak{m}$. Wäre

$\mathfrak{p} < \mathfrak{m}$, so wäre nach $(\mathfrak{A}_{19})$ $\mathfrak{n} + \mathfrak{p} \neq \mathfrak{m}$, Widerspruch. Also ist $\mathfrak{p} = \mathfrak{m}$, also $\mathfrak{m} - \mathfrak{n} = \mathfrak{m}$.

$(\mathfrak{A}_{20}) \to (\mathfrak{A}_2)$: Es sei $\mathfrak{m}$ eine unendliche Mächtigkeit, ferner $\mathfrak{n} = \mathfrak{m} \cdot \aleph_0$. Dann wird

$$2 \cdot \mathfrak{n} = 2 \cdot \mathfrak{m} \cdot \aleph_0 = \mathfrak{m} \cdot \aleph_0 = \mathfrak{n}.$$

Es ist $\mathfrak{n} < \mathfrak{n} + \aleph(\mathfrak{n})$ (§ 30), ferner $\aleph(\mathfrak{n}) \leqq \mathfrak{n} + \aleph(\mathfrak{n})$, aber nicht $\aleph(\mathfrak{n}) < \mathfrak{n} + \aleph(\mathfrak{n})$, denn sonst wäre nach $(\mathfrak{A}_{20})$

$$\mathfrak{n} + \aleph(\mathfrak{n}) < (\mathfrak{n} + \aleph(\mathfrak{n})) + (\mathfrak{n} + \aleph(\mathfrak{n})) = 2 \cdot \mathfrak{n} + 2 \cdot \aleph(\mathfrak{n}) = \mathfrak{n} + \aleph(\mathfrak{n}),$$

also $\mathfrak{n} + \aleph(\mathfrak{n}) < \mathfrak{n} + \aleph(\mathfrak{n})$, Widerspruch. Somit folgt $\aleph(\mathfrak{n}) = \mathfrak{n} + \aleph(\mathfrak{n})$, also $\mathfrak{n} \leqq \aleph(\mathfrak{n})$, d.h., $\mathfrak{n}$ ist ein Aleph; wegen $\mathfrak{m} \leqq \mathfrak{n}$ ist auch $\mathfrak{m}$ ein Aleph. Also gilt $(\mathfrak{A}_2)$.

$(\mathfrak{A}_{21}) \to (\mathfrak{A}_2)$: Ist $\mathfrak{m}$ eine unendliche Mächtigkeit, so ist $\mathfrak{m} \leqq \mathfrak{m} \cdot \aleph(\mathfrak{m})$ und $\aleph(\mathfrak{m}) \leqq \mathfrak{m} \cdot \aleph(\mathfrak{m})$. Wäre $\mathfrak{m} < \mathfrak{m} \cdot \aleph(\mathfrak{m})$ und $\aleph(\mathfrak{m}) < \mathfrak{m} \cdot \aleph(\mathfrak{m})$, so wäre nach $(\mathfrak{A}_{21})$ $\mathfrak{m} \cdot \aleph(\mathfrak{m}) \neq \mathfrak{m} \cdot \aleph(\mathfrak{m})$, Widerspruch. Also ist entweder $\mathfrak{m} = \mathfrak{m} \cdot \aleph(\mathfrak{m})$ oder $\aleph(\mathfrak{m}) = \mathfrak{m} \cdot \aleph(\mathfrak{m})$. Die erste Möglichkeit ist ausgeschlossen, weil sonst $\aleph(\mathfrak{m}) \leqq \mathfrak{m}$ wäre. Also ist $\mathfrak{m} \leqq \aleph(\mathfrak{m})$.

$(\mathfrak{A}_{22}) \to (\mathfrak{A}_2)$: Beweis wie bei $(\mathfrak{A}_{20}) \to (\mathfrak{A}_2)$, nur hat man $\mathfrak{n} = \mathfrak{m}^{\aleph_0}$ zu setzen (statt $\mathfrak{n} = \mathfrak{m} \cdot \aleph_0$) und $\mathfrak{n} = \mathfrak{n}^2$ zu verwenden (statt $\mathfrak{n} = 2 \cdot \mathfrak{n}$).

$(\mathfrak{A}_{23}) \to (\mathfrak{A}_2)$: Ist $\mathfrak{m}$ eine unendliche Mächtigkeit, so gilt $\aleph(\mathfrak{m}) + \aleph(\mathfrak{m}) = \aleph(\mathfrak{m}) \leqq \aleph(\mathfrak{m}) + \mathfrak{m}$. Im Fall $\aleph(\mathfrak{m}) + \aleph(\mathfrak{m}) < \aleph(\mathfrak{m}) + \mathfrak{m}$ folgt aus $(\mathfrak{A}_{23})$ $\aleph(\mathfrak{m}) < \mathfrak{m}$, was unmöglich ist. Also ist $\aleph(\mathfrak{m}) = \aleph(\mathfrak{m}) + \mathfrak{m}$, also $\mathfrak{m} \leqq \aleph(\mathfrak{m})$.

$(\mathfrak{A}_{24}) \to (\mathfrak{A}_2)$: Es sei $\mathfrak{m}$ eine unendliche Mächtigkeit. Dann ist $\aleph(\mathfrak{m}) \leqq \mathfrak{m} + \aleph(\mathfrak{m})$. Wäre $\aleph(\mathfrak{m}) < \mathfrak{m} + \aleph(\mathfrak{m})$, so wäre $\aleph(\mathfrak{m}) + \aleph(\mathfrak{m}) = \aleph(\mathfrak{m}) < \mathfrak{m} + \aleph(\mathfrak{m})$, also nach $(\mathfrak{A}_{24})$ $\aleph(\mathfrak{m}) < \mathfrak{m}$, Widerspruch. Also ist $\aleph(\mathfrak{m}) = \mathfrak{m} + \aleph(\mathfrak{m})$, also $\mathfrak{m} \leqq \aleph(\mathfrak{m})$, also $\mathfrak{m}$ ein Aleph. Somit gilt $(\mathfrak{A}_2)$.

$(\mathfrak{A}_{25}) \to (\mathfrak{A}_2)$: Beweis wie bei $(\mathfrak{A}_{24}) \to (\mathfrak{A}_2)$, nur sind Produkte statt Summen zu verwenden.

$(\mathfrak{A}_{26}) \to (\mathfrak{A}_2)$: Für jede unendliche Mächtigkeit $\mathfrak{m}$ gilt $\aleph(\mathfrak{m}) + \mathfrak{m} = \aleph(\mathfrak{m}) + (\mathfrak{m} + \aleph(\mathfrak{m}))$, also nach $(\mathfrak{A}_{26})$ entweder $\mathfrak{m} = \mathfrak{m} + \aleph(\mathfrak{m})$ oder gleichzeitig $\mathfrak{m} \leqq \aleph(\mathfrak{m})$ und $\mathfrak{m} + \aleph(\mathfrak{m}) \leqq \aleph(\mathfrak{m})$. Weil die erste Alternative unmöglich ist, gilt also $\mathfrak{m} \leqq \aleph(\mathfrak{m})$.

$(\mathfrak{A}_{27}) \to (\mathfrak{A}_2)$: $\mathfrak{p}$ sei eine unendliche Mächtigkeit, ferner $\mathfrak{m} = 2^{\mathfrak{p}^{\aleph_0}}$ und $\mathfrak{q} = \aleph(\mathfrak{m})$. Also wird

$$\mathfrak{m}^{\mathfrak{p}} = \left(2^{\mathfrak{p}^{\aleph_0}}\right)^{\mathfrak{p}} = 2^{\mathfrak{p}^{\aleph_0} \cdot \mathfrak{p}} = 2^{\mathfrak{p}^{\aleph_0}} = \mathfrak{m} \leqq \mathfrak{m}^{\mathfrak{q}}.$$

Wäre $\mathfrak{m}^{\mathfrak{p}} \geqq \mathfrak{m}^{\mathfrak{q}}$, so wäre $\mathfrak{q} = \aleph(\mathfrak{m}) \leqq \mathfrak{m}^{\mathfrak{p}} = \mathfrak{m}$, also $\aleph(\mathfrak{m}) \leqq \mathfrak{m}$, was unmöglich ist. Also ist $\mathfrak{m}^{\mathfrak{p}} < \mathfrak{m}^{\mathfrak{q}}$. Nach $(\mathfrak{A}_{27})$ folgt daraus $\mathfrak{p} < \mathfrak{q} = \aleph(\mathfrak{m})$, also ist $\mathfrak{p}$ eine Kardinalzahl.

Bemerkung: Die obigen Sätze ($\mathfrak{A}_4$) bis ($\mathfrak{A}_{27}$) sind schon dann mit ($\mathfrak{A}$) äquivalent, wenn man den Ausdruck „für beliebige unendliche Mächtigkeiten" durch den Ausdruck „für beliebige *transfinite* Mächtigkeiten" ersetzt (so ist z.B. mit ($\mathfrak{A}$) äquivalent der Satz: Für beliebige transfinite Mächtigkeiten $\mathfrak{m}$ gilt $\mathfrak{m}^2 = \mathfrak{m}$). Denn dann folgt aus den obigen Beweisen stets, daß jede beliebige transfinite Mächtigkeit ein Aleph ist, und daraus folgt sogleich, daß jede unendliche Mächtigkeit $\mathfrak{m}$ ein Aleph ist (denn dann ist $\mathfrak{m} + \aleph_0$ transfinit, also ein Aleph, also wegen $\mathfrak{m} \leqq \mathfrak{m} + \aleph_0$ auch $\mathfrak{m}$ ein Aleph).

Weitere mit ($\mathfrak{A}$) äquivalente Sätze über Mächtigkeiten:

($\mathfrak{A}_{28}$) *Für jede unendliche Mächtigkeit* $\mathfrak{m}$ *gilt: Ist* $\mathfrak{a}$ *ein Aleph mit* $\mathfrak{a} < \mathfrak{m}$, *so ist* $\mathfrak{m} = \mathfrak{m} \cdot \mathfrak{a}$ [22, 23].

($\mathfrak{A}_{29}$) *Für jede unendliche Mächtigkeit* $\mathfrak{m}$ *gilt: Ist* $\mathfrak{n} < 2^{\mathfrak{m}}$, *so sind* $\mathfrak{m}$ *und* $\mathfrak{n}$ *vergleichbar* [24].

($\mathfrak{A}_{30}$) *Für jede unendliche Mächtigkeit* $\mathfrak{m}$ *gilt: Ist* $\mathfrak{m} \leqq \mathfrak{n} < 2^{\mathfrak{m}}$, *so existiert eine Mächtigkeit* $\mathfrak{p}$ *mit* $\mathfrak{n} = \mathfrak{m} \cdot \mathfrak{p}$ [19].

($\mathfrak{A}_{31}$) *Für jede unendliche Mächtigkeit* $\mathfrak{m}$ *gilt: Ist* $\mathfrak{m} \leqq \mathfrak{n} < 2^{\mathfrak{m}}$, *und existiert eine Mächtigkeit* $\mathfrak{p}$ *mit* $\mathfrak{m} = \mathfrak{p}^2$, *so existiert eine Mächtigkeit* $\mathfrak{q}$ *mit* $\mathfrak{n} = \mathfrak{q}^2$ [19].

($\mathfrak{A}_{32}$) *Für jede unendliche Mächtigkeit* $\mathfrak{m}$ *gilt: Aus* $\mathfrak{p} < \mathfrak{m}$, $\mathfrak{q} < \mathfrak{m}$, $\mathfrak{p} + \mathfrak{r} = \mathfrak{m}$, $\mathfrak{q} + \mathfrak{s} = \mathfrak{m}$ *folgt* $\mathfrak{r} = \mathfrak{s}$ [25].

($\mathfrak{A}_{33}$) *Für beliebige unendliche Mächtigkeiten* $\mathfrak{m}$ *und* $\mathfrak{n}$ *gilt* $\aleph(\mathfrak{m}) = \aleph(\mathfrak{n}) \to \mathfrak{m} = \mathfrak{n}$ [25].

($\mathfrak{A}_{34}$) *Für beliebige unendliche Mächtigkeiten* $\mathfrak{m}$ *und* $\mathfrak{n}$ *gilt* $\mathfrak{m} < \mathfrak{n} \to \aleph(\mathfrak{m}) < \aleph(\mathfrak{n})$ [25].

($\mathfrak{A}_{35}$) *Für beliebige unendliche Mächtigkeiten* $\mathfrak{m}$ *und* $\mathfrak{n}$ *gilt* $\aleph(\mathfrak{m}) < \aleph(\mathfrak{n}) \to \mathfrak{m} < \mathfrak{n}$ [25].

($\mathfrak{A}_{36}$) *Für jede unendliche Mächtigkeit* $\mathfrak{m}$ *gibt es keine Mächtigkeit* $\mathfrak{p}$ *mit* $\aleph(\mathfrak{m}) < \mathfrak{p} < \mathfrak{m} + \aleph(\mathfrak{m})$ [26].

3. Weitere Äquivalenzen zum Auswahlaxiom. Besonders interessant sind die Äquivalenzen von ($\mathfrak{A}$) mit den folgenden (scheinbar fernliegenden) Sätzen ($\mathfrak{A}_{37}$), ($\mathfrak{A}_{38}$) und ($\mathfrak{A}_{39}$):

($\mathfrak{A}_{37}$) *Ist* $\{A_n\}_{n<\omega}$ *eine Folge vom Typ* ω *von nicht-leeren, paarweise disjunkten Mengen* A_n, *und ist* B *eine Menge mit* $\overline{\overline{B}} < \overline{\overline{\mathfrak{V}_{n<\omega} A_n}}$, *so gibt es eine natürliche Zahl* p, *so daß* $\overline{\overline{B}} \leqq \overline{\overline{\mathfrak{V}_{n<p} A_n}}$ [32].

($\mathfrak{A}$) $\to$ ($\mathfrak{A}_{37}$): Nach ($\mathfrak{A}$) gibt es zu jedem $n < \omega$ eine Wohlordnung von A_n in einem bestimmten Typus α_n. Setzt man die Mengen A_n hintereinander, so ist $\mathfrak{V}_{n<\omega} A_n$ im Ordnungstypus $\tau = \sum_{n<\omega} \alpha_n$ wohlgeordnet. Da $\overline{\overline{B}} < \overline{\overline{\mathfrak{V}_{n<\omega} A_n}}$, ist B einem Abschnitt von $\mathfrak{V}_{n<\omega} A_n$ ähnlich, also in einem Ordnungstypus $\sigma < \tau$ wohlgeordnet. Wegen $\tau = \lim_{p<\omega} \left(\sum_{n<p} \alpha_n \right)$ gibt es ein $p < \omega$ mit $\sum_{n<p} \alpha_n \geqq \sigma$; also ist $\overline{\overline{B}} \leqq \overline{\overline{\mathfrak{V}_{n<p} A_n}}$.

($\mathfrak{A}_{37}$) $\to$ ($\mathfrak{A}_2$): A sei eine beliebige Menge. Wir definieren eine Folge $\{A_n\}_{n<\omega}$ von Mengen, indem wir setzen: $A_0 = A$, $A_p =$ Potenzmenge von $\mathfrak{V}_{n\leq p} A_n$ (für $p > 0$). Ferner sei B_n die Menge der Ordnungszahlen α mit $\overline{\alpha} \leqq \overline{\overline{A}}_n$ und $B = \mathfrak{V}_{n<\omega} B_n$. Es existiert die kleinste Ordnungszahl β mit β non $\in B$.

Es ist $\overline{\overline{B}} \leqq \overline{\overline{\mathfrak{V}_{n<\omega} A_n}}$: Denn zu jeder Ordnungszahl α mit $\overline{\alpha} \leqq \overline{\overline{A}}_n$ gibt es Wohlordnungen von Teilmengen von A_n im Ordnungstypus α. Jeder solchen Wohlordnung entspricht eine Menge geordneter Paare $(x, y) = \{\{x\}, \{x, y\}\}$ mit $x \in A_n$, $y \in A_n$ (nämlich die Paarmenge, die diese Wohlordnung definiert); diese ist also Teilmenge von A_{n+2}. Jedem α mit $\overline{\alpha} \leqq \overline{\overline{A}}_n$ entspricht also ein Element von A_{n+3}, also jedem B_n ein Element von A_{n+4}; also ist $\overline{\overline{B}} \leqq \overline{\overline{\mathfrak{V}_{n<\omega} A_n}}$.

Wäre nun $\overline{\overline{B}} < \overline{\overline{\mathfrak{V}_{n<\omega} A_n}}$, so wäre nach $(\mathfrak{A}_{37})$ $\overline{\overline{B}} \leqq \overline{\overline{\mathfrak{V}_{n<p} A_n}}$ für ein $p < \omega$, also $\overline{\overline{B}} < \overline{\overline{A}}_p$, also $\beta \in B_p$, Widerspruch. Also ist $B \sim \mathfrak{V}_{n<\omega} A_n$, und somit ist A wohlgeordnet.

$(\mathfrak{A}_{38})$ *Zu jeder Menge N gibt es eine Menge M, die als Elemente jede Teilmenge $X \subset M$ mit $\overline{\overline{X}}$* non $\geqq \overline{\overline{N}}$ *enthält* [30].

$(\mathfrak{A}'_{38})$ *Zu jeder Menge N gibt es eine Menge M, die äquivalent ist mit der Menge S der Teilmengen $X \subset M$ mit $\overline{\overline{X}}$* non $\geqq \overline{\overline{N}}$ [31].[1]

$(\mathfrak{A}) \to (\mathfrak{A}_{38})$ und $(\mathfrak{A}) \to (\mathfrak{A}'_{38})$: N sei eine beliebige Menge, $\overline{\overline{N}} = \mathfrak{n}$. Nach $(\mathfrak{A})$ ist $\mathfrak{n}$ mit $\aleph_0$ vergleichbar. Wir definieren

$$\mathfrak{m} = \aleph_0, \quad \text{wenn} \quad \mathfrak{n} < \aleph_0,$$

$$\mathfrak{m} = 2^{\mathfrak{n}}, \quad \text{wenn} \quad \mathfrak{n} \geqq \aleph_0.$$

Es sei $\mathfrak{m} = \aleph_\alpha$. Nun ist $\mathfrak{m}^{\mathfrak{n}} \leqq \mathfrak{m}$; anderseits ist $\mathfrak{m}^{\aleph_{cf(\alpha)}} > \mathfrak{m}$ (vgl. § 34), somit $\mathfrak{n} < \aleph_{cf(\alpha)}$. Wir definieren eine Folge $\{M_\xi\}_{\xi<\omega_\alpha}$ von Mengen: Es sei $M_0 = 0$; für $\xi > 0$ sei M_ξ die Menge der Teilmengen $X \subset \mathfrak{V}_{\eta<\xi} M_\eta$ mit $\overline{\overline{X}} < \mathfrak{n}$; ferner sei $M = \mathfrak{V}_{\xi<\omega_\alpha} M_\xi$.

Es sei nun $X \subset M$ und $\overline{\overline{N}}$ non $\leqq \overline{\overline{X}}$. Also ist $\overline{\overline{X}} < \mathfrak{n}$, also $\overline{\overline{X}} < \aleph_{cf(\alpha)}$. Es gibt eine Zahl ξ mit $0 < \xi < \omega_\alpha$, so daß $X \subset \mathfrak{V}_{\eta<\xi} M_\eta$; denn wären für eine Folge von Indizes η, deren Limes ω_α ist, Elemente von X in M_η, so wäre die Mächtigkeit der Menge dieser Indizes $\geqq \aleph_{cf(\alpha)}$, also $\overline{\overline{X}} \geqq \aleph_{cf(\alpha)}$, Widerspruch. Wegen $\overline{\overline{X}} < \mathfrak{n}$ ist also $X \in M_\xi$, also $X \in M$. Somit erfüllt M die Bedingung von $(\mathfrak{A}_{38})$ und ist sogar identisch mit der Menge aller Teilmengen $X \subset M$ mit $\overline{\overline{X}}$ non $\geqq \overline{\overline{N}}$.

$(\mathfrak{A}_{38}) \to (\mathfrak{A}_2)$ und $(\mathfrak{A}'_{38}) \to (\mathfrak{A}_2)$: Nach $(\mathfrak{A}_{38})$ oder $(\mathfrak{A}'_{38})$ gibt es zu jeder Menge N eine Menge M, so daß für die Menge S der Teilmengen $X \subset M$

[1] $(\mathfrak{A}'_{38})$ hat gegenüber $(\mathfrak{A}_{38})$ den Vorteil, daß es ohne Ersetzungsaxiom aus $(\mathfrak{A})$ abgeleitet werden kann und daß es auch in einem System, das sich auf die Stufentheorie gründet, einen Sinn hat.

mit $\overline{\overline{X}}$ non $\geqq \overline{\overline{N}}$ gilt: $\overline{\overline{S}} \leqq \overline{\overline{M}}$. Nach § 26, Satz 3, existiert also eine Menge $N_1 \subset M$ mit N_1 non $\in S$, die wohlgeordnet werden kann, also ist $\overline{\overline{N}} \leqq \overline{\overline{N_1}}$; somit kann auch N wohlgeordnet werden.

Hilfssatz. *Aus* $(\mathfrak{A})$ *folgt: Ist M eine unendliche Menge mit* $\overline{\overline{M}} = \mathfrak{m}$, *und ist S die Menge der Teilmengen* $X \subset M$ *mit* $\overline{\overline{X}} = \mathfrak{n}$ *(wobei* $\mathfrak{n} \leqq \mathfrak{m}$*), so ist* $\overline{\overline{S}} = \mathfrak{m}^{\mathfrak{n}}$.

Beweis [29]: Wir sehen vom trivialen Fall $\mathfrak{n} = 0$ ab. Es sei $N \subset M$ eine bestimmte Teilmenge mit $\overline{\overline{N}} = \mathfrak{n}$. Zu jeder beliebigen Teilmenge $X \subset M$ mit $\overline{\overline{X}} = \mathfrak{n}$ existieren eineindeutige Abbildungen von N auf X. Also gibt es eine Funktion, die jeder solchen Teilmenge X eine solche Abbildung, also ein Element von M^N zuordnet. Somit ist $\overline{\overline{S}} \leqq \mathfrak{m}^{\mathfrak{n}}$. — Anderseits ist wegen $\mathfrak{m} \cdot \mathfrak{n} = \mathfrak{m}$ $M = \underset{x \in N}{\mathfrak{V}} M_x$, wobei die M_x paarweise disjunkt sind mit $\overline{\overline{M_x}} = \mathfrak{m}$ für alle $x \in N$. Die Menge der Teilmengen $Y \subset M$, die aus jeder Menge M_x genau ein Element enthalten, hat die Mächtigkeit $\mathfrak{m}^{\mathfrak{n}}$. Da alle diese Y die Mächtigkeit $\mathfrak{n}$ haben, ist $\mathfrak{m}^{\mathfrak{n}} \leqq \overline{\overline{S}}$. Also ist $\overline{\overline{S}} = \mathfrak{m}^{\mathfrak{n}}$.

Bemerkung: Die Anzahl der Teilmengen von n Elementen einer endlichen Menge von m Elementen (wobei $n \leqq m$) ist gleich dem Binomialkoeffizienten $\binom{m}{n}$.

$(\mathfrak{A}_{39})$ *Ist M eine unendliche Menge mit* $\overline{\overline{M}} = \mathfrak{m}$ *und S die Menge der Teilmengen* $X \subset M$ *mit* $\overline{\overline{X}}$ non $> \mathfrak{n}$ *(wobei* $\mathfrak{n} \leqq \mathfrak{m}$*), so ist* $\overline{\overline{S}} = \mathfrak{m}^{\mathfrak{n}}$ [31].

$(\mathfrak{A}) \to (\mathfrak{A}_{39})$: Aus $(\mathfrak{A})$ und dem obigen Hilfssatz folgt: Die Menge S aller Teilmengen $X \subset M$ mit $\overline{\overline{X}}$ non $> \mathfrak{n}$ (also mit $\overline{\overline{X}} \leqq \mathfrak{n}$) hat die Mächtigkeit

$$\overline{\overline{S}} = \sum_{\mathfrak{x} \leqq \mathfrak{n}} \mathfrak{m}^{\mathfrak{x}} \leqq \mathfrak{m}^{\mathfrak{n}} \cdot \mathfrak{n} = \mathfrak{m}^{\mathfrak{n}}.$$

$(\mathfrak{A}_{39}) \to (\mathfrak{A}'_{38})$: Es sei N eine beliebige Menge mit $\overline{\overline{N}} = \mathfrak{n}$. Ist $\mathfrak{n} \leqq 1$, so setzen wir $M = N$. Ist $\mathfrak{n} > 1$, so sei M eine Menge mit $\overline{\overline{M}} = 2^{\mathfrak{n}^{\aleph_0}}$. Ist S_1 die Menge der Teilmengen $X \subset M$ mit $\overline{\overline{X}}$ non $\geqq \overline{\overline{N}}$, und S die Menge der Teilmengen $X \subset M$ mit $\overline{\overline{X}}$ non $> \overline{\overline{N}}$, so ist $S_1 \subset S$; wegen der Voraussetzung $\overline{\overline{S}} = \mathfrak{m}^{\mathfrak{n}}$ ist also $\overline{\overline{S_1}} \leqq \mathfrak{m}^{\mathfrak{n}} = 2^{\mathfrak{n}^{\aleph_0} \cdot \mathfrak{n}} = 2^{\mathfrak{n}^{\aleph_0}} = \mathfrak{m}$. — Anderseits gibt es Teilmengen von S mit der Mächtigkeit $\mathfrak{m}$, z.B. die Menge der Teilmengen $X \subset M$ mit $\overline{\overline{X}} = 1$. Also ist $\overline{\overline{S_1}} = \mathfrak{m}$. Somit gilt $(\mathfrak{A}'_{38})$.

Weitere mit $(\mathfrak{A})$ äquivalente Sätze über Mengen:

$(\mathfrak{A}_{40})$ ***Zu jeder nicht-leeren Menge M gibt es eine Menge S von Teilmengen*** $X \subset M$ ***mit*** $\overline{\overline{S}} = \overline{\overline{M}}$, ***so daß*** $T \subset S \to \underset{X \in T}{\mathfrak{V}} X \in T$ [4].

Definition: Eine Menge M von Mengen heißt ***n-disjunkt***, wenn beliebige n verschiedene Elemente $X \in M$ einen leeren Durchschnitt haben. Eine Teilmenge $N \subset M$ heißt eine ***maximal n-disjunkte Teilmenge*** von M, wenn N keine echte Teilmenge einer n-disjunkten Teilmenge von M ist.

($\mathfrak{A}_{41}$) *Jede Menge M von Mengen hat eine maximal 2-disjunkte Teilmenge* $N \subset M$ [34].

Ist n eine beliebige feste natürliche Zahl mit $2 \leqq n < \omega$, so ist ($\mathfrak{A}$) äquivalent mit dem Satz:

($\mathfrak{A}_{42}$) *Jede n-disjunkte Teilmenge einer Menge M von Mengen kann zu einer maximal n-disjunkten Teilmenge von M erweitert werden* [3].

§ 32. Weitere Konsequenzen des Auswahlaxioms in der Arithmetik der Kardinalzahlen

1. Die wichtigsten Konsequenzen des Auswahlaxioms. Wir legen nun das Auswahlaxiom zugrunde. Dadurch tritt mit einem Schlag eine große Vereinfachung der Arithmetik der Mächtigkeiten und Kardinalzahlen ein: jede Mächtigkeit wird zu einer Kardinalzahl; ferner treten folgende Erscheinungen auf:

1. Sind jedem Element x einer gegebenen Menge X je zwei Mengen A_x und B_x zugeordnet (wobei die A_x und auch die B_x paarweise disjunkt seien), und ist $A_x \sim B_x$ für alle $x \in X$, so ist (vgl. § 24)

$$\mathfrak{B}_{x \in X} A_x \sim \mathfrak{B}_{x \in X} B_x \quad \text{und} \quad \mathfrak{P}_{x \in X} A_x \sim \mathfrak{P}_{x \in X} B_x .$$

Die in § 28 definierten unendlichen Summen und Produkte von Kardinalzahlen sind somit nicht von den zu ihrer Definition verwendeten Mengen, sondern nur von ihren Mächtigkeiten abhängig.

2. Zudem kann man nun in sehr einfacher Weise aus den Formeln (3) bis (7) von § 24 die *assoziativen und distributiven Gesetze* für die Kardinalzahlenarithmetik beweisen: Ist eine Funktion mit Argumentmenge X gegeben, die jedem Element $x \in X$ eine Mächtigkeit $\mathfrak{m}_x$ zuordnet, und ist ferner eine Funktion mit Argumentmenge A gegeben, die jedem $a \in A$ eine Teilmenge $X_a \subset X$ zuordnet, so daß die X_a paarweise disjunkt sind und $\mathfrak{B}_{a \in A} X_a = X$ ist, so ist

$$\sum_{x \in X} \mathfrak{m}_x = \sum_{a \in A} \Big(\sum_{x \in X_a} \mathfrak{m}_x \Big),$$

$$\prod_{x \in X} \mathfrak{m}_x = \prod_{a \in A} \Big(\prod_{x \in X_a} \mathfrak{m}_x \Big),$$

$$\prod_{a \in A} \Big(\sum_{x \in X_a} \mathfrak{m}_x \Big) = \sum_{f \in F} \Big(\prod_{a \in A} \mathfrak{m}_{f(a)} \Big), \quad \text{wobei} \quad F = \mathfrak{P}_{a \in A} X_a$$

$$\Big(\text{speziell wird } \mathfrak{m} \cdot \sum_{x \in X} \mathfrak{m}_x = \sum_{x \in X} \mathfrak{m} \cdot \mathfrak{m}_x \Big).$$

Ferner kann man nun beliebige Summen und Produkte von Potenzen von Mächtigkeiten usw. definieren und die *Potenzgesetze* beweisen (aus den Formeln (8) bis (10) von § 24):

$$\mathfrak{m}^{\left(\sum_{x \in X} \mathfrak{m}_x\right)} = \prod_{x \in X} \mathfrak{m}^{\mathfrak{m}_x},$$

$$\left(\prod_{x \in X} \mathfrak{m}_x\right)^{\mathfrak{m}} = \prod_{x \in X} \mathfrak{m}_x^{\mathfrak{m}}.$$

3. Ist $\{\alpha_\xi\}_{\xi<\lambda}$ eine beliebige Folge von Ordnungszahlen, so wird (vgl. § 27)

$$\overline{\sum_{\xi<\lambda} \alpha_\xi} = \sum_{\xi<\lambda} \overline{\alpha_\xi}, \quad \overline{\prod_{\xi<\lambda} \alpha_\xi} \leqq \prod_{\xi<\lambda} \overline{\alpha_\xi}.$$

4. Ist eine Funktion mit Argumentmenge X gegeben, die jedem Element $x \in X$ eine nicht-leere Menge M_x zuordnet, so daß die M_x paarweise disjunkt sind, so ist (vgl. § 25)

$$\overline{\overline{\mathfrak{V}_{x \in X} M_x}} \geqq \overline{\overline{X}};$$

sind alle M_x von derselben Mächtigkeit $\mathfrak{m}$, so ist (vgl. § 24)

$$\overline{\overline{\mathfrak{V}_{x \in X} M_x}} = \overline{\overline{X}} \cdot \mathfrak{m}.$$

5. Jede unendliche Mächtigkeit ist transfinit (vgl. § 30). Somit enthält jede unendliche Menge eine abzählbare Teilmenge. Die Mächtigkeit einer unendlichen Menge ändert sich nicht, wenn man ein Element (oder eine endliche Menge) heraushebt oder hinzufügt.

Zu zwei beliebigen Mächtigkeiten $\mathfrak{m}$ und $\mathfrak{n}$ mit $\mathfrak{m} > \mathfrak{n}$ existiert die Differenz $\mathfrak{m} - \mathfrak{n}$; im Fall, daß $\mathfrak{m}$ unendlich ist, ist $\mathfrak{m} - \mathfrak{n} = \mathfrak{m}$. $\aleph_{\alpha+1}$ ist die einzige unmittelbar auf $\aleph_\alpha$ folgende Mächtigkeit.

6. Für die in § 27 definierte Normalfunktion Φ gilt $\Phi(\alpha) = \alpha$, also ist $\Omega_\alpha = \omega_\alpha$ für jede Ordnungszahl α. Es gibt somit nur eine Sorte von Anfangszahlen (die wir mit ω_α bezeichnen).

Somit ist für jede Ordnungszahl α der in § 6 definierte Funktionswert $cf(\alpha)$ einfach definiert als der Index γ der kleinsten Zahl ω_γ, mit der ω_α konfinal ist.

Für jede Ordnungszahl α läßt sich $\aleph_\alpha$ als Summe $\aleph_\alpha = \sum_{\xi < \omega_{cf(\alpha)}} \mathfrak{m}_\xi$ mit $0 < \mathfrak{m}_\xi < \aleph_\alpha$ für alle $\xi < \omega_{cf(\alpha)}$ darstellen (vgl. § 28, Satz 4).

2. Alephformeln. Mit Hilfe des Auswahlaxioms kann man folgende Alephformeln ableiten:

Satz 1 (Hilfsformel). $\aleph_{\alpha+1}^{\aleph_\beta} = \sum_{\mu < \omega_{\alpha+1}} \bar{\mu}^{\aleph_\beta}$ *für* $\alpha \geqq \beta$.

Beweis: Zu jeder Folge $\{\sigma_\eta\}_{\eta<\omega_\beta}$ von Ordnungszahlen $\sigma_\eta < \omega_{\alpha+1}$ gibt es eine Ordnungszahl $\mu < \omega_{\alpha+1}$, so daß $\sigma_\eta < \mu$ für alle $\eta < \omega_\beta$;

also ist

$$W(\omega_{\alpha+1})^{W(\omega_\beta)} \subset \mathop{\mathfrak{B}}_{\mu<\omega_{\alpha+1}} W(\mu)^{W(\omega_\beta)}, \quad \text{also} \quad \aleph_{\alpha+1}^{\aleph_\beta} \leqq \sum_{\beta<\omega_{\alpha+1}} \bar{\mu}^{\aleph_\beta}.$$

Ferner ist

$$\sum_{\mu<\omega_{\alpha+1}} \bar{\mu}^{\aleph_\beta} \leqq \aleph_{\alpha+1}^{\aleph_\beta} \cdot \aleph_{\alpha+1} = \aleph_{\alpha+1}^{\aleph_\beta+1} = \aleph_{\alpha+1}^{\aleph_\beta},$$

somit gilt Satz 1.

Satz 2 (HAUSDORFFsche Rekurrenzformel).

$$\aleph_{\alpha+1}^{\aleph_\beta} = \aleph_\alpha^{\aleph_\beta} \cdot \aleph_{\alpha+1} \quad \textit{für beliebige Ordnungszahlen } \alpha, \beta.$$

Beweis: a) $\alpha < \beta$: Es ist $\alpha + 1 \leqq \beta$, also nach der BERNSTEINschen Formel (§ 28)

$$\aleph_\alpha^{\aleph_\beta} = \aleph_{\alpha+1}^{\aleph_\beta} = 2^{\aleph_\beta},$$

also

$$\aleph_\alpha^{\aleph_\beta} \cdot \aleph_{\alpha+1} = \aleph_{\alpha+1}^{\aleph_\beta} \cdot \aleph_{\alpha+1} = \aleph_{\alpha+1}^{\aleph_\beta}.$$

b) $\alpha \geqq \beta$: Nach Satz 1 wird

$$\aleph_{\alpha+1}^{\aleph_\beta} = \sum_{\mu<\omega_{\alpha+1}} \bar{\mu}^{\aleph_\beta} \leqq \aleph_\alpha^{\aleph_\beta} \cdot \aleph_{\alpha+1} \leqq \aleph_{\alpha+1}^{\aleph_\beta} \cdot \aleph_{\alpha+1} = \aleph_{\alpha+1}^{\aleph_\beta},$$

woraus Satz 2 folgt. — Satz 2 gilt übrigens auch, wenn man an Stelle von $\aleph_\beta$ eine endliche Mächtigkeit setzt.

Satz 3 (BERNSTEINscher Alephsatz). *Für endliches α ist*

$$\aleph_\alpha^{\aleph_\beta} = 2^{\aleph_\beta} \cdot \aleph_\alpha.$$

Beweis: a) $\alpha \leqq \beta$: Es ist

$$\aleph_\alpha^{\aleph_\beta} = \aleph_\alpha^{\aleph_\beta} \cdot \aleph_\alpha = 2^{\aleph_\beta} \cdot \aleph_\alpha.$$

b) $\beta \leqq \alpha < \omega$: Für $\alpha = \beta$ gilt Satz 3. Gilt er für α und alle Vorgänger von α, so gilt er für $\alpha + 1$; denn für $\mu < \omega_{\alpha+1}$ ist $\bar{\mu} \leqq \aleph_\alpha$, also $\bar{\mu}^{\aleph_\beta} = 2^{\aleph_\beta} \cdot \bar{\mu}$, also nach Satz 1 und nach § 28, Satz 3

$$\aleph_{\alpha+1}^{\aleph_\beta} = \sum_{\mu<\omega_{\alpha+1}} \bar{\mu}^{\aleph_\beta} = \sum_{\mu<\omega_{\alpha+1}} 2^{\aleph_\beta} \cdot \bar{\mu} = 2^{\aleph_\beta} \cdot \sum_{\mu<\omega_{\alpha+1}} \bar{\mu} = 2^{\aleph_\beta} \cdot \aleph_{\alpha+1}.$$

Satz 4 (TARSKIsche Verallgemeinerung von Satz 2 und 3). *Ist $\bar{\gamma} \leqq \aleph_\beta$, so ist*

$$\aleph_{\alpha+\gamma}^{\aleph_\beta} = \aleph_\alpha^{\aleph_\beta} \cdot \aleph_{\alpha+\gamma}^{\bar{\gamma}}.$$

Beweis [28] mit transfiniter Induktion nach γ: Satz 4 gilt für $\gamma = 0$, weil $\aleph_\alpha^0 = 1$. Gilt er für γ und ist $\bar{\gamma} \leqq \aleph_\beta$, so wird nach Satz 2

$$\aleph_{\alpha+\gamma+1}^{\aleph_\beta} = \aleph_{\alpha+\gamma}^{\aleph_\beta} \cdot \aleph_{\alpha+\gamma+1} = \aleph_\alpha^{\aleph_\beta} \cdot \aleph_{\alpha+\gamma}^{\bar{\gamma}} \cdot \aleph_{\alpha+\gamma+1}$$

$$= \aleph_\alpha^{\aleph_\beta} \cdot \aleph_{\alpha+\gamma}^{\overline{\gamma+1}} \cdot \aleph_{\alpha+\gamma+1} = \aleph_\alpha^{\aleph_\beta} \cdot \aleph_{\alpha+\gamma+1}^{\overline{\gamma+1}},$$

d.h., Satz 4 gilt für $\gamma + 1$. — Ist λ eine Limeszahl, gilt Satz 4 für alle $\gamma < \lambda$ und ist $\bar{\lambda} \leqq \aleph_\beta$, so wird nach Formel (3) von § 29

$$\aleph_{\alpha+\lambda} = \sum_{\gamma<\lambda} \aleph_{\alpha+\gamma} < \prod_{\gamma<\lambda} \aleph_{\alpha+\gamma},$$

also

$$\aleph_{\alpha+\lambda}^{\aleph_\beta} \leqq \Big(\prod_{\gamma<\lambda} \aleph_{\alpha+\gamma}\Big)^{\aleph_\beta} = \prod_{\gamma<\lambda} \big(\aleph_{\alpha+\gamma}^{\aleph_\beta}\big) = \prod_{\gamma<\lambda} \big(\aleph_\alpha^{\aleph_\beta} \cdot \aleph_{\alpha+\gamma}^{\bar{\gamma}}\big)$$

$$= \big(\aleph_\alpha^{\aleph_\beta}\big)^{\bar{\lambda}} \cdot \prod_{\gamma<\lambda} \aleph_{\alpha+\gamma}^{\bar{\gamma}} \leqq \aleph_\alpha^{\aleph_\beta \cdot \bar{\lambda}} \cdot \aleph_{\alpha+\lambda}^{\bar{\lambda}\cdot\bar{\lambda}} = \aleph_\alpha^{\aleph_\beta} \cdot \aleph_{\alpha+\lambda}^{\bar{\lambda}};$$

anderseits ist

$$\aleph_\alpha^{\aleph_\beta} \cdot \aleph_{\alpha+\lambda}^{\bar{\lambda}} \leqq \aleph_{\alpha+\lambda}^{\aleph_\beta} \cdot \aleph_{\alpha+\lambda}^{\aleph_\beta} = \aleph_{\alpha+\lambda}^{\aleph_\beta},$$

also gilt Satz 4 für $\gamma = \lambda$.

Folgerungen: 1. Ist γ endlich, so ist $\aleph_{\alpha+\gamma}^{\aleph_\beta} = \aleph_\alpha^{\aleph_\beta} \cdot \aleph_{\alpha+\gamma}$ für beliebige α, β.

2. Für $\gamma = 1$ ergibt sich daraus Satz 2.

3. Ist $\bar{\alpha} \leqq \aleph_\beta$, so ist $\aleph_\alpha^{\aleph_\beta} = 2^{\aleph_\beta} \cdot \aleph_\alpha^{\bar{\alpha}}$. — Beweis: Ersetzt man in Satz 4 γ durch α, α durch 0, so wird $\aleph_\alpha^{\aleph_\beta} = \aleph_0^{\aleph_\beta} \cdot \aleph_\alpha^{\bar{\alpha}} = 2^{\aleph_\beta} \cdot \aleph_\alpha^{\bar{\alpha}}$.

4. Für $\alpha < \omega$ ergibt sich daraus Satz 3.

5. Ist $\omega \leqq \alpha < \omega_1$ und β beliebig, so ist (wegen $\bar{\alpha} = \aleph_0$, also $\bar{\alpha} \leqq \aleph_\beta$) nach 3. $\aleph_\alpha^{\aleph_\beta} = 2^{\aleph_\beta} \cdot \aleph_\alpha^{\aleph_0}$.

3. Sätze über unendliche Summen und Produkte von Kardinalzahlen [2, 3].

Satz 5. *Ist $\{\mathfrak{m}_\xi\}_{\xi<\lambda}$ eine monotone Folge vom Limeszahltyp λ von Alephs, und ist γ der kleinste Rest von λ, so ist*

$$\prod_{\xi<\lambda} \mathfrak{m}_\xi = \Big(\prod_{\xi<\lambda} \mathfrak{m}_\xi\Big)^{\bar{\gamma}}.$$

Beweis: a) λ sei eine γ-Zahl (also $\gamma = \lambda$). Wir setzen $\tau_{\xi,\eta} = \xi$ für $\xi < \lambda$ und $\eta < \lambda$. Ist $\xi \# \eta$ die natürliche Summe von ξ und η (vgl. § 23), so hat die Gleichung $\xi \# \eta = \zeta$ nur endlich viele Lösungspaare (ξ, η); somit hat ein Produkt $\prod_{\xi \# \eta = \zeta} \mathfrak{m}_{\tau_{\xi,\eta}}$ nur endlich viele Faktoren und ist gleich seinem größten Faktor $\mathfrak{m}_{\tau_{\zeta,0}} = \mathfrak{m}_\zeta$; also ist

$$\Big(\prod_{\xi<\lambda} \mathfrak{m}_\xi\Big)^{\bar{\lambda}} = \prod_{\xi<\lambda} \mathfrak{m}_\xi^{\bar{\lambda}} = \prod_{\xi<\lambda} \Big(\prod_{\eta<\lambda} \mathfrak{m}_{\tau_{\xi,\eta}}\Big) = \prod_{\zeta<\lambda} \Big(\prod_{\xi \# \eta = \zeta} \mathfrak{m}_{\tau_{\xi,\eta}}\Big) = \prod_{\zeta<\lambda} \mathfrak{m}_\zeta.$$

b) λ sei keine γ-Zahl, und $\lambda = \sum_{i<n} \omega^{\lambda_i}$ sei die Zerlegung von λ in additiv unzerlegbare Bestandteile (vgl. § 20); die Teilsummen seien $\sigma_k = \sum_{i<k} \omega^{\lambda_i}$ (also $\sigma_0 = 0$, $\sigma_n = \lambda$, $n > 1$, $\omega^{\lambda_{n-1}} = \gamma$). Teilweise nach a) wird also

$$\prod_{\xi<\lambda} \mathfrak{m}_\xi = \prod_{k<n}\Bigl(\prod_{\xi<\omega^{\lambda_k}} \mathfrak{m}_{\sigma_k+\xi}\Bigr) = \prod_{k<n}\Bigl(\prod_{\xi<\omega^{\lambda_k}} \mathfrak{m}_{\sigma_k+\xi}\Bigr)^{\overline{\omega^{\lambda_k}}} \geqq \prod_{k<n}\Bigl(\prod_{\xi<\omega^{\lambda_k}} \mathfrak{m}_{\sigma_k+\xi}\Bigr)^{\bar\gamma}$$

$$= \prod_{k<n}\Bigl(\prod_{\xi<\omega^{\lambda_k}} \mathfrak{m}_{\sigma_k+\xi}^{\bar\gamma}\Bigr) = \prod_{\xi<\lambda} \mathfrak{m}_\xi^{\bar\gamma} = \Bigl(\prod_{\xi<\lambda} \mathfrak{m}_\xi\Bigr)^{\bar\gamma}.$$

Folgerung: *Ist λ eine eigentliche γ-Zahl und $\{\alpha_\xi\}_{\xi<\lambda}$ eine monotone Folge vom Typ λ von Ordnungszahlen, so folgt* (nach Formel (6) von § 29)

$$\prod_{\xi<\lambda} \aleph_{\alpha_\xi} = \Bigl(\sum_{\xi<\lambda} \aleph_{\alpha_\xi}\Bigr)^{\bar\lambda}.$$

Daraus folgt unmittelbar:

Satz 6. *Ist λ eine eigentliche γ-Zahl und $\{\alpha_\xi\}_{\xi<\lambda}$ eine wachsende Folge vom Typ λ von Ordnungszahlen mit dem Limes α, so ist*

$$\prod_{\xi<\lambda} \aleph_{\alpha_\xi} = \aleph_\alpha^{\bar\lambda}.$$

Satz 7. *Ist λ eine Limeszahl, so ist $\prod_{\xi<\lambda} \aleph_\xi = \aleph_\lambda^{\bar\lambda}$* (entsprechend dem Satz über Summen: $\sum_{\xi<\lambda} \aleph_\xi = \aleph_\lambda$).

Beweis: Es sei λ die kleinste Limeszahl, für die Satz 7 nicht gilt. Nach Satz 6 ist also λ keine γ-Zahl. Wir zerlegen λ wie im Beweis von Satz 5. Also ist $\lambda = \sigma_{n-1} + \gamma$, wobei σ_{n-1} eine Limeszahl mit $\overline{\sigma_{n-1}} = \bar\lambda$ und $\sigma_{n-1} < \lambda$ ist. Also ist nach Voraussetzung

$$\prod_{\xi<\sigma_{n-1}} \aleph_\xi = \aleph_{\sigma_{n-1}}^{\bar\lambda},$$

ferner ist nach Satz 6

$$\prod_{\xi<\gamma} \aleph_{\sigma_{n-1}+\xi} = \aleph_\lambda^{\bar\gamma},$$

also

$$\prod_{\xi<\lambda} \aleph_\xi = \prod_{\xi<\sigma_{n-1}} \aleph_\xi \cdot \prod_{\xi<\gamma} \aleph_{\sigma_{n-1}+\xi} = \aleph_{\sigma_{n-1}}^{\bar\lambda} \cdot \aleph_\lambda^{\bar\gamma}.$$

Nach Satz 4 und wegen $\bar\gamma \leq \bar\lambda$ wird

$$\aleph_\lambda^{\bar\lambda} = \aleph_{\sigma_{n-1}+\gamma}^{\bar\lambda} = \aleph_{\sigma_{n-1}}^{\bar\lambda} \cdot \aleph_\lambda^{\bar\gamma},$$

also wird

$$\prod_{\xi<\lambda} \aleph_\xi = \aleph_\lambda^{\bar\lambda},$$

im Widerspruch zur Annahme. Satz 7 gilt also für alle Limeszahlen λ.

Folgerung: *Für $\alpha > 0$ ist $\prod_{\xi\leqq\alpha} \aleph_\xi = \aleph_\alpha^{\bar\alpha}$* $\Bigl($entsprechend $\sum_{\xi\leqq\alpha} \aleph_\xi = \aleph_\alpha\Bigr)$.

Beweis: Für $\alpha = 1$ ist die Behauptung richtig. Ist α eine Limeszahl, so ist

$$\prod_{\xi\leqq\alpha} \aleph_\xi = \Bigl(\prod_{\xi<\alpha} \aleph_\xi\Bigr) \cdot \aleph_\alpha = \aleph_\alpha^{\bar\alpha} \cdot \aleph_\alpha = \aleph_\alpha^{\bar\alpha}.$$

Gilt die Behauptung für α, so ist

$$\prod_{\xi \leqq \alpha+1} \aleph_\xi = \Big(\prod_{\xi \leqq \alpha} \aleph_\xi\Big) \cdot \aleph_{\alpha+1} = \aleph_\alpha^{\bar{\alpha}} \cdot \aleph_{\alpha+1},$$

also nach Satz 2

$$\prod_{\xi \leqq \alpha+1} \aleph_\xi = \aleph_{\alpha+1}{}^{\bar{\alpha}} = \aleph_{\alpha+1}^{\overline{\alpha+1}}.$$

Bemerkung: Ist $\{\alpha_\xi\}_{\xi<\lambda}$ eine wachsende Folge vom Limeszahltyp λ mit dem Limes α, so würde der dem Satz über Summen $\sum\limits_{\xi<\lambda} \aleph_{\alpha_\xi} = \aleph_\alpha$ entsprechende Satz über Produkte wahrscheinlich lauten

$$\prod_{\xi<\lambda} \aleph_{\alpha_\xi} = \aleph_\alpha^{\bar{\lambda}} \quad (?).$$

Diese Beziehung gilt in gewissen Spezialfällen (Satz 6 und 7); ob sie allgemein gilt, ist noch ein *offenes Problem*. Auf alle Fälle gilt

$$\aleph_\alpha < \prod_{\xi<\lambda} \aleph_{\alpha_\xi} \leqq \aleph_\alpha^{\bar{\lambda}} \leqq \aleph_\alpha^{\aleph_\alpha} = 2^{\aleph_\alpha};$$

nimmt man die *Alephhypothese* an (§ 35), so wird

$$\prod_{\xi<\lambda} \aleph_{\alpha_\xi} = \aleph_\alpha^{\bar{\lambda}} = \aleph_{\alpha+1},$$

d.h., die fragliche Beziehung gilt dann allgemein.

Satz 8 (über Partialsummen). *Ist* $\{\mathfrak{m}_\xi\}_{\xi<\lambda}$ *eine beliebige Folge vom Limeszahltyp* λ *von Kardinalzahlen* $\mathfrak{m}_\xi > 0$, *so ist*

$$\sum_{\xi<\lambda} \mathfrak{m}_\xi = \sum_{\xi<\lambda} \Big(\sum_{\eta<\xi} \mathfrak{m}_\eta\Big).$$

Beweis: Für jedes $\xi < \lambda$ ist $\mathfrak{m}_\xi \leqq \sum\limits_{\eta<\xi+1} \mathfrak{m}_\eta$, also wird

$$\sum_{\xi<\lambda} \mathfrak{m}_\xi \leqq \sum_{\xi<\lambda} \Big(\sum_{\eta<\xi} \mathfrak{m}_\eta\Big).$$

Ferner ist $\sum\limits_{\eta<\xi} \mathfrak{m}_\eta \leqq \sum\limits_{\xi<\lambda} \mathfrak{m}_\xi$ für alle $\xi < \lambda$, also

$$\sum_{\xi<\lambda} \Big(\sum_{\eta<\xi} \mathfrak{m}_\eta\Big) \leqq \Big(\sum_{\xi<\lambda} \mathfrak{m}_\xi\Big) \cdot \bar{\lambda} = \sum_{\xi<\lambda} \mathfrak{m}_\xi, \quad \text{weil} \quad \bar{\lambda} \leqq \sum_{\xi<\lambda} \mathfrak{m}_\xi.$$

Satz 9 (über Partialprodukte). *Ist* $\{\mathfrak{m}_\xi\}_{\xi<\lambda}$ *eine monotone Folge vom Limeszahltyp* λ *von Alephs, so ist*

$$\prod_{\xi<\lambda} \mathfrak{m}_\xi = \prod_{\xi<\lambda} \Big(\prod_{\eta<\xi} \mathfrak{m}_\eta\Big).$$

Beweis: Wir zerlegen λ in γ-Zahlen wie im Beweis von Satz 5. Bezeichnen wir die Partialprodukte mit $\mathfrak{p}_\xi = \prod\limits_{\eta<\xi} \mathfrak{m}_\eta$, so wird

$$\mathfrak{p}_\sigma = \prod_{k<l} \Big(\prod_{\xi<\omega^{\lambda_k}} \mathfrak{m}_{\sigma_k+\xi}\Big),$$

und wegen $\overline{\omega^{\lambda_k}} = \sum_{k \leqq i < n} \overline{\omega^{\lambda_i}}$ für $k < n$ und nach Satz 6 wird

$$\prod_{\xi < \lambda} \mathfrak{m}_\xi = \prod_{k < n} \Big(\prod_{\xi < \omega^{\lambda_k}} \mathfrak{m}_{\sigma_k + \xi} \Big) = \prod_{k < n} \Big(\prod_{\xi < \omega^{\lambda_k}} \mathfrak{m}_{\sigma_k + \xi} \Big)^{\overline{\omega^{\lambda_k}}}$$

$$= \prod_{k < n} \Big(\prod_{k \leqq i < n} \Big(\prod_{\xi < \omega^{\lambda_k}} \mathfrak{m}_{\sigma_k + \xi} \Big)^{\overline{\omega^{\lambda_i}}} \Big)$$

$$= \prod_{i < n} \Big(\prod_{k \leqq i} \Big(\prod_{\xi < \omega^{\lambda_k}} \mathfrak{m}_{\sigma_k + \xi}^{\overline{\omega^{\lambda_i}}} \Big) \Big) = \prod_{i < n} \mathfrak{p}_{\sigma_i + 1}^{\overline{\omega^{\lambda_i}}} \geqq \prod_{i < n} \Big(\prod_{\xi < \omega^{\lambda_i}} \mathfrak{p}_{\sigma_i + \xi} \Big) = \prod_{\xi < \lambda} \mathfrak{p}_\xi;$$

anderseits ist $\mathfrak{m}_\xi \leqq \mathfrak{p}_{\xi+1}$ für $\xi < \lambda$, also

$$\prod_{\xi < \lambda} \mathfrak{m}_\xi \leqq \prod_{\xi < \lambda} \mathfrak{p}_{\xi+1} \leqq \prod_{\xi < \lambda} \mathfrak{p}_\xi .$$

§ 33. Die Beths

1. Allgemeine Sätze über Beths. Wie wir in § 28 sahen, kann man ohne Auswahlaxiom nicht viel über die Beths aussagen. Wir betrachten nun die aus dem Auswahlaxiom (aber ohne Alephhypothese) ableitbaren Eigenschaften der Beths (die nun spezielle Alephs sind). Zunächst erwähnen wir zwei negative Aussagen [1]:

Satz 1. *Ist $\alpha > \beta > \gamma$, und ist $\aleph_\alpha$ keine Potenz von $\aleph_\beta$, so ist $\aleph_\alpha$ keine Potenz von $\aleph_\gamma$.*

Beweis: Wäre $\aleph_\alpha = \aleph_\gamma^{\mathfrak{n}}$, so wäre $\mathfrak{n}$ ein Aleph, also $\mathfrak{n}^2 = \mathfrak{n}$, also

$$\aleph_\gamma^{\mathfrak{n}} \leqq \aleph_\beta^{\mathfrak{n}} \leqq \aleph_\alpha^{\mathfrak{n}} = (\aleph_\gamma^{\mathfrak{n}})^{\mathfrak{n}} = \aleph_\gamma^{\mathfrak{n}}, \quad \text{also} \quad \aleph_\beta^{\mathfrak{n}} = \aleph_\gamma^{\mathfrak{n}} = \aleph_\alpha,$$

im Widerspruch zur Voraussetzung.

Satz 2. *Ist $\varphi \geqq cf(\alpha)$, so ist $\aleph_\alpha \neq \mathfrak{m}^{\aleph_\varphi}$ für jede beliebige Mächtigkeit $\mathfrak{m}$.*

Beweis: Ist α isoliert, so ist $cf(\alpha) = \alpha$, also

$$2^{\aleph_\varphi} > \aleph_\varphi \geqq \aleph_\alpha, \quad \text{also} \quad \mathfrak{m}^{\aleph_\varphi} > \aleph_\alpha \quad \text{für} \quad \mathfrak{m} \geqq 2.$$

Ist α eine Limeszahl, so existiert eine wachsende Folge $\{\alpha_\xi\}_{\xi < \omega_{cf(\alpha)}}$ mit dem Limes α, also ist $\aleph_\alpha = \sum_{\xi < \omega_{cf(\alpha)}} \aleph_{\alpha_\xi}$, also nach Formel (5) von § 29

$$\aleph_\alpha < \aleph_\alpha^{\overline{\omega_{cf(\alpha)}}} = \aleph_\alpha^{\aleph_{cf(\alpha)}} \leqq \aleph_\alpha^{\aleph_\varphi}.$$

Wäre $\aleph_\alpha = \mathfrak{m}^{\aleph_\varphi}$, so wäre aber

$$\aleph_\alpha^{\aleph_\varphi} = \mathfrak{m}^{\aleph_\varphi^2} = \mathfrak{m}^{\aleph_\varphi} = \aleph_\alpha, \quad \text{Widerspruch.}$$

Folgerungen: 1. Es ist $\aleph_\alpha^{\aleph_\varphi} > \aleph_\alpha$, wenn $\varphi \geqq cf(\alpha)$.

2. Es gibt unendlich viele und beliebig große Alephs, die keine Beths sind: Ist $cf(\alpha) = 0$, so ist $\aleph_\alpha$ kein Beth.

Ferner gibt es folgende bemerkenswerte Zerlegungen der Beths in Summen und Produkte von Beths [28]:

Satz 3. *Ist α eine Limeszahl und $\beta < cf(\alpha)$, so ist für jede wachsende Folge $\{\alpha_\xi\}_{\xi<\lambda}$ vom Limeszahltyp λ mit dem Limes α*

$$\aleph_\alpha^{\aleph_\beta} = \sum_{\xi<\lambda} \aleph_{\alpha_\xi}^{\aleph_\beta}.$$

Beweis: Zu jeder Folge $\{\sigma_\eta\}_{\eta<\omega_\beta}$ von Ordnungszahlen $\sigma_\eta < \omega_\alpha$ gibt es wegen $\beta < cf(\alpha)$ eine Ordnungszahl $\xi < \lambda$, so daß $\sigma_\eta < \omega_{\alpha_\xi}$ für alle $\eta < \omega_\beta$; also ist

$$W(\omega_\alpha)^{W(\omega_\beta)} \subset \mathfrak{V}_{\xi<\lambda} W\left(\omega_{\alpha_\xi}\right)^{W(\omega_\beta)},$$

also

$$\aleph_\alpha^{\aleph_\beta} \leqq \sum_{\xi<\lambda} \aleph_{\alpha_\xi}^{\aleph_\beta} \leqq \aleph_\alpha^{\aleph_\beta} \cdot \bar{\lambda} \leqq \aleph_\alpha^{\aleph_\beta} \cdot \aleph_\alpha = \aleph_\alpha^{\aleph_\beta},$$

woraus Satz 3 folgt.

Satz 4. *Ist α eine Limeszahl und $\beta \geqq cf(\alpha)$, so ist für jede wachsende Folge $\{\alpha_\xi\}_{\xi<\omega_{cf(\alpha)}}$ mit dem Limes α*

$$\aleph_\alpha^{\aleph_\beta} = \prod_{\xi<\omega_{cf(\alpha)}} \aleph_{\alpha_\xi}^{\aleph_\beta}.$$

Beweis: $\omega_{cf(\alpha)}$ ist eine γ-Zahl mit $\overline{\overline{\omega_{cf(\alpha)}}} = \aleph_{cf(\alpha)}$; also wird nach § 32, Satz 6

$$\aleph_\alpha^{\aleph_{cf(\alpha)}} = \prod_{\xi<\omega_{cf(\alpha)}} \aleph_{\alpha_\xi},$$

also

$$\left(\aleph_\alpha^{\aleph_{cf(\alpha)}}\right)^{\aleph_\beta} = \aleph_\alpha^{\aleph_\beta} = \left(\prod_{\xi<\omega_{cf(\alpha)}} \aleph_{\alpha_\xi}\right)^{\aleph_\beta} = \prod_{\xi<\omega_{cf(\alpha)}} \aleph_{\alpha_\xi}^{\aleph_\beta}.$$

Zu jeder Ordnungszahl α existiert eine Ordnungszahl β, so daß $2^{\aleph_\alpha} = \aleph_\beta$, wobei wir aber über die Zahl β ohne weitere Hypothesen nichts wissen, außer daß $\beta \geqq \alpha + 1$, und daß keine β Limeszahl mit $cf(\beta) \leqq \alpha$ sein kann (vgl. Satz 2). Die Frage nach der Größe von β (bei gegebenem α) ist das *verallgemeinerte Kontinuumproblem* (denn sie ist die Frage nach den Mächtigkeiten der „verallgemeinerten Kontinuen", vgl. § 37). Vorläufig kann man noch folgende Sätze beweisen [9]:

Satz 5. *Für $2^{\aleph_\alpha} = \aleph_\beta$ ist notwendig und hinreichend, daß β die kleinste Ordnungszahl ξ mit $\aleph_\xi^{\aleph_\alpha} < \aleph_{\xi+1}^{\aleph_\alpha}$ ist.*

Beweis: a) Ist $2^{\aleph_\alpha} = \aleph_\beta$, so ist

$$\aleph_\beta^{\aleph_\alpha} = \left(2^{\aleph_\alpha}\right)^{\aleph_\alpha} = 2^{\aleph_\alpha} = \aleph_\beta < \aleph_{\beta+1} \leqq \aleph_{\beta+1}^{\aleph_\alpha};$$

ist $\gamma < \beta$, so ist

$$2^{\aleph_\alpha} \leqq \aleph_\gamma^{\aleph_\alpha} \leqq \aleph_{\gamma+1}^{\aleph_\alpha} \leqq \aleph_\beta^{\aleph_\alpha} = 2^{\aleph_\alpha}, \quad \text{also} \quad \aleph_\gamma^{\aleph_\alpha} = \aleph_{\gamma+1}^{\aleph_\alpha}.$$

b) Ist β die kleinste Zahl ξ mit $\aleph_\xi^{\aleph_\alpha} < \aleph_{\xi+1}^{\aleph_\alpha}$, so ist nicht $2^{\aleph_\alpha} < \aleph_\beta$, denn sonst wäre $2^{\aleph_\alpha} = \aleph_\gamma$, $\gamma < \beta$, also

$$\aleph_\gamma^{\aleph_\alpha} = \left(2^{\aleph_\alpha}\right)^{\aleph_\alpha} = 2^{\aleph_\alpha} = \aleph_\gamma < \aleph_{\gamma+1}^{\aleph_\alpha}, \quad \text{Widerspruch.}$$

Also ist $2 < \aleph_\beta \leqq 2^{\aleph_\alpha}$, also

$$\left(2^{\aleph_\alpha}\right)^{\aleph_\alpha} = 2^{\aleph_\alpha} \leqq \aleph_\beta^{\aleph_\alpha} < \aleph_{\beta+1}^{\aleph_\alpha},$$

also

$$\aleph_{\beta+1} > 2^{\aleph_\alpha}, \quad \text{also} \quad 2^{\aleph_\alpha} = \aleph_\beta.$$

Satz 6. *Für $2^{\aleph_\alpha} = \aleph_\beta$ ist notwendig und hinreichend, daß β die kleinste Ordnungszahl ξ mit $\aleph_\xi^{\aleph_\alpha} = \aleph_\xi$ ist.*

Beweis: a) Ist $2^{\aleph_\alpha} = \aleph_\beta$, so ist

$$\aleph_\beta^{\aleph_\alpha} = \left(2^{\aleph_\alpha}\right)^{\aleph_\alpha} = 2^{\aleph_\alpha} = \aleph_\beta;$$

ist $\gamma < \beta$, so ist

$$\aleph_\gamma < 2^{\aleph_\alpha} \leqq \aleph_\gamma^{\aleph_\alpha}.$$

b) Ist β die kleinste Zahl ξ mit $\aleph_\xi^{\aleph_\alpha} = \aleph_\xi$, so ist nicht $2^{\aleph_\alpha} < \aleph_\beta$, denn sonst ist $2^{\aleph_\alpha} = \aleph_\gamma$, $\gamma < \beta$, also $\aleph_\gamma^{\aleph_\alpha} = \aleph_\gamma$ (nach a), Widerspruch. Also ist $2 < \aleph_\beta \leqq 2^{\aleph_\alpha}$, also

$$2^{\aleph_\alpha} \leqq \aleph_\beta^{\aleph_\alpha} = \aleph_\beta \leqq \left(2^{\aleph_\alpha}\right)^{\aleph_\alpha} = 2^{\aleph_\alpha}, \quad \text{also} \quad \aleph_\beta = 2^{\aleph_\alpha}.$$

2. Die Größe spezieller Beths. Trotz Verwendung des Auswahlaxioms kann man ohne weitere Hypothesen im allgemeinen keine näheren Angaben über die Größe der Beths machen. Dagegen ist dies möglich für die besonderen Beths $\mathfrak{m}^{\mathfrak{n}}$, bei denen $\mathfrak{m}$ eine Mächtigkeit der in § 26 definierten transfiniten Folge $\{\mathfrak{m}_\xi\}_{\xi \in W}$ ist. Für die $\mathfrak{m}_\xi$ gilt:

$$\mathfrak{m}_{\xi+1} = 2^{\mathfrak{m}_\xi},$$

$$\mathfrak{m}_\lambda = \sum_{\xi < \lambda} \mathfrak{m}_\xi \quad \text{für Limeszahlen } \lambda.$$

Setzen wir nun $\mathfrak{m}_{\omega+\xi} = \aleph_{\pi(\xi)}$, so wird $\pi(\xi)$ eine Normalfunktion mit $\pi(0) = 0$.

Die Alephs $\aleph_{\pi(\xi+1)}$ sind Beths, denn für jede Kardinalzahl $\mathfrak{m}$ mit $2 \leqq \mathfrak{m} \leqq \aleph_{\pi(\xi)}$ ist $\aleph_{\pi(\xi+1)} = \mathfrak{m}^{\aleph_{\pi(\xi)}}$. Dagegen sind die $\aleph_{\pi(\lambda)}$ mit Limeszahlindex λ keine Potenzen irgendeiner Kardinalzahl $\mathfrak{m} < \aleph_{\pi(\lambda)}$: Wäre nämlich $\aleph_{\pi(\lambda)} = \mathfrak{m}^{\mathfrak{n}}$ mit $2 \leqq \mathfrak{m} < \aleph_{\pi(\lambda)}$, so gäbe es eine Zahl $\xi < \lambda$ mit $\mathfrak{m} < \aleph_{\pi(\xi)}$; ferner wäre $\mathfrak{n} < \aleph_{\pi(\lambda)}$, also gäbe es eine Zahl $\eta < \lambda$

mit $\mathfrak{n} < \aleph_{\pi(\eta)}$ und $\eta \geqq \xi$; also wäre

$$\mathfrak{m}^{\mathfrak{n}} \leqq \mathfrak{m}^{\aleph_{\pi(\eta)}} \leqq \aleph_{\pi(\xi)}^{\aleph_{\pi(\eta)}} = \aleph_{\pi(\eta+1)} < \aleph_{\pi(\lambda)}, \quad \text{Widerspruch.}$$

Folgerung: Zu jeder beliebigen Kardinalzahl $\aleph_\gamma$ gibt es beliebig große Alephs, die Potenzen von $\aleph_\gamma$, und beliebig große Alephs, die keine Potenzen von $\aleph_\gamma$ sind.

Über die Potenzen von $\aleph_{\pi(\xi)}$ kann man genauere Aussagen machen [1, 28]:

Satz 7. (I) *Ist α von 1. Art, so ist*

$$\aleph_{\pi(\alpha)}^{\aleph_\beta} = \begin{cases} \aleph_{\pi(\alpha)} & \textit{für} \quad \beta \leqq \pi(\alpha-1), \\ 2^{\aleph_\beta} & \textit{für} \quad \beta \geqq \pi(\alpha-1). \end{cases}$$

(II) *Ist α eine Limeszahl, so ist*

$$\aleph_{\pi(\alpha)}^{\aleph_\beta} = \begin{cases} \aleph_{\pi(\alpha)} & \textit{für} \quad \beta < cf(\alpha), \\ \aleph_{\pi(\alpha+1)} & \textit{für} \quad cf(\alpha) \leqq \beta \leqq \pi(\alpha), \\ 2^{\aleph_\beta} & \textit{für} \quad \beta \geqq \pi(\alpha). \end{cases}$$

Beweis: Für α von 1. Art folgt (I) aus $\aleph_{\pi(\alpha)} = 2^{\aleph_{\pi(\alpha-1)}}$. Nun sei α eine Limeszahl. Ist $\beta < cf(\alpha)$, so ist nach Satz 3

$$\aleph_{\pi(\alpha)}^{\aleph_\beta} = \sum_{\xi<\alpha} \aleph_{\pi(\xi)}^{\aleph_\beta} = \sum_{\xi<\alpha} \aleph_{\pi(\xi+1)}^{\aleph_\beta} = \sum_{\pi(\xi+1)\leqq\beta} \aleph_{\pi(\xi+1)}^{\aleph_\beta} + \sum_{\beta<\pi(\xi+1)<\pi(\alpha)} \aleph_{\pi(\xi+1)}^{\aleph_\beta}.$$

Für $\pi(\xi+1) \leqq \beta$ wird $\aleph_{\pi(\xi+1)}^{\aleph_\beta} = 2^{\aleph_\beta} < \aleph_{\pi(\alpha)}$; für $\beta < \pi(\xi+1)$ wird $\aleph_{\pi(\xi+1)}^{\aleph_\beta} \leqq \aleph_{\pi(\xi+2)}$; also wird

$$\aleph_{\pi(\alpha)}^{\aleph_\beta} \leqq \aleph_{\pi(\alpha)} \cdot \beta + \sum_{\xi<\alpha} \aleph_{\pi(\xi+2)} = \aleph_{\pi(\alpha)}.$$

Ist $\{\alpha_\xi\}_{\xi<\gamma}$ eine wachsende Folge vom Typ $\gamma = \omega_{cf(\alpha)}$ mit dem Limes α, so wird nach § 32, Satz 6

$$\aleph_{\pi(\alpha+1)} = 2^{\aleph_{\pi(\alpha)}} = 2^{\left(\sum_{\xi<\gamma} \aleph_{\pi(\alpha_\xi)}\right)} = \prod_{\xi<\gamma} 2^{\aleph_{\pi(\alpha_\xi)}} = \prod_{\xi<\gamma} \aleph_{\pi(\alpha_\xi+1)} = \aleph_{\pi(\alpha)}^{\aleph_{cf(\alpha)}},$$

also wird

$$\aleph_{\pi(\alpha+1)}^{\aleph_\beta} = \aleph_{\pi(\alpha)}^{\aleph_\beta} \quad \text{für} \quad \beta \geqq cf(\alpha),$$

also nach (I)

$$\aleph_{\pi(\alpha)}^{\aleph_\beta} = \begin{cases} \aleph_{\pi(\alpha+1)} & \text{für} \quad cf(\alpha) \leqq \beta \leqq \pi(\alpha), \\ 2^{\aleph_\beta} & \text{für} \quad \beta \geqq \pi(\alpha). \end{cases}$$

Somit ist (II) bewiesen.

Folgerung: *Es gibt unendlich viele und beliebig große Alephs $\aleph_\alpha$, für die $\aleph_\alpha^{\aleph_0} = \aleph_\alpha$. Es gibt aber auch unendlich viele und beliebig große Alephs $\aleph_\alpha$ mit $\aleph_\alpha^{\aleph_0} > \aleph_\alpha$* (z. B., wenn $\alpha = \pi(\lambda)$, wobei λ eine mit ω konfinale Limeszahl ist).

Anwendungen: 1. *Die Kardinalzahlengleichung* $\mathfrak{m}^{\mathfrak{n}} = \mathfrak{n}^{\mathfrak{m}}$ *hat unendlich viele und beliebig große Lösungspaare* $\{\mathfrak{m}, \mathfrak{n}\}$ (außer für endliche Kardinalzahlen $\mathfrak{m}$ und $\mathfrak{n}$, für die die Gleichung für $\mathfrak{m} \neq \mathfrak{n}$ nur das eine Lösungspaar $\{2, 4\}$ hat): Denn ist α eine Limeszahl und $cf(\alpha) \leqq \beta \leqq \pi(\alpha)$, so ist

$$\aleph_{\pi(\alpha)}^{\aleph_\beta} = \aleph_{\pi(\alpha+1)} = \aleph_\beta^{\aleph_{\pi(\alpha)}}.$$

Für unendliches $\mathfrak{m}$ sind beispielsweise die Kardinalzahlen $\mathfrak{m}$ und $\mathfrak{n} = 2^{\mathfrak{m}} + 2^{2^{\mathfrak{m}}} + 2^{2^{2^{\mathfrak{m}}}} + \cdots$ exponentiell vertauschbar (additiv und multiplikativ vertauschbar sind alle Paare von Kardinalzahlen).

2. *Aus* $\mathfrak{m} < \mathfrak{n}$, $\mathfrak{p} < \mathfrak{q}$ *folgt nicht immer* $\mathfrak{m}^{\mathfrak{p}} < \mathfrak{n}^{\mathfrak{q}}$; z.B. wird für

$$\mathfrak{m} = \aleph_{\pi(\omega)}, \quad \mathfrak{n} = \aleph_{\pi(\omega+1)}, \quad \mathfrak{p} = \aleph_0, \quad \mathfrak{q} = \aleph_{\pi(\omega)}$$

sowohl $\mathfrak{m}^{\mathfrak{p}} = \aleph_{\pi(\omega+1)}$, als auch $\mathfrak{n}^{\mathfrak{q}} = \aleph_{\pi(\omega+1)}$.

3. *Die* BERNSTEIN*sche Bedingung.* — Def. 1: Man sagt, die Kardinalzahl $\mathfrak{m}$ erfülle die BERNSTEIN*sche Bedingung*, wenn

$$\mathfrak{m}^{\mathfrak{n}} = 2^{\mathfrak{n}} \cdot \mathfrak{m} \quad \text{für alle Kardinalzahlen } \mathfrak{n} > 0.$$

Diese Bedingung gilt für $\mathfrak{n} \geqq \mathfrak{m}$ immer. Der Satz von BERNSTEIN (§ 32, Satz 3) sagt aus, daß die BERNSTEINsche Bedingung für alle Alephs $\aleph_\alpha$ mit $\alpha < \omega$ erfüllt ist. Für welche größeren Kardinalzahlen die Bedingung ebenfalls erfüllt, und für welche sie nicht erfüllt ist, läßt sich nicht entscheiden ohne weitere Hypothesen (vgl. § 36). — Wir sehen nun zwar, *daß es unendlich viele und beliebig große Kardinalzahlen gibt, die die* BERNSTEIN*sche Bedingung nicht erfüllen:* Ist α eine mit ω konfinale Limeszahl, so ist

$$\aleph_{\pi(\alpha)}^{\aleph_0} = \aleph_{\pi(\alpha+1)} > \aleph_{\pi(\alpha)} = 2^{\aleph_0} \cdot \aleph_{\pi(\alpha)},$$

d.h., $\aleph_{\pi(\alpha)}$ erfüllt die BERNSTEINsche Bedingung nicht.

3. Die Funktion $p(\alpha)$.

Def. 2. Ist α eine beliebige Ordnungszahl, so sei $p(\alpha)$ die kleinste der Ordnungszahlen η, die der Ungleichung $\aleph_\alpha < \aleph_\alpha^{\aleph_\eta}$ genügen [31].

Eigenschaften der Funktion $p(\alpha)$:

1. $p(\alpha) \leqq cf(\alpha)$. — Beweis aus $\aleph_\alpha < \aleph_\alpha^{\aleph_{cf(\alpha)}}$.

2. $cf(p(\alpha)) = p(\alpha)$. — Beweis: Es gibt eine Folge $\{\mathfrak{m}_\xi\}_{\xi < \omega_{cf(\alpha)}}$ von Kardinalzahlen $\mathfrak{m}_\xi$ mit $0 < \mathfrak{m}_\xi < \aleph_{p(\alpha)}$ und $\aleph_{p(\alpha)} = \sum_{\xi < \omega_{cf(p(\alpha))}} \mathfrak{m}_\xi$; also ist $\aleph_\alpha^{\aleph_{p(\alpha)}} = \prod_{\xi < \omega_{cf(p(\alpha))}} \aleph_\alpha^{\mathfrak{m}_\xi}$. Wegen $\aleph_\alpha^{\mathfrak{m}_\xi} = \aleph_\alpha$ wird

$$\aleph_\alpha < \aleph_\alpha^{\aleph_{p(\alpha)}} = \aleph_\alpha^{\aleph_{cf(p(\alpha))}}, \quad \text{also} \quad cf(p(\alpha)) \geqq p(\alpha).$$

Anderseits ist $cf(p(\alpha)) \leqq p(\alpha)$.

3. *Die drei folgenden Bedingungen sind* (offensichtlich) *äquivalent:*

a) $\beta < p(\alpha)$.

b) $\aleph_\alpha = \aleph_\alpha^{\aleph_\beta}$.

c) *Es gibt eine Mächtigkeit* $\mathfrak{m}$ *mit* $\aleph_\alpha = \mathfrak{m}^{\aleph_\beta}$.

4. Anhang: Über die Theorie der Zerlegung einer Menge [25, 27, 29, 30]. Die Beths spielen sodann eine Rolle in der Theorie der *Zerlegung einer unendlichen Menge M* (mit $\overline{\overline{M}} = \mathfrak{m}$) in eine Klasse K (mit $\overline{\overline{K}} = \mathfrak{n}$) von Teilmengen $X \subset M$ (so daß also $M = \mathfrak{B}_{X \in K} X$). Wir verwenden dabei die Abkürzung $\mathfrak{p} = \min_{X \in K} \overline{\overline{X}}$.

Def. 3. Zwei Mengen A, B heißen *fast disjunkt*, wenn $\overline{\overline{AB}} < \min(\overline{\overline{A}}, \overline{\overline{B}})$.

Def. 4. Ist K eine Klasse von Mengen, so nennt man die kleinste Kardinalzahl $\mathfrak{x}$ mit der Eigenschaft $\overline{\overline{XY}} < \mathfrak{x}$ für beliebige Elemente X und Y von K den *Disjunktionsgrad* $\mathfrak{d}(K)$ von K.

Bemerkung: Ist $\mathfrak{n} \leqq 1$, so ist $\mathfrak{d}(K) = 0$; ist $\mathfrak{n} > 1$ und K eine Klasse von paarweise disjunkten Mengen, so ist $\mathfrak{d}(K) = 1$; ist $\mathfrak{n} > 1$ und K eine Klasse von paarweise fast disjunkten Mengen, so ist $\mathfrak{d}(K) \leqq \mathfrak{p}$.

Wir geben hier die wichtigsten Ergebnisse der Theorie ohne Beweise:

1. Für jede unendliche Menge M existiert eine solche Zerlegung in fast disjunkte Mengen (so daß also $\mathfrak{d}(K) \leqq \mathfrak{p}$). Dann ist immer $\mathfrak{n} \leqq \mathfrak{m}^{\mathfrak{p}}$. Ferner gibt es auch immer eine Zerlegung, die die Nebenbedingung $\mathfrak{n} > \mathfrak{m}$ erfüllt. Speziell gilt:

a) Sind $\mathfrak{a} > 1$ und $\mathfrak{b} > 1$ Kardinalzahlen derart, daß entweder $\mathfrak{m} = \mathfrak{a}^{\mathfrak{b}}$ oder $\mathfrak{b}$ die kleinste Kardinalzahl mit $\mathfrak{m} < \mathfrak{a}^{\mathfrak{b}}$ ist, so gibt es eine solche Zerlegung mit $\mathfrak{n} = \mathfrak{a}^{\mathfrak{b}}$ und $\overline{\overline{X}} = \mathfrak{b}$ für alle $X \in K$.

b) Ist $\mathfrak{m} = \aleph_{\pi(\alpha)}$, wobei α eine Limeszahl ist, und $\beta \geqq cf(\alpha)$, so gibt es eine solche Zerlegung mit $\mathfrak{n} = \aleph_{\pi(\alpha+1)}$, $\mathfrak{d}(K) \leqq \aleph_\beta$.

c) Ist $\mathfrak{m} = \aleph_{\pi(\alpha)}$, wobei α von 2. Art ist, $cf(\alpha) = cf(\beta)$ und $\beta \leqq \alpha$, so gibt es eine solche Zerlegung mit $\mathfrak{n} = \aleph_{\pi(\alpha+1)}$, $\overline{\overline{X}} = \aleph_\beta$ für alle $X \in K$.

2. Äquivalenzen:

a) $\mathfrak{m} < \mathfrak{m}^{\mathfrak{x}}$ ist notwendig und hinreichend dafür, daß sich jede Menge M mit $\overline{\overline{M}} = \mathfrak{m}$ in fast disjunkte unendliche Mengen zerlegen läßt mit $\mathfrak{n} > \mathfrak{m}$ und $\mathfrak{d}(K) \leqq \mathfrak{x}$.

b) $0 < \mathfrak{n} \leqq \mathfrak{m}^{\aleph_0}$ ist notwendig und hinreichend dafür, daß für jede Menge M mit $\overline{\overline{M}} = \mathfrak{m}$ eine Zerlegung in eine Klasse K mit $\overline{\overline{K}} = \mathfrak{n}$ von unendlichen fast disjunkten Mengen existiert mit $\mathfrak{d}(K) \leqq \aleph_0$.

3. Eine Zerlegung von M in eine Klasse K ist nicht möglich:

a) Wenn $\mathfrak{m} = \mathfrak{a}^{\mathfrak{b}}$, $\mathfrak{n} > \mathfrak{m}$, $\mathfrak{d}(K) \leqq \mathfrak{b}$ verlangt wird.

b) Wenn $\mathfrak{m} = \aleph_{\pi(\alpha)}$, wobei α eine Limeszahl, und $\beta < cf(\alpha)$, $\mathfrak{n} > \mathfrak{m}$, $\mathfrak{d}(K) \leqq \aleph_\beta$.

c) Wenn $\mathfrak{m} = \aleph_{\pi(\alpha)}$, wobei α eine Limeszahl, und $cf(\alpha) \neq cf(\beta)$, $\mathfrak{n} < \mathfrak{m}$, $\mathfrak{p} \geqq \aleph_\beta$, $\mathfrak{d}(K) \leqq \aleph_\beta$.

d) Wenn $\mathfrak{m} = \aleph_{\pi(\alpha)}$, wobei α eine Limeszahl, $\mathfrak{n} > \mathfrak{m}$, $\mathfrak{p} > \aleph_\beta$, $\mathfrak{d}(K) \leqq \aleph_\beta$.

e) Wenn $\mathfrak{m} = \aleph_{\pi(\alpha)}$, $\mathfrak{n} > \mathfrak{m}$, $\mathfrak{p} > \aleph_0$, $\mathfrak{d}(K) \leqq \aleph_0$.

Bemerkung: Nahe verwandt mit den Klassen fast disjunkter Mengen sind die Klassen *schließlich disjunkter* Folgen von Ordnungszahlen [26]. Zwei Folgen $\{\alpha_\xi\}_{\xi<\lambda}$ und $\{\beta_\xi\}_{\xi<\lambda}$ von demselben Limeszahltyp λ heißen schließlich disjunkt, wenn eine Ordnungszahl $\mu < \lambda$ existiert, so daß $\alpha_\xi \neq \beta_\eta$ für $\mu < \xi < \lambda$ und $\mu < \eta < \lambda$. Dabei gilt der Satz: Ist α eine beliebige Ord-

nungszahl, so existiert eine Klasse der Mächtigkeit $\aleph_{\alpha+1}$ von wachsenden Folgen vom Typ ω_α von Ordnungszahlen $<\omega_\alpha$, die paarweise schließlich disjunkt sind.

§ 34. Summen von Beths und höhere arithmetische Operationen

1. Summen von Beths [31]. Bei Benutzung des Auswahlaxioms kann man beliebige Summen von Beths definieren. Wir betrachten hier besonders zwei Arten solcher Summen:

Def. 1. Sind $\mathfrak{m}$ und $\mathfrak{n}$ Kardinalzahlen, so definieren wir

$$\underset{\smile}{\mathfrak{m}}^{\mathfrak{n}} = \sum_{\mathfrak{x}<\mathfrak{m}} \mathfrak{x}^{\mathfrak{n}}, \qquad \mathfrak{m}^{\underset{\smile}{\mathfrak{n}}} = \sum_{\mathfrak{x}<\mathfrak{n}} \mathfrak{m}^{\mathfrak{x}}.$$

Man sieht sogleich, daß diese Ausdrücke *monoton in* $\mathfrak{m}$ *und in* $\mathfrak{n}$ sind: Ist $\mathfrak{m} \leqq \mathfrak{m}_1$ und $0 < \mathfrak{n} \leqq \mathfrak{n}_1$, so ist $\underset{\smile}{\mathfrak{m}}^{\mathfrak{n}} \leqq \underset{\smile}{\mathfrak{m}_1}^{\mathfrak{n}_1}$ und $\mathfrak{m}^{\underset{\smile}{\mathfrak{n}}} \leqq \mathfrak{m}_1^{\underset{\smile}{\mathfrak{n}_1}}$. Andere Ungleichungen, wie z. B.

$$\underset{\smile}{\mathfrak{m}}^{\mathfrak{n}} \geqq \mathfrak{n} \text{ für } \mathfrak{m} \geqq 3, \qquad \mathfrak{m}^{\underset{\smile}{\mathfrak{n}}} \geqq \mathfrak{m} \text{ für } \mathfrak{n} \geqq 2, \qquad \mathfrak{m}^{\underset{\smile}{\mathfrak{n}}} \geqq \mathfrak{n} \text{ für } \mathfrak{m} \geqq 2$$

(siehe auch Bem. b) nach Satz 2) sind sehr leicht zu beweisen (die letzte ist z.B. für $\mathfrak{n} \leqq \aleph_0$ evident; für $\mathfrak{n} = \aleph_\beta$ mit $\beta > 0$ wird

$$\mathfrak{m}^{\underset{\smile}{\mathfrak{n}}} \geqq \sum_{\xi<\beta} \mathfrak{m}^{\aleph_\beta} \geqq \sum_{\xi<\beta} 2^{\aleph_\xi} \geqq \sum_{\xi<\beta} \aleph_{\xi+1} = \aleph_\beta = \mathfrak{n}).$$

Ferner wird für $\mathfrak{m} \geqq 2$ und transfinites $\mathfrak{n}$

$$\underset{\smile}{\mathfrak{m}}^{\mathfrak{n}} \leqq \mathfrak{m}^{\mathfrak{n}} \quad \text{und} \quad \mathfrak{m}^{\underset{\smile}{\mathfrak{n}}} \leqq \mathfrak{m}^{\mathfrak{n}}.$$

1. Die Potenzsummen der ersten Form $\underset{\smile}{\mathfrak{m}}^{\mathfrak{n}}$ sind natürlich nur für transfinite Kardinalzahlen $\mathfrak{n} = \aleph_\beta$ interessant. Für endliches $\mathfrak{m} \geqq 3$ wird dann $\underset{\smile}{\mathfrak{m}}^{\aleph_\beta} = 2^{\aleph_\beta}$. Aber auch für transfinites $\mathfrak{m}$ lassen sich diese Potenzsummen in vielen Fällen auf einfache Potenzen zurückführen, wie die beiden folgenden Sätze zeigen:

Satz 1: $\underset{\smile}{\aleph_{\alpha+1}}^{\aleph_\beta} = \aleph_\alpha^{\aleph_\beta}$.

Beweis: $\aleph_\alpha^{\aleph_\beta} \leqq \underset{\smile}{\aleph_{\alpha+1}}^{\aleph_\beta} = \underset{\smile}{\aleph_\alpha}^{\aleph_\beta} + \aleph_\alpha^{\aleph_\beta} \leqq \aleph_\alpha^{\aleph_\beta} \cdot \aleph_\alpha + \aleph_\alpha^{\aleph_\beta} = \aleph_\alpha^{\aleph_\beta}$.

Satz 2. *Ist α eine Limeszahl, so ist*

$$\underset{\smile}{\aleph_\alpha}^{\aleph_\beta} = \begin{cases} \aleph_\alpha^{\aleph_\beta} & \textit{für} \quad \beta < cf(\alpha), \\ 2^{\aleph_\beta} & \textit{für} \quad \beta \geqq \alpha. \end{cases}$$

Beweis: Für $\beta < cf(\alpha)$ wird nach § 33, Satz 3,

$$\underset{\smile}{\aleph_\alpha}^{\aleph_\beta} = \underset{\smile}{\aleph_0}^{\aleph_\beta} + \sum_{\xi<\alpha} \aleph_\xi^{\aleph_\beta} = 2^{\aleph_\beta} + \aleph_\alpha^{\aleph_\beta} = \aleph_\alpha^{\aleph_\beta};$$

für $\beta \geqq \alpha$ wird

$$2^{\aleph_\beta} \leqq \underset{\smile}{\aleph_\alpha}^{\aleph_\beta} \leqq \aleph_\alpha^{\aleph_\beta} \cdot \aleph_\alpha = \aleph_\alpha^{\aleph_\beta} = 2^{\aleph_\beta}.$$

Bemerkungen: a) Der einzige Fall, in dem die Zurückführung auf gewöhnliche Potenzen nicht gelingt, ist derjenige, bei dem α eine Limeszahl und $cf(\alpha) \leqq \beta < \alpha$ ist. Dann weiß man nur, daß gilt:

$$\aleph_\alpha \leqq \underbrace{\aleph_\alpha^{\aleph_\beta}} \leqq \aleph_\alpha^{\aleph_\beta}$$

$\left(\text{denn } \aleph_\alpha = \sum\limits_{\xi<\alpha} \aleph_\xi \leqq \sum\limits_{\xi<\alpha} \aleph_\xi^{\aleph_\beta} = \underbrace{\aleph_\alpha^{\aleph_\beta}} \leqq \aleph_\alpha^{\aleph_\beta} \cdot \aleph_\alpha = \aleph_\alpha^{\aleph_\beta}\right)$.

b) Aus den Sätzen 1 und 2 folgt eine weitere Ungleichung: Es ist $\underbrace{\mathfrak{m}^{\aleph_\beta}} \geqq \mathfrak{m}$ dann und nur dann, wenn entweder $3 \leqq \mathfrak{m} \leqq \aleph_0$, oder $\mathfrak{m} = \aleph_\alpha$ mit Limeszahlindex α, oder $\mathfrak{m} = \aleph_{\alpha+1}$ mit $\beta \geqq p(\alpha)$ ist (Def. von $p(\alpha)$ siehe § 33).

2. Wir betrachten nun die Potenzsummen der zweiten Form $\underbrace{\mathfrak{m}^{\mathfrak{n}}}$. Diese sind von größerer Wichtigkeit als diejenigen der ersten Form, wie aus dem folgenden Satz hervorgeht (der sich aus dem Hilfssatz von § 31 ergibt):

Satz 3. *Ist M eine unendliche Menge mit $\overline{\overline{M}} = \mathfrak{m}$, und ist $\mathfrak{n} \leqq \mathfrak{m}$, so hat die Menge S der Teilmengen $X \subset M$ mit $\overline{\overline{X}} < \mathfrak{n}$ die Mächtigkeit $\overline{\overline{S}} = \underbrace{\mathfrak{m}^{\mathfrak{n}}}$.*

Auch die Ausdrücke $\underbrace{\mathfrak{m}^{\mathfrak{n}}}$ kann man in gewissen Fällen auf gewöhnliche Potenzen zurückführen (für $\mathfrak{m} \geqq 1$ gilt sogar $\underbrace{\mathfrak{m}^{\aleph_0}} = \mathfrak{m} \cdot \aleph_0$):

Satz 4. *Ist $2 \leqq \mathfrak{n} \leqq \aleph_{p(\alpha)}$, so ist $\underbrace{\aleph_\alpha^{\mathfrak{n}}} = \aleph_\alpha$.*

Beweis: Nach der Voraussetzung $\mathfrak{n} \leqq \aleph_{p(\alpha)}$ und nach Def. von $p(\alpha)$ (§ 33) ist

$$\aleph_\alpha^{\mathfrak{x}} = \aleph_\alpha \quad \text{für} \quad 0 < \mathfrak{x} < \mathfrak{n}, \quad \text{also} \quad \underbrace{\aleph_\alpha^{\mathfrak{n}}} \leqq \aleph_\alpha \cdot \mathfrak{n} = \aleph_\alpha .$$

Zusammen mit $\underbrace{\aleph_\alpha^{\mathfrak{n}}} \geqq \aleph_\alpha$ ergibt sich Satz 4.

Satz 5. *Ist $\mathfrak{m} \geqq 2$, so ist $\underbrace{\mathfrak{m}^{\aleph_{\beta+1}}} = \mathfrak{m}^{\aleph_\beta}$.*

Beweis: Für $\mathfrak{x} \leqq \aleph_\beta$ ist $\mathfrak{m}^{\mathfrak{x}} \leqq \mathfrak{m}^{\aleph_\beta}$, also

$$\underbrace{\mathfrak{m}^{\aleph_{\beta+1}}} \leqq \mathfrak{m}^{\aleph_\beta} \cdot \aleph_{\beta+1} = \mathfrak{m}^{\aleph_\beta} .$$

Folgerung: Ist M eine unendliche Menge mit $\overline{\overline{M}} = \mathfrak{m}$, und ist $\aleph_\beta \leqq \mathfrak{m}$, so hat die Menge S der Teilmengen $X \subset M$ mit $\overline{\overline{X}} \leqq \aleph_\beta$ die Mächtigkeit $\overline{\overline{S}} = \mathfrak{m}^{\aleph_\beta}$.

Die Potenzsummen der Form $\underbrace{\mathfrak{m}^{\aleph_\beta}}$ mit Limeszahlen β, die die restlichen Fälle ausmachen, lassen sich nicht ohne weitere Hypothesen auf gewöhnliche Potenzen zurückführen (außer im Fall $\mathfrak{m} < 2$). Wegen der großen Bedeutung dieser Potenzsummen ist es aber nützlich, gewisse *Rechenregeln* zur Hand zu haben. Für $\mathfrak{m} \geqq 2$ und beliebige Ordnungszahlen β lassen sich folgende Sätze beweisen:

Hilfssatz: $\underbrace{\mathfrak{m}^{\aleph_\beta}} \geqq \underbrace{\aleph_\beta^{\aleph_{cf(\beta)}}}$.

Beweis: Ist $\beta = 0$, so ist $cf(\beta) = \beta = p(\beta)$, also nach Satz 4

$$\aleph_\beta^{\underset{\smile}{\aleph_{cf(\beta)}}} = \aleph_\beta, \quad \text{also} \quad \mathfrak{m}^{\underset{\smile}{\aleph_\beta}} \geqq \aleph_\beta = \aleph_\beta^{\underset{\smile}{\aleph_{cf(\beta)}}}.$$

Ist β von 1. Art, so ist nach Satz 5 und wegen $cf(\beta) = \beta$

$$\mathfrak{m}^{\underset{\smile}{\aleph_\beta}} = \mathfrak{m}^{\aleph_{\beta-1}} \geqq 2^{\aleph_{\beta-1}} = \left(2^{\aleph_{\beta-1}}\right)^{\aleph_{\beta-1}} \geqq \aleph_\beta^{\aleph_{\beta-1}} = \aleph_\beta^{\underset{\smile}{\aleph_\beta}} = \aleph_\beta^{\underset{\smile}{\aleph_{cf(\beta)}}}.$$

Ist β eine Limeszahl, so ist für $\xi < cf(\beta)$ nach § 33, Satz 3,

$$\aleph_\beta^{\aleph_\xi} = \sum_{\eta<\beta} \aleph_\eta^{\aleph_\xi} = \sum_{\eta \leqq \xi} \aleph_\eta^{\aleph_\xi} + \sum_{\xi<\eta<\beta} \aleph_\eta^{\aleph_\xi}.$$

Wegen

$$\aleph_\eta^{\aleph_\xi} = 2^{\aleph_\xi} \quad \text{für} \quad \eta \leqq \xi, \quad \text{und} \quad \aleph_\eta^{\aleph_\xi} \leqq 2^{\aleph_\eta} \quad \text{für} \quad \eta > \xi$$

wird also

$$\aleph_\beta^{\aleph_\xi} \leqq 2^{\aleph_\xi} \cdot \overline{\overline{\xi + 1}} + \sum_{\xi<\eta<\beta} 2^{\aleph_\eta} \leqq \sum_{\eta<\beta} 2^{\aleph_\eta} \leqq 2^{\underset{\smile}{\aleph_\beta}},$$

also

$$\aleph_\beta^{\underset{\smile}{\aleph_{cf(\beta)}}} \leqq 2^{\underset{\smile}{\aleph_\beta}} \cdot \aleph_{cf(\beta)} = 2^{\underset{\smile}{\aleph_\beta}} \leqq \mathfrak{m}^{\underset{\smile}{\aleph_\beta}}.$$

Satz 6.

$$\left(\mathfrak{m}^{\underset{\smile}{\aleph_\beta}}\right)^{\aleph_\gamma} = \begin{cases} \mathfrak{m}^{\underset{\smile}{\aleph_\beta}} & \textit{für} \quad \gamma < cf(\beta), \\ \mathfrak{m}^{\aleph_\beta} & \textit{für} \quad cf(\beta) \leqq \gamma \leqq \beta, \\ \mathfrak{m}^{\aleph_\gamma} & \textit{für} \quad \gamma \geqq \beta. \end{cases}$$

Beweis: a) $\gamma < cf(\beta)$: Es ist $\beta \geqq 1$, also $\mathfrak{m}^{\underset{\smile}{\aleph_\beta}} = \sum_{\xi<\beta} \mathfrak{m}^{\aleph_\xi}$. Wir setzen nun $\aleph_{(\xi,\eta)} = \aleph_\xi$ für jedes geordnete Paar (ξ, η) von Ordnungszahlen. Dann wird

$$\left(\mathfrak{m}^{\underset{\smile}{\aleph_\beta}}\right)^{\aleph_\gamma} = \prod_{\eta<\omega_\gamma} \left(\sum_{\xi<\beta} \mathfrak{m}^{\aleph_{(\xi,\eta)}}\right).$$

Es sei Φ die Klasse aller Folgen $\varphi = \{\varphi_\eta\}_{\eta<\omega_\gamma}$ mit $\varphi_\eta < \beta$; nach dem Distributivgesetz wird also

$$\left(\mathfrak{m}_{\smile\beta}\right)^{\aleph_\gamma} = \sum_{\varphi\in\Phi} \left(\prod_{\eta<\omega_\gamma} \mathfrak{m}^{\aleph_{(\varphi_\eta,\eta)}}\right) = \sum_{\varphi\in\Phi} \left(\prod_{\eta<\omega_\gamma} \mathfrak{m}^{\aleph_{\varphi_\eta}}\right) = \sum_{\varphi\in\Phi} \mathfrak{m}^{\left(\sum_{\eta<\omega_\gamma} \aleph_{\varphi_\eta}\right)}.$$

Für beliebiges $\varphi \in \Phi$ ist

$$\sum_{\eta<\omega_\gamma} \aleph_{\varphi_\eta} < \aleph_\beta, \quad \text{also} \quad \mathfrak{m}^{\left(\sum_{\eta<\omega_\gamma} \aleph_{\varphi_\eta}\right)} \leqq \mathfrak{m}^{\underset{\smile}{\aleph_\beta}},$$

ferner ist (teilweise nach dem Hilfssatz)

$$\overline{\overline{\Phi}} = \left(\overline{\overline{\beta}}\right)^{\aleph_\gamma} \leqq \aleph_\beta^{\aleph_\gamma} \leqq \aleph_\beta^{\underset{\smile}{\aleph_{cf(\beta)}}} \leqq \mathfrak{m}^{\underset{\smile}{\aleph_\beta}},$$

also wird

$$(\underbrace{\mathfrak{m}^{\aleph_\beta}})^{\aleph_\gamma} \leqq (\underbrace{\mathfrak{m}^{\aleph_\beta}})^2 = \underbrace{\mathfrak{m}^{\aleph_\beta}}.$$

b) $cf(\beta) \leqq \gamma \leqq \beta$: Nach § 32 gibt es eine Folge $\{\mathfrak{m}_\xi\}_{\xi<\omega_{cf(\beta)}}$ von Kardinalzahlen $\mathfrak{m}_\xi$ mit $0 < \mathfrak{m}_\xi < \aleph_\beta$ und $\aleph_\beta = \sum_{\xi<\omega_{cf(\beta)}} \mathfrak{m}_\xi$. Also wird

$$\mathfrak{m}^{\aleph_\beta} = \prod_{\xi<\omega_{cf(\beta)}} \mathfrak{m}^{\mathfrak{m}_\xi} \leqq (\underbrace{\mathfrak{m}^{\aleph_\beta}})^{\aleph_\gamma}.$$

Anderseits ist (teilweise nach Satz 5)

$$(\underbrace{\mathfrak{m}^{\aleph_\beta}})^{\aleph_\gamma} \leqq (\underbrace{\mathfrak{m}^{\aleph_{\beta+1}}})^{\aleph_\gamma} = (\mathfrak{m}^{\aleph_\beta})^{\aleph_\gamma} = \mathfrak{m}^{\aleph_\beta \cdot \aleph_\gamma} = \mathfrak{m}^{\aleph_\beta}.$$

c) $\gamma \geqq \beta$: Setzt man in b) $\gamma = \beta$, so wird

$$(\underbrace{\mathfrak{m}^{\aleph_\beta}})^{\aleph_\beta} = \mathfrak{m}^{\aleph_\beta};$$

also wird für $\gamma \geqq \beta$

$$(\underbrace{\mathfrak{m}^{\aleph_\beta}})^{\aleph_\beta \cdot \aleph_\gamma} = (\underbrace{\mathfrak{m}^{\aleph_\beta}})^{\aleph_\gamma} = \mathfrak{m}^{\aleph_\beta \cdot \aleph_\gamma} = \mathfrak{m}^{\aleph_\gamma}.$$

Satz 7.

$$(\underbrace{\mathfrak{m}^{\aleph_\beta}})^{\underbrace{\aleph_\gamma}} = \begin{cases} \underbrace{\mathfrak{m}^{\aleph_\beta}} & \textit{für} \quad \gamma \leqq cf(\beta), \\ \mathfrak{m}^{\aleph_\beta} & \textit{für} \quad cf(\beta) < \gamma \leqq \beta + 1, \\ \underbrace{\mathfrak{m}^{\aleph_\gamma}} & \textit{für} \quad \gamma > \beta. \end{cases}$$

Beweis: a) $\gamma \leqq cf(\beta)$: Nach Satz 6 ist

$$(\underbrace{\mathfrak{m}^{\aleph_\beta}})^{\mathfrak{x}} = \underbrace{\mathfrak{m}^{\aleph_\beta}} \quad \text{für} \quad \mathfrak{x} < \aleph_\gamma,$$

also wird

$$(\underbrace{\mathfrak{m}^{\aleph_\beta}})^{\underbrace{\aleph_\gamma}} \leqq \underbrace{\mathfrak{m}^{\aleph_\beta}} \cdot \aleph_\gamma = \underbrace{\mathfrak{m}^{\aleph_\beta}}.$$

b) $cf(\beta) < \gamma \leqq \beta + 1$: Setzt man in Satz 6 zuerst $\gamma = cf(\beta)$ und dann $\gamma = \beta$, so erhält man

$$(\underbrace{\mathfrak{m}^{\aleph_\beta}})^{\aleph_{cf(\beta)}} = \mathfrak{m}^{\aleph_\beta} = (\underbrace{\mathfrak{m}^{\aleph_\beta}})^{\aleph_\beta},$$

ferner ist nach Satz 5

$$(\underbrace{\mathfrak{m}^{\aleph_\beta}})^{\aleph_{cf(\beta)}} = (\underbrace{\mathfrak{m}^{\aleph_\beta}})^{\underbrace{\aleph_{cf(\beta)+1}}} \leqq (\underbrace{\mathfrak{m}^{\aleph_\beta}})^{\underbrace{\aleph_\gamma}} \leqq (\underbrace{\mathfrak{m}^{\aleph_\beta}})^{\underbrace{\aleph_{\beta+1}}} = (\underbrace{\mathfrak{m}^{\aleph_\beta}})^{\aleph_\beta},$$

also wird

$$(\underbrace{\mathfrak{m}^{\aleph_\beta}})^{\underbrace{\aleph_\gamma}} = \mathfrak{m}^{\aleph_\beta}.$$

c) $\gamma > \beta$: Es ist

$$\underbrace{\mathfrak{m}^{\aleph_\gamma}} = \underbrace{\mathfrak{m}^{\aleph_{\beta+1}}} + \sum_{\beta<\xi<\gamma} \mathfrak{m}^{\aleph_\xi} = \mathfrak{m}^{\aleph_\beta} + \sum_{\beta<\xi<\gamma} \mathfrak{m}^{\aleph_\xi} = \sum_{\beta\leqq\xi<\gamma} \mathfrak{m}^{\aleph_\xi};$$

analog wird also

$$(\underbrace{\mathfrak{m}^{\aleph_\beta}})^{\underbrace{\aleph_\gamma}} = \sum_{\beta\leqq\xi<\gamma} (\underbrace{\mathfrak{m}^{\aleph_\beta}})^{\aleph_\xi}.$$

Nach Satz 6 ist

$$(\mathfrak{m}^{\aleph_\beta}_{\smile})^{\aleph_\xi} = \mathfrak{m}^{\aleph_\xi} \quad \text{für} \quad \xi \geqq \beta,$$

also

$$(\mathfrak{m}^{\aleph_\beta}_{\smile})^{\aleph_\gamma}_{\smile} = \sum_{\beta \leqq \xi < \gamma} \mathfrak{m}^{\aleph_\xi} = \mathfrak{m}^{\aleph_\gamma}_{\smile}.$$

Satz 8.

$$(\mathfrak{m}^{\aleph_\beta})^{\aleph_\gamma}_{\smile} = \begin{cases} \mathfrak{m}^{\aleph_\beta} & \textit{für} \quad \gamma \leqq \beta + 1, \\ \mathfrak{m}^{\aleph_\gamma}_{\smile} & \textit{für} \quad \gamma > \beta, \end{cases}$$

Beweis: Für $\gamma \leqq \beta + 1$ ist

$$(\mathfrak{m}^{\aleph_\beta})^{\mathfrak{x}} = \mathfrak{m}^{\aleph_\beta} \quad \text{für} \quad 0 < \mathfrak{x} < \aleph_\gamma, \quad \text{also} \quad (\mathfrak{m}^{\aleph_\beta})^{\aleph_\gamma}_{\smile} \leqq \mathfrak{m}^{\aleph_\beta} \cdot \aleph_\gamma = \mathfrak{m}^{\aleph_\beta}.$$

Für $\gamma > \beta$ und γ von 1. Art ist nach Satz 5

$$(\mathfrak{m}^{\aleph_\beta})^{\aleph_\gamma}_{\smile} = (\mathfrak{m}^{\aleph_\beta})^{\aleph_{\gamma-1}} = \mathfrak{m}^{\aleph_\beta \cdot \aleph_{\gamma-1}} = \mathfrak{m}^{\aleph_{\gamma-1}} = \mathfrak{m}^{\aleph_\gamma}_{\smile}.$$

Für Limeszahlen $\gamma > \beta$ wird

$$(\mathfrak{m}^{\aleph_\beta})^{\aleph_\gamma}_{\smile} = \sum_{\mathfrak{x} \leqq \aleph_\beta} (\mathfrak{m}^{\aleph_\beta})^{\mathfrak{x}} + \sum_{\aleph_\beta < \mathfrak{x} < \aleph_\gamma} (\mathfrak{m}^{\aleph_\beta})^{\mathfrak{x}} = \mathfrak{m}^{\aleph_\beta} + \sum_{\aleph_\beta < \mathfrak{x} < \aleph_\gamma} \mathfrak{m}^{\mathfrak{x}} \leqq \mathfrak{m}^{\aleph_\gamma}_{\smile}.$$

2. Höhere arithmetische Operationen mit Kardinalzahlen. In Analogie zu den Ordnungszahlen kann man auch in der Kardinalzahlenarithmetik neben den elementaren höhere arithmetische Operationen definieren.

1. Ist f eine arithmetische Operation, die jedem Paar $(\mathfrak{m}, \mathfrak{n})$ von Kardinalzahlen eindeutig eine Kardinalzahl $f(\mathfrak{m}, \mathfrak{n})$ zuordnet, so daß für $\mathfrak{m} > 1$ und $\mathfrak{n} > 1$ $f(\mathfrak{m}, \mathfrak{n})$ monoton in $\mathfrak{m}$ und $\mathfrak{n}$ ist und $f(\mathfrak{m}, \mathfrak{n}) \geqq \mathfrak{m}$, $f(\mathfrak{m}, \mathfrak{n}) \geqq \mathfrak{n}$ gilt, so kann man wie in § 14 eine Folge von Iterationen $f^\nu(\mathfrak{m}, \mathfrak{n})$ auf sechs verschiedene Arten definieren. Dabei tritt an Stelle des Limes von Ordnungszahlen der in § 28 definierte Limes von Kardinalzahlen. Man sieht sogleich, daß $f^\nu(\mathfrak{m}, \mathfrak{n})$ dieselben (obengenannten) Eigenschaften hat wie $f(\mathfrak{m}, \mathfrak{n})$. Ferner gilt $f^\nu(\mathfrak{m}, \mathfrak{n}) \leqq f^{\nu+1}(\mathfrak{m}, \mathfrak{n})$ für jede Ordnungszahl ν.

2. Sodann kann man wie in § 14 jeder arithmetischen Operation $f(\mathfrak{m}, \mathfrak{n})$ mit den obengenannten Bedingungen auf zwei verschiedene Arten ein Funktional F zuordnen, das jeder Folge von beliebigem Typ $\lambda \geqq 1$ von Kardinalzahlen $\mathfrak{m}_\xi$ eindeutig eine Kardinalzahl $F(\lambda) = \underset{\xi < \lambda}{F} \mathfrak{m}_\xi$ zuordnet. Dieses Funktional ist für $\mathfrak{m}_\xi > 1$ in allen Variablen $\mathfrak{m}_\xi$ und in λ monoton; ferner gilt $f^\nu(\mathfrak{m}, \mathfrak{m}) = F(1 + \nu)$, wenn entweder f^ν nach Def. (1) von § 14 und $F(\lambda)$ nach Def. (8) von § 14, oder f^ν nach Def. (3) und $F(\lambda)$ nach Def. (9) definiert ist, und wenn alle $\mathfrak{m}_\xi = \mathfrak{m}$.

3. Schließlich kann man jeder Operation $f(\mathfrak{m}, \mathfrak{n})$ eine höhere Operation $f'(\mathfrak{m}, \mathfrak{n})$ zuordnen, indem man setzt:

$f'(\mathfrak{m}, \mathfrak{n}) = f^\nu(\mathfrak{m}, \mathfrak{m})$, wobei ν die kleinste Ordnungszahl mit $\overline{\nu} = \mathfrak{n}$ ist. Die elementaren Operationen sind

$$\varphi_1(\mathfrak{m}, \mathfrak{n}) = \mathfrak{m} + \mathfrak{n},$$

$$\varphi_2(\mathfrak{m}, \mathfrak{n}) = \mathfrak{m} \cdot \mathfrak{n},$$

$$\varphi_3(\mathfrak{m}, \mathfrak{n}) = \mathfrak{m}^{\mathfrak{n}};$$

die nächsthöhere Operation

$$\varphi_4(\mathfrak{m}, \mathfrak{n}) = \varphi_3'(\mathfrak{m}, \mathfrak{n})$$

ergibt dann wiederum spezielle *Exponentenketten*. Dabei verhalten sich die Kardinalzahlen-Exponentenketten in gewisser Hinsicht gerade umgekehrt wie die Ordnungszahlen-Exponentenketten:

Verwendet man die Iterationsdefinition (1), so ist

$$\varphi_4(\mathfrak{m}, \mathfrak{n}) = \varphi_4(\mathfrak{m}, 2) \quad \text{für} \quad \mathfrak{m} \geqq \aleph_0 \quad \text{und} \quad \mathfrak{n} \geqq 2,$$

denn ist $\varphi_3^\nu(\mathfrak{m}, \mathfrak{m}) = \varphi_3(\mathfrak{m}, \mathfrak{m}) = \mathfrak{m}^\mathfrak{m}$, so folgt $\varphi_3^{\nu+1}(\mathfrak{m}, \mathfrak{m}) = \varphi_3(\varphi_3^\nu(\mathfrak{m}, \mathfrak{m}), \mathfrak{m})$ $= \varphi_3(\mathfrak{m}^\mathfrak{m}, \mathfrak{m}) = (\mathfrak{m}^\mathfrak{m})^\mathfrak{m} = \mathfrak{m}^{\mathfrak{m}^2} = \mathfrak{m}^\mathfrak{m} = \varphi_3(\mathfrak{m}, \mathfrak{m})$, während bei der Def. (1) die Ordnungszahlen-Exponentenkette $\varphi_4(\alpha, \beta)$ für $\alpha > 1$ in β wachsend ist.

Verwendet man die Iterationsdefinition (3), so ist für $\mathfrak{m} > 1$ $\varphi_4(\mathfrak{m}, \mathfrak{n})$ in $\mathfrak{n}$ wachsend, denn es ist $\varphi_3^{\nu+1}(\mathfrak{m}, \mathfrak{m}) = \varphi_3(\mathfrak{m}, \varphi_3^\nu(\mathfrak{m}, \mathfrak{m})) = \mathfrak{m}^{\varphi_3^\nu(\mathfrak{m}, \mathfrak{m})}$ $> \varphi_3^\nu(\mathfrak{m}, \mathfrak{m})$, während bei der Def. (3) die Ordnungszahlen-Exponentenkette $\varphi_4(\alpha, \beta)$ von einer Stelle ab konstant in β ist.

4. Verwendet man Def. (5), so ist die Kardinalzahlen-Exponentenkette $\varphi_4(\mathfrak{m}, \mathfrak{n})$ und auch die Ordnungszahlen-Exponentenkette $\varphi_4(\alpha, \beta)$ in der zweiten Variablen eine wachsende Funktion. Man kann leicht beweisen (analog wie in § 14), daß man jeder Ordnungszahl $\eta \geqq 3$ eine Operation φ_η zuordnen kann, wobei (mit Verwendung von Def. (5))

$$\varphi_3(\mathfrak{m}, \mathfrak{n}) = \mathfrak{m}^\mathfrak{n},$$
$$\varphi_{\eta+1}(\mathfrak{m}, \mathfrak{n}) = \varphi_\eta'(\mathfrak{m}, \mathfrak{n}) \quad \text{für } \eta \geqq 3,$$
$$\varphi_\lambda(\mathfrak{m}, \mathfrak{n}) = \lim_{\eta < \lambda} \varphi_\eta(\mathfrak{m}, \mathfrak{n}) \quad \text{für Limeszahlen } \lambda.$$

Jeder dieser Operationen φ_η kann man nach Def. (8) oder (9) ein Funktional Φ_η zuordnen, das jeder Folge $\{\mathfrak{m}_\xi\}_{\xi<\lambda}$ von Mächtigkeiten mit $\lambda \geqq 1$ eine Mächtigkeit $\Phi_\eta(\lambda)$ zuordnet.

§ 35. Die Alephhypothese

1. Auswahlaxiom, verallgemeinerte Kontinuumhypothese und Alephhypothese. Ohne Auswahlaxiom kann man für jede unendliche Mächtigkeit $\mathfrak{m}$ beweisen, daß $\mathfrak{m} \leqq \mathfrak{m}^2$ gilt, aber nicht entscheiden, ob für alle unendlichen Mächtigkeiten $\mathfrak{m} = \mathfrak{m}^2$ gilt oder nicht. Aus dem *Auswahlaxiom* folgt, daß der erste Fall zutrifft (dieser ist ihm sogar äquivalent). Ein ganz analoger Sachverhalt tritt nun in der Theorie der Beths auf: Aus dem Auswahlaxiom folgt, daß für jede Ordnungszahl α gilt $\aleph_{\alpha+1} \leqq 2^{\aleph_\alpha}$; aber ohne weitere Hypothese kann man nicht entscheiden, ob allgemein $\aleph_{\alpha+1} = 2^{\aleph_\alpha}$ gilt oder nicht. Da viele Fragen der Mengenlehre von der Größe der Beths abhängen, braucht man eine Hypothese, die für eine der beiden Möglichkeiten entscheidet: eine solche ist die „*verallgemeinerte Kontinuumhypothese*“ (die für die erste Möglichkeit entscheidet, vgl. unten). Diese lautet in der kardinalen Form (wobei nur Begriffe rein kardinaler Natur verwendet werden):

($\mathfrak{K}$) *Für jede unendliche Mächtigkeit* $\mathfrak{m}$ *gilt: Es gibt keine Mächtigkeit* $\mathfrak{x}$ *mit* $\mathfrak{m} < \mathfrak{x} < 2^\mathfrak{m}$,

in der ordinalen Form (wobei auch ordinale Begriffe verwendet werden):

($\mathfrak{H}$) *Für jede Ordnungszahl* α *gilt* $2^{\aleph_\alpha} = \aleph_{\alpha+1}$.

Die zweite Form ($\mathfrak{H}$) heißt die *Alephhypothese*. Sie enthält erstens die Aussage, daß $2^{\aleph_\alpha}$ ein Aleph $\aleph_\beta$ ist (d.h., daß die Potenzmenge von $W(\omega_\alpha)$ wohlgeordnet werden kann) und zweitens, daß dabei speziell $\beta = \alpha + 1$ ist. ($\mathfrak{K}$) und ($\mathfrak{H}$) sind nur bei Zugrundelegung des Auswahlaxioms einander äquivalent.

Gödel [19, 20, 21, 22] hat 1940 bewiesen, daß die verallgemeinerte Kontinuumhypothese relativ zu den Axiomen (I) bis (VII) des Zermelo-Fraenkelschen Systems *widerspruchsfrei* ist (sofern dieses selbst widerspruchsfrei ist); d.h. daß, wenn die Axiome (I) bis (VII) widerspruchsfrei sind, diese widerspruchsfrei bleiben, wenn man ihnen ($\mathfrak{K}$) hinzufügt. Wegen des untenstehenden Satzes 2 folgt daraus auch, daß das Auswahlaxiom ($\mathfrak{A}$) relativ zu den Axiomen (I) bis (VII) widerspruchsfrei ist. Das Problem der Unabhängigkeit der Hypothese ($\mathfrak{K}$) von den übrigen Axiomen blieb dagegen noch lange ungelöst. Erst in neuester Zeit (1963) gelang dies Cohen [2] durch den Nachweis, daß die Axiome (I) bis (VII) und ($\mathfrak{A}$) widerspruchsfrei bleiben, wenn man die Hypothese $2^{\aleph_0} = \aleph_{\alpha+1}$ hinzufügt, wobei α eine beliebige Ordnungszahl ist. Gödel [21] und Cohen [2] fanden ihre Beweise durch Konstruktion von Modellen der Mengenlehre, d.h. durch Bildung von Systemen von Mengen, die ähnlich wie das v. Neumannsche System durch transfinite Rekursion definiert werden. Eine Menge heißt „konstruierbar", wenn sie zu einem solchen Mengensystem gehört. Cohen bewies mit seinen Modellen auch die Unabhängigkeit des Axioms ($\mathfrak{A}$) von den Axiomen (I) bis (VII). Den Modellen von Gödel und Cohen entsprechen sog. „Konstruktibilitätsaxiome", die fordern, daß jede Menge konstruierbar sein soll. Cohen konnte auch die Unabhängigkeit seines Konstruierbarkeitsaxioms von den Axiomen (I) bis (VII) und ($\mathfrak{A}$) beweisen. Nach diesen Unabhängigkeitsbeweisen befindet sich nun die axiomatische Mengenlehre in derselben Lage wie die axiomatische Geometrie bezüglich des Parallelenaxioms, so daß es keinen Sinn mehr hat, zu fragen, ob die Kontinuumhypothese wahr oder falsch sei. Die Tatsache jedoch, daß ein so weitreichendes Problem unentscheidbar ist, deutet wahrscheinlich darauf hin, daß das Zermelo-Fraenkelsche System noch nicht ausreichend ist und noch um ein (bisher unbekanntes) logisch evidentes, aber tiefliegendes Axiom zu vermehren ist, aus dem dann ($\mathfrak{K}$) bewiesen oder widerlegt werden könnte.

Der Zusammenhang zwischen der verallgemeinerten Kontinuumhypothese ($\mathfrak{K}$) und dem Auswahlaxiom ($\mathfrak{A}$) wird durch die beiden folgenden Sätze gegeben (die ohne ($\mathfrak{A}$) bewiesen werden können):

Satz 1. *Ist* $\mathfrak{m}$ *eine unendliche Mächtigkeit, und gibt es keine Mächtigkeit* $\mathfrak{x}$ *mit* $\mathfrak{m} < \mathfrak{x} < 2^{\mathfrak{m}}$ *und keine Mächtigkeit* $\mathfrak{y}$ *mit* $2^{\mathfrak{m}} < \mathfrak{y} < 2^{2^{\mathfrak{m}}}$, *so ist* $2^{\mathfrak{m}}$ *(und somit auch* $\mathfrak{m}$ *selbst) ein Aleph.*

Beweis: a) Wir zeigen, daß $\mathfrak{m} = \mathfrak{m} + 1 = \mathfrak{m} \cdot 2 = \mathfrak{m}^2$: Nach § 26 ist $\mathfrak{m} \leqq \mathfrak{m} \cdot 2 < 2^{\mathfrak{m}}$, also nach Voraussetzung $\mathfrak{m} = \mathfrak{m} \cdot 2$; wegen $\mathfrak{m} < 2^{\mathfrak{m}}$ folgt also $\mathfrak{m} \leqq \mathfrak{m}^2 \leqq (2^{\mathfrak{m}})^2 = 2^{\mathfrak{m} \cdot 2} = 2^{\mathfrak{m}}$, also wegen $\mathfrak{m}^2 \neq 2^{\mathfrak{m}}$ (§ 26) und nach Voraussetzung $\mathfrak{m} = \mathfrak{m}^2$.

b) Nach § 30 wird

$$2^{\aleph(\mathfrak{m})} \leqq 2^{2^{\mathfrak{m}^2}} = 2^{2^{\mathfrak{m}}},$$

also

$$2^{\mathfrak{m}} \leqq 2^{\mathfrak{m}} + \aleph(\mathfrak{m}) < 2^{2^{\mathfrak{m}} + \aleph(\mathfrak{m})} = 2^{2^{\mathfrak{m}}} \cdot 2^{\aleph(\mathfrak{m})} \leqq 2^{2^{\mathfrak{m}}} \cdot 2^{2^{\mathfrak{m}}} = 2^{2^{\mathfrak{m}} \cdot 2}$$

$$= 2^{2^{\mathfrak{m}+1}} = 2^{2^{\mathfrak{m}}},$$

also nach Voraussetzung $2^{\mathfrak{m}} = 2^{\mathfrak{m}} + \aleph(\mathfrak{m})$, also $\aleph(\mathfrak{m}) \leqq 2^{\mathfrak{m}}$. Daraus folgt nun

$$\mathfrak{m} < \mathfrak{m} + \aleph(\mathfrak{m}) \leqq \mathfrak{m} \cdot \aleph(\mathfrak{m}) \leqq 2^{\mathfrak{m}} \cdot 2^{\mathfrak{m}} = 2^{\mathfrak{m} \cdot 2} = 2^{\mathfrak{m}},$$

also nach Voraussetzung $\mathfrak{m} + \aleph(\mathfrak{m}) = \mathfrak{m} \cdot \aleph(\mathfrak{m})$, also sind $\mathfrak{m}$ und $\aleph(\mathfrak{m})$ vergleichbar, also ist $\mathfrak{m} < \aleph(\mathfrak{m}) \leqq 2^{\mathfrak{m}}$, also nach Voraussetzung $2^{\mathfrak{m}} = \aleph(\mathfrak{m})$, also ist $2^{\mathfrak{m}}$ ein Aleph.

Aus Satz 1 folgt unmittelbar:

Satz 2. $(\mathfrak{K}) \to (\mathfrak{A})$.

Folgerung: $(\mathfrak{K}) \to (\mathfrak{H})$; mit Hilfe der Axiome (I) bis (VII) von § 2 läßt sich also die Äquivalenz von $(\mathfrak{K})$ mit dem logischen Produkt von $(\mathfrak{H})$ und $(\mathfrak{A})$ beweisen.

Mit $(\mathfrak{K})$ sind folgende Sätze äquivalent:

$(\mathfrak{K}_1)$ *Für jede unendliche Mächtigkeit* $\mathfrak{m}$ *gilt:* $\mathfrak{n} < 2^{\mathfrak{m}} \to \mathfrak{n} \leqq \mathfrak{m}$ [47].

$(\mathfrak{K}_2)$ *Für beliebige unendliche Mächtigkeiten* $\mathfrak{m}$ *und* $\mathfrak{n}$ *mit* $\mathfrak{m} < \mathfrak{n}$, *für die keine Mächtigkeit* $\mathfrak{x}$ *mit* $\mathfrak{m} < \mathfrak{x} < \mathfrak{n}$ *existiert, gibt es eine Mächtigkeit* $\mathfrak{y}$, *so daß* $\mathfrak{n} = 2^{\mathfrak{y}}$ [43].

Ferner hängt $(\mathfrak{K})$ mit folgenden Sätzen zusammen [48]:

(a) Für beliebige unendliche Mächtigkeiten $\mathfrak{m}$ und $\mathfrak{n}$ gilt: $\mathfrak{m} < \mathfrak{n} \to 2^{\mathfrak{m}} < 2^{\mathfrak{n}}$.

(b) Für beliebige unendliche Mächtigkeiten $\mathfrak{m}$ und $\mathfrak{n}$ gilt $2^{\mathfrak{m}} = 2^{\mathfrak{n}} \to \mathfrak{m} = \mathfrak{n}$.

(c) Für beliebige Ordnungszahlen α, β gilt: $\aleph_\alpha < 2^{2^{\aleph_\beta}} \to \aleph_\alpha \leqq 2^{\aleph_\beta}$.

(d) Für jede unendliche Mächtigkeit $\mathfrak{m}$ gilt: Es gibt keine Mächtigkeit $\mathfrak{n}$ mit $\mathfrak{m} < 2^{\mathfrak{n}} < 2^{\mathfrak{m}}$.

$(\mathfrak{K})$ ist nämlich dem logischen Produkt von $(\mathfrak{A})$, (a) und (c) äquivalent, ebenso dem logischen Produkt von $(\mathfrak{A})$, (b) und (c), dem logischen Produkt von (a) und (d) und auch dem logischen Produkt von (b) und (d).

Bemerkung: Setzt man die Gültigkeit des Fundierungsaxioms voraus, so folgt das Auswahlaxiom schon aus dem Satz: „Für jede Mächtigkeit $\mathfrak{m}$ ist $2^{\mathfrak{m}}$ eine Kardinalzahl", oder auch aus dem Satz: „Für jedes Aleph $\mathfrak{a}$ gilt, daß keine Mächtigkeit $\mathfrak{x}$ mit $\mathfrak{a} < \mathfrak{x} < 2^{\mathfrak{a}}$ existiert". Der letzte Satz ist also (bei Annahme des Fundierungsaxioms) äquivalent mit $(\mathfrak{K})$.

2. Zur Alephhypothese äquivalente Sätze über Alephs. Zur Alephhypothese gibt es zahlreiche andere äquivalente Formulierungen. Zunächst mögen einige Hypothesen über Kardinalzahlen folgen, deren Äquivalenz mit ($\mathfrak{H}$) mit Hilfe der Axiome (I) bis (VII) von § 2 und des Auswahlaxioms (das wir jetzt außer im Fall der Hypothese ($\mathfrak{H}_8$) wieder voraussetzen wollen) bewiesen wird [15, 51]:

($\mathfrak{H}_1$) *Für jede Ordnungszahl* α *ist* $\aleph_{\alpha+1}^{\aleph_\alpha} < \aleph_{\alpha+2}^{\aleph_\alpha}$.

($\mathfrak{H}_2$) *Für jede Ordnungszahl* α *ist* $\aleph_{\alpha+1}^{\aleph_\alpha} = \aleph_{\alpha+1}$ *(d.h., für jede Ordnungszahl* α *von 1. Art gilt* $p(\alpha) = \alpha$*).*

($\mathfrak{H}_3$) *Für jede Ordnungszahl* α *gilt: Jede Menge M mit* $\overline{\overline{M}} = \aleph_{\alpha+1}$ *ist äquivalent der Menge aller Teilmengen* $X \subset M$ *mit* $\overline{\overline{X}} < \overline{\overline{M}}$ *(d.h.,* $\aleph_{\underset{\smile}{\alpha+1}}^{\aleph_{\alpha+1}} = \aleph_{\alpha+1}$*).*

($\mathfrak{H}_4$) *Für jede Ordnungszahl* α *ist* $2^{\underset{\smile}{\aleph_\alpha}} = \aleph_\alpha$.

($\mathfrak{H}_5$) *Für jede Ordnungszahl* α *ist* $p(\alpha) = cf(\alpha)$.

($\mathfrak{H}_6$) *Für jede Ordnungszahl* α *ist* $\aleph_\alpha^{\aleph_{cf(\alpha)}} = \aleph_{\alpha+1}$.

($\mathfrak{H}_7$) *Für jede Ordnungszahl* α *ist* $\aleph_\alpha = \sum_{\mu < \omega_{cf(\alpha)}} \aleph_\alpha^{\bar{\mu}}$.

($\mathfrak{H}_8$) *Für jede Ordnungszahl* α *gilt* $\mathfrak{m} < 2^{\aleph_\alpha} \rightarrow \mathfrak{m} \leqq \aleph_\alpha$.

Äquivalenzbeweise:

Die Äquivalenz von ($\mathfrak{H}_1$) und ($\mathfrak{H}_2$) mit ($\mathfrak{H}$) folgt direkt aus Satz 5 und 6 von § 33.

($\mathfrak{H}_2$) $\longleftrightarrow$ ($\mathfrak{H}_3$) folgt aus $\aleph_{\underset{\smile}{\alpha+1}}^{\aleph_{\alpha+1}} = \aleph_{\alpha+1}^{\aleph_\alpha}$ und Satz 3 von § 34.

($\mathfrak{H}$) $\rightarrow$ ($\mathfrak{H}_4$): Aus ($\mathfrak{H}$) folgt

$$2^{\underset{\smile}{\aleph_\alpha}} = 2^{\underset{\smile}{\aleph_0}} + \sum_{\xi<\alpha} 2^{\aleph_\xi} = \aleph_0 + \sum_{\xi<\alpha} \aleph_{\xi+1} = \aleph_\alpha, \quad \text{also} \quad (\mathfrak{H}_4).$$

($\mathfrak{H}_4$) $\rightarrow$ ($\mathfrak{H}_5$): Aus ($\mathfrak{H}_4$) folgt für $\xi < cf(\alpha)$ wegen $(2^{\underset{\smile}{\aleph_\alpha}})^{\aleph_\xi} = 2^{\underset{\smile}{\aleph_\alpha}}$ die Gleichung $\aleph_\alpha^{\aleph_\xi} = \aleph_\alpha$, also $\xi < p(\alpha)$, also $cf(\alpha) \leqq p(\alpha)$. Wegen $cf(\alpha) \geqq p(\alpha)$ (§ 33) gilt also ($\mathfrak{H}_5$).

($\mathfrak{H}_5$) $\rightarrow$ ($\mathfrak{H}_2$): Aus ($\mathfrak{H}_5$) folgt $p(\alpha+1) = \alpha+1$ wegen $cf(\alpha+1) = \alpha+1$, also $\alpha < p(\alpha+1)$, also $\aleph_{\alpha+1}^{\aleph_\alpha} = \aleph_\alpha$ nach Def. der Funktion p; d.h., es gilt ($\mathfrak{H}_2$).

($\mathfrak{H}$) $\rightarrow$ ($\mathfrak{H}_6$): Aus ($\mathfrak{H}$) folgt

$$\aleph_\alpha < \aleph_\alpha^{\aleph_{cf(\alpha)}} \leqq \aleph_\alpha^{\aleph_\alpha} = 2^{\aleph_\alpha} = \aleph_{\alpha+1}, \quad \text{also} \quad (\mathfrak{H}_6).$$

($\mathfrak{H}_6$) $\rightarrow$ ($\mathfrak{H}$): Aus ($\mathfrak{H}_6$) folgt für isoliertes α $2^{\aleph_\alpha} = \aleph_\alpha^{\aleph_\alpha} = \aleph_{\alpha+1}$ wegen $cf(\alpha) = \alpha$. Ist λ eine Limeszahl und $\{\alpha_\xi\}_{\xi<\omega_{cf(\lambda)}}$ eine wachsende Folge mit dem Limes λ, so ist $\aleph_\lambda = \sum_{\xi<\omega_{cf(\alpha)}} \aleph_{\alpha_\xi+1}$, also

$$2^{\aleph_\lambda} = \prod_{\xi<\omega_{cf(\alpha)}} 2^{\aleph_{\alpha_\xi+1}} = \prod_{\xi<\omega_{cf(\alpha)}} \aleph_{\alpha_\xi+2} \leqq \aleph_\lambda^{\aleph_{cf(\lambda)}} = \aleph_{\lambda+1},$$

also $2^{\aleph_\lambda} = \aleph_{\lambda+1}$.

$(\mathfrak{H}_5) \to (\mathfrak{H}_7)$: Aus $(\mathfrak{H}_5)$ folgt $\bar{\mu} < \aleph_{p(\alpha)}$ für $\mu < \omega_{cf(\alpha)}$, also $\aleph_\alpha^{\bar{\mu}} = \aleph_\alpha$, also $\sum_{\mu < \omega_{cf(\alpha)}} \aleph_\alpha^{\bar{\mu}} = \aleph_\alpha \cdot \aleph_{cf(\alpha)} = \aleph_\alpha$.

$(\mathfrak{H}_7) \to (\mathfrak{H}_5)$: Aus $(\mathfrak{H}_7)$ folgt $\aleph_\alpha^{\aleph_\beta} = \aleph_\alpha$ für $\beta < cf(\alpha)$, also $p(\alpha) \geqq cf(\alpha)$, also $p(\alpha) = cf(\alpha)$.

$(\mathfrak{H}) \to (\mathfrak{H}_8)$: Aus $(\mathfrak{H})$ und $\mathfrak{m} < 2^{\aleph_\alpha}$ folgt, daß $\mathfrak{m} < \aleph_{\alpha+1}$, also $\mathfrak{m}$ eine Kardinalzahl $\leqq \aleph_\alpha$ ist.

$(\mathfrak{H}_8) \to (\mathfrak{H})$: Nach § 30 gilt $\aleph_{\alpha+1} < 2^{2^{\aleph_\alpha}}$. Aus $(\mathfrak{H}_8)$ folgt also $\aleph_{\alpha+1} \leqq 2^{\aleph_\alpha}$. Wäre $\aleph_{\alpha+1} < 2^{\aleph_\alpha}$, so wäre, wiederum nach $(\mathfrak{H}_8)$, $\aleph_{\alpha+1} \leqq \aleph_\alpha$, was unmöglich ist. Also ist $\aleph_{\alpha+1} = 2^{\aleph_\alpha}$, d.h., es gilt $(\mathfrak{H})$.

3. Weitere Äquivalenzen zur Alephhypothese. Die folgenden Äquivalenzen zur Alephhypothese sind weniger naheliegend.

1. Folgender Satz aus der Theorie der *Funktionale* ist mit $(\mathfrak{H})$ äquivalent [46]:

$(\mathfrak{H}_9)$: *Es gibt ein Funktional F, das jeder Folge* $\{\alpha_\xi\}_{\xi<\omega_\alpha}$ *mit* $\alpha_\xi < \omega_{\alpha+1}$ *eine Ordnungszahl* $\underset{\xi<\omega_\alpha}{F} \alpha_\xi < \omega_{\alpha+1}$ *zuordnet, so daß für jedes solche Funktional f derselben Art eine Funktion* φ *einer Variablen* $\eta < \omega_{\alpha+1}$ *mit* $\varphi(\eta) < \omega_{\alpha+1}$ *existiert, wobei* $\underset{\xi<\omega_\alpha}{f} \alpha_\xi = \varphi\left(\underset{\xi<\omega_\alpha}{F} \alpha_\xi\right)$ *für jede Folge* $\{\alpha_\xi\}_{\xi<\omega_\alpha}$ *mit* $\alpha_\xi < \omega_{\alpha+1}$ *gilt.*

$(\mathfrak{H}_2) \to (\mathfrak{H}_9)$: Aus $(\mathfrak{H}_2)$ folgt die Existenz einer eineindeutigen Abbildung zwischen $W(\omega_{\alpha+1})^{W(\omega_\alpha)}$ und $W(\omega_{\alpha+1})$. Es sei $\underset{\xi<\omega_\alpha}{F} \alpha_\xi$ die dadurch der Folge $\{\alpha_\xi\}_{\xi<\omega_\alpha}$ entsprechende Ordnungszahl $<\omega_{\alpha+1}$. Das Funktional F genügt den Bedingungen von $(\mathfrak{H}_9)$: Es sei f ein beliebiges Funktional derselben Art. Nun gehört zu jeder Zahl $\eta < \omega_{\alpha+1}$ eine zugehörige Folge $\{\alpha_\xi\}_{\xi<\omega_\alpha}$, so daß $\eta = \underset{\xi<\lambda}{F} \alpha_\xi$. Man setze $\varphi(\eta) = \underset{\xi<\omega_\alpha}{f} \alpha_\xi$.

$(\mathfrak{H}_9) \to (\mathfrak{H}_2)$: F sei ein Funktional, das den Bedingungen von $(\mathfrak{H}_9)$ genügt. Sind $\{\alpha_\xi\}_{\xi<\omega_\alpha}$ und $\{\beta_\xi\}_{\xi<\omega_\alpha}$ verschiedene Folgen mit $\alpha_\xi < \omega_{\alpha+1}$ und $\beta_\xi < \omega_{\alpha+1}$, so ist $\underset{\xi<\omega_\alpha}{F} \alpha_\xi \neq \underset{\xi<\omega_\alpha}{F} \beta_\xi$; denn wäre $\underset{\xi<\omega_\alpha}{F} \alpha_\xi = \underset{\xi<\omega_\alpha}{F} \beta_\xi$, so setze man $\underset{\xi<\omega_\alpha}{f} \alpha_\xi = 1$ und $\underset{\xi<\omega_\alpha}{f} \gamma_\xi = 0$ für alle Folgen $\{\gamma_\xi\}_{\xi<\omega_\alpha}$ mit $\gamma_\xi < \omega_{\alpha+1}$, die von $\{\alpha_\xi\}_{\xi<\omega}$ verschieden sind. Also existiert nach Voraussetzung eine Funktion φ, so daß $1 = \underset{\xi<\omega_\alpha}{f} \alpha_\xi = \varphi\left(\underset{\xi<\omega_\alpha}{F} \alpha_\xi\right)$, also $0 = \underset{\xi<\omega_\alpha}{f} \beta_\xi = \varphi\left(\underset{\xi<\omega_\alpha}{F} \beta_\xi\right) = \varphi\left(\underset{\xi<\omega_\alpha}{F} \alpha_\xi\right) = 1$, Widerspruch. Das Funktional F stellt somit eine eineindeutige Abbildung zwischen $W(\omega_{\alpha+1})$ und $W(\omega_{\alpha+1})^{W(\omega_\alpha)}$ her, also ist $\aleph_{\alpha+1} = \aleph_{\alpha+1}^{\aleph_\alpha}$.

Bemerkung: *Für endliche Folgen* $\{\alpha_\xi\}_{\xi<n}$ *von festem Typ* $n < \omega$ *mit* $\alpha_\xi < \lambda$ *(wobei* $\lambda \geqq \omega$*) gibt es immer ein Funktional F, das jeder solchen Folge eine Ordnungszahl* $\underset{\xi<n}{F} \alpha_\xi < \lambda$ *zuordnet, so daß zu jedem Funktional f derselben Art eine Funktion* φ *von einer Variablen vom Typ* λ *und mit Werten* $<\lambda$ *existiert mit* $\underset{\xi<n}{f} \alpha_\xi = \varphi\left(\underset{\xi<n}{F} \alpha_\xi\right)$.

Beweis: Es gibt eine eineindeutige Abbildung zwischen $W(\lambda)$ und der Menge der Folgen $\{\alpha_\xi\}_{\xi<n}$ mit $\alpha_\xi < \lambda$, weil diese die Mächtigkeit $(\bar{\lambda})^n = \bar{\lambda}$ hat.

2. Es gibt ferner mit ($\mathfrak{H}$) äquivalente Aussagen über *Doppelfolgen* [39]. Zur Vorbereitung betrachten wir eine Folge F von Funktionen, die jeder Ordnungszahl $\eta < \nu$ eindeutig eine Funktion f_η vom Typ μ zuordnet (wobei μ und ν beliebige Ordnungszahlen seien).

Def. 1. Ist f_η eine Funktion einer solchen Funktionenfolge F, die einen Abschnitt hat, der niemals Abschnitt einer Funktion $f_{\eta'}$ von F mit $\eta' < \eta$ ist, so heißt f_η eine *Primfolge* bezüglich F.

Def. 2. Der kleinste Abschnitt einer Primfolge f_η von F, der niemals Abschnitt einer Funktion $f_{\eta'}$ von F mit $\eta' < \eta$ ist, heißt *Primabschnitt* von f_η. — Jeder Abschnitt von f_η, der den Primabschnitt von f_η enthält, hat also die Eigenschaft, niemals Abschnitt einer Funktion $f_{\eta'}$ von F mit $\eta' < \eta$ zu sein.

Wir führen eine *teilweise Ordnung* des Wertbereichs von F ein, indem wir $f_\eta \precsim f_\zeta$ setzen, wenn es eine Zahl $\xi < \mu$ gibt, so daß $f_\eta(\xi') < f_\zeta(\xi')$ für alle ξ' mit $\xi \leqq \xi' < \mu$.

Dabei gilt: *Ist μ eine Limeszahl mit $cf(\mu) > 0$, so ist jede durch $\precsim$ geordnete Klasse von Funktionen f_η vom Typ μ auch wohlgeordnet.*

Beweis: Annahme, K sei eine Klasse von solchen Folgen, und es gebe eine Teilfolge vom Typ ω von Folgen f_{η_n} $(n < \omega)$ mit $f_{\eta_n} \succsim f_{\eta_{n+1}}$ für alle $n < \omega$. Ist ξ_n die kleinste Zahl ξ, so daß $f_{\eta_n}(\xi') > f_{\eta_{n+1}}(\xi')$ für alle ξ' mit $\xi \leqq \xi' < \mu$, und ist $x = \sup\limits_{n<\omega} \xi_n$, so ist $x < \mu$ und $f_{\eta_n}(x) > f_{\eta_{n+1}}(x)$ für alle $n < \omega$, was unmöglich ist.

($\mathfrak{H}_{10}$) *In jeder durch $\precsim$ wohlgeordneten Folge vom Typ $\omega_{\alpha+2}$ von wachsenden Funktionen f_η vom Typ $\omega_{\alpha+1}$ mit Werten $<\omega_{\alpha+1}$ hat die Menge der Primfolgen die Mächtigkeit $\aleph_{\alpha+1}$.*

($\mathfrak{H}_2$) $\to$ ($\mathfrak{H}_{10}$): Es sei F eine durch $\precsim$ wohlgeordnete Folge vom Typ $\omega_{\alpha+2}$ von solchen Funktionen f_η. Die Wertmenge jedes Primabschnitts einer solchen Funktion ist eine Teilmenge von $W(\omega_{\alpha+1})$ mit einer Mächtigkeit $\leqq \aleph_\alpha$; es gibt höchstens $\aleph_{\alpha+1}^{\aleph_\alpha} = \aleph_{\alpha+1}$ solche Teilmengen (nach § 34, Folgerung von Satz 5). Da in F zu einem Primabschnitt nur eine Funktion gehört, gibt es höchstens $\aleph_{\alpha+1}$ Primfolgen.

Es gibt mindestens $\aleph_{\alpha+1}$ Primfolgen, denn sonst gäbe es in F $\aleph_{\alpha+2}$ Funktionen, die nicht Primfolgen wären; jede solche Funktion ist aber Vereinigung der in ihr als Abschnitte auftretenden Primabschnitte von Primfolgen; da nur $\leqq \aleph_\alpha$ Primabschnitte vorhanden wären, gäbe es aber nur $\leqq \aleph_{\alpha+1}$ solche Vereinigungen.

($\mathfrak{H}_{10}$) $\to$ ($\mathfrak{H}$): Es gelte ($\mathfrak{H}_{10}$). Wäre ($\mathfrak{H}$) falsch, so wäre $2^{\aleph_\alpha} \geqq \aleph_{\alpha+2}$, also könnte man eine Folge H vom Typ $\omega_{\alpha+2}$ von verschiedenen wachsenden Funktionen vom Typ ω_α mit Werten $<\omega_\alpha$ bilden $\left(\text{weil es } \aleph_\alpha^{\aleph_\alpha} = 2^{\aleph_\alpha} \geqq \aleph_{\alpha+2}\right.$ solche Funktionen gäbe). Ist F eine Folge von Funktionen f_η mit den Bedingungen von ($\mathfrak{H}_{10}$), so ersetzen wir F durch eine andere Folge G von Funktionen, indem wir jede Funktion h_η von H als Abschnitt verwenden und diesen durch denjenigen Rest der zugehörigen Funktion f_η von F ergänzen, dessen Werte alle Werte von h_η übertreffen. In G wären dann alle Funktionen Primfolgen, Widerspruch. Also folgt ($\mathfrak{H}$).

Weiterhin sind mit ($\mathfrak{H}$) äquivalent die beiden Sätze [41]:

($\mathfrak{H}_{11}$): *Zu jeder Ordnungszahl α gibt es eine durch $\precsim$ im Typ ω_μ (wobei $2^{\aleph_\alpha} = \aleph_\mu$) wohlgeordnete Folge F von Folgen vom Typ ω_α von Ordnungszahlen $<\omega_\mu$, so daß es zu jeder beliebigen Folge f vom Typ ω_α von Ordnungszahlen $<\omega_\mu$ eine Folge $f' \in F$ gibt mit $f \precsim f'$; und zudem eine Familie F'*

von Folgen vom Typ ω_α *von Ordnungszahlen* $<\omega_\mu$, *so daß für jede Folge f vom Typ* ω_α *von Ordnungszahlen* $<\omega_\mu$ *die Menge aller Folgen* $f' \in F'$ *mit* $f' \precsim f$ *eine Mächtigkeit* $\leqq \aleph_\alpha$ *hat.*

$(\mathfrak{H}_{12})$: *Zu jeder Ordnungszahl* α *gibt es eine Familie G mit* $\overline{\overline{G}} = 2^{\aleph_\alpha}$ *von Folgen vom Typ* ω_α *von Ordnungszahlen* $<\omega_\mu$ $\left(\textit{wobei } 2^{\aleph_\alpha} = \aleph_\mu\right)$, *so daß für jede Folge* $\{\alpha_\xi\}_{\xi<\omega_\alpha}$ *vom Typ* ω_α *von Ordnungszahlen* $<\omega_\mu$ *die Menge der Folgen* $\{\beta_\xi\}_{\xi<\omega_\alpha}$ *aus G mit* $\alpha_\xi \neq \beta_\xi$ *für alle* $\xi < \omega_\alpha$ *eine Mächtigkeit* $\leqq \aleph_\alpha$ *hat.*

3. Weitere mit $(\mathfrak{H})$ äquivalente Sätze sind [39]:

$(\mathfrak{H}_{13})$: *Ist E eine wohlgeordnete Menge, E' eine nicht-leere Teilmenge von E und f eine eineindeutige Abbildung, die jedem* $x \in E'$ *eine nicht-leere Teilmenge* $f(x) \subset E$ *zuordnet, die aus lauter Elementen* $y \precsim x$ *besteht, wobei* $\overline{\overline{f(x)}} \leqq \aleph_\alpha$ *für alle* $x \in E'$ *und* $\overline{\overline{E - E'}} \leqq \aleph_{\alpha+1}$, *so ist* $\overline{\overline{F}} \leqq \aleph_{\alpha+1}$.

$(\mathfrak{H}_{13}) \to (\mathfrak{H})$: Es gelte $(\mathfrak{H}_{13})$. Wäre nun $2^{\aleph_\alpha} \geqq \aleph_{\alpha+2}$, so setzen wir $E = W(\omega_{\alpha+2})$; ferner sei für $1 \leqq \xi < \omega_\alpha$ $f(\xi)$ die Menge der Zahlen η mit $1 \leqq \eta < \xi$; für $\omega_\alpha \leqq \xi < \omega_{\alpha+2}$ sei $f(\xi)$ eine Menge der Mächtigkeit $\aleph_\alpha$ von Zahlen η mit $0 \leqq \eta < \omega_\alpha$, so daß $f(\xi) \neq f(\xi')$ für $\xi \neq \xi'$. Diese Funktion f genügt den Bedingungen von $(\mathfrak{H}_{13})$, aber es ist $\overline{\overline{F}} = \aleph_{\alpha+2}$. Also haben wir einen Widerspruch.

$(\mathfrak{H}) \to (\mathfrak{H}_{13})$: Es sei E eine wohlgeordnete Teilmenge und f eine Funktion mit den Voraussetzungen von $(\mathfrak{H}_{13})$. Für jede Teilmenge $M \subset E$ sei nun $\Phi(M)$ die Menge aller Elemente $x \in E'$ mit $f(x) \subset M$. Es gilt:

$$\overline{\overline{M}} \leqq \aleph_{\alpha+1} \to \overline{\overline{\Phi(M)}} \leqq \aleph_{\alpha+1}$$

(denn die Mächtigkeit der Menge der Teilmengen $X \subset M$ mit $\overline{\overline{X}} \leqq \aleph_\alpha$ ist $= \overline{\overline{M}}^{\aleph_\alpha} \leqq \aleph_{\alpha+1}^{\aleph_\alpha} = \aleph_{\alpha+1}$, also ist $\overline{\overline{\Phi(M)}} \leqq \aleph_{\alpha+1}$). Wäre nun $\overline{\overline{F}} \geqq \aleph_{\alpha+2}$, so wäre $\overline{F} \geqq \omega_{\alpha+2}$. Dann sei E_1 das Anfangsstück vom Ordnungstypus $\omega_{\alpha+2}$ von E; N_0 sei der kleinste Abschnitt von E_1, der alle Elemente von $E_1 - E'$ enthält, und N_0 sei zum Element $a_0 \in E$ gehörig, also ist $f(a_0) \subset N_0$. Nach der oben bewiesenen Beziehung ist also $\overline{\overline{E_1\ \Phi(N_0)}} \leqq \aleph_{\alpha+1}$.

Wir definieren nun eine Folge von wachsenden Abschnitten N_ν von E_1: $N_{\nu+1}$ sei der kleinste Abschnitt, der $E_1\ \Phi(N_\nu)$ umfaßt; ist N_ν in E_1 durch a_ν bestimmt, so ist $f(a_\nu) \subset N_\nu$, also $a_\nu \in N_{\nu+1}$, also ist N_ν ein Abschnitt von $N_{\nu+1}$. Ist λ eine Limeszahl, so sei $N_\lambda = \mathfrak{B}_{\nu<\lambda} N_\nu$. — Es existiert N_ν für alle $\nu < \omega_{\alpha+2}$; also ist $f(a_{\omega_{\alpha+1}}) \subset N_{\omega_{\alpha+1}}$; wegen $\overline{\overline{f(a_{\omega_{\alpha+1}})}} \leqq \aleph_\alpha$ existiert ein kleinster Abschnitt $N_\nu \supset f(a_{\omega_{\alpha+1}})$ mit $\nu < \omega_{\alpha+1}$; also ist $a_{\omega_{\alpha+1}} \in N_{\nu+1}$, Widerspruch. Also ist $\overline{\overline{F}} \leqq \aleph_{\alpha+1}$, d.h., es gilt $(\mathfrak{H}_{13})$.

$(\mathfrak{H}_{14})$ *Für jede Ordnungszahl* α *gilt: Ist E eine Menge mit* $\overline{\overline{F}} = 2^{\aleph_\alpha}$, *und ist B die Menge der Teilmengen von E, die genau 2 Elemente enthalten, so gibt es eine Abbildung F, die jedem Element* $r \in B$ *eindeutig ein Element* $F(r) \in E$ *zuordnet und folgende Eigenschaften hat:*

a) *Ist* $r = \{a, b\}$, *so ist* $F(r) = a$ *oder* $F(r) = b$.

b) *Ist* $E_1 \subset E$ *und* $\overline{\overline{E_1}} > \aleph_\alpha$, *so ist E die Vereinigung aller Mengen* $r \in B$ *mit* $F(r) \in E_1$ [12].

$(\mathfrak{H}_{15})$ *Für jede Ordnungszahl* α *gilt: Ist E eine Menge mit* $\overline{\overline{E}} = 2^{\aleph_\alpha}$, *so gibt es eine Folge* $\{F_\xi\}_{\xi<\omega_\alpha}$ *vom Typ* ω_α *von Abbildungen* F_ξ, *die jedem Element a von E eindeutig ein Element* $F_\xi(a)$ *von E zuordnen, so daß für jede Teilmenge* $E_1 \subset E$ *mit* $\overline{\overline{E_1}} > \aleph_\alpha$ *alle Abbildungen* F_ξ *(ausgenommen eventuell weniger als* $\aleph_\alpha$ *von ihnen) folgende Eigenschaft haben: Für jedes* $a \in E$ *hat die Menge der Elemente* $b \in E_1$ *mit* $F_\xi(b) = a$ *eine größere Mächtigkeit als* $\aleph_\alpha$ [1].

4. Schließlich seien solche mit ($\mathfrak{H}$) äquivalente Aussagen angeführt, die sich in der *Geometrie* anwenden lassen (vgl. § 37).

($\mathfrak{H}_{16}$) *Jede Menge der Mächtigkeit* $2^{\aleph_\alpha}$ *ist Vereinigung einer Folge* $\{M_\xi\}_{\xi<\tau}$ *von Mengen* M_ξ *mit* $\overline{\overline{M_\xi}} = \aleph_\alpha$, *wobei für* $\xi_1 < \xi_2 < \tau$ M_{ξ_1} *echte Teilmenge von* M_{ξ_2} *ist.*

($\mathfrak{H}$) $\to$ ($\mathfrak{H}_{16}$): Ist M eine Menge von der Mächtigkeit $2^{\aleph_\alpha}$, so lassen sich die Elemente von M durch Wohlordnung von M und nach ($\mathfrak{H}$) als Folge $\{x_\nu\}_{\nu<\omega_{\alpha+1}}$ darstellen. Es sei M_ξ die Menge der x_ν mit $\nu < \omega_\alpha + \xi$. Somit ist $M = \mathfrak{V}_{\xi<\omega_{\alpha+1}} M_\xi$ und M_{ξ_1} echte Teilmenge von M_{ξ_2} für $\xi_1 < \xi_2 < \omega_{\alpha+1}$.

($\mathfrak{H}_{16}$) $\to$ ($\mathfrak{H}$): Es sei M eine Menge mit $\overline{\overline{M}} = 2^{\aleph_\alpha}$ und $M = \mathfrak{V}_{\xi<\tau} M_\xi$, wobei die Bedingungen von ($\mathfrak{H}_{16}$) für die M_ξ erfüllt seien. Wegen $2^{\aleph_\alpha} \geqq \aleph_{\alpha+1}$ ist $\overline{\tau} \geqq \aleph_{\alpha+1}$, also $\tau \geqq \omega_{\alpha+1}$. Es sei $T = \mathfrak{V}_{\xi<\omega_{\alpha+1}} M_\xi$; also ist $\overline{\overline{T}} = \aleph_\alpha \cdot \aleph_{\alpha+1} = \aleph_{\alpha+1}$.

Wir zeigen, daß $M = T$ ist: Es sei $x \in M$; also gibt es ein $\xi < \tau$ mit $x \in M_\xi$. Wegen $\overline{\overline{M_\xi}} = \aleph_\alpha$ gibt es ein $x_1 \in T$ mit x_1 non $\in M_\xi$, also gibt es ein $\xi_1 < \omega_{\alpha+1}$ mit $x_1 \in M_{\xi_1}$, aber x_1 non $\in M_\xi$. Also folgt $M_\xi \subset M_{\xi_1}$, $\xi < \omega_{\alpha+1}$, also $x \in T$. Somit ist $M \subset T$; da auch $T \subset M$, ist $T = M$, also $2^{\aleph_\alpha} = \aleph_{\alpha+1}$.

Bemerkung: Jedoch ist eine Menge der Mächtigkeit $2^{\aleph_\alpha}$ nie Vereinigung einer Menge der Mächtigkeit $\aleph_\alpha$ von paarweise disjunkten Mengen mit Mächtigkeiten $\mathfrak{m}_\xi$, die kleiner als $2^{\aleph_\alpha}$ sind; denn sonst wäre nach § 29

$$2^{\aleph_\alpha} = \sum_{\xi<\omega_\alpha} \mathfrak{m}_\xi < \prod_{\xi<\omega_\alpha} \mathfrak{m}_\xi \leqq \left(2^{\aleph_\alpha}\right)^{\aleph_\alpha} = 2^{\aleph_\alpha}, \quad \text{Widerspruch.}$$

($\mathfrak{H}_{17}$) *Ist* M *eine Menge mit* $\overline{\overline{M}} = 2^{\aleph_\alpha}$, *so ist* $[M, M]$ *Vereinigung von zwei disjunkten Mengen* E_0, E_1, *so daß* E_0 *zu jedem beliebigen* $y \in M$ *höchstens* $\aleph_\alpha$ *Paare* (ξ, y) *enthält, und* E_1 *zu jedem beliebigen* $x \in M$ *höchstens* $\aleph_\alpha$ *Paare* (x, η) *enthält.*

($\mathfrak{H}$) $\to$ ($\mathfrak{H}_{17}$): Nach ($\mathfrak{H}$) existiert eine Wohlordnung von M im Ordnungstypus $\omega_{\alpha+1}$; die Elemente von M seien deshalb mit m_ξ bezeichnet (wobei $\xi < \omega_{\alpha+1}$). Jedes Element von $[M, M]$ ist also ein geordnetes Paar $p = (m_{\xi_0}, m_{\xi_1})$. Wir definieren:

$$E_0 = \text{Menge der Paare } p \text{ mit } \xi_0 \leqq \xi_1,$$

$$E_1 = \text{Menge der Paare } p \text{ mit } \xi_0 > \xi_1.$$

Diese Mengen haben die in ($\mathfrak{H}_{17}$) verlangten Eigenschaften.

($\mathfrak{H}_{17}$) $\to$ ($\mathfrak{H}$): Es sei $[M, M] = E_0 + E_1$ eine Zerlegung mit den Eigenschaften von ($\mathfrak{H}_{17}$); M' sei eine Teilmenge von M mit $\overline{\overline{M'}} = \aleph_{\alpha+1}$, m ein Element von M. Ferner sei $N = [M', M]$, $P = E_1 N$; also ist $\overline{\overline{P}} \leqq \aleph_{\alpha+1}$; Q sei die Menge der Paare (m, η), für die ein Element $x \in M$ existiert mit $(x, \eta) \in P$; also ist $\overline{\overline{Q}} \leqq \aleph_{\alpha+1}$.

Ist $y \in M$, so sind von den Paaren (x, y) mit $x \in M'$ nur $\leqq \aleph_\alpha$ Paare in E_0, also gibt es solche Paare (x, y), die in E_1 liegen; diese Paare liegen in P. Also ist $(m, y) \in Q$. Daraus folgt $\overline{\overline{M}} = 2^{\aleph_\alpha} \leqq \overline{\overline{Q}} \leqq \aleph_{\alpha+1}$, also $2^{\aleph_\alpha} = \aleph_{\alpha+1}$.

($\mathfrak{H}_{18}$): *Für jede Ordnungszahl α gilt: Ist $\overline{\overline{M}} = 2^{\aleph_\alpha}$, so gibt es eine Funktion f, die jeder nicht-leeren endlichen Teilmenge $X \subset M$ ein Element $f(X) \in X$ zuordnet, so daß die Inverse höchstens $\aleph_\alpha$-wertig ist.*

($\mathfrak{H}$) $\rightarrow$ ($\mathfrak{H}_{18}$): Es sei M eine Menge mit $\overline{\overline{M}} = 2^{\aleph_\alpha}$. Nach ($\mathfrak{H}$) kann man sie im Ordnungstypus $\omega_{\alpha+1}$ wohlordnen, ihre Elemente also mit x_ξ bezeichnen (wobei $\xi < \omega_{\alpha+1}$). Es sei f die Funktion, die jeder nicht-leeren endlichen Teilmenge $X \subset M$ dasjenige ihrer Elemente x_ξ zuordnet, das den größten Index ξ in der obigen Wohlordnung hat. f genügt den Bedingungen von ($\mathfrak{H}_{18}$), denn für ein beliebiges Element $x_\xi \in M$ ist $f(X) = x_\xi$ für höchstens so viele Teilmengen $X \subset M$, als es nicht-leere endliche Teilmengen der Menge der x_η mit $\eta \leqq \xi$ gibt.

($\mathfrak{H}_{18}$) $\rightarrow$ ($\mathfrak{H}$): Es sei M eine Menge mit $\overline{\overline{M}} = 2^{\aleph_\alpha}$ und f eine Funktion mit den Bedingungen von ($\mathfrak{H}_{18}$). Für jedes $x \in M$ sei $G(x)$ die Vereinigung der Teilmengen $X \subset M$ mit $f(X) = x$ und $N(x)$ die Menge der Elemente y mit x non $\in G(y)$. Somit ist $\overline{\overline{G(x)}} \leqq \aleph_\alpha$ für jedes $x \in M$. Annahme: $\aleph_{\alpha+1} < 2^{\aleph_\alpha}$. Nun zeigen wir, daß es ein $x_0 \in M$ mit $\overline{\overline{N(x_0)}} > \aleph_\alpha$ gibt: Wäre nämlich $\overline{\overline{N(x)}} \leqq \aleph_\alpha$ für jedes $x \in M$, so hätte für eine beliebige Teilmenge $S \subset M$ mit $\overline{\overline{S}} = \aleph_{\alpha+1}$ die Menge $H = \underset{x \in S}{\mathfrak{V}} N(x)$ eine Mächtigkeit $\overline{\overline{H}} \leqq \aleph_{\alpha+1}$, also wäre $M - H \neq 0$; da ferner $S \subset G(y)$ für jedes $y \in M - H$, wäre $\overline{\overline{G(y)}} \geqq \aleph_{\alpha+1}$ für $y \in M - H$, Widerspruch. — Setzen wir $A = N(x_0) - N(x_0)\,G(x_0)$, so ist also $A \neq 0$; ist A' eine endliche Teilmenge von A und $X = A' + \{x_0\}$, so ist weder $f(X) = x_0$ (denn daraus ergäbe sich $A' \subset G(x_0)$) noch $f(X) \in A'$ (denn daraus ergäbe sich $x_0 \in G(f(X))$, also $f(X)$ non $\in N(x_0)$), Widerspruch. Also gilt ($\mathfrak{H}$). —

Die Alephhypothese findet in der Punktmengenlehre und in der Theorie der geordneten Mengen weitere häufige Anwendung (z.B. ist ($\mathfrak{H}$) mit folgendem Satz aus der letzteren äquivalent: „*Zu jeder Ordnungszahl α existiert eine* HAUSDORFF*sche $\eta_{\alpha+1}$-Menge* [26] *von der Mächtigkeit* $\aleph_{\alpha+1}$ [45]). Weitere mit ($\mathfrak{H}$) äquivalente Aussagen finden sich in den §§ 37 und 41.

§ 36. Folgerungen aus der Alephhypothese

1. Die Größe der Beths auf Grund der Alephhypothese. Erst die Annahme der Alephhypothese (zusätzlich zum Auswahlaxiom) erlaubt uns, genaue Aussagen über die *Größe der Beths* zu machen: Für die in § 33 definierte Normalfunktion $\pi(\alpha)$ gilt dann einfach $\pi(\alpha) = \alpha$. Dann sind alle Alephs mit Index von 1. Art Potenzen von 2, alle Alephs mit Index von 2. Art keine Potenzen von 2. Aus § 33, Satz 7, ergibt sich:

$$\aleph_\alpha^{\aleph_\beta} = \begin{cases} \aleph_\alpha & \textit{für} \quad \beta < cf(\alpha), \\ \aleph_{\alpha+1} & \textit{für} \quad cf(\alpha) \leqq \beta \leqq \alpha, \\ \aleph_{\beta+1} & \textit{für} \quad \beta \geqq \alpha. \end{cases}$$

Folgerungen: 1. Die Potenzmenge einer Menge der Mächtigkeit $\aleph_\alpha$ hat die Mächtigkeit $\aleph_{\alpha+1}$. — Ist α isoliert oder eine reguläre Anfangszahl mit Limeszahlindex, so hat die Menge der Teilmengen $X \subset M$ einer Menge M mit $\overline{\overline{M}} = \aleph_\alpha$ mit $\overline{\overline{X}} < \aleph_\beta$ (wobei $\beta \leqq \alpha$) die Mächtigkeit $\aleph_\alpha$.

2. $\aleph_\alpha^{\aleph_\beta} = \aleph_\alpha$ *gilt dann und nur dann, wenn entweder* α *von 1. Art und* $\beta < \alpha$, *oder* α *Limeszahl mit* $\beta < cf(\alpha)$ *ist.*

3. $\aleph_\alpha^{\aleph_\beta} > \aleph_\alpha$ *gilt dann und nur dann, wenn entweder* $\alpha = 0$, *oder* α *von 1. Art mit* $\beta \geqq \alpha$, *oder* α *Limeszahl mit* $\beta \geqq cf(\alpha)$ *ist.*

4. $\aleph_\alpha^{\aleph_\beta} = \aleph_\beta^{\aleph_\alpha}$ mit $\beta \leqq \alpha$ gilt dann und nur dann, wenn $\alpha = \beta$ oder α Limeszahl mit $cf(\alpha) \leqq \beta < \alpha$ ist.

5. *Dafür, daß* $\aleph_\alpha$ *die* BERNSTEIN*sche Bedingung* (§ 33) *erfüllt, ist notwendig und hinreichend, daß entweder* α *isoliert oder eine reguläre Anfangszahl mit Limeszahlindex ist.* — Beweis: Es ist $\aleph_\alpha^{\aleph_\beta} = 2^{\aleph_\beta} \cdot \aleph_\alpha$ für $\beta < cf(\alpha)$ und $\beta \geqq \alpha$, jedoch $\aleph_\alpha^{\aleph_\beta} = \aleph_{\alpha+1} > 2^{\aleph_\beta} \cdot \aleph_\alpha$ für $cf(\alpha) \leqq \beta < \alpha$. Somit erfüllt $\aleph_\alpha$ dann und nur dann die BERNSTEINsche Bedingung, wenn $cf(\alpha) = \alpha$.

6. Es sei $\{\alpha_\xi\}_{\xi<\lambda}$ eine wachsende Folge vom Limeszahltyp λ mit dem Limes α; es wird

$$\prod_{\xi<\lambda} \aleph_{\alpha_\xi} = \aleph_{\alpha+1} \quad \text{(vgl. § 32).}$$

7. Setzen wir

$$\sigma = \sum_{\xi<\lambda} \aleph_{\alpha_\xi}^{\aleph_\beta}, \qquad \pi = \prod_{\xi<\lambda} \aleph_{\alpha_\xi}^{\aleph_\beta},$$

so wird also

$$\pi = \Big(\prod_{\xi<\lambda} \aleph_{\alpha_\xi}\Big)^{\aleph_\beta} = \aleph_{\alpha+1}^{\aleph_\beta} = \aleph_{\max(\alpha,\beta)+1},$$

ferner

$$\sigma = \begin{cases} \aleph_\alpha & \text{für } \beta < \alpha, \\ \aleph_{\beta+1} & \text{für } \beta \geqq \alpha, \end{cases}$$

(denn für $\beta < \alpha$ wird $\aleph_{\alpha_\xi}^{\aleph_\beta} < \aleph_\alpha$, also $\sigma = \aleph_\alpha$; für $\beta \geqq \alpha$ wird $\aleph_{\alpha_\xi}^{\aleph_\beta} = \aleph_{\beta+1}$, also $\sigma = \aleph_{\beta+1}$). Somit ist

$$\sigma < \pi \quad \text{für} \quad \beta < \alpha, \qquad \sigma = \pi \quad \text{für} \quad \beta \geqq \alpha.$$

2. Berechnung von Summen von Beths auf Grund der Alephhypothese. Auch über die *Summen von Beths* lassen sich bei Annahme der Alephhypothese genaue Angaben machen:

8. Es wurde ohne ($\mathfrak{H}$) bewiesen (vgl. § 34):

$$\underset{\smile}{\aleph_\alpha^{\aleph_\beta}} = \begin{cases} \aleph_\alpha^{\aleph_\beta}, & \text{wenn } \alpha \text{ eine Limeszahl und } \beta < cf(\alpha) \text{ oder } \beta \geqq \alpha, \\ \aleph_{\alpha-1}^{\aleph_\beta}, & \text{wenn } \alpha \text{ von 1. Art.} \end{cases}$$

Für den fehlenden Fall: α Limeszahl, $cf(\alpha) \leqq \beta < \alpha$ gilt nun unter Anwendung von ($\mathfrak{H}$) nach Folgerung 7

$$\underset{\smile}{\aleph_\alpha^{\aleph_\beta}} = \sum_{\xi<\alpha} \aleph_\xi^{\aleph_\beta} = \aleph_\alpha.$$

Zusammenfassung:

$$\underbrace{\aleph_{\alpha+1}^{\aleph_\beta}} = \begin{cases} \aleph_\alpha & \text{für } \beta < cf(\alpha), \\ \aleph_{\alpha+1} & \text{für } cf(\alpha) \leqq \beta \leqq \alpha, \\ \aleph_{\beta+1} & \text{für } \beta \geqq \alpha. \end{cases}$$

$$\underbrace{\aleph_\alpha^{\aleph_\beta}} = \begin{cases} \aleph_\alpha & \text{für } \alpha \text{ Limeszahl, } \beta < \alpha, \\ \aleph_{\beta+1} & \text{für } \alpha \text{ Limeszahl, } \beta \geqq \alpha. \end{cases}$$

9. Für die andern Potenzsummen $\underbrace{\mathfrak{m}^{\aleph_\beta}}$ mit $\mathfrak{m} \geqq 2$ wurde ohne ($\mathfrak{H}$) bewiesen (vgl. § 34):

$$\underbrace{\mathfrak{m}^{\aleph_\beta}} = \mathfrak{m}^{\aleph_{\beta-1}} \quad \text{für } \beta \text{ von 1. Art;}$$

im Fall, daß β eine Limeszahl ist, können wir nun mit Hilfe von ($\mathfrak{H}$) den Wert von $\underbrace{\mathfrak{m}^{\aleph_\beta}}$ bestimmen:

a) Ist $\mathfrak{m} < \aleph_0$, so ist

$$\underbrace{\mathfrak{m}^{\aleph_\beta}} = \sum_{\xi<\beta} \mathfrak{m}^{\aleph_\xi} = \sum_{\xi<\beta} \aleph_{\xi+1} = \aleph_\beta.$$

b) Für $\beta \leqq cf(\alpha)$ ist

$$\underbrace{\aleph_\alpha^{\aleph_\beta}} = \sum_{\xi<\beta} \aleph_\alpha^{\aleph_\xi} = \sum_{\xi<\beta} \aleph_\alpha = \aleph_\alpha \cdot \bar{\beta} = \aleph_\alpha.$$

c) Für $cf(\alpha) < \beta \leqq \alpha$ ist

$$\underbrace{\aleph_\alpha^{\aleph_\beta}} = \sum_{\xi<\beta} \aleph_\alpha^{\aleph_\xi} = \sum_{\xi<cf(\alpha)} \aleph_\alpha^{\aleph_\xi} + \sum_{cf(\alpha)\leqq\xi<\beta} \aleph_\alpha^{\aleph_\xi} = \aleph_\alpha + \aleph_{\alpha+1} = \aleph_{\alpha+1}.$$

d) Für $\beta > \alpha$ ist

$$\underbrace{\aleph_\alpha^{\aleph_\beta}} = \sum_{\xi<\alpha} \aleph_\alpha^{\aleph_\xi} + \sum_{\alpha\leqq\xi<\beta} \aleph_\alpha^{\aleph_\xi} = \aleph_{\alpha+1} + \sum_{\alpha\leqq\xi<\beta} \aleph_{\xi+1} = \aleph_{\alpha+1} + \aleph_\beta = \aleph_\beta.$$

Zusammenfassend ergibt sich also

$$\underbrace{\aleph_\alpha^{\aleph_\beta}} = \begin{cases} \aleph_\alpha & \text{für } \beta \leqq cf(\alpha), \\ \aleph_{\alpha+1} & \text{für } cf(\alpha) < \beta \leqq \alpha, \\ \aleph_\beta & \text{für } \beta > \alpha. \end{cases}$$

3. Anhang: Alephhypothese und Theorie der Zerlegung einer Menge [50]. Wichtige Folgerungen aus ($\mathfrak{H}$) ergeben sich in der Theorie der Zerlegung einer unendlichen Menge M in eine Klasse K von Teilmengen $X \subset M$ (vgl. die Terminologie von § 33; für die Beweise vgl. [50]):

a) Ist $\beta < cf(\alpha)$, so läßt sich keine Menge M mit $\overline{\overline{M}} = \aleph_\alpha$ in eine Klasse K mit $\overline{\overline{K}} > \aleph_\alpha$ zerlegen mit $\mathfrak{d}(K) \leqq \aleph_\beta$.

b) Ist $\beta \geqq cf(\alpha)$, so läßt sich jede Menge M mit $\overline{\overline{M}} = \aleph_\alpha$ in eine Klasse K von fast disjunkten Mengen zerlegen mit $\overline{\overline{K}} = \aleph_{\alpha+1}$ und $\mathfrak{d}(K) \leqq \aleph_\beta$.

c) Ist $cf(\alpha) \neq cf(\beta)$, so läßt sich keine Menge M mit $\overline{\overline{M}} = \aleph_\alpha$ in eine Klasse K von Mengen $X \subset M$ mit $\overline{\overline{X}} \geqq \aleph_\beta$, $\overline{\overline{K}} > \aleph_\alpha$ und $\mathfrak{d}(K) \leqq \aleph_\beta$ zerlegen.

d) Ist $cf(\alpha) = cf(\beta)$ und $\beta \leqq \alpha$, so läßt sich jede Menge M mit $\overline{\overline{M}} = \aleph_\alpha$ in eine Klasse K von fast disjunkten Mengen $X \subset M$ mit $\overline{\overline{X}} = \aleph_\beta$ zerlegen mit $\overline{\overline{K}} = \aleph_{\alpha+1}$.

e) Keine Menge M mit $\overline{\overline{M}} = \aleph_\alpha$ läßt sich in eine Klasse K mit $\overline{\overline{K}} > \aleph_\alpha$ von Mengen X mit $\overline{\overline{X}} > \aleph_\beta$ zerlegen, so daß $\mathfrak{d}(K) \leqq \aleph_\beta$.

VI. Probleme des Kontinuums und der zweiten Zahlklasse[1]

§ 37. Das Kontinuum und die Probleme seiner Wohlordnung und seiner Mächtigkeit

1. Der Begriff des Kontinuums. Unter den *geordneten* Mengen ist das *Kontinuum* von überragender Bedeutung; die sich mit ihm und seinen Teilmengen befassende *Theorie der Punktmengen* ist das wichtigste Anwendungsgebiet der transfiniten Zahlen [27].

Man kann den Begriff des Kontinuums als rein ordinale Angelegenheit auffassen, indem man den *Ordnungstypus λ des (linearen) Kontinuums* definiert als den Ordnungstypus der Menge C_0 aller Dualfolgen (d. h. Folgen, deren Werte nur 0 und 1 sind) vom Typ ω, die nicht von einer Stelle ab den konstanten Wert 1 haben, die aber nicht ausschließlich den Wert 0 haben, wobei diese Dualfolgen „lexikographisch" (d.h. nach ersten Differenzstellen) geordnet sind. — Andere mit C_0 äquivalente Mengen sind z.B.: die Menge der reellen Zahlen; die Menge der zahlentheoretischen Funktionen (d.h. der Funktionen vom Typ ω mit Werten $< \omega$); die Menge der wohlgeordneten Anordnungen der endlichen Zahlen, bei denen jede Zahl genau einmal auftritt (vgl. § 39, Hilfssatz).

Man gelangt noch auf andern Wegen zum Begriff des Ordnungstypus λ: Man geht aus vom Ordnungstypus η einer geordneten Menge M, die die folgenden Eigenschaften hat:

1. unbegrenzt (d.h., M hat weder ein erstes noch ein letztes Element),
2. dicht (d.h., zwischen zwei beliebigen Elementen von M liegt ein weiteres Element von M),
3. abzählbar.

Durch diese Eigenschaften ist η vollständig charakterisiert; denn zwei geordnete Mengen, die beide diese Eigenschaften haben, sind ähnlich [42]. Zum Beispiel ist die Menge der rationalen Zahlen, oder die Menge der Dualfolgen vom Typ ω, die von einer Stelle ab den konstanten Wert 0 haben, die aber nicht ausschließlich den Wert 0 haben, eine solche Menge vom Ordnungstypus η. — Durch die DEDEKINDsche Lückenausfüllung [42] erhält man aus einer solchen Menge eine Menge vom Ordnungstypus λ (ist $\overline{M_1} = \eta$,

---

[1] In Kapitel VI werden einige wenige Kenntnisse aus der Theorie der Punktmengen vorausgesetzt [27].

so sei M_2 die Menge der Anfangsstücke von M_1, die kein letztes Element haben; ordnet man M_2, indem man für zwei Elemente $A \neq B$ von M_2 dann und nur dann $A \prec B$ setzt, wenn $A \subset B$, so ist $\overline{M_2} = \lambda$).

λ ist der Ordnungstypus einer Menge M mit den Eigenschaften:

1. unbegrenzt,

2. stetig (d.h., bei jeder Zerlegung $M = A + B$, wobei A ein Anfangsstück von M ist, hat entweder A ein letztes und B kein erstes, oder A kein letztes und B ein erstes Element),

3. separabel (d.h., M enthält eine abzählbare Teilmenge A, so daß zwischen zwei beliebigen Elementen von M immer ein Element von A liegt), und durch diese Eigenschaften ist λ ebenfalls vollständig charakterisiert [42], so daß diese also auch zur Definition von λ verwendet werden können.

Als Verallgemeinerung von C_0 haben wir für jede beliebige Ordnungszahl α die lexikographisch geordnete Menge C_α der Dualfolgen vom Typ ω_α, die nicht von einer Stelle ab den konstanten Wert 1 haben, die aber nicht ausschließlich den Wert 0 haben [23]. Es ist $\overline{\overline{C_\alpha}} = 2^{\aleph_\alpha}$; andere mit C_α äquivalente Mengen sind z. B. die Potenzmenge von $W(\omega_\alpha)$, die Menge aller vollen Normalfunktionen vom Typ ω_α (vgl. § 7), die Menge der Ordnungstypen $\overline{M}$ mit $\overline{\overline{M}} = \aleph_\alpha$. Die Folgen aus C_α, die von einer Stelle ab den konstanten Wert 0 haben, bilden eine in C_α dichte Teilmenge der Mächtigkeit $2^{\underline{\aleph_\alpha}}$ (vgl. § 34). — Die noch allgemeineren Mengen $C'_\alpha = W(2)^{W(\omega_\alpha)}$ aller Dualfolgen vom Typ ω_α haben die Eigenschaft, daß jede geordnete Menge der Mächtigkeit $\aleph_\alpha$ einer Teilmenge von C'_α ähnlich ist [48], so daß sich die Theorie der geordneten Mengen auf die Theorie der Teilmengen der Mengen C'_α reduziert.

2. Kontinuum und Auswahlaxiom. Aus dem Auswahlaxiom folgt die Existenz einer Wohlordnung des Kontinuums C_0, d.h. die Existenz einer Funktion, die eine eineindeutige Abbildung zwischen C_0 und $W(\omega_\Lambda)$ herstellt, wobei Λ die Ordnungszahl mit $2^{\aleph_0} = \aleph_\Lambda$ ist.

In vielen Untersuchungen über Punktmengen wird das Auswahlaxiom zugrunde gelegt, d.h., man begnügt sich mit reinen Existenzbeweisen ohne Angabe effektiver Konstruktionen (z.B. bei der Existenz einer nicht meßbaren Menge, einer HAMELschen Basis der reellen Zahlen, einer total imperfekten Menge[1] von der Mächtigkeit des Kontinuums, einer unstetigen Lösung der Funktionalgleichung $f(x + y) = f(x) + f(y)$ für reelle Funktionen usw.). Aus dem Auswahlaxiom folgt ferner der besonders paradoxe Satz, daß eine Kugelfläche S im 3-dimensionalen Euklidischen Raum in vier disjunkte Teilmengen zerlegbar ist, $S = A + B + C + D$, wobei D abzählbar, A mit $B + C$, A mit B und B mit C kongruent ist (*Paradoxon von* HAUSDORFF).

Es stellt sich die Frage, ob es möglich sei, im Falle des Kontinuums die Existenz einer Wohlordnung ohne Verwendung des allgemeinen Auswahlaxioms in effektiver Weise zu beweisen. Dieses Problem ist aber noch nicht gelöst und gehört zu den schwierigsten Problemen der Mathematik. Es ist zwar gelungen, gewisse *abzählbare* Teilmengen von C_0 effektiv wohlzuordnen (nämlich die Menge der rationalen Zahlen und sogar die Menge der algebraischen Zahlen). Beim Versuch, eine überzählbare wohlgeordnete Teilmenge effektiv aus dem Kontinuum herauszugreifen (d.h. ein effektives Beispiel einer Folge vom Typ ω_1 von reellen Zahlen zu geben), stößt man auf unüberwindliche Schwierigkeiten. Dieses Problem wäre gelöst, wenn das

[1] Das heißt einer Punktmenge, die keine perfekte Teilmenge enthält.

Problem, jeder nicht-leeren G_δ-Menge[1] effektiv eines ihrer Elemente zuzuordnen, gelöst wäre [46]. Ein anderes Problem einer effektiven Konstruktion, das nicht gelöst ist, ist das Problem, jeder nicht-leeren Punktmenge der Geraden eines ihrer Elemente effektiv zuzuordnen; ja nicht einmal das Problem, jeder nicht-leeren abgeschlossenen Punktmenge eines ihrer Elemente effektiv zuzuordnen, ist gelöst. Wäre das letztere Problem gelöst, so könnte man ein effektives Beispiel einer nicht meßbaren Punktmenge angeben [46]. — Andere effektive Konstruktionen sind dagegen gelungen: So ist es gelungen, jeder abzählbaren G_δ-Menge[1] eines ihrer Elemente effektiv zuzuordnen; ferner kann man jedes Intervall auf der Geraden effektiv in eine Folge vom Typ ω_1 von disjunkten Punktmengen zerlegen, ferner die Menge der reellen Funktionen in eine Folge vom Typ ω_2 von disjunkten Mengen.

Angesichts dieser Schwierigkeiten wird man, wenn man sich nicht auf das Konstruierbare beschränken, und doch das allgemeine Auswahlaxiom vermeiden will, folgendes Axiom (als Spezialfall des Auswahlaxioms) einführen müssen: *Es gibt eine Teilmenge von C_0 mit der Mächtigkeit $\aleph_1$ (d.h. $\aleph_1 \leqq 2^{\aleph_0}$)*, oder folgendes stärkeres Axiom: *Das Kontinuum kann wohlgeordnet werden (d.h., $2^{\aleph_0}$ ist ein Aleph, $2^{\aleph_0} = \aleph_\Lambda$)*. Aus dem zweiten Axiom folgt das erste. In den §§ 38 und 39 zeigen wir, wie man diese Axiome (oder ihre Negationen) auf andere Axiome (nämlich über die Ordnungszahlen der zweiten Zahlklasse) zurückführen kann.

Bemerkung: Es gibt aber keine Teilmenge der Mächtigkeit $\aleph_1$ von C_0, die durch die gewöhnliche lexikographische Ordnung von C_0 wohlgeordnet ist. Ist α eine beliebige Ordnungszahl, so nennen wir eine wachsende Folge $\{x_\nu\}_{\nu<\alpha}$ vom Typ α von reellen Zahlen, so daß $x_\lambda = \lim_{\nu<\lambda} x_\nu$ für jede Limeszahl $\lambda < \alpha$, eine „*Darstellung von α auf der Geraden*". Man kann leicht einsehen, daß keine Darstellung von ω_1 auf der Geraden existiert, daß aber für jede Ordnungszahl $\alpha < \omega_1$ eine solche existiert (vgl. § 38), ferner, daß eine unbeschränkte Punktfolge, die die Zahl ω^ξ darstellt, eine Folge vom Typ ξ von nicht-leeren verschiedenen Ableitungen[2] hat (dabei inbegriffen die Punktfolge selbst als Ableitung nullter Ordnung). Die Punktmengen, die Ordnungszahlen auf der Geraden darstellen, geben somit Beispiele von Punktmengen mit nicht-leeren verschiedenen Ableitungen beliebig hoher Ordnung $\xi < \omega_1$.

3. Kontinuum und Alephhypothese. Wir betrachten nun die Anwendungen der Alephhypothese ($\mathfrak{H}$) in der Punktmengenlehre. Da $\overline{\overline{C_0}} = 2^{\aleph_0}$, brauchen wir nur den Fall $\alpha = 0$ von ($\mathfrak{H}$). Die verallgemeinerte Kontinuumhypothese lautet in diesem speziellen Fall dann in der kardinalen Form:

($\mathfrak{K}_0$) *Es gibt keine Mächtigkeit $\mathfrak{x}$ mit $\aleph_0 < \mathfrak{x} < 2^{\aleph_0}$ (d.h., jede überabzählbare Punktmenge der Geraden hat die Mächtigkeit des Kontinuums)*,

und in der ordinalen Form:

($\mathfrak{H}_0$) $2^{\aleph_0} = \aleph_1$.

[1] Unter einer G_δ-Menge versteht man eine durch Durchschnittsbildung von höchstens abzählbaren Folgen von offenen Punktmengen der Geraden erhaltene Menge.

[2] Unter der Ableitung einer Punktmenge versteht man die Menge ihrer Häufungspunkte; man erhält eine transfinite Folge von Ableitungen, indem man die Ableitungen von Limeszahlordnung mittels Durchschnittsbildung definiert.

$(\mathfrak{H}_0)$ heißt die *Kontinuumhypothese*. Aus $(\mathfrak{H}_0)$ folgt $(\mathfrak{K}_0)$; $(\mathfrak{H}_0)$ ist äquivalent dem logischen Produkt von $(\mathfrak{K}_0)$ und dem Axiom $2^{\aleph_0} = \aleph_A$; dieses Axiom ist somit in $(\mathfrak{H}_0)$ enthalten.

Unter dem *Kontinuumproblem* versteht man die Frage nach der Größe der Mächtigkeit $2^{\aleph_0}$ des Kontinuums, d.h. z.B. die Frage, ob es eine überabzählbare Punktmenge gibt, die kleinere Mächtigkeit hat als das Kontinuum. Die Kontinuumhypothese (die besagt, daß es keine solche Punktmenge gibt) wurde zum erstenmal von CANTOR 1884 ausgesprochen. Seither trotzte die Lösung des Kontinuumproblems hartnäckig allen Versuchen. Nachdem der Beweis der Unabhängigkeit der Kontinuumhypothese bezüglich der andern Axiome der Mengenlehre durch COHEN erbracht worden ist (vgl. § 35), hat das Problem in seiner ursprünglichen Fassung keinen Sinn mehr. — Aus den anderen Axiomen allein folgt nur:

1. $2^{\aleph_0} \neq \aleph_\lambda$, wenn λ eine mit ω konfinale Limeszahl ist (dies kann ohne Auswahlaxiom bewiesen werden, vgl. § 33). $2^{\aleph_0}$ ist nicht die Summe einer abzählbaren Familie von kleineren Mächtigkeiten (während dies jedoch für die Alephs $\aleph_\alpha$ mit Limeszahlindex $\alpha < \Omega_1$ der Fall ist).

2. In der Theorie der Punktmengen wird gezeigt [27], daß $(\mathfrak{K}_0)$ für gewisse Klassen von Punktmengen gilt (d.h., daß für jede Punktmenge einer solchen Klasse gilt, daß sie, wenn überabzählbar, die Mächtigkeit des Kontinuums hat), wobei man bestrebt ist, dies für immer umfassendere Klassen von Punktmengen zu beweisen *(Mächtigkeitssätze)*. Die umfassendste Klasse von Punktmengen, für die dies bisher bewiesen ist, wird von den SUSLINschen (= analytischen) Punktmengen gebildet. Trotzdem auf äußerst komplizierte Weise konstruierte Punktmengen in diese Klasse fallen, hat diese nur die Mächtigkeit $2^{\aleph_0}$, während die Klasse aller beliebigen Punktmengen die Mächtigkeit $2^{2^{\aleph_0}}$ hat, so daß also für die erdrückende Mehrheit der Punktmengen die Mächtigkeitsfrage ungeklärt bleibt.

3. Ferner weiß man über die Mächtigkeit $2^{\aleph_0}$ folgendes [47]: Es gibt keine Mächtigkeit $\mathfrak{m}$ mit $\aleph_0 \leqq 2^{\mathfrak{m}} < 2^{\aleph_0}$ oder mit $2^{\aleph_0} = 2^{2^{\mathfrak{m}}}$.

Die Annahme der Kontinuumhypothese hat in der Theorie der Punktmengen und der reellen Funktionen weitgehende Vereinfachungen, aber (wie das Auswahlaxiom) auch einige paradoxe Theoreme zur Folge, und sie ermöglicht die Beantwortung vieler sonst ungelöster Fragen. So folgt z. B. aus $(\mathfrak{H}_0)$:

1. Jede Punktmenge von kleinerer Mächtigkeit als $2^{\aleph_0}$ ist von erster Kategorie[1] [41].
2. Jede Punktmenge von kleinerer Mächtigkeit als $2^{\aleph_0}$ ist vom Maß 0 [41].
3. Es gibt eine LUSINsche Punktmenge (d.h. eine Punktmenge der Mächtigkeit $2^{\aleph_0}$, die keine überabzählbare „nirgendsdichte" Teilmenge hat) [38].
4. Es gibt eine SIERPINSKIsche Punktmenge (d.h. eine Punktmenge der Mächtigkeit $2^{\aleph_0}$, die keine überabzählbare Teilmenge vom Maß 0 hat) [38].
5. Es gibt eine reelle Funktion, die auf einer Menge E der Mächtigkeit $2^{\aleph_0}$ stetig ist, aber in jeder überabzählbaren Teilmenge von E nicht gleichmäßig stetig ist [44].
6. Es gibt eine konvergente Folge vom Typ ω von reellen Funktionen, die in jeder überabzählbaren Menge nicht gleichmäßig konvergiert [44].

---

[1] Das heißt, sie ist Vereinigung von abzählbar vielen „nirgendsdichten" Mengen.

7. Die Menge aller reellen Funktionen, die der Baireschen Bedingung genügen, hat die Mächtigkeit $2^{2^{\aleph_0}}$ [41].

Folgende Sätze sind mit $(\mathfrak{H}_0)$ äquivalent [43]:

1. *Die Ebene $C_0^{W(2)}$ läßt sich in zwei disjunkte Punktmengen E_i zerlegen, so daß E_i von jeder Parallelen zur x_i-Achse in höchstens abzählbar vielen Punkten geschnitten wird* $(i = 0,1)$.

2. *Die Menge der reellen Zahlen ist Vereinigung einer Folge wachsender abzählbarer Mengen.*

3. *Die Ebene ist Vereinigung von abzählbar vielen Kurven* (wobei eine Kurve durch eine reelle Funktion $x_1 = f(x_0)$ oder $x_0 = g(x_1)$ definiert ist). — Dieser Satz ist besonders paradox! Beweis aus 1.

Bemerkungen: a) Beweis der Äquivalenz von $(\mathfrak{H}_0)$ mit 1. und mit 2. nach § 35; die zu 1. und 2. analogen Sätze über die verallgemeinerten Kontinuen C_α sind nämlich mit $(\mathfrak{H})$ äquivalent.

b) Die Äquivalenz von $(\mathfrak{H}_0)$ bzw. $(\mathfrak{H})$ mit 1. und mit weiteren Sätzen über Zerlegungen des n-dimensionalen Euklidischen Raumes (oder verallgemeinerter n-dimensionaler Kontinuen) läßt sich aus einem allgemeinen Satz von Sikorski ableiten: Es sei X eine nicht-leere Menge, $X^{W(n)}$ die Menge der Folgen vom Typ n von Elementen aus X, $I_{n,r}$ die Menge der Teilmengen von $W(n)$ von r Elementen (wobei $r \leqq n$). Ist $\Lambda \in I_{n,r}$, so verstehen wir unter einer „Λ-Menge" eine Menge von Folgen $\{x_\xi\}_{\xi<n}$ aus $X^{W(n)}$, deren Werte für die Argumente ξ mit $\xi \in \Lambda$ festgelegt sind, während die übrigen Werte über ganz X variieren. Der Satz lautet nun:

Ist τ eine beliebige Ordnungszahl und sind m und k natürliche Zahlen, so ist für $\overline{\overline{X}} < \aleph_{\tau+m}$ notwendig und hinreichend, daß $X^{W(m+k)}$ in $\binom{m+k}{k}$ paarweise disjunkte Teilmengen E_Λ zerlegbar ist, wobei für jedes $\Lambda \in I_{m+k,k}$ gilt: $\overline{\overline{E_\Lambda H}} < \aleph_\tau$ für jede Λ-Menge H [56].

Ist k eine beliebige natürliche Zahl, und setzt man nun $\tau = \alpha$, $m = 2$, so folgt aus diesem Satz ganz allgemein, daß $(\mathfrak{H})$ äquivalent ist mit dem Satz: *Für jede Ordnungszahl α ist, wenn $\overline{\overline{X}} = 2^{\aleph_\alpha}$, $X^{W(k+2)}$ zerlegbar in $\binom{k+2}{2}$ disjunkte Teilmengen $E_{(i,j)}$, so daß für jedes geordnete Paar (i, j) mit $i \leqq k+1$, $j \leqq k+1$ gilt: Für beliebige feste Elemente x_i, x_j enthält $E_{(i,j)}$ weniger als $\aleph_\alpha$ Folgen $\{x_\xi\}_{\xi \leqq k+1}$ aus $X^{W(k+2)}$.* — Setzt man $\tau = \alpha + 1$, $m = 1$, so folgt, daß $(\mathfrak{H})$ äquivalent ist mit dem Satz: *Für jede Ordnungszahl α ist, wenn $\overline{\overline{X}} = 2^{\aleph_\alpha}$, $X^{W(k+1)}$ zerlegbar in $k+1$ disjunkte Teilmengen E_i, so daß für jedes $i \leqq k$ gilt: Für beliebiges festes x_i enthält E_i höchstens $\aleph_\alpha$ Folgen $\{x_\xi\}_{\xi \leqq k}$ aus $X^{W(k+1)}$.*

Speziell folgt also die Äquivalenz von $(\mathfrak{H}_0)$ mit dem Satz: *Der 3-dimensionale Euklidische Raum läßt sich in drei disjunkte Mengen E_i zerlegen, so daß E_i von jeder Parallelen zur x_i-Achse in nur endlich vielen Punkten getroffen wird* $(i = 0, 1, 2)$. Dagegen folgt, daß der Satz, der sich durch Ersetzung des Wortes „endlich" durch „höchstens abzählbar" ergibt, nicht mit $(\mathfrak{H}_0)$, sondern mit der Hypothese $2^{\aleph_0} \leqq \aleph_2$ äquivalent ist (obschon er zu 1. analog ist): Setzt man nämlich im Satz von Sikorski $\tau = 1$, $m = n+1$ und $k = 1$, so folgt die Äquivalenz der Hypothese $2^{\aleph_0} \leqq \aleph_{n+1}$ mit dem Satz: *Der $(n+2)$-dimensionale Raum kann in $n+2$ disjunkte Mengen E_i zerlegt werden, so daß E_i von jeder Parallelen zur x_i-Achse in höchstens abzählbar vielen Punkten geschnitten wird* $(i = 0, 1, 2, \ldots, n+1)$. Dagegen folgt für $\tau = 0$, $m = n+1$ und $k = 1$ die Äquivalenz der Hypothese

$2^{\aleph_0} \leqq \aleph_n$ mit dem Satz: *Der* $(n+2)$*-dimensionale Raum kann in* $n+2$ *disjunkte Mengen* E_i *zerlegt werden, so daß* E_i *von jeder Parallelen zur* x_i*-Achse in nur endlich vielen Punkten geschnitten wird* $(i = 0, 1, 2, \ldots, n+1)$.

Aus dem Satz von Sikorski ergibt sich ferner die Möglichkeit, die Alephs $\aleph_n$ mit $n < \omega$ zu charakterisieren, ohne den Begriff der Wohlordnung zu verwenden. Es folgt nämlich: *Damit eine Menge* X *die Mächtigkeit* $\aleph_n$ *hat, ist notwendig und hinreichend, daß* $X^{W(n+2)}$ *in* $n+2$ *disjunkte Mengen* E_i *zerlegbar ist, wobei jedes* $i \leqq n+1$ *die Menge* E_i *für beliebige Elemente* $x_j \in X$ *mit* $j \neq i$ *und* $j \leqq n+1$ *nur endlich viele Folgen* $\{x_\xi\}_{\xi \leqq n+1}$ *aus* $X^{W(n+2)}$ *enthält, während* $X^{W(n+1)}$ *keine analoge Zerlegung in* $n+1$ *Teilmengen erlaubt.*

c) Ein weiterer mit der Hypothese $2^{\aleph_0} \leqq \aleph_n$ äquivalenter Satz lautet: *Die Ebene kann in* $n+2$ *disjunkte Mengen* E_i *zerlegt werden, so daß für* $n+2$ *Richtungen* r_i *in der Ebene jede Gerade in Richtung* r_i *die Menge* E_i *in nur endlich vielen Punkten schneidet* $(i = 0, 1, 2, \ldots, n+1)$; also folgt speziell die Äquivalenz von $(\mathfrak{H}_0)$ mit dem Satz: *Die Ebene kann in* $n+2$ *disjunkte Mengen* E_i *zerlegt werden, so daß für 3 Richtungen* r_i *in der Ebene jede Gerade in Richtung* r_i *die Menge* E_i *in nur endlich vielen Punkten schneidet* $(i = 0, 1, 2)$.

d) Schließlich erwähnen wir noch einen mit $(\mathfrak{H}_0)$ äquivalenten Satz über Folgen natürlicher Zahlen [37]. Dazu führen wir in der Menge der Folgen vom Typ ω von natürlichen Zahlen eine teilweise Ordnung $\prec$ ein durch die Festsetzung: Sind $a = \{m_i\}_{i<\omega}$ und $b = \{n_i\}_{i<\omega}$ zwei solche Folgen, so setzen wir $a \prec b$, wenn $\lim\limits_{i\to\infty} \frac{n_i}{m_i} = \infty$ ist. Nun ist $(\mathfrak{H}_0)$ äquivalent mit dem Satz:

Ist E *die Menge der Folgen* $\{m_i\}_{i<\omega}$ *vom Typ* ω *von natürlichen Zahlen mit der Eigenschaft* $\lim\limits_{i\to\infty} m_i = \infty$, *so existiert eine Teilmenge* $E_1 \subset E$, *die durch die oben definierte Ordnung im Typus* $\omega_c^* + \omega_c$ *geordnet ist* (wobei ω_c die zu $2^{\aleph_0}$ gehörende Anfangszahl und ω_c^* der Typus der dazu inversen Ordnung ist), *so daß zu jeder Folge* $a \in E$ *zwei Folgen* b *und* c *aus* E_1 *existieren, für die* $b \prec a \prec c$ *und die Menge der Folgen* $x \in E_1$ *mit* $b \prec x \prec c$ *höchstens abzählbar ist.* —

Weitere mit $(\mathfrak{H}_0)$ äquivalente Sätze erhält man aus den Sätzen $(\mathfrak{H}_1)$ bis $(\mathfrak{H}_{18})$ von § 35, wenn man in ihnen $\alpha = 0$ setzt.

e) Als Alternative zur Kontinuumhypothese ist die Lusinsche „zweite Kontinuumhypothese" $2^{\aleph_0} = 2^{\aleph_1}$ betrachtet worden [41].

§ 38. Die zweite Zahlklasse und das Axiom der Hauptfolgen

1. Das Axiom der Hauptfolgen und seine äquivalenten Formulierungen. Ohne Auswahlaxiom ist die Existenz von Z (vgl. § 6) gesichert, aber es läßt sich nur zeigen, daß entweder

1. $Z = W$, oder

2. $Z = W(\Omega_1) = W(\omega_\alpha)$, wobei entweder α von 1. Art $< \Omega_1$ oder $\alpha = \Omega_1$.

Keine dieser Alternativen scheint mit den übrigen Axiomen der Mengenlehre zu einem Widerspruch zu führen. Aus dem Auswahlaxiom folgt $Z = W(\omega_1)$. Dies läßt sich aber schon dann beweisen, wenn man jeder Limeszahl $\lambda \in Z$ effektiv eine wachsende Folge $\{\lambda_n\}_{n<\omega}$ mit

$\lambda = \lim_{n<\omega} \lambda_n$ zuordnen kann. Diese Aufgabe ist bisher nicht gelöst; deshalb liegt es auf der Hand, das folgende Axiom (als schwächeres Axiom als das Auswahlaxiom) anzusetzen [5]:

(A) Axiom der Hauptfolgen: *Es gibt eine Funktion, die jeder Limeszahl $\lambda \in Z$ eindeutig eine wachsende Folge vom Typ ω (die Hauptfolge*[1] *von λ) mit dem Limes λ zuordnet.*[2]

Es gibt viele mit (A) *äquivalente Formulierungen* dieses Axioms [4]:

(A_1) *Es gibt eine Funktion, die jeder eigentlichen γ-Zahl $\Delta \in Z$ eindeutig eine wachsende Folge vom Typ ω mit dem Limes Δ zuordnet.*[3]

(A_2) *Es gibt eine Funktion, die jeder Ordnungszahl $\alpha > \omega$ von Z eine eindeutige Abzählung der Vorgänger $\xi < \alpha$ zuordnet (d.h., die jedem $\alpha > \omega$ von Z eine eindeutige Wohlordnung von $W(\alpha)$ im Ordnungstypus ω, oder von $W(\omega)$ im Ordnungstypus α zuordnet).*

(A_3) *Es gibt eine Funktion, die jeder Limeszahl $\lambda \in Z$ eindeutig eine bestimmt divergente regressive Funktion* (§ 9) *vom Typ λ zuordnet.*

(A_4) *Es gibt eine Funktion, die jeder eigentlichen γ-Zahl $\Delta \in Z$ eindeutig eine volle Normalfunktion vom Typ Δ zuordnet, die keine kritischen Zahlen hat.*

(A_5) *Es gibt eine Funktion, die jeder vollen Normalfunktion φ mit dem Argumentbereich Z, die die Bedingungen* (3) *und* (4) *von* § 16 *erfüllt*[4]*, eindeutig eine volle Normalfunktion Φ mit dem Argumentbereich Z zuordnet mit $\Phi' = \varphi$.*[5]

(A_6) *Es gibt eine Folge vom Typ ω von gelichteten* (§ 6), *mit Z zusammengehörigen Teilklassen von Z, deren Vereinigung Z ist.*

(A_7) *Es gibt eine Funktion, die jeder Limeszahl $\lambda \in Z$ eindeutig eine Darstellung von λ auf der Geraden* (§ 37) *zuordnet.*

Äquivalenzbeweise (mit Hilfe der Axiome (I) bis (VII) von § 2):

(A) $\to$ (A_1): Klar.

(A_1) $\to$ (A): Es gelte (A_1). Zum Beweis von (A) hat man also noch den Limeszahlen von Z, die keine γ-Zahlen sind, Hauptfolgen zuzuordnen: Es sei λ eine solche Zahl, und allen Limeszahlen $< \lambda$ seien Haupt-

---

[1] Der Ausdruck „Hauptfolge" stammt von FINSLER [11]; DENJOY verwendet den Ausdruck „kanonische Folge" [10], Verf. in [2] den Ausdruck „ausgezeichnete Folge".

[2] Daß es zu jeder Limeszahl $\lambda \in Z$ eine solche Folge gibt, folgt aus der Def. von Z (§ 6). Daraus folgt aber ohne Auswahlaxiom noch nicht die Existenz einer Funktion, die jeder Limeszahl $\lambda \in Z$ eine bestimmte solche Folge zuordnet, wie in (A) verlangt wird. Analoges gilt für die anderen Axiome dieses Paragraphen.

[3] Nach dem Beweis von Satz 1 von § 16 folgt daraus auch (A_1) mit den zusätzlichen Bedingungen (1) und (2) von § 16 für diese Folgen.

[4] Das heißt, für die $\varphi(0)$ entweder 0 oder eine eigentliche γ-Zahl ist, und deren Differenzenfunktion als Werte lauter γ-Zahlen hat.

[5] Bei der Formulierung der Axiome (A_5 und A_6) werden allerdings Klassen von Klassen verwendet.

folgen zugeordnet. Dann ordnen wir λ eine Hauptfolge zu, indem wir λ in γ-Zahlen zerlegen (§ 20); diese Zerlegung hat mehr als ein Glied; das letzte Glied sei ϱ, und $\lambda = \sigma + \varrho$; ϱ ist eine Limeszahl $< \lambda$. Ist $\{\varrho_n\}_{n<\omega}$ die Hauptfolge von ϱ, so sei $\{\sigma + \varrho_n\}_{n<\omega}$ die Hauptfolge von λ.

$(A) \rightarrow (A_2)$: Wir bezeichnen die Zahl $< \alpha$, die bei einer Vorgängerabzählung von α der Zahl $n < \omega$ zugeordnet wird, mit $\varkappa_\alpha(n)$. Es gelte (A). Wir setzen $\varkappa_\omega(n) = n$ und nehmen an, für alle α' mit $\omega \leqq \alpha' < \alpha$ sei eine Vorgängerabzählung $\varkappa_{\alpha'}(n)$ definiert. Dann ist für α eine Vorgängerabzählung bestimmbar: Ist $\alpha = \beta + 1$, so sei $\varkappa_\alpha(0) = \beta$, $\varkappa_\alpha(1 + n) = \varkappa_\beta(n)$. Ist α eine Limeszahl und $\{\alpha_m\}_{m<\omega}$ ihre Hauptfolge, so bringe man die Zahlen $\varkappa_{\alpha_m}(n)$ in eine Folge vom Typ ω, indem man $\varkappa_{\alpha_m}(n) \prec \varkappa_{\alpha_{m_1}}(n_1)$ setzt, wenn $m + n < m_1 + n_1$, oder $m + n = m_1 + n_1$ und $m < m_1$, und streiche in dieser Folge jede Zahl, die schon an einer früheren Stelle aufgetreten ist. Dadurch erhält man eine Abzählung der Vorgänger von α. Die gesuchte Funktion ist dadurch mittels transfiniter Rekursion definiert.

$(A_2) \rightarrow (A)$: Ist λ eine Limeszahl von Z mit der Vorgängerabzählung $\varkappa_\lambda(n)$, so streiche man in dieser Folge alle Zahlen, denen eine größere Zahl vorangeht; somit bleibt eine wachsende Folge vom Typ ω mit dem Limes λ, die wir als Hauptfolge von λ definieren.

$(A) \rightarrow (A_3)$: Nach dem Beweis von Satz 3 von § 9.

$(A_3) \rightarrow (A)$: Es sei $f(\xi)$ eine regressive Funktion, deren Typ eine Limeszahl $\lambda \in Z$ ist, mit $\lim\limits_{\xi<\lambda} f(\xi) = \lambda$. Nun sei zu jedem $\xi < \lambda$ $g(\xi)$ das erste Argument $\eta > \xi$ mit $f(\xi') > \xi$ für $\eta \leqq \xi' < \lambda$. Setzt man $\gamma = \lim\limits_{n<\omega} g^n(0)$, so ist $0 < \gamma \leqq \lambda$, weil $g^n(0) < \lambda$ für alle $n < \omega$. Wäre $\gamma < \lambda$, so wäre $f(\xi) \geqq \gamma$ für $\gamma \leqq \xi < \lambda$, also $f(\gamma) \geqq \gamma$, Widerspruch. Also ist $\gamma = \lambda$. Die Folge $\{g^n(0)\}_{n<\omega}$ kann also als Hauptfolge von λ definiert werden.

$(A_1) \leftrightarrow (A_4)$: Nach dem Beweis von Satz 1 und 2 von § 16.

$(A_4) \rightarrow (A_5)$: Nach dem Beweis von Satz 3 von § 16.

$(A_5) \rightarrow (A_4)$: Ist Δ eine eigentliche γ-Zahl von Z, so setzen wir $\varphi(\xi) = \Delta + \xi$; dies ist eine volle Normalfunktion mit den Bedingungen (3) und (4) von § 16. Nach (A_5) existiert also eine volle Normalfunktion Φ mit $\Phi' = \varphi$, also ist $\Phi'(0) = \varphi(0) = \Delta$. $\{\Phi(\xi)\}_{\xi<\Delta}$ ist also eine volle Normalfunktion vom Typ Δ ohne kritische Zahlen.

$(A_2) \rightarrow (A_6)$: Nach dem Beweis von Satz 4 von § 6.

$(A_6) \rightarrow (A_2)$: Es sei $Z = \mathfrak{V}_{n<\omega} F_n$, wobei F_n mit Z zusammengehörige gelichtete Teilklassen von Z mit den zugehörigen Folgen $\{\eta_\xi^{(n)}\}_{\xi\in Z}$ seien. Es sei $\alpha \in Z$, ferner sei für jedes $n < \omega$ μ_n die kleinste Zahl μ mit $\eta_\xi^{(n)} > \eta \rightarrow \eta_{\xi+1}^{(n)} > \eta_\xi^{(n)} + \alpha$, ferner sei $\mu = \sup\limits_{n<\omega} \mu_n$ (also $\mu \in Z$), schließlich sei für jedes $\eta < \alpha$ k_η die kleinste Zahl k mit $\mu + \eta \in F_k$. — Die Funktion k_η ist eine eineindeutige Abbildung zwischen $W(\alpha)$ und einer Teilmenge von $W(\omega)$; denn für $\eta < \alpha$, $\eta' < \alpha$, $\eta \neq \eta'$ ist $k_\eta \neq k_{\eta'}$: Wäre nämlich $k_\eta = k_{\eta'} = k$, so wäre $\mu + \eta \in F_k$ und $\mu + \eta' \in F_k$, also $\mu + \eta = \eta_\xi^{(k)}$ und $\mu + \eta' = \eta_{\xi'}^{(k)}$ für bestimmte ξ und ξ', also $\eta_{\xi+1}^{(k)} > \eta_\xi^{(k)} + \alpha$ und $\eta_{\xi'+1}^{(k)} > \eta_{\xi'}^{(k)} + \alpha$. Im Fall $\xi > \xi'$ wäre also

$$\mu + \alpha > \eta_\xi^{(k)} \geqq \eta_{\xi'+1}^{(k)} > \eta_{\xi'}^{(k)} + \alpha, \quad \text{also} \quad \eta_{\xi'}^{(k)} < \mu, \quad \text{Widerspruch;}$$

analog im Fall $\xi' > \xi$. Also ist $\xi = \xi'$, also $\mu + \eta = \mu + \eta'$, also $\eta = \eta'$ im Widerspruch zur Annahme $\eta \neq \eta'$.

$(A_2) \to (A_7)$: Es sei $\mu > \omega$ in Z. Nach (A_2) wird jeder Zahl $\nu < \mu$ eindeutig eine Zahl $n_\nu < \omega$ zugeordnet. Es sei $\{x_n\}_{n<\omega}$ eine Folge positiver reeller Zahlen, deren Summe konvergiert, z.B. $x_n = 2^{-n}$. Wir setzen

$$y_\nu = \sum_{\nu' < \nu} x_{n_{\nu'}} \quad \text{für} \quad \nu < \mu.$$

Die reellen Zahlen y_ν geben eine Darstellung von μ auf der Geraden.

$(A_7) \to (A_2)$: Wir ordnen jeder reellen Zahl x (einschließlich ∞) eindeutig eine wachsende Folge $\{x_n\}_{n<\omega}$ von reellen Zahlen zu mit $\lim\limits_{n\to\infty} x_n = x$, indem wir z.B. setzen $x_n = n$, wenn $x = \infty$, und $x_n = x - 2^{-n}$, wenn $x < \infty$. Ist λ eine Limeszahl von Z, so gibt es nach (A_7) eine Folge $L = \{\xi_\nu\}_{\nu<\lambda}$ von reellen Zahlen, die eine Darstellung von λ auf der Geraden ist. Es sei x die obere Grenze von L und $\{x_n\}_{n<\omega}$ die nach der obigen Definition zugehörige Folge reeller Zahlen. Dann sei λ_n die kleinste Zahl ν mit $\xi_\nu \geqq x_n$. Die Zahlen λ_n bilden eine monotone Folge vom Typ ω mit dem Limes λ; durch Streichen gewisser Glieder erhält man eine wachsende Folge, die man als Hauptfolge von λ nehmen kann.

Bemerkungen: 1. Das Axiom der Hauptfolgen ist nicht erfüllbar, wenn man die folgende scheinbar naheliegende Nebenbedingung hinzufügt: *Ist* $\{\lambda_n\}_{n<\omega}$ *eine Hauptfolge, und ist* ξ *eine Limeszahl mit* $\lambda_n < \xi \leqq \lambda_{n+1}$ *für ein* $n < \omega$ *und mit zugehöriger Hauptfolge* $\{\xi_n\}_{n<\omega}$, *so soll* $\xi_0 \geqq \lambda_n$ *sein.* — Beweis siehe § 9, Satz 6.

2. Eine abgeschwächte Fassung des Axioms der Hauptfolgen lautet:

(A') *Zu jeder Zahl* $\alpha \in Z$ *gibt es eine Funktion, die jeder Limeszahl* $\lambda < \alpha$ *eindeutig eine wachsende Folge vom Typ* ω *mit dem Limes* λ *zuordnet.*[1]

Mit (A') ist äquivalent die Aussage: $Z = W(\omega_1)$, d.h., Z besteht aus allen Ordnungszahlen α mit $\overline{\overline{\alpha}} \leqq \aleph_0$ (die erste ordinale und kardinale Zahlklasse fallen zusammen).

---

[1] Dabei ist *nicht* die Existenz einer Funktion gemeint, die jedem $\alpha \in Z$ eine Funktion zuordnet, die jeder Limeszahl $\lambda < \alpha$ eine solche Folge zuordnet.

Beweis: Aus (A') folgt analog zum Beweis von $(A) \to (A_2)$ für jedes $\alpha \in Z$ die Existenz einer Funktion, die jedem $\alpha' \leqq \alpha$ eine Vorgängerabzählung zuordnet, daraus die Existenz einer Vorgängerabzählung von α, also $\overline{\alpha} = \aleph_0$; somit folgt $Z = W(\omega_1)$. Anderseits folgt aus $Z = W(\omega_1)$, daß für jedes $\alpha \in Z$ eine Vorgängerabzählung existiert, woraus auch für jedes α die Existenz einer Funktion folgt, die jedem $\alpha' < \alpha$ eine Vorgängerabzählung zuordnet, woraus man analog zum Beweis von $(A_2) \to (A)$ die Aussage (A') ableiten kann.

2. Folgerungen aus dem Axiom der Hauptfolgen.

1. $Z = W(\omega_1)$.

2. $\aleph_1 \leqq 2^{\aleph_0}$. — Beweis: Man ordne der Zahl 0 die Funktion $f_0(n) = n$ vom Typ ω zu, der Zahl $\alpha + 1$ die Funktion $f_{\alpha+1}(n) = f_\alpha(n) + 1$, und der Limeszahl λ mit der Hauptfolge $\{\lambda_m\}_{m<\omega}$ die Funktion $f_\lambda(n) = \max\limits_{m \leqq n} f_{\lambda_m}(n)$. Dadurch sind allen Zahlen von Z zahlentheoretische Funktionen eindeutig zugeordnet, und zwar lauter verschiedene. Da die Menge der zahlentheoretischen Funktionen eineindeutig auf C_0 abgebildet werden kann, ist somit eine überabzählbare Wohlordnung im Kontinuum definiert.

Bemerkungen: a) $\aleph_1 \leqq 2^{\aleph_0}$ folgt auch aus der Existenz einer Funktion, die jeder nicht-leeren G_δ-Menge[1] eindeutig ein Element dieser Menge zuordnet.

b) Gibt es eine Wohlordnung des Kontinuums im Ordnungstypus ω_1, so folgt (A) unter Beschränkung auf die Limeszahlen $<\omega_1$ [28].

3. Bemerkung über die formale Darstellung von Ordnungszahlen. Setzt man nicht einmal das Axiom (A) voraus, und beschränkt man sich auf das effektiv Konstruierbare, so entspricht dem Axiom (A) das Problem, den Limeszahlen eines möglichst großen Abschnitts von Z eindeutige Hauptfolgen effektiv zuzuordnen. Dazu (und auch zur beweistheoretischen Untersuchung von Induktionen, die über die gewöhnliche vollständige Induktion hinausgehen) braucht man Systeme konstruktiv erklärter Ordnungszahlen, worin jede einzelne Zahl eine feste Bezeichnung (eine *formale Darstellung*) erhält (und die deshalb nur einen gewissen Abschnitt der 2. kardinalen Zahlklasse umfassen, da ja die Bezeichnungen eine Abzählung der betreffenden Ordnungszahlen ermöglichen). Solche Bezeichnungssysteme sind eingeführt worden von Veblen[2] [34], Church und Kleene [7], Bachmann [2], Finsler [11], Ackermann [1], Neumer [22, 23], Schütte [25], Takeuti [33],

---

[1] Unter einer G_δ-Menge versteht man eine durch Durchschnittsbildung von höchstens abzählbaren Folgen von offenen Punktmengen der Geraden erhaltene Menge.

[2] Veblen wandte zwar eine nicht-konstruktive Methode an, indem er Normalfunktionen mit der Argumentklasse Z und die transfiniten Folgen ihrer Ableitungen verwendete; eine Verallgemeinerung dieser Methode wurde vom Verf. [2] gegeben.

WERMUS [35]. Alle diese Darstellungen haben eine „Grenzzahl" in Z, die nicht erreicht wird.

Übrigens fällt auch die gewöhnliche Darstellung der Ordnungszahlen durch die *arithmetischen Operationen* darunter. Durch die elementaren arithmetischen Operationen und endlich-vielfachen Gebrauch der Zeichen 1 und ω lassen sich alle Zahlen $<\varepsilon_0$ (vgl. § 15) darstellen. Für diese Zahlen ergeben sich aus ihren Darstellungen (die ja ihre Zerlegungen in γ-Zahlen sind) unmittelbar Hauptfolgen: Wir setzen $\omega = \lim_{n<\omega}(1+n)$. Es sei nun λ eine Limeszahl mit $\omega < \lambda < \varepsilon_0$, und jeder Limeszahl $<\lambda$ sei eine Hauptfolge zugeordnet. Ist λ keine γ-Zahl, ist ϱ das letzte Glied der Zerlegung von λ in γ-Zahlen und setzen wir $\lambda = \sigma + \varrho$, so ist ϱ eine Limeszahl $<\lambda$. Ist $\{\varrho_n\}_{n<\omega}$ ihre Hauptfolge, so werde die Hauptfolge $\{\lambda_n\}_{n<\omega}$ von λ aus den Zahlen $\lambda_n = \sigma + \varrho_n$ gebildet. Ist $\lambda = \omega^{\xi+1}$, so werde die Hauptfolge von λ aus den Zahlen $\lambda_n = \omega^{\xi}\cdot(1+n)$ gebildet. Ist $\lambda = \omega^{\mu}$ und μ eine Limeszahl, so ist $\mu < \lambda$; ist $\{\mu_n\}_{n<\omega}$ die Hauptfolge von μ, so werde diejenige von λ durch $\lambda_n = \omega^{\mu_n}$ definiert. Es ist zu beachten, daß diese natürlich sich ergebenden Hauptfolgen die Nebenbedingung von Bem. 1., S. 184, erfüllen.

Will man die Grenzzahl ε_0 überschreiten, so muß man ein neues Zeichen (eben z.B. ε_0) einführen und eine Hauptfolge für ε_0 definieren, usw. Durch Einführung neuer Symbole oder höherer arithmetischer Operationen läßt sich jede Grenzzahl einer formalen Methode wieder überschreiten.

Diese Ausführungen leiten über zum Begriff der bezüglich einer arithmetischen Operation „unerreichbaren" Ordnungszahlen, d. h. solcher Zahlen, die nicht mehr durch kleinere Zahlen mittels der betr. Operation darstellbar sind (vgl. § 40).

§ 39. Alternativen zum Auswahlaxiom

Es ist interessant, an Stelle des Auswahlaxioms (oder seiner abgeschwächten Fassungen von §§ 37 und 38) andere, mit ihm unverträgliche Axiome zu setzen, von denen man glauben kann, daß sie (einzeln) nicht zu einem Widerspruch führen werden, und ihre Folgerungen in der Theorie der zweiten Zahlklasse und des Kontinuums zu betrachten [5, 31]. Solche Alternativen zum Auswahlaxiom sind (vgl. § 38):

Axiom (*B*): *Es gilt* (*A'*), *aber nicht* (*A*).

Axiom (*C*): (*A'*) *gilt nicht (d.h., es gibt eine Zahl* $\alpha \in Z$, *so daß keine Funktion existiert, die jeder Limeszahl* $\lambda < \alpha$ *eindeutig eine Hauptfolge zuordnet).*

Axiom (*D*): *Zu jeder Zahl* $\alpha \in Z$ *gibt es eine Zahl* $\beta \in Z$ *mit folgender Eigenschaft: Es gibt keine Funktion, die jeder Limeszahl* $\lambda < \beta$ *eindeutig eine wachsende Folge von einem Limeszahltyp* $\mu < \alpha$ *mit dem Limes* λ *zuordnet.*

Axiom (*E*): *Es gilt* (*C*), *aber nicht* (*D*); *d.h., es gilt* (*C*), *aber es gibt eine Zahl* $\alpha \in Z$, *so daß zu jeder Zahl* $\beta \in Z$ *eine Funktion existiert, die jeder Limeszahl* $\lambda < \beta$ *eindeutig eine wachsende Folge von einem Limeszahltyp* $\mu < \alpha$ *mit dem Limes* λ *zuordnet.*

Axiom (*F*): *Das Kontinuum ist Vereinigung abzählbar vieler abzählbarer Teilmengen.*

Axiom (*G*): *Jede unendliche Menge ist Vereinigung abzählbar vieler Mengen von kleinerer Mächtigkeit.*

Wir verwenden im folgenden den Hilfssatz: *Die Menge N aller wohlgeordneten Anordnungen der endlichen Zahlen (ohne Wiederholungen) läßt sich effektiv auf das Kontinuum C_0 abbilden.*[1]

Wir zeigen nun, daß sich je nach Zugrundelegung eines der obigen Axiome verschiedene zweite Zahlklassen ergeben:

Folgerungen aus (B):

1. $Z = W(\omega_1)$. — Beweis: Vgl. § 38.

2. *Das Kontinuum kann nicht wohlgeordnet werden.* — Beweis: Könnte man das Kontinuum wohlordnen, so könnte man nach dem Hilfssatz auch N wohlordnen. Ist $\alpha \in Z$ und $\alpha \geqq \omega$, so gibt es nach Folgerung 1. in N eine Anordnung der endlichen Zahlen im Ordnungstypus α; wir ordnen α die erste solche Anordnung in N zu. Man könnte somit jedem $\alpha \in Z$ mit $\alpha \geqq \omega$ eine solche Anordnung und somit eine Vorgängerabzählung eindeutig zuordnen, was nach § 38 das Axiom (A) zur Folge hätte, im Widerspruch zur Annahme (B).

Folgerungen aus (C):

1. $\omega_1 \in Z$, *d.h.*, $W(\omega_1)$ *ist Vereinigung abzählbar vieler abzählbarer Mengen* (vgl. § 27, Satz 4). — Dies ist mit (C) äquivalent (vgl. § 38). ω_1 ist die kleinste Ordnungszahl α mit den Bedingungen von Axiom (C).

2. *Es gibt eine volle Normalfunktion vom Typ* ω_1, *die keine kritischen Zahlen hat* (vgl. § 16, Satz 2).

3. *Es gibt eine abzählbare Menge von nicht-leeren Teilmengen des Kontinuums, für die keine Auswahlmenge existiert.* — Beweis: Nach Voraussetzung existiert eine Folge $\{\lambda_n\}_{n<\omega}$ mit dem Limes ω_1. S_n sei die Menge der Elemente aus C_0, deren vermöge des Hilfssatzes in N entsprechende Anordnungen den Ordnungstypus λ_n haben. Würde für die Menge der S_n eine Auswahlmenge existieren, so hätte man eine Funktion, die jedem λ_n eine eindeutige Vorgängerabzählung zuordnet. Daraus würde man eine Vorgängerabzählung von ω_1 erhalten, Widerspruch.

4. *Das Kontinuum kann nicht wohlgeordnet werden.* — Sonst gäbe es nämlich zu jeder Menge von Teilmengen von C_0 eine Auswahlmenge.

Folgerungen aus (D):

1. Es gilt (C) mit allen seinen Folgerungen.

2. *Entweder ist* $Z = W$ *oder* $Z = W(\omega_{\Omega_1}) = W(\Omega_1)$. — Beweis: Andernfalls gäbe es die größte kardinale Anfangszahl $\omega_\beta \in Z$. Es sei

---

[1] Beweis: Jeder solchen Anordnung entspricht in eineindeutiger Weise die zugehörige ordnende Paarmenge; also ist N äquivalent mit einer Teilmenge der Potenzmenge der Menge aller geordneten Paare von endlichen Zahlen, also $\overline{\overline{N}} \leqq 2^{\aleph_0}$. Anderseits enthält N als Teilmenge die Menge N_1 aller Anordnungen vom Typ ω, in denen die geraden und die ungeraden Zahlen je unter sich in der natürlichen Ordnung erscheinen; N_1 läßt sich eineindeutig auf C_0 abbilden, indem man der Anordnung $\{a_n\}_{n<\omega}$ die Dualfolge $\{b_n\}_{n<\omega}$ vom Typ ω zuordnet, wobei b_n gleich 0 oder 1 gesetzt wird, je nachdem a_n gerade oder ungerade ist; somit ist auch $\overline{\overline{N}} \geqq 2^{\aleph_0}$. Also ist $\overline{\overline{N}} = 2^{\aleph_0}$, und man kann eine eineindeutige Abbildung zwischen N und C_0 sogar effektiv konstruieren (vgl. § 25). — Als Folgerung ergibt sich:

1. Das Kontinuum kann effektiv in $\aleph_1$ paarweise disjunkte Teilmengen der Mächtigkeit $2^{\aleph_0}$ zerlegt werden (vgl. § 37). — Denn die Elemente von N können nach ihrer zugehörigen Ordnungszahl klassifiziert werden.

2. Die Menge N_2 der Permutationen der Reihe der endlichen Zahlen (d. h. die Menge der wohlgeordneten Anordnungen der endlichen Zahlen im Typ ω) hat die Mächtigkeit $2^{\aleph_0}$. — Denn es ist $N_1 \subset N_2 \subset N$.

$\alpha = \omega_\beta + 1$. Ist $\lambda \in Z$, so kann man $W(\lambda)$ in einem Ordnungstypus $<\alpha$ anordnen. Daraus erhält man zu jeder Limeszahl $\mu < \lambda$ eine wachsende Folge von einem Typ $<\alpha$ und mit dem Limes μ (durch Abstreichen gewisser Glieder in der neuen Wohlordnung von $W(\lambda)$), im Widerspruch zu (D).

Folgerung aus (E): Zur Gültigkeit von (C) mit allen seinen Folgerungen kommt noch hinzu: Es gibt eine größte kardinale Anfangszahl $\omega_\gamma \in Z$, wobei diese die kleinste Zahl α mit den Bedingungen von Axiom (E) ist [5]. Es ist also $Z = W(\Omega_1) = W(\omega_{\gamma+1})$, wobei $\gamma < \Omega_1$.

Folgerungen aus (F):

1. *$\aleph_1$ und $2^{\aleph_0}$ sind unvergleichbar, d.h., es gibt keine Teilmenge des Kontinuums von der Mächtigkeit $\aleph_1$.* — Beweis: Es ist $\aleph_1$ non $> 2^{\aleph_0}$. Annahme: $\aleph_1 \leqq 2^{\aleph_0}$, d.h., es gebe eine wohlgeordnete Teilmenge $T \subset C_0$ vom Ordnungstypus ω_1. F sei die Menge der Folgen $\{A_n\}_{n<\omega}$ von Teilmengen $A_n \subset C_0$ mit $\overline{\overline{A_n}} \leqq \aleph_0$. Wegen $(2^{\aleph_0})^{\aleph_0} = 2^{\aleph_0}$ ist $\overline{\overline{F}} = \overline{\overline{C_0}}$. Zu jeder Folge $\{A_n\}_{n<\omega}$ aus F gibt es eine Folge $\{x_n\}_{n<\omega}$ von Elementen $x_n \in C_0$, so daß x_n non $\in A_n$ für $n < \omega$ (es sei etwa x_n das erste Element von $T - A_n$). Ist nun $\{B_n\}_{n<\omega}$ eine Folge aus F, so entspricht wegen $\overline{\overline{F}} = \overline{\overline{C_0}}$ jedem B_n eineindeutig eine Menge B_n' von Folgen aus F. G_n sei die Vereinigung der Mengen, die durch die Folgen von B_n' der Zahl n zugeordnet werden. Es ist $\overline{\overline{G_n}} \leqq \aleph_0$, also $\{G_n\}_{n<\omega}$ eine Folge von F. Also existiert eine Folge $\{x_n\}_{n<\omega}$ von Elementen $x_n \in C_0$, so daß x_n non $\in G_n$ für $n < \omega$. Die Folge $\{X_n\}_{n<\omega}$ mit $X_n = \{x_n\}$ aus F ist Element keiner Menge B_n' (denn sonst wäre $x_n \in G_n$). Somit ist $\mathfrak{B}_{n<\omega} B_n' \neq F$, und wegen $\overline{\overline{F}} = \overline{\overline{C_0}}$ auch $\mathfrak{B}_{n<\omega} B_n \neq C_0$, im Widerspruch zu (F).

2. *$W(\omega_1)$ ist Vereinigung abzählbar vieler abzählbarer Mengen, d.h. $\omega_1 \in Z$.* — Beweis: Nach § 30 ist $\aleph_1 \leqq * 2^{\aleph_0}$, d.h., es gibt eine Funktion mit Argumentmenge C_0 und Wertmenge $W(\omega_1)$; und da C_0 Vereinigung abzählbar vieler abzählbarer Mengen ist, gilt dies auch für $W(\omega_1)$.

Folgerung aus (G): $Z = W$ (denn jede Ordnungszahl wird normal bezüglich ω; vgl. § 27, Satz 4).

VII. Unerreichbare Zahlen

§ 40. Unerreichbare Ordnungszahlen

1. Allgemeine Vorbemerkungen über unerreichbare Zahlen. In der Reihe der Ordnungszahlen (sowie auch der Kardinalzahlen) existieren, gleichsam als Stationen, solche Zahlen, die für gewisse Operationen „unerreichbar" sind, d.h. „Grenzzahlen" sind. Dabei nennen wir, wenn F ein Funktional ist, das jeder Folge $\{\alpha_\xi\}_{\xi<\lambda}$ von beliebigem Typ $\lambda \geqq 1$ von Ordnungszahlen α_ξ eindeutig eine Ordnungszahl $\underset{\xi<\lambda}{F}\,\alpha_\xi$ zuordnet, eine Ordnungszahl μ *unerreichbar* bezüglich F, wenn $\underset{\xi<\lambda}{F}\,\alpha_\xi < \mu$ für $\lambda < \mu$ (oder für ein gewisses festgelegtes λ) und für $\alpha_\xi < \mu$ für alle $\xi < \lambda$, sonst *erreichbar*. Unter diesen allgemeinen Begriff der unerreichbaren Zahl fallen, wie im folgenden gezeigt wird, alle wichtigen Klassen von transfiniten Zahlen (Limeszahlen, kritische Zahlen, Hauptzahlen, Grenzzahlen formaler Darstellungen eines Abschnitts der zweiten Zahlklasse, Anfangszahlen, HAUSDORFFsche exorbitante Zahlen, ZERMELOsche Grenzzahlen).

Wir nennen eine Ordnungszahl β *von α aus erreichbar* bezüglich einer Operation F, wenn entweder $\beta \leqq \alpha$, oder $\beta > \alpha$ und alle Zahlen ξ mit $\alpha < \xi \leqq \beta$ bezüglich F erreichbar sind. Existiert eine bezüglich F unerreichbare Ordnungszahl über α, und ist μ die kleinste Zahl mit dieser Eigenschaft, so ist $W(\mu)$ die Menge aller von α aus erreichbarer Zahlen. Existiert keine unerreichbare Zahl über α, so ist die Klasse der von α aus erreichbaren Zahlen die Klasse W aller Ordnungszahlen.

2. Unerreichbare Ordnungszahlen bezüglich der arithmetischen Operationen. Wir betrachten nun verschiedene Beispiele solcher unerreichbarer Zahlen, vorerst ohne uns mit der Frage ihrer Existenz auseinanderzusetzen. Vorläufig setzen wir das Auswahlaxiom nicht voraus.

1. Im Fall $\lambda = 1$ (wo wir also eine Funktion f von einer Variablen vor uns haben) lautet die Bedingung für die bezüglich f unerreichbaren Ordnungszahlen μ

$$f(\alpha) < \mu \quad \text{für} \quad \alpha < \mu .$$

Der spezielle Fall $f(\alpha) = \alpha + 1$ ergibt die folgende Unerreichbarkeitsbedingung:

Bed. 1: $\alpha + 1 < \mu$ für $\alpha < \mu$.

Da man im Fall $f(\alpha) > \alpha$ eine Normalfunktion φ aus $\varphi(0)$ und durch $\varphi(\alpha + 1) = f(\varphi(\alpha))$ definieren kann, liegt es nahe, noch folgende Bedingung zu formulieren:

Bed. 2: $\varphi(\alpha + 1) < \mu$ für $\varphi(\alpha) < \mu$, wobei φ eine Normalfunktion ist.

Ist f eine Normalfunktion, so kommen wir auf die folgende Unerreichbarkeitsbedingung:

Bed. 3: $\varphi(\alpha) < \mu$ für $\alpha < \mu$, wobei φ eine Normalfunktion ist.

2. Im Fall $\lambda = 2$ ist F eine Funktion von zwei Variablen. Als Beispiele nehmen wir die FINSLERschen arithmetischen Operationen φ_η (vgl. § 14) und formulieren:

Bed. 4: $\varphi_\eta(\alpha, \beta) < \mu$ für $\alpha < \mu$, $\beta < \mu$.

3. Schließlich sei F ein allgemeines Funktional, wobei auch λ variiert werde. Als Beispiele entsprechender Unerreichbarkeitsbedingungen nehmen wir:

Bed. 5: $\sup\limits_{\xi < \lambda} \alpha_\xi < \mu$ für $\lambda < \mu$ und alle $\alpha_\xi < \mu$.

Ferner seien Φ_η die in einer beliebigen der zwei in § 14 angegebenen Möglichkeiten definierten, den FINSLERschen Operationen φ_η zugeordneten Funktionale, und wir setzen:

Bed. 6: $\Phi_\eta(\lambda) < \mu$ für $\lambda < \mu$ und alle $\alpha_\xi < \mu$.

Nun lassen sich sehr leicht die folgenden Sätze beweisen:

(1) *Die Ordnungszahlen* $\mu \geqq \omega$ *mit der Bed. 1 sind genau die Limeszahlen.*

(2) *Die Ordnungszahlen* $\mu > \varphi(0)$ *mit der Bed. 2 sind die Zahlen* $\varphi(\lambda)$ *mit Limeszahlargument* λ.

(3) *Die Ordnungszahlen* $\mu > 0$ *mit der Bed. 3 sind die kritischen Zahlen der Normalfunktion* φ *und ihre Nachfolger.*

(4) *Die Ordnungszahlen* $\mu \geqq \omega$ *mit der Bed. 4 sind genau die eigentlichen Hauptzahlen von* φ_η, *wenn* η *von 1. Art.* — Beweis: Gilt Bed. 4 für $\mu > 2$, so ist μ eine Limeszahl; denn sonst wäre $\mu = \mu' + 1$, $\mu' \geqq 2$, $\varphi_\eta(\mu', \mu') \geqq \mu$, Widerspruch. Also ist für $1 < \alpha < \mu$

$$\mu \leqq \varphi_\eta(\alpha, \mu) = \lim_{\beta < \mu} \varphi_\eta(\alpha, \beta) \leqq \mu, \quad \text{also} \quad \varphi_\eta(\alpha, \mu) = \mu,$$

d.h., μ ist eigentliche Hauptzahl von φ_η. Ist μ eine eigentliche Hauptzahl von φ_η, so ist $\varphi_\eta(\alpha, \mu) = \mu$ für alle α mit $1 < \alpha < \mu$, also $\varphi_\eta(\alpha, \beta) < \mu$ für $1 < \alpha < \mu$ und $1 < \beta < \mu$, d.h., Bed. 4 ist erfüllt.

Spezialfälle: Die Ordnungszahlen $\mu \geqq \omega$ mit der Bed. $\alpha + \beta < \mu$ für $\alpha < \mu$, $\beta < \mu$ sind die γ-Zahlen. Die Ordnungszahlen $\mu \geqq \omega$ mit der Bed. $\alpha \cdot \beta < \mu$ für $\alpha < \mu$, $\beta < \mu$ sind die δ-Zahlen und die Ordnungszahlen $\mu \geqq \omega$ mit der Bed. $\alpha^\beta < \mu$ für $\alpha < \mu$, $\beta < \mu$ sind die ε-Zahlen.

(5) *Die Ordnungszahlen* $\mu \geqq \omega$ *mit der Bed. 5 sind die regulären Limeszahlen* (d.h. also die regulären ordinalen Anfangszahlen).

(6) *Ist* μ *eine reguläre Limeszahl, so gilt Bed. 4 für beliebiges* η *mit* $1 \leqq \eta < \mu$ *(d.h., jede reguläre Limeszahl* μ *ist unerreichbar bezüglich aller höheren Operationen* φ_η *mit* $1 \leqq \eta < \mu$ *und ist somit Hauptzahl bezüglich aller Operationen* φ_η *mit* η *von 1. Art und* $1 \leqq \eta < \mu$*).* — Satz (6) wird mit transfiniter Induktion nach η bewiesen; für $\eta = 1, 2, 3$ gilt er nach § 15.

(7) *Ist* μ *eine reguläre Limeszahl, so gilt Bed. 6 für beliebiges* η *mit* $1 \leqq \eta < \mu$. — Beweis aus (6).

Spezialfälle: Die Ordnungszahlen $\mu \geqq \omega$ mit der Bed. $\sum_{\xi < \lambda} \alpha_\xi < \mu$ für $\lambda < \mu$ und alle $\alpha_\xi < \mu$ sind die regulären Limeszahlen. Dasselbe gilt für die Zahlen $\mu \geqq \omega$ mit der Bed. $\prod_{\xi < \lambda} \alpha_\xi < \mu$ für $\lambda < \mu$ und alle $\alpha_\xi < \mu$.

Wir führen noch (als Spezialfall von Bed. 2) eine neue Bedingung ein:

Bed. 7: $\Omega_{\alpha+1} < \mu$ für $\Omega_\alpha < \mu$,

ferner (als Spezialfall von Bed. 3)

Bed. 8: $\Omega_\alpha < \mu$ für $\alpha < \mu$.

3. Die Hausdorffschen „exorbitanten" Zahlen [13].

Def. 1. *Unter den* HAUSDORFF*schen Zahlen verstehen wir die Ordnungszahlen* $\mu \geqq \omega$, *die Bed. 5 und Bed. 7 erfüllen; sie sind also die regulären Anfangszahlen* Ω_α *mit Index* α *von 2. Art.*

Die erste HAUSDORFFsche Zahl ist ω. Die HAUSDORFFschen Zahlen $>\omega$ heißen auch „*exorbitante Zahlen*". Mit Def. 1 äquivalente Definitionen:

Def. 2. *Die HAUSDORFFschen Zahlen* $>\omega$ *sind die Ordnungszahlen* $\mu \geqq \omega$, *die Bed. 5 und Bed. 8 erfüllen; sie sind also die regulären Anfangszahlen* Ω_α, *die zugleich kritische Zahlen der Normalfunktion* Ω_ξ *sind.*

Def. 3. *Die HAUSDORFFschen Zahlen* $>\omega$ *sind die Ordnungszahlen* $\mu \geqq \omega$, *die die Bed.* $\sup\limits_{\xi<\lambda} \Omega_{\alpha_\xi} < \mu$ *für* $\lambda < \mu$ *und alle* $\alpha_\xi < \mu$ *erfüllen.*

4. Die Grenzzahlen von Zermelo [45]. Bisher haben wir Operationen betrachtet, die den Ordnungszahlen (oder Folgen von Ordnungszahlen) wieder Ordnungszahlen zuordnen. Wir wollen nun auch solche Operationen heranziehen, die den Ordnungszahlen Kardinalzahlen zuordnen. Die einfachste Operation dieser Art ist die Zuordnung der Kardinalzahl $\overline{\alpha}$ zur Ordnungszahl α. Die Ordnungszahlen μ mit der entsprechenden Unerreichbarkeitsbedingung

$$\overline{\alpha} < \overline{\mu} \quad \text{für} \quad \alpha < \mu$$

sind die kardinalen Anfangszahlen ω_ξ und die endlichen Zahlen.

Für die weiteren Betrachtungen legen wir das *Auswahlaxiom* zugrunde (so daß also $\Omega_\xi = \omega_\xi$). Dann wird Bed. 7 zu

Bed. 7′: $\omega_{\alpha+1} < \mu$ für $\omega_\alpha < \mu$.

Ähnliche Bedingungen sind:

Bed. 7″: Ist α eine Ordnungszahl $<\mu$, so existiert eine Kardinalzahl $\mathfrak{x}$ mit $\overline{\alpha} < \mathfrak{x} < \overline{\mu}$.

Bed. 7‴: Ist α eine Ordnungszahl $<\mu$, und ist $\mathfrak{n}'$ die unmittelbar auf $\overline{\alpha}$ folgende Kardinalzahl, so ist $\mathfrak{n}' < \overline{\mu}$.

Man sieht sofort, daß die Bedingungen 7′, 7″, 7‴ äquivalent sind, falls $\mu \geqq \omega$. Die Ordnungszahlen $\geqq\omega$, die einer solchen Bedingung genügen, sind die Zahlen ω_λ mit λ von 2. Art. Stärkere Bedingungen als diese Bedingungen 7′, 7″, 7‴ sind:

Bed. 9: $2^{\overline{\alpha}} < \overline{\mu}$ für $\alpha < \mu$.

Bed. 9′: $\omega_{\pi(\alpha+1)} < \mu$ für $\omega_{\pi(\alpha)} < \mu$ (Def. von $\pi(\alpha)$ siehe § 33).

Man sieht wiederum, daß diese Bedingungen 9, 9′ äquivalent sind, falls $\mu \geqq \omega$. Die Ordnungszahlen $\geqq\omega$, die einer solchen Bedingung genügen, sind die Zahlen $\omega_{\pi(\lambda)}$ mit λ von 2. Art. Aus den Bedingungen 9, 9′ folgen die Bedingungen 7′, 7″, 7‴; legt man die Alephhypothese zugrunde, so gilt auch die Umkehrung.

Bed. 8 wird zu

Bed. 8′: $\omega_\alpha < \mu$ für $\alpha < \mu$.

Eine stärkere Bedingung als Bed. 8′ ist

Bed. 10: $\omega_{\pi(\alpha)} < \mu$ für $\alpha < \mu$.

Def. 4. *Die* Zermelo*schen Grenzzahlen sind die Ordnungszahlen* $\mu \geqq \omega$, *die Bed. 5 und Bed. 9 erfüllen; sie sind also die regulären Anfangszahlen* $\omega_{\pi(\alpha)}$ *mit Index* α *von 2. Art.*

Die erste Zermelosche Grenzzahl ist ω. Mit Def. 4 sind äquivalent:

Def. 5. *Die* Zermelo*schen Grenzzahlen* $>\omega$ *sind die Ordnungszahlen* $\mu \geqq \omega$, *die Bed. 5 und Bed. 10 erfüllen; sie sind also die regulären Anfangszahlen* ω_α, *die zugleich kritische Zahlen der Normalfunktion* $\omega_{\pi(\xi)}$ *sind.*

Def. 6. *Die* Zermelo*schen Grenzzahlen* $>\omega$ *sind die Ordnungszahlen* $\mu \geqq \omega$, *die die Bed.* $\sup\limits_{\xi<\lambda} \omega_{\pi(\alpha_\xi)} < \mu$ *für* $\lambda < \mu$ *und alle* $\alpha_\xi < \mu$ *erfüllen.*

Beweis von Def. 4 $\longleftrightarrow$ Def. 5: Gilt für $\mu \geqq \omega$ Bed. 5 und Bed. 10, so ist nach (3) $\mu = \omega_{\pi(\varkappa)}$ oder $\mu = \omega_{\pi(\varkappa)} + 1$, wobei $\omega_{\pi(\varkappa)} = \varkappa$. Da Bed. 5 erfüllt ist, ist $\mu = \omega_{\pi(\varkappa)}$, also gilt Bed. 9. — Sind für $\mu \geqq \omega$ Bed. 5 und Bed. 9 erfüllt, so ist $\mu = \omega_{\pi(\lambda)}$ mit λ von 2. Art; ist λ eine Limeszahl, so folgt, da μ regulär ist, $\omega_{\pi(\lambda)} = \lambda$ (denn wäre $\omega_{\pi(\lambda)} > \lambda$, so wäre $\omega_{\pi(\lambda)} = \lim\limits_{\alpha<\lambda} \omega_{\pi(\alpha)}$ singulär). Also gilt Bed. 10.

Alle Zermeloschen Grenzzahlen sind Hausdorffsche Zahlen. Nimmt man die Alephhypothese an, so sind die Zermeloschen Grenzzahlen und die Hausdorffschen Zahlen identisch.

§ 41. Unerreichbare Kardinalzahlen

1. Unerreichbarkeitsbedingungen für Kardinalzahlen. Analog den Ordnungszahlen betrachten wir nun die bezüglich der arithmetischen Operationen unerreichbaren Kardinalzahlen. Wir setzen das *Auswahlaxiom* voraus. Es sei F eine Operation, die, wenn X eine Menge, und jedem Element $x \in X$ eine Kardinalzahl $\mathfrak{m}_x$ zugeordnet ist, dieser Funktion eindeutig eine Kardinalzahl $\underset{x\in X}{F}\, \mathfrak{m}_x$ zuordnet. Dann heißt die Kardinalzahl $\mathfrak{m}$ *unerreichbar* bezüglich F, wenn $\underset{x\in X}{F}\, \mathfrak{m}_x < \mathfrak{m}$ für $\overline{\overline{X}} < \mathfrak{m}$ (oder für eine festgelegte Mächtigkeit $\overline{\overline{X}}$) und für $\mathfrak{m}_x < \mathfrak{m}$ für alle $x \in X$. Dabei bietet die Addition und Multiplikation zweier Kardinalzahlen nichts Interessantes:

Die Kardinalzahlen $\mathfrak{m}$ mit der Bedingung $\mathfrak{p} + \mathfrak{q} < \mathfrak{m}$ für $\mathfrak{p} < \mathfrak{m}$, $\mathfrak{q} < \mathfrak{m}$ sind die Alephs und $\mathfrak{m} \leqq 1$. Die Kardinalzahlen $\mathfrak{m}$ mit der Bedingung $\mathfrak{p} \cdot \mathfrak{q} < \mathfrak{m}$ für $\mathfrak{p} < \mathfrak{m}$, $\mathfrak{q} < \mathfrak{m}$ sind die Alephs und $\mathfrak{m} \leqq 2$.

Wir stellen nun ähnliche Bedingungen für Kardinalzahlen $\mathfrak{m}$ zusammen, wie in § 40 für die Ordnungszahlen μ:

Bed. 1: Ist $\mathfrak{n} < \mathfrak{m}$, und ist $\mathfrak{n}'$ die auf $\mathfrak{n}$ folgende Kardinalzahl, so ist $\mathfrak{n}' < \mathfrak{m}$.

Bed. 1′: Ist $\mathfrak{n} < \mathfrak{m}$, so gibt es eine Kardinalzahl $\mathfrak{x}$ mit $\mathfrak{n} < \mathfrak{x} < \mathfrak{m}$.

Bed. 2: $\mathfrak{n}^{\mathfrak{p}} < \mathfrak{m}$ für $\mathfrak{n} < \mathfrak{m}$ und $\mathfrak{p} < \mathfrak{m}$.

Bed. 2′: $2^{\mathfrak{p}} < \mathfrak{m}$ für $\mathfrak{p} < \mathfrak{m}$.

Bed. 3: $\varphi_\eta(\mathfrak{p}, \mathfrak{q}) < \mathfrak{m}$ für $\mathfrak{p} < \mathfrak{m}$, $\mathfrak{q} < \mathfrak{m}$ (wobei φ_η eine der in § 34 definierten höheren Operationen mit Kardinalzahlen ist).

Bed. 4: $\sup_{x \in X} \mathfrak{m}_x < \mathfrak{m}$ für $\overline{\overline{X}} < \mathfrak{m}$ und alle $\mathfrak{m}_x < \mathfrak{m}$ (wobei $\sup_{x \in X} \mathfrak{m}_x$ die kleinste Kardinalzahl größer als alle $\mathfrak{m}_x$ mit $x \in X$ ist).

Bed. 5: $\sum_{x \in X} \mathfrak{m}_x < \mathfrak{m}$ für $\overline{\overline{X}} < \mathfrak{m}$ und alle $\mathfrak{m}_x < \mathfrak{m}$.

Bed. 6: $\prod_{x \in X} \mathfrak{m}_x < \mathfrak{m}$ für $\overline{\overline{X}} < \mathfrak{m}$ und alle $\mathfrak{m}_x < \mathfrak{m}$.

Bemerkung: $\sum_{x \in X} \mathfrak{m}_x$ und $\prod_{x \in X} \mathfrak{m}_x$ werden getrennt betrachtet, weil diese Operationen verschiedene unerreichbare Zahlen haben im Gegensatz zu den entsprechenden Operationen mit Ordnungszahlen (vgl. § 40).

Bed. 7: $\Phi_\eta(\lambda) < \mathfrak{m}$ für $\overline{\overline{\lambda}} < \mathfrak{m}$ und alle $\mathfrak{m}_\xi < \mathfrak{m}$ (wobei Φ_η ein Funktional ist, das sich nach § 34 der Operation φ_η zuordnen läßt).

Für die folgenden Ausführungen stellen wir noch weitere Bedingungen zusammen:

Bed. 8: $\mathfrak{m}^{\mathfrak{p}} = \mathfrak{m}$ für $0 < \mathfrak{p} < \mathfrak{m}$ (ist $\mathfrak{m} = \aleph_\alpha$, so lautet Bed. 8 nach § 33 auch: $p(\alpha) = \alpha$).

Bed. 9: $\mathfrak{m} = \mathfrak{m}^{\underline{\mathfrak{m}}}$ (d.h., jede Menge M mit $\overline{\overline{M}} = \mathfrak{m}$ ist äquivalent der Menge aller Teilmengen $X \subset M$ mit $\overline{\overline{X}} < \overline{\overline{M}}$).

Bed. 10: Es gibt keine Kardinalzahl $\mathfrak{p}$, für die $2^{\mathfrak{p}} = \mathfrak{m}$ (d.h., zu keiner Menge M mit $\overline{\overline{M}} = \mathfrak{m}$ gibt es eine Menge P, so daß M mit der Potenzmenge von P äquivalent ist).

Bed. 11: Für jede Kardinalzahl $\mathfrak{p} > 0$ gilt $\mathfrak{m}^{\mathfrak{p}} = \mathfrak{m} \cdot 2^{\mathfrak{p}}$ (d.h., $\mathfrak{m}$ erfüllt die Bernsteinsche Bedingung; vgl. §§ 33 und 36).

Bed. 12: $\mathfrak{m} = \mathfrak{m}^{2^{\mathfrak{n}}}$ für $\mathfrak{n} < \mathfrak{m}$.

Bemerkung: Bed. 8 für alle $\mathfrak{m} = \aleph_{\alpha+1}$, und Bed. 9 für alle $\mathfrak{m} = \aleph_{\alpha+1}$, sind mit der Alephhypothese äquivalent (nach § 35).

Über diese Bedingungen kann man die folgenden Sätze beweisen:

(1) *Bed. 1 und Bed. 1′ sind äquivalent. Die Alephs $\mathfrak{m}$ mit dieser Bedingung sind die Alephs $\aleph_\lambda$, wobei λ von 2. Art ist.*

(2) *Bed. 2 und Bed. 2′ sind äquivalent, wenn $\mathfrak{m}$ ein Aleph ist. Die Alephs $\mathfrak{m}$ mit dieser Bedingung sind die Alephs $\aleph_{\pi(\lambda)}$ mit λ von 2. Art.*

(3) *Aus Bed. 2′ folgt Bed. 1; jedoch sind diese Bedingungen nur dann äquivalent, wenn die Alephhypothese angenommen wird.*

(4) *Die Alephs $\mathfrak{m}$ mit der Bed. 4 sind die Alephs $\aleph_\lambda$, für die ω_λ eine* Hausdorff*sche Zahl ist.*

(5) *Die Alephs $\mathfrak{m}$ mit Bed. 5 sind die Alephs $\aleph_\alpha$, für die ω_α eine reguläre Anfangszahl ist.*[1]

[1] Denn allgemein gilt: Ist $\mathfrak{m}_x < \aleph_\alpha$ für alle $x \in X$ und $\overline{\overline{X}} < \aleph_{cf(\alpha)}$, so ist $\sum_{x \in X} \mathfrak{m}_x < \aleph_\alpha$; vgl. zudem § 28, Satz 4.

(6) *Bed. 8* $\leftrightarrow$ *Bed. 9.* — Beweis: Gilt Bed. 8, so ist

$$\mathfrak{m} \leqq \sum_{\mathfrak{p}<\mathfrak{m}} \mathfrak{m}^{\mathfrak{p}} \leqq \sum_{\mathfrak{p}<\mathfrak{m}} \mathfrak{m} \leqq \mathfrak{m} \cdot \mathfrak{m} = \mathfrak{m},$$

also gilt Bed. 9. Gilt Bed. 9, so ist für $0 < \mathfrak{p} < \mathfrak{m}$

$$\mathfrak{m}^{\mathfrak{p}} \leqq \sum_{\mathfrak{p}<\mathfrak{m}} \mathfrak{m}^{\mathfrak{p}} = \mathfrak{m},$$

d.h., es gilt Bed. 8.

2. Die verschiedenen Definitionen der Kuratowskischen und Tarskischen unerreichbaren Alephs [37].

Def. *A*. *Das Aleph* $\aleph_\alpha$ *heiße eine* KURATOWSKI*sche unerreichbare Kardinalzahl oder im weiteren Sinne unerreichbare Kardinalzahl (kurz:* KURATOWSKI*sche Zahl), wenn* ω_α *eine* HAUSDORFF*sche Ordnungszahl ist.*

Def. *B*. *Das Aleph* $\aleph_\alpha$ *heiße eine* TARSKI*sche unerreichbare Kardinalzahl oder im engern Sinne unerreichbare Kardinalzahl (kurz* TARSKI*sche Zahl), wenn* ω_α *eine* ZERMELO*sche Grenzzahl ist.*

Mit *A* äquivalente Definitionen sind:

Def. A_1. *Die* KURATOWSKI*schen Zahlen sind die Alephs, die Bed. 4 erfüllen.*

Def. A_2. *Die* KURATOWSKI*schen Zahlen sind die Alephs, die Bed. 1 und Bed. 5 erfüllen.*

Mit *B* äquivalente Definitionen sind:

Def. B_1. *Die* TARSKI*schen Zahlen sind die Alephs, die Bed. 2 und Bed. 5 erfüllen.*

Def. B_2. *Die* TARSKI*schen Zahlen sind die Alephs, die Bed. 6 erfüllen.*

Def. B_3. *Die* TARSKI*schen Zahlen sind die Alephs, die Bed. 2 und Bed. 8 erfüllen.*

Def. B_4. *Die* TARSKI*schen Zahlen sind die Alephs, die Bed. 8 und Bed. 10 erfüllen.*

Def. B_5. *Die* TARSKI*schen Zahlen sind die Alephs, die Bed. 2 und Bed. 11 erfüllen.*

Def. B_6. *Die* TARSKI*schen Zahlen sind die Alephs, die Bed. 12 erfüllen.*

Bemerkung: In diesen Definitionen darf Bed. 2 durch Bed. 2′ und Bed. 8 durch Bed. 9 ersetzt werden.

Äquivalenzbeweise (mit Hilfe der Axiome (I) bis (VII) und ($\mathfrak{A}$) von § 2):

$A \leftrightarrow A_1$, $A \leftrightarrow A_2$ und $B \leftrightarrow B_1$: Nach Satz (1), (2), (4) und (5).

$B_1 \to B_2$: Gilt Bed. 2 und Bed. 5 für das Aleph $\mathfrak{m}$, ist $\bar{\bar{X}} = \mathfrak{p} < \mathfrak{m}$ und $\mathfrak{n}_x < \mathfrak{m}$ für $x \in X$, so ist $\sum_{x \in X} \mathfrak{n}_x < \mathfrak{m}$, also

$$\prod_{x \in X} \mathfrak{n}_x \leqq \Big(\sum_{x \in X} \mathfrak{n}_x\Big)^{\mathfrak{p}} < \mathfrak{m},$$

d.h., $\mathfrak{m}$ erfüllt Bed. 6.

$B_2 \to B_1$: $\mathfrak{m}$ sei ein Aleph mit Bed. 6. Ist $\bar{\bar{X}} = \mathfrak{p} < \mathfrak{m}$ und $\mathfrak{n}_x = \mathfrak{n}$ für $x \in X$, so ist also

$$\mathfrak{n}^{\mathfrak{p}} = \prod_{x \in X} \mathfrak{n}_x < \mathfrak{m},$$

d.h., $\mathfrak{m}$ erfüllt Bed. 2. Ist $\mathfrak{n}_x \geqq 2$ für alle $x \in X$, so ist nach § 29

$$\sum_{x \in X} \mathfrak{n}_x \leqq \prod_{x \in X} \mathfrak{n}_x \leqq \mathfrak{m};$$

auch in den Fällen, wo ein $\mathfrak{n}_x \leqq 1$ ist, läßt sich leicht $\sum_{x \in X} \mathfrak{n}_x < \mathfrak{m}$ beweisen. Also gilt Bed. 5 für $\mathfrak{m}$.

$B_1 \to B_3$: Gelten Bed. 2 und Bed. 5 für ein Aleph $\mathfrak{m}$, und ist $0 < \mathfrak{p} < \mathfrak{m}$, so ist, wenn $\mathfrak{p}$ endlich ist, $\mathfrak{m}^{\mathfrak{p}} = \mathfrak{m}$; ist $\mathfrak{p}$ unendlich und $\mathfrak{m} = \aleph_\alpha$, so ist wegen Bed. 5 $\alpha = cf(\alpha)$, also nach § 33, Satz 3,

$$\mathfrak{m}^{\mathfrak{p}} = \sum_{\xi < \alpha} \aleph_\xi^{\mathfrak{p}}.$$

Nach Bed. 2 ist $\aleph_\xi^{\mathfrak{p}} < \mathfrak{m}$ für $\xi < \alpha$, also $\mathfrak{m}^{\mathfrak{p}} \leqq \mathfrak{m} \cdot \bar{\alpha} = \mathfrak{m}$. Also gilt Bed. 8 für $\mathfrak{m}$.

$B_3 \to B_1$: $\mathfrak{m}$ sei ein Aleph mit Bed. 2 und Bed. 8. Ist $0 < \bar{\bar{X}} = \mathfrak{p} < \mathfrak{m}$, ferner $\mathfrak{n}_x < \mathfrak{m}$ und $\mathfrak{m}_x = \mathfrak{m}$ für alle $x \in X$, so folgt nach § 29

$$\sum_{x \in X} \mathfrak{n}_x < \prod_{x \in X} \mathfrak{m}_x = \mathfrak{m}^{\mathfrak{p}} = \mathfrak{m},$$

d.h., $\mathfrak{m}$ erfüllt Bed. 5.

$B_3 \to B_4$: Gilt für ein Aleph $\mathfrak{m}$ Bed. 2, so gilt Bed. 10, denn wäre $2^{\mathfrak{p}} = \mathfrak{m}$, so wäre $\mathfrak{p} < 2^{\mathfrak{p}} = \mathfrak{m}$, im Widerspruch zu Bed. 2.

$B_4 \to B_3$: Gilt für ein Aleph $\mathfrak{m}$ Bed. 8 und Bed. 10, und ist $0 < \mathfrak{p} < \mathfrak{m}$, so folgt $2^{\mathfrak{p}} < \mathfrak{m}^{\mathfrak{p}} = \mathfrak{m}$, also Bed. 2.

$B_3 \to B_5$: Gilt für ein Aleph $\mathfrak{m}$ Bed. 2 und Bed. 8, so ist für $0 < \mathfrak{p} < \mathfrak{m}$

$$2^{\mathfrak{p}} < \mathfrak{m} = \mathfrak{m}^{\mathfrak{p}}, \quad \text{also} \quad \mathfrak{m}^{\mathfrak{p}} = \mathfrak{m} \cdot 2^{\mathfrak{p}};$$

für $\mathfrak{p} \geqq \mathfrak{m}$ folgt

$$\mathfrak{m} < \mathfrak{m}^{\mathfrak{p}} = 2^{\mathfrak{p}}, \quad \text{also} \quad \mathfrak{m}^{\mathfrak{p}} = \mathfrak{m} \cdot 2^{\mathfrak{p}}.$$

Somit gilt Bed. 11 für $\mathfrak{m}$.

$B_5 \to B_3$: Gilt für ein Aleph $\mathfrak{m}$ Bed. 2 und Bed. 11, so ist

$$\mathfrak{m}^{\mathfrak{p}} = \mathfrak{m} \cdot 2^{\mathfrak{p}} \leqq \mathfrak{m}^2 = \mathfrak{m} \quad \text{für} \quad 0 < \mathfrak{p} < \mathfrak{m},$$

also gilt Bed. 8.

$B_6 \to B_3$: Gilt für ein Aleph $\mathfrak{m}$ die Bed. 12, so gilt für $\mathfrak{p} < \mathfrak{m}$ $2^{\mathfrak{p}} < \mathfrak{m}$, also Bed. 2′, ferner $\mathfrak{m}^{\mathfrak{p}} \leqq \mathfrak{m}^{2^{\mathfrak{p}}} = \mathfrak{m}$, also $\mathfrak{m}^{\mathfrak{p}} = \mathfrak{m}$ für $0 < \mathfrak{p} < \mathfrak{m}$, also Bed. 8.

$B_3 \to B_6$: Gilt für ein Aleph $\mathfrak{m}$ Bed. 2′ und Bed. 8, so folgt für $0 < \mathfrak{n} < \mathfrak{m}$ $\mathfrak{m} = \mathfrak{m}^{\mathfrak{n}}$ und $2^{\mathfrak{n}} < \mathfrak{m}$, also $\mathfrak{m}^{2^{\mathfrak{n}}} = \mathfrak{m}$, also Bed. 12. —

$\aleph_0$ ist die kleinste KURATOWSKIsche sowie die kleinste TARSKIsche Zahl. Man kann ferner leicht zeigen, daß jede TARSKIsche Zahl $\mathfrak{m}$ die Bed. 3 und die Bed. 7 für beliebige η mit $1 \leqq \bar{\eta} < \mathfrak{m}$ erfüllt.

3. Unerreichbare Alephs und Alephhypothese. Man sieht sofort, daß jede TARSKIsche Zahl auch eine KURATOWSKIsche Zahl ist; ist die Alephhypothese richtig, so gilt auch die Umkehrung. Die letztere folgt auch schon aus einer viel schwächeren Voraussetzung[1]: *Ist (für jede unendliche Kardinalzahl $\mathfrak{m}$) $2^{\mathfrak{m}}$ von $\mathfrak{m}$ aus in dem Sinne erreichbar, daß keine* KURATOWSKI*sche Zahl $\mathfrak{x}$ mit $\mathfrak{m} < \mathfrak{x} \leqq 2^{\mathfrak{m}}$ existiert, so ist jede* KURATOWSKI*sche Zahl eine* TARSKI*sche Zahl* (denn ist $\mathfrak{m}$ eine KURATOWSKIsche Zahl und $\mathfrak{p} < \mathfrak{m}$, so ist $2^{\mathfrak{p}} < \mathfrak{m}$, weil $2^{\mathfrak{p}} \geqq \mathfrak{m}$ ein Widerspruch zur Voraussetzung wäre; also gilt Bed. 2′ für $\mathfrak{m}$; also ist $\mathfrak{m}$ eine TARSKIsche Zahl).

Die Alephhypothese ist äquivalent mit dem Satz: Bed. 5 $\rightarrow$ Bed. 8, dagegen gilt Bed. 8 $\rightarrow$ Bed. 5 allgemein [37].

4. Bemerkung über Anwendungen der unerreichbaren Zahlen. Die unerreichbaren Zahlen sind nicht nur als Kuriosität interessant, sondern finden da und dort in der Mengenlehre Anwendung [11, 25], wobei die wichtigste wohl diejenige in der *Maßtheorie* ist [3, 4, 30, 36, 38, 39, 42]. Das abstrakte Maßproblem lautet: Gibt es in jeder unendlichen Menge N eine *total-additive Maßfunktion*, d.h. eine Funktion m, die jeder Teilmenge $X \subset N$ eindeutig eine reelle Zahl $m(X)$ zuordnet mit $0 \leqq m(X) < \infty$, wobei gilt:

1. $m\left(\mathfrak{V}_{\iota<\mu} X_\iota\right) = \sum_{\iota<\mu} m(X_\iota)$, wenn $\{X_\iota\}_{\iota<\mu}$ eine Folge vom Typ $\mu \leqq \omega$ von paarweise disjunkten Teilmengen $X_\iota \subset N$ ist.
2. Für jedes Element $x \in N$ ist $m(\{x\}) = 0$.
3. Es gibt eine Menge $X \subset N$ mit $m(X) \neq 0$.

Die Antwort auf diese Frage lautet: Ist $\bar{N} > \aleph_0$ von $\aleph_0$ aus in dem Sinne erreichbar, daß keine KURATOWSKIsche Zahl $\mathfrak{x}$ mit $\aleph_0 < \mathfrak{x} \leqq \bar{N}$ existiert, so gibt es keine solche Maßfunktion (ist $\bar{N} = \aleph_0$, so gibt es sowieso keine solche Maßfunktion). Daß keine Maßfunktion für das Kontinuum existiert, folgt auch aus der Kontinuumhypothese. — Dagegen existiert in jeder unendlichen Menge N eine *endlich-additive Maßfunktion*, d. h. eine solche, bei der in Bedingung 1. $\mu \leqq \omega$ durch $\mu < \omega$ ersetzt ist (während Bed. 2. und 3. unverändert bleiben); dies kann mit Hilfe des Auswahlaxioms bewiesen werden.

§ 42. Über die Existenz unerreichbarer Zahlen

1. Allgemeine Bemerkungen über die Existenz unerreichbarer Zahlen. Zu jeder Sorte von unerreichbaren Ordnungszahlen läßt sich eine Normalfunktion f definieren, indem man setzt:

$f(0) =$ erste unerreichbare Zahl überhaupt,

$f(\xi + 1) =$ erste unerreichbare Zahl über $f(\xi)$, sofern diese existiert.

[1] Nach einer mündlichen Mitteilung von G. MÜLLER.

Die Frage, ob über einer gegebenen Ordnungszahl α unerreichbare Ordnungszahlen bezüglich einer bestimmten Operation existieren (die unerreichbaren Kardinalzahlen lassen sich auf unerreichbare Ordnungszahlen zurückführen), ist gleichbedeutend mit der Frage, ob die Klasse der von α aus erreichbaren Ordnungszahlen eine Menge ist, oder ob sie nur eine Klasse (und somit W) ist; sie führt also mitten in die Problematik der Grundlagen der Mengenlehre. So taucht die Frage auf, ob es über ω weitere reguläre Limeszahlen gibt (sog. π_0-Zahlen nach MAHLO). Setzt man das Auswahlaxiom nicht voraus, so scheint sowohl die Existenz wie auch die Nichtexistenz regulärer Limeszahlen $> \omega$ (also von Ω_1, Ω_2 usw.) zu keinem Widerspruch zu führen. Gäbe es keine reguläre Limeszahl $> \omega$ (d.h. wäre $Z = W$, vgl. § 39), so würden sich einige Vereinfachungen in der Theorie der transfiniten Zahlen ergeben (vgl. die Theorie der gelichteten Klassen § 6, der Normalfunktionen § 7, der regressiven Funktionen § 9). Solange diese Annahme $Z = W$ zu keinem Widerspruch führt, kann sie als Axiom den andern Axiomen adjungiert werden. Setzt man das Auswahlaxiom voraus, so existieren so viele reguläre Limeszahlen, daß diese die Werte einer wachsenden Funktion mit dem Argumentbereich W bilden. Die zugehörige Normalfunktion ist die Funktion $\psi_0(\xi) = \omega_\xi$.

Ob es aber unter ihren Werten ω_ξ mit Limeszahlargument ξ auch wieder reguläre Limeszahlen gibt d.h., ob es unter diesen Werten HAUSDORFFsche Zahlen (sog. π_1-Zahlen nach MAHLO) gibt, ist wiederum problematisch. Bezeichnen wir die zu ihnen (inkl. ω) gehörige Normalfunktion mit ψ_1, so ist also $\psi_1(0) = \omega$, und $\psi_1(\xi + 1)$ ist die erste HAUSDORFFsche Zahl über $\psi_1(\xi)$. Die zu den ZERMELOschen Grenzzahlen gehörige Normalfunktion sei $\overline{\psi_1}$, d.h., es sei $\overline{\psi_1}(0) = \omega$, und $\overline{\psi_1}(\xi + 1)$ sei die erste ZERMELOsche Grenzzahl über $\overline{\psi_1}(\xi)$.

Es scheint zunächst, daß alle Anfangszahlen ω_ξ mit Limeszahlindex ξ singulär sind, oder wenigstens, daß die HAUSDORFFschen Zahlen $> \omega$ von solch „exorbitanter" Größe sein müssen (daher ihr Name „exorbitante Zahlen"), daß ihre Existenz zweifelhaft erscheint: Wir bilden, ausgehend von der Normalfunktion $\psi_0(\xi) = \omega_\xi$, die transfinite Folge der Ableitungen φ_η (vgl. § 8), wobei $\varphi_0 = \psi_0$, $\varphi_{\eta+1} = \varphi'_\eta$, $V\varphi_\lambda = \underset{\eta<\lambda}{\mathfrak{D}} V\varphi_\eta$ für Limeszahlen λ. Die Werte $\varphi_1(\xi)$ heißen die *ζ-Zahlen*, die Werte $\varphi_2(\xi)$ die *η-Zahlen*. Dann sieht man, daß die exorbitanten Zahlen nur unter den Werten $\varphi_\eta(0)$ vorkommen können: Ist nämlich ω_α eine Anfangszahl mit Limeszahlindex α, die nicht von der Form $\varphi_\eta(0)$ ist, so gibt es eine Normalfunktion φ_η, so daß $\omega_\alpha = \varphi_\eta(\xi)$, $\xi > 0$, aber ω_α non $\in V\varphi_{\eta'}$ für $\eta' > \eta$. Ist ξ eine Limeszahl, so ist $\omega_\alpha > \xi$ und $\omega_\alpha = \lim_{\xi'<\xi} \varphi_\eta(\xi')$, also ω_α singulär. Ist $\xi = \xi' + 1$, so ist $\eta > 0$. Im Fall $\eta = \eta' + 1$ ist dann $\omega_\alpha = \lim_{n<\omega} \varphi^n_{\eta'}(\varphi_\eta(\xi') + 1)$, im Fall η von 2. Art ist $\omega_\alpha > \varphi_\eta(0) \geqq \eta$ und $\omega_\alpha = \lim_{\eta'<\eta} \varphi_{\eta'}(\varphi_\eta(\xi') + 1)$, also in beiden Fällen ω_α singulär. Somit können die exorbitanten Zahlen nur unter den Werten der Normalfunktion $\varphi^{(1)}(\xi) = \varphi_\xi(0)$ vorkommen. Bildet man wieder die transfinite Folge der Ableitungen $\varphi_\eta^{(1)}$ von $\varphi^{(1)}$, so kann man wie oben schließen, daß die exorbitanten Zahlen nur unter den Werten der Normalfunktion $\varphi^{(2)}(\xi) = \varphi_\xi^{(1)}(0)$ vorkommen können usw. Man findet so eine Folge von Normalfunktionen $\psi_0, \varphi^{(1)}, \varphi^{(2)}, \ldots$, die sich so ausdehnen läßt, daß jeder Ordnungszahl η eine solche Normalfunktion $\varphi^{(\eta)}$ zugeordnet ist (wobei $\varphi^{(0)} = \psi_0$), und man erkennt, daß die gesuchten Zahlen nur unter den Werten $\varphi^{(\xi)}(0)$ auftreten können usw. Die Annahme, daß keine HAUSDORFFschen Zahlen $> \omega$ existieren, scheint also zu keinem Widerspruch zu führen [12].

Es läßt sich sogar streng nachweisen, daß auf dem Boden des ZERMELO-FRAENKELschen Systems die Existenz solcher unerreichbarer Zahlen nicht begründet werden kann [2, 17], d.h., daß die Annahme, es gebe keine solchen Zahlen, nicht auf einen Widerspruch führt. Ob ihre Existenz aber widerspruchsfrei bezüglich des Systems ist, ist noch nicht bekannt, aber anzunehmen. Solange aber kein Widerspruch gefunden ist, kann man das ZERMELO-FRAENKELsche System um ein neues „Erzeugungsprinzip", d.h. um ein neues Axiom bereichern, das die Existenz beliebig großer unerreichbarer Zahlen gewährleistet (siehe Nr. 3 und 4 dieses Paragraphen).

2. Die Zermeloschen Grenzzahlen als Grenzzahlen von Modellen der Mengenlehre [45]. Es bedeute N_ξ die durch die v. NEUMANNsche Funktion (§ 4) der Ordnungszahl ξ zugeordnete Menge von Mengen. Die Klasse aller Mengen des ZERMELO-FRAENKELschen Systems ist dann $\Pi = \mathfrak{V}_{\xi \in W} N_\xi$. Da wir kein Vollständigkeitsaxiom voraussetzen, ist die Ausdehnung dieser Klasse (und der Klasse W aller Ordnungszahlen) nicht festgelegt. Existiert ein Bereich von Mengen, für den die Axiome des ZERMELO-FRAENKELschen Systems erfüllt sind (d.h., sind diese Axiome widerspruchsfrei), und ist α eine Ordnungszahl in diesem Bereich, so heißt N_α ein *Modell* dieses Axiomensystems (und α die *Grenzzahl* dieses Modells), wenn die Axiome bereits für die Mengen von N_α gelten. In einem solchen Modell existiert α nicht, denn die Klasse $W(\alpha)$ aller Ordnungszahlen dieses Modells ist keine Menge des Modells (während dies aber der Fall ist in allen höheren Modellen N_β mit $\beta > \alpha$).

So ist z.B. N_ω ein solches Modell, wenn man das Unendlichkeits- und das Ersetzungsaxiom wegläßt. Die Hinzunahme des Unendlichkeitsaxioms hat zur Folge, daß erst $N_{\omega \cdot 2}$ ein Modell des Axiomensystems wird. Aber erst das Ersetzungsaxiom bewirkt den gewaltigen Aufschwung der transfiniten Zahlen, für die erst die ZERMELOschen Grenzzahlen eine Schranke bilden; denn das kleinste Modell des vollen ZERMELO-FRAENKELschen Systems ist $N_{\overline{\psi_1}(1)}$. Natürlich ist auch[1] $N_{\overline{\psi_1}(2)}$ ein solches Modell, allgemein $N_{\overline{\psi_1}(\alpha+1)}$, aber z.B. nicht $N_{\overline{\psi_1}(\omega)}$, sondern

[1] Stets unter der Voraussetzung, daß die erwähnten Ordnungszahlen existieren.

nur $N_{\overline{\psi_1}(\xi)}$ mit regulärem Wert $\overline{\psi_1}(\xi)$. Die unerreichbaren Ordnungszahlen lassen sich also auch als Grenzzahlen von Modellen der Mengenlehre charakterisieren; dabei gilt: *eine Ordnungszahl α ist dann und nur dann eine* Zermelo*sche Grenzzahl $>\omega$, wenn N_α ein Modell des* Zermelo-Fraenkel*schen Axiomensystems ist.*

3. Das Axiom der unerreichbaren Mengen [37, 40]. Das Tarskische Axiom der unerreichbaren Mengen lautet in zwei einander äquivalenten Formen[1]:

($\mathfrak{U}$) *Zu jeder Menge N gibt es eine Menge M mit den Bedingungen:*

1. *$N \in M$.*

2. *Ist $X \in M$, so ist auch jede Teilmenge $Y \subset X$ Element von M.*

3. *Ist $X \in M$, so ist auch die Potenzmenge von X Element von M.*

4. *M enthält als Elemente alle Teilmengen $X \subset M$, die nicht mit M äquivalent sind.*

($\mathfrak{U}'$) *Zu jeder Menge N gibt es eine Menge M mit den Bedingungen:*

1'. *N ist mit einer Teilmenge von M äquivalent.*

2'. *Die Menge der Teilmengen $X \subset M$, die nicht mit M äquivalent sind, ist mit M äquivalent.*

3'. *Es gibt keine Menge, deren Potenzmenge mit M äquivalent ist.*

Diese Axiome (deren Äquivalenz weiter unten bewiesen wird) sind so weitreichend, daß andere Axiome des Zermelo-Fraenkelschen Systems als Folgerungen dieser Axiome weggelassen werden können, z.B. das Unendlichkeitsaxiom und, was besonders interessant ist, auch das Auswahlaxiom. *Aus jedem der beiden Axiome* ($\mathfrak{U}$) *und* ($\mathfrak{U}'$) *folgt nämlich das Auswahlaxiom* ($\mathfrak{A}$):

In beiden Fällen sei S die Menge der Teilmengen $X \subset M$ mit $\overline{\overline{X}} < \overline{\overline{M}}$, S' die Menge der Teilmengen $X \subset M$ mit $\overline{\overline{X}}$ non $\geqq \overline{\overline{N}}$. Wegen $\overline{\overline{N}} \leqq \overline{\overline{M}}$ ist also $S' \subset S$, somit (wegen $S \subset M$ im Fall von Axiom ($\mathfrak{U}$) und $S \sim M$ im Fall von Axiom ($\mathfrak{U}'$)) $\overline{\overline{S'}} \leqq \overline{\overline{M}}$. Ist $\overline{\overline{N}} > 1$, so ist die mit M äquivalente Menge der Teilmengen $X \subset M$ mit $\overline{\overline{X}} = 1$ eine Teilmenge von S', also $\overline{\overline{S'}} = \overline{\overline{M}}$; damit erfüllt also M in beiden Fällen die Bedingung von Satz ($\mathfrak{A}'_{38}$) von § 31. Somit gilt ($\mathfrak{U}$) $\rightarrow$ ($\mathfrak{A}$) und ($\mathfrak{U}'$) $\rightarrow$ ($\mathfrak{A}$).

Mit Hilfe des Auswahlaxioms beweist man folgenden Hilfssatz:

Hilfssatz: *Ist N eine beliebige Menge, so ist die Kardinalzahl $\mathfrak{m}$ dann und nur dann eine* Tarski*sche Kardinalzahl $>\overline{\overline{N}}$, wenn es eine Menge M mit $\overline{\overline{M}} = \mathfrak{m}$ mit den Bedingungen von Axiom* ($\mathfrak{U}$) *gibt.*

---

[1] Das Axiom ($\mathfrak{U}'$) hat gegenüber ($\mathfrak{U}$) den Vorteil, daß es auch in einem System, das sich auf der Stufentheorie gründet, sinnvoll ist. — Wir formulieren diese Axiome hier noch nicht in der Sprache der Mächtigkeiten, weil die letzteren erst nach Einführung der Mengen eingeführt werden (als Mächtigkeitsbeziehung lautet z. B. Bed. 4 von ($\mathfrak{U}$): M enthält als Elemente alle Teilmengen $X \subset M$ mit $\overline{\overline{X}} < \overline{\overline{M}}$; und Bed. 1' von ($\mathfrak{U}'$): $\overline{\overline{N}} \leqq \overline{\overline{M}}$).

Beweis: a) Es sei $\mathfrak{m} = \aleph_\alpha$ eine TARSKIsche Kardinalzahl $> \overline{\overline{N}}$. Wir definieren eine Folge $\{N_\xi\}_{\xi < \omega_\alpha}$ von Mengen: N_0 sei die Potenzmenge von N, und für $\xi > 0$ sei N_ξ die Menge der Teilmengen $X \subset \mathfrak{V}_{\eta < \xi} N_\eta$ mit $\overline{\overline{X}} < \mathfrak{m}$. Schließlich sei $M = \mathfrak{V}_{\xi < \omega_\alpha} N_\xi$. M erfüllt Bed. 1 von ($\mathfrak{U}$), denn es ist $N \in N_0$, also $N \in M$.

b) M erfüllt Bed. 2: Ist $X \in M$, so ist $X \in N_\xi$ für ein $\xi < \omega_\alpha$, also ist für $Y \subset X$ auch $Y \in N_\xi$, also $Y \in M$.

c) M erfüllt Bed. 3: Da $\aleph_\alpha$ der Bed. 2′ von § 41 genügt, hat die Potenzmenge einer Menge X mit $\overline{\overline{X}} < \aleph_\alpha$ auch eine Mächtigkeit $< \aleph_\alpha$. Ist $X \in N_\xi$, so ist also die Potenzmenge von X Element von $N_{\xi+1}$; somit erfüllt M die Bed. 3.

d) Es gilt $\overline{\overline{M}} \geqq \aleph_\alpha$: Denn gibt es kein $\xi < \omega_\alpha$ mit $\overline{\overline{\mathfrak{V}_{\eta < \xi} N_\eta}} \geqq \aleph_\alpha$ (andernfalls ist die Behauptung richtig), so ist für jedes $\xi < \omega_\alpha$ N_ξ die Potenzmenge von $\mathfrak{V}_{\eta < \xi} N_\eta$, also $N_\xi - \mathfrak{V}_{\eta < \xi} N_\eta \neq 0$, also wird wegen $M = N_0 + \mathfrak{V}_{\xi < \omega_\alpha} \left(N_\xi - \mathfrak{V}_{\eta < \xi} N_\eta\right)$ offenbar $\overline{\overline{M}} \geqq \aleph_\alpha$.

e) Ferner ist $\overline{\overline{N_\xi}} \leqq \aleph_\alpha$ für alle $\xi < \omega_\alpha$. Diese Behauptung gilt nämlich für $\xi = 0$, weil für $\mathfrak{p} = \overline{\overline{N}}$

$$\overline{\overline{N_0}} = 2^{\mathfrak{p}} \leqq \aleph_\alpha^{\mathfrak{p}} = \aleph_\alpha$$

wegen $\mathfrak{p} < \aleph_\alpha$ und Bed. 8 von § 41 für $\aleph_\alpha$. Gilt die Behauptung für alle N_η mit $\eta < \xi$ (wobei $0 < \xi < \omega_\alpha$), so ist für $\mathfrak{n} = \overline{\overline{\mathfrak{V}_{\eta < \xi} N_\eta}}$

$$\mathfrak{n} \leqq \aleph_\alpha^2 = \aleph_\alpha;$$

im Fall $\mathfrak{n} < \aleph_\alpha$ ist dann $\overline{\overline{N_\xi}} \leqq 2^{\mathfrak{n}} \leqq \aleph_\alpha$ wegen Bed. 2′ von § 41 für $\aleph_\alpha$; im Fall $\mathfrak{n} = \aleph_\alpha$ ist, weil $\aleph_\alpha$ die Bed. 9 von § 41 erfüllt, $\overline{\overline{N_\xi}} = \aleph_\alpha$. Somit gilt $\overline{\overline{N_\xi}} \leqq \aleph_\alpha$ für alle $\xi < \omega_\alpha$. — Daraus folgt nun $\overline{\overline{M}} \leqq \aleph_\alpha \cdot \aleph_\alpha = \aleph_\alpha$, also zusammen mit d) $\overline{\overline{M}} = \aleph_\alpha$.

f) M genügt der Bed. 4: Es sei $X \subset M$ und $\overline{\overline{X}} < \overline{\overline{M}}$. Also existiert ein $\xi < \omega_\alpha$, so daß $X \subset \mathfrak{V}_{\eta < \xi} N_\eta$ (denn gäbe es eine Menge von Indizes η mit der oberen Grenze ω_α, für die $N_\eta X \neq 0$, so wäre ihre Mächtigkeit $\mathfrak{m}$, weil ω_α regulär ist, also wäre $\overline{\overline{X}} = \overline{\overline{M}}$). Also ist $X \in N_\xi$, also $X \in M$.

g) Gibt es eine Menge M mit den Bedingungen von ($\mathfrak{U}$), so ist die Menge S der Teilmengen $X \subset M$ mit $\overline{\overline{X}} < \overline{\overline{M}}$ mit M äquivalent, also gilt für $\overline{\overline{M}}$ die Bed. 9 von § 41, und somit auch Bed. 8 von § 41. Ist $\mathfrak{p} < \overline{\overline{M}}$, so gibt es eine Teilmenge $X \subset M$ mit $\overline{\overline{X}} = \mathfrak{p}$; wegen 4. ist also $X \in M$; ist U die Potenzmenge von X und V die Potenzmenge von U, so ist nach 3. $U \in M$, also nach 2. $V \subset M$, also $\overline{\overline{U}} = 2^{\mathfrak{p}} < \overline{\overline{V}} \leqq \overline{\overline{M}}$, d.h., $\overline{\overline{M}}$ genügt der Bed. 2′ von § 41. Da $N \in M$, ist nach 2. die Potenzmenge von N eine Teilmenge von M, also $\overline{\overline{N}} < \overline{\overline{M}}$. Somit ist $\overline{\overline{M}}$ eine TARSKIsche Kardinalzahl $>\overline{\overline{N}}$. —

Nun können wir die *Äquivalenz der beiden Axiome* ($\mathfrak{U}$) *und* ($\mathfrak{U}'$) beweisen: Gilt ($\mathfrak{U}$), so gilt auch ($\mathfrak{A}$), also gibt es nach dem Hilfssatz zu jeder Menge N eine Menge M, deren Mächtigkeit $\overline{\overline{M}}$ eine TARSKIsche Zahl $>\overline{\overline{N}}$ ist. Da $\overline{\overline{M}}$ die Bed. 9 und 10 von § 41 erfüllt, so erfüllt M alle Bedingungen von ($\mathfrak{U}'$). — Gilt ($\mathfrak{U}'$), so gilt auch ($\mathfrak{A}$), und zu jeder Menge N gibt es eine Menge M, deren Mächtigkeit $\overline{\overline{M}}$ die Bed. 9 und 10 von § 41 erfüllt, und von der eine Teilmenge mit der Potenzmenge von N äquivalent ist. Somit ist $\overline{\overline{M}}$ eine TARSKIsche Zahl $>\overline{\overline{N}}$, also gibt es nach dem Hilfssatz eine Menge mit den Bedingungen von ($\mathfrak{U}$).

Schließlich sehen wir nun, daß durch das Axiom der unerreichbaren Mengen die Existenz beliebig hoher TARSKIscher (und somit auch KURATOWSKIscher und natürlich auch HAUSDORFFscher und ZERMELOscher) unerreichbarer Zahlen gewährleistet wird, so daß der Argumentbereich der Normalfunktion $\overline{\psi_1}$ zur Klasse W aller Ordnungszahlen im erweiterten System ist. Erst eine Zahl $\overline{\psi_1}(\lambda)$ mit Limeszahlargument λ, die zugleich eine reguläre Limeszahl wäre, würde wieder eine neue Schranke darstellen.

4. Höhere unerreichbare Zahlen [26, 27]. Es erhebt sich nun die Frage, ob es Werte $\psi_1(\lambda)$ mit Limeszahlargument λ gibt, die wieder reguläre Limeszahlen sind. Die erste dieser höheren unerreichbaren Zahlen wäre dann die Grenzzahl eines Modells des um das Axiom ($\mathfrak{U}$) bereicherten ZERMELO-FRAENKELschen Systems (dem wir auch noch die relativ zu ihm widerspruchsfreie Alephhypothese hinzufügen, damit $\psi_1(\xi) = \overline{\psi_1}(\xi)$ für jedes ξ wird). Ein weiterer Aufstieg läßt sich aus dem von MAHLO aufgestellten Postulat [26] erhalten.

Erstes Postulat von MAHLO: Jede Normalfunktion mit dem Argumentbereich W hat einen Wert mit Limeszahlargument, der eine reguläre Limeszahl ist.[1]

Auf Grund dieses Postulats (dessen Widerspruchsfreiheit relativ zu den übrigen Axiomen nicht bewiesen ist, aber vermutet werden kann) ermöglicht nun die Fortsetzung des angefangenen Verfahrens, d.h. die Bildung einer Folge von Normalfunktionen ψ_α durch die Definitionen:

$\psi_0(\xi) = \omega_\xi$ für jedes ξ,

$\psi_\alpha(0) = \omega$ für jedes α,

$\psi_\alpha(\xi + 1) =$ erste reguläre Limeszahl über $\psi_\alpha(\xi)$, die für jede Normalfunktion ψ_η mit $\eta < \alpha$ ein Wert mit Limeszahlargument ist.

[1] Es würde genügen, zu verlangen, daß jede Normalfunktion mit dem Argumentbereich W einen Wert hat, der eine reguläre Limeszahl ist; denn die Werte einer Normalfunktion mit Limeszahlargument bilden wieder eine Normalfunktion.

Daraus folgt, daß die Werte $\psi_{\alpha+1}(\xi+1)$ reguläre Werte von ψ_α mit Limeszahlargument sind. Die regulären Werte von ψ_α heißen nach MAHLO π_α-Zahlen. Alle Werte von $\psi_{\alpha+1}$ sind kritische Zahlen von ψ_α, denn dies gilt für alle Werte von $\psi_{\alpha+1}$ mit isoliertem Argument, weil jeder solche Wert ein Wert $\psi_\alpha(\lambda)$ mit Limeszahlargument λ und zugleich regulär ist (wäre $\psi_\alpha(\lambda) > \lambda$, so wäre $\psi_\alpha(\lambda) = \lim_{\xi<\lambda} \psi_\alpha(\xi)$ nicht regulär). Ferner gilt für jede Limeszahl λ: $V\psi_\lambda = \mathfrak{D}_{\alpha<\lambda} V\psi_\alpha$. Man erhält aber weitere unerreichbare Zahlen als die π_α-Zahlen, denn $\psi_\alpha(1)$ ist wiederum eine Normalfunktion von α, und unter den Werten $\psi_\alpha(1)$ mit Limeszahlargument α gibt es solche, die regulär sind; zu diesen gehört wieder eine Normalfunktion, mit der man gleich verfahren kann wie mit ψ_0, usw.

Das erste MAHLOsche Postulat zieht also die Existenz immer höherer unerreichbarer Zahlen nach sich. Postuliert man die Existenz noch höherer Ordnungszahlen, also die Existenz von Zahlen μ, die auf alle durch das erste MAHLOsche Postulat ermöglichten Zahlen folgen, so haben diese Zahlen μ die Eigenschaft, daß jede volle Normalfunktion mit dem Argumentbereich $W(\mu)$ einen Wert mit Limeszahlargument hat, der eine reguläre Limeszahl (π_0-Zahl) ist. Die kleinsten Zahlen μ, die diese Eigenschaft haben, heißen nach MAHLO ϱ_0-Zahlen; diese sind Grenzzahlen von Modellen des um das erste MAHLOsche Postulat (und die Alephhypothese) bereicherten ZERMELO-FRAENKELschen Systems. Alle Zahlen α des kleinsten dieser Modelle haben also die Eigenschaft, daß es eine volle Normalfunktion mit dem Argumentbereich $W(\alpha)$ gibt, für die kein Wert mit Limeszahlargument eine reguläre Limeszahl ist.

5. Hyper-unerreichbare Zahlen. Der ersten ϱ_0-Zahl kann man weitere ϱ_0-Zahlen folgen lassen, sodann ϱ_1-Zahlen, usw. (genau wie man die π_ν-Zahlen aus den π_0-Zahlen erhält). Man benötigt dazu ein weiteres Postulat, das für jede Normalfunktion mit dem Argumentbereich W die Existenz eines Wertes mit Limeszahlargument garantiert, der eine ϱ_0-Zahl ist. Die so erhaltenen ϱ_α-Zahlen und die weiteren durch fortgesetzte Bildung von Normalfunktionen erhaltenen Zahlen β haben alle die Eigenschaft, daß es eine volle Normalfunktion mit dem Argumentbereich $W(\beta)$ gibt, für die kein Wert mit Limeszahlargument eine ϱ_0-Zahl ist. MAHLO nennt die π_α-Zahlen auch τ_0-Zahlen und die ϱ_α-Zahlen τ_1-Zahlen; da sich der Schritt von den τ_0-Zahlen zu den τ_1-Zahlen iterieren läßt, erhält man eine transfinite Folge von τ_α-Zahlen. MAHLO postuliert für jede Ordnungszahl α die Existenz beliebig hoher τ_α-Zahlen.

Diese Postulate wurden von LEVY [21, 22] und BERNAYS [5] formalisiert. LEVY geht dabei statt von den HAUSDORFFschen Zahlen von den ZERMELOschen Grenzzahlen aus und erhält analog zur Definition der

τ_1-Zahlen, aber in etwas verschärfter Weise, die „hyper-unerreichbaren Zahlen vom Typ 1", usw. Die Definitionen nach LEVY lauten: Die hyper-unerreichbaren Zahlen vom Typ 0 sind die ZERMELOschen Grenzzahlen $> \omega$; μ ist eine hyper-unerreichbare Zahl vom Typ α, wenn μ eine ZERMELOsche Grenzzahl $> \omega$ ist und jede volle Normalfunktion mit dem Argumentbereich $W(\mu)$ einen Wert mit Limeszahlargument hat, der eine hyper-unerreichbare Zahl vom Typ α ist; ist α eine Limeszahl, so ist μ eine hyper-unerreichbare Zahl vom Typ α, wenn μ eine hyper-unerreichbare Zahl vom Typ β für jedes $\beta < \alpha$ ist.

Die zu den MAHLOschen Postulaten analogen Postulate von LEVY können so formuliert werden:

(M_α) Für jede Ordnungszahl $\beta < \alpha$ hat jede Normalfunktion mit dem Argumentbereich W eine hyper-unerreichbare Zahl vom Typ β in ihrem Wertbereich.

Die kleinste hyper-unerreichbare Zahl vom Typ α ist somit die Grenzzahl des kleinsten Modells des um das Postulat (M_α) bereicherten ZERMELO-FRAENKELschen Systems.

Auch damit ist natürlich kein Abschluß erreicht. Wir haben somit eine Hierarchie von Modellen, die dann wieder ein Abbild der uferlosen Reihe der Ordnungszahlen ist. Die Grenzzahlen sind nur „relative Haltpunkte" im uferlos fortschreitenden Prozeß der Bildung transfiniter Zahlen.[1] Einen analogen Sachverhalt treffen wir bei den Grenzzahlen der formalen Darstellungen von Abschnitten der zweiten Zahlklasse.

Obschon man jedes formale System wieder erweitern kann durch Einführung neuer unerreichbarer transfiniter Zahlen (wobei es jedesmal einer bestimmten neuen Festsetzung bedarf), kann man dadurch die naive CANTORsche Theorie nie vollständig axiomatisieren, weil ihre Konstruktionen nicht präzise angegeben sind. Innerhalb eines formalen Systems erhält man aber einen erstaunlichen Reichtum von unerreichbaren transfiniten Zahlen (ja sogar die zweite Zahlklasse ist von sehr komplizierter Struktur: man denke an die formale Darstellung ihrer Ordnungszahlen). Die Frage der Widerspruchsfreiheit solcher Systeme ist allerdings problematisch; würde eines Tages ein Widerspruch aufgedeckt werden, so müßten dieser seltsamen und schönen Theorie der unerreichbaren und hyper-unerreichbaren Zahlen eventuell einige Kürzungen auferlegt werden.

---

[1] „Die beiden polar entgegengesetzten Tendenzen des denkenden Geistes, die Idee des schöpferischen *Fortschritts* und die des zusammenfassenden *Abschlusses*, die auch den KANTschen „Antinomien" zugrunde liegen, finden ihre symbolische Darstellung und ihre symbolische Versöhnung in der auf den Begriff der Wohlordnung gegründeten transfiniten Zahlenreihe, die in ihrem schrankenlosen Fortschreiten keinen wahren Abschluß, wohl aber relative Haltpunkte besitzt, eben jene „Grenzzahlen", welche die höheren von den niederen Modelltypen scheiden", wie ZERMELO treffend sagt [45].

Literaturverzeichnis

Zu §§ 1—2:

[1] Bernays, P.: A system of axiomatic set theory. J. of symbolic logic, I: **2**, 65 (1937); II: **6**, 1 (1941); III: **7**, 65 (1942); IV: **7**, 133 (1942); V: **8**, 89 (1943); VI: **13**, 65 (1948); VII: **19**, 81 (1954).

[2] — u. A. A. Fraenkel: Axiomatic set theory, Amsterdam 1958.

[3] Burger, E.: Eine Bemerkung zur Bernays-Gödel-Mengenlehre. Z. math. Logik Grundl. Math. **4**, 178 (1958).

[4] Cantor, G.: Über die Ausdehnung eines Satzes aus der Theorie der trigonometrischen Reihen. Math. Ann. **5**, 123 (1872).

[5] — Über eine Eigenschaft des Inbegriffs aller reellen algebraischen Zahlen. Crelles J. f. Math. **77**, 258 (1874).

[6] — Über unendliche lineare Punktmannigfaltigkeiten. Math. Ann. **17**, 355 (1880).

[7] — Gesammelte Abhandlungen, Berlin 1932.

[8] Cogan, E. J.: A formalization of the theory of sets from the point of view of combinatory logic. Z. math. Logik Grundl. Math. **1**, 198 (1955).

[9] Cohen, P. J.: The independence of the continuum hypothesis I: Proc. Nat. Acad. Sci. USA **50**, 1143 (1963); II: ib. **51**, 105 (1964).

[10] Les entretiens de Zurich sur les fondements et la méthode des sciènces mathématiques, Zürich 1941.

[11] Finsler, P.: Über die Grundlegung der Mengenlehre. Math. Z. **25**, 683 (1926).

[12] — Formale Beweise und die Entscheidbarkeit. Math. Z. **25**, 676 (1926).

[13] — Über die Grundlegung der Mengenlehre, 2. Teil. Verteidigung. Comment. Math. Helv. **38**, 172 (1964).

[14] Fraenkel, A.: Zu den Grundlagen der Cantor-Zermeloschen Mengenlehre. Math. Ann. **86**, 230 (1922).

[15] — Untersuchungen über die Grundlagen der Mengenlehre I: Math. Z. **22**, 250 (1925); II: J. f. Math. **155**, 129 (1926); III: ib. **167**, 1 (1932).

[16] — Sur l'axiome du choix. Enseignement mathématique **34**, 32 (1935).

[17] — Über eine abgeschwächte Fassung des Auswahlaxioms. J. of symbolic logic **2**, 1 (1937).

[18] — Abstract set theory, Amsterdam 1952.

[19] — u. Bar-Hillel, Y.: Foundations of Set-Theory, Amsterdam 1958.

[20] Gentzen, G.: Die gegenwärtige Lage in der mathematischen Grundlagenforschung. Deutsche Mathematik **3**, 255 (1938).

[21] Germansky, B.: The Induction Axiom and the Axiom of Choice. Z. math. Logik Grundl. Math. **7**, 219 (1961).

[22] Gödel, K.: Über formal unentscheidbare Sätze der Principia Mathematicae und verwandter Systeme. Monatshefte f. Math. u. Phys. **38**, 173 (1931).

[23] — Zur intuitionistischen Arithmetik und Zahlentheorie. Ergebnisse eines math. Kolloquiums **4**, 34 (1933).

[24] GÖDEL, K.: The consistency of the axiom of choice and of the generalized continuum hypothesis. Proc. Nat. Acad. Sci. USA **24**, 556 (1938).

[25] — The consistency of the axiom of choice and of the generalized continuum hypothesis with the axioms of set theory. Annals of math. studies, Nr. 3, Princeton 1940.

[26] HÁJEK, P., u. A. SOCHOR: Ein dem Fundierungsaxiom äquivalentes Axiom. Z. math. Logik Grundl. Math. **10**, 261 (1964).

[27] HAUSCHILD, K.: Eine Bemerkung zum Mengenbildungsaxiom. Z. math. Logik Grundl. Math. **7**, 9 (1961).

[28] HEYTING, A.: Mathematische Grundlagenforschung: Intuitionismus, Beweistheorie (Ergebnisse der Math. u. ihrer Grenzgeb. III 4), Berlin 1934.

[29] HILBERT, D., u. W. ACKERMANN: Grundzüge der theoretischen Logik, Berlin 1928.

[30] — u. P. BERNAYS: Grundlagen der Mathematik, Berlin, I: 1934; II: 1939.

[31] KINNA, W., u. K. WAGNER: Über eine Abschwächung des Auswahlpostulates. Fund. Math. **42**, 75 (1955).

[32] KLAUA, D.: Ein Aufbau der Mengenlehre mit transfiniten Typen, formalisiert im Prädikatenkalkül der ersten Stufe. Z. math. Logik Grundl. Math. **3**, 303 (1957).

[33] — Allgemeine Mengenlehre, Berlin 1964.

[34] KLEENE, S. C.: Introduction to metamathematics, Amsterdam und Groningen 1952.

[35] KURATOWSKI, K., u. A. MOSTOWSKI: Teoria mnogosci (Mengenlehre), Warszawa 1952.

[36] LÄUCHLI, H.: The independence of the ordering principle from a restricted axiom of choice. Fund. Math. **54**, 31 (1964).

[37] LÉVY, A.: Axioms of multiple choice. Fund. Math. **50**, 475 (1961/62).

[38] MENDELSON, E.: The independence of a weak axiom of choice. J. of symbolic logic **21**, 350 (1957).

[39] MENGER, K.: Bemerkungen zu Grundlagenfragen. Jahresber. dtsch. Math.-Ver. **37**, I: 213; II: 298; III: 303; IV: 309 (1928).

[40] MIRIMANOFF, D.: Remarques sur la théorie des ensembles et les antinomies Cantoriennes. L'Enseign. Math. **19**, 209 (1917) und **21**, 29 (1920).

[41] MOSTOWSKI, A.: Über die Unabhängigkeit des Wohlordnungssatzes vom Ordnungsprinzip. Fund. Math. **32**, 201 (1939).

[42] — Axiom of choice for finite sets. Fund. Math. **33**, 137 (1945).

[43] NEUMANN, J. v.: Eine Axiomatisierung der Mengenlehre. J. reine u. angew. Math. **154**, 219 (1925).

[44] — Die Axiomatisierung der Mengenlehre. Math. Z. **27**, 669 (1928).

[45] QUINE, W. V. O.: Mathematical logic, New York 1940.

[46] RAMSEY, F. P.: The foundations of mathematics. Proc. London Math. Soc. (2) **25**, 338 (1926).

[47] RUSSELL, B.: Les paradoxes de la logique. Revue de métaphysique et de morale **14**, 627 (1906).

[48] — On some difficulties in the theory of transfinite numbers and order types. Proc. London Math. Soc. (2) **4**, 47 (1907).

[49] SHEN YUTING: Paradox of the class of all grounded classes. J. of symbolic logic **18**, 114 (1953). Siehe auch R. MONTAGUE ib. **20**, 140 (1955).

[50] SIERPIŃSKI, W.: Leçons sur les nombres transfinis, Paris 1928, insbes. S. 125.

[51] — L'axiome du choix pour les ensembles finis. Matematiche, Catania **10**, 92 (1955).

[52] SKOLEM, T.: Einige Bemerkungen zur axiomatischen Begründung der Mengenlehre. Wissensch. Vorträge, gehalten auf dem 5. Kongreß der Skandinav. Mathematiker in Helsingfors vom 4.—7. Juli 1922, Helsingfors 1923, S. 217.
[53] — Über die Grundlagendiskussion in der Mathematik. Den Syvende Skandinaviske Matematikerkongress i Oslo 19.—22. August 1929, Oslo 1930, S. 3.
[54] — Einige Bemerkungen zu der Abhandlung von E. Zermelo: „Über die Definitheit in der Axiomatik". Fund. Math. **15**, 337 (1930).
[55] — Über die Nicht-Charakterisierbarkeit der Zahlenbereiche mittels endlich oder abzählbar unendlich vieler Aussagen mit ausschließlich Zahlenvariablen. Fund. Math. **23**, 150 (1934).
[56] SPECKER, E.: The axiom of choice in Quine's new foundations for mathematical logic. Proc. Nat. Acad. Sci. USA **39**, 972 (1953).
[57] — Zur Axiomatik der Mengenlehre (Fundierungs- und Auswahlaxiom). Z. math. Logik Grundl. Math. **3**, 173 (1957).
[58] STEGMÜLLER, W.: Unvollständigkeit und Unentscheidbarkeit, Wien 1959.
[59] THIELE, E.-J.: Ein axiomatisches System der Mengenlehre nach Zermelo und Fraenkel. Z. math. Logik Grundl. Math. **1**, 173 (1955).
[60] VOPĚNKA, P., u. P. HÁJEK: Über die Gültigkeit des Fundierungsaxioms in speziellen Systemen der Mengenlehre. Z. math. Logik Grundl. Math. **9**, 235 (1963).
[61] WANG, H., u. R. MCNAUGHTON: Les systèmes axiomatiques de la théorie des ensembles, Paris 1953.
[62] WHITEHEAD, A. N., u. B. RUSSELL: Principia mathematicae, Cambridge, I: 1910; II: 1912; III: 1913.
[63] ZERMELO, E.: Beweis, daß jede Menge wohlgeordnet werden kann. Math. Ann. **59**, 514 (1904).
[64] — Neuer Beweis für die Möglichkeit einer Wohlordnung. Math. Ann. **65**, 107 (1908).
[65] — Untersuchungen über die Grundlagen der Mengenlehre. Math. Ann. **65**, 261 (1908).
[66] — Jahresbericht dtsch. Math.-Ver. **30** (1921), Kursiver Teil, S. 97.
[67] — Über den Begriff der Definitheit in der Axiomatik. Fund. Math. **14**, 339 (1929).
Weitere Literaturangaben besonders in [28], [34], [61].

Zu §§ 3—4:

[1] BERNAYS, P.: A system of axiomatic set theory II, J. of symbolic logic **6**, 1 (1941).
[2] — A system of axiomatic set theory IV, J. of symbolic logic **7**, 133 (1942).
[3] — A system of axiomatic set theory V, J. of symbolic logic **8**, 89 (1943).
[4] FARAH, E.: A new definition of ordinal numbers. Bol. Soc. Mat. São Paulo **12**, 63 (1960).
[5] FRAENKEL, A.: Axiomatische Begründung der transfiniten Kardinalzahlen. Math. Z. **13**, 153 (1922).
[6] FRIZELL, A. B.: A set of postulates for well-ordered types. Bull. Amer. Math. Soc. (2) **17**, 516 (1911).
[7] ISBELL, J. R.: A definition of ordinal numbers. Amer. math. Monthly **67**, 51 (1960).
[8] KRBEK, F. v.: Wohlordnung. Acta Math. **93**, 313 (1955).
[9] KURATOWSKI, C.: Sur la notion de l'ordre dans la théoric des ensembles. Fund. Math. **2**, 161 (1911).

[10] LINDENBAUM, A., u. A. TARSKI: Communication sur les recherches de la théorie des ensembles. C. R. Soc. Sci. Lett. Varsovie, Cl. III, **19**, 299 (1926).
[11] NEUMANN, J. v.: Zur Einführung der transfiniten Zahlen. Acta Litt. Scient. Univ. Szeged, Sectio scient. math. **1**, 199 (1923).
[12] — Über die Definition durch transfinite Induktion und verwandte Fragen der Mengenlehre. Math. Ann. **99**, 373 (1928).
[13] — Über eine Widerspruchsfreiheitsfrage in der axiomatischen Mengenlehre. J. reine u. angew. Math. **160**, 227 (1929).
[14] QUINE, W. V., u. H. WANG: On ordinals. Bull. Amer. Math. Soc. **70**, 297 (1964).
[15] ROBINSON, R. M.: The theory of classes, a modification of von Neumann's system. J. of symbolic logic **2**, 29 (1937).
[16] SCHMIDT, J.: Eine verallgemeinerte Wohlordnung und die Endlichkeitsbedingungen der Ordnungstheorie. Arch. d. Math. **6**, 374 (1955).
[17] SIERPIŃSKI, W.: Cardinal and ordinal numbers, Warszawa 1958.
[18] SLATER, M.: On a class of order types generalizing ordinals. Fund. Math. **54**, 259 (1964).
[19] STEIN, S. K.: Full classes and ordinals. J. of symbolic Logic **25**, 217 (1960).
[20] TAKEUTI, G.: On the theory of ordinal numbers. J. Math. Soc. Japan **9**, 93 (1957).
[21] TARSKI, A.: Sur les principes de l'axiomatique des nombres ordinaux. Ann. Soc. Polon. Math. **3**, 148 (1924).
[22] — Sur les ensembles finis. Fund. Math. **6**, 45 (1924).
[23] WAERDEN, B. L. v. d.: Moderne Algebra I, Berlin 1930, S. 11.
[24] WANG, H.: Ordinal numbers and predicative set theory. Z. math. Logik Grundl. Math. **5**, 216 (1959).
[25] WHITEHEAD, A. N., u. B. RUSSELL: Principia mathematicae II, Cambridge 1912, S. 201, 278 u. 288.

Zu §§ 5—8:

[1] BACHMANN, H.: Die Normalfunktionen und das Problem der ausgezeichneten Folgen von Ordnungszahlen. Vierteljahrsschr. Naturf. Ges. Zürich **95**, 115 (1950).
[2] BAGEMIHL, F., u. L. GILLMAN: Some cofinality theorems on ordered sets. Fund. Math. **43**, 178 (1956).
[3] BERNAYS, P.: A system of axiomatic set theory VI. J. of symbolic logic **13**, 65 (1948).
[4] BOSCH, J. E.: Fixed points of transfinite ordinal operators. Univ. Nac. La Plata, Publ. Fac. Ci. Fisicomat., Serie Segunda, Rev. **5** (1956), 201 (1957).
[5] CANTOR, G.: Gesammelte Abhandlungen, Berlin 1932, S. 308 u. 347—351.
[6] ERDÖS, P.: Some remarks on set theory. Proc. Amer. Math. Soc. **1**, 127 (1950).
[7] EYRAUD, H.: La divisibilite asymptotique dans les suites d'ordinaux de la seconde classe. Cahiers Rhodan. **6**, 1 (1954).
[8] FRODA, A.: Suites „normales“ transfinies. Acad. Republ. popul. Romîne, Sect. Sci. Math. **7**, 861 (1955).
[9] NEUMER, W.: Über Folgen von Ordnungszahlen. Z. math. Logik Grundl. Math. **1**, 109 (1955).
[10] — Über den Aufbau der Ordnungszahlen. Math. Z. **53**, 59 (1951).
[11] — Verallgemeinerung eines Satzes von Alexandroff und Urysohn. Math. Z. **54**, 254 (1951).

[12] NEUMER, W.: Einige Eigenschaften und Anwendungen der δ- und ε-Zahlen. Math. Z. **53**, 419 (1951), insbes. S. 423—431.

[13] SCHOENFLIES, A.: Entwicklung der Mengenlehre und ihrer Anwendungen, Berlin und Leipzig 1913, S. 138—144.

[14] SIERPIŃSKI, W.: Remarque sur les ensembles de nombres ordinaux de classes I et II. Rev. Ciencias, Lima **41**, 289 (1939).

[15] — Sur les fonctions continues d'une variable ordinale. Fund. Math. **38**, 204 (1951).

[16] TARSKI, A.: Sur les classes d'ensembles closes par rapport à certaines opérations élémentaires. Fund. Math. **16**, 181 (1930), insbes. S. 184.

[17] VEBLEN, O.: Definition in terms of order alone in the linear continuum and in well-ordered sets. Trans. Amer. Math. Soc. **6**, 165 (1905), insbes. S. 170.

[18] — Continuous increasing functions of finite and transfinite ordinals. Trans. Amer. Math. Soc. **9**, 280 (1908).

Zu § 9:

[1] ALEXANDROFF u. URYSOHN: Mémoire sur les éspaces topologiques compacts. Verh. Nederl. Akad. Wetensch. Sect. I, **14**, Nr. 1, S. 1 (1929).

[2] BACHMANN, H.: Die Normalfunktionen und das Problem der ausgezeichneten Folgen von Ordnungszahlen. Vierteljahrsschr. Naturf. Ges. Zürich **95**, 115 (1950), insbes. S. 143.

[3] — Normalfunktionen und Hauptfolgen. Commentarii Math. Helv. **28**, 9 (1954).

[4] BLOCH, G.: Sur les ensembles stationnaires de nombres ordinaux et les suites distinguées de fonctions régressives. C. R. Acad. Sci. Paris **236**, 265 (1953).

[5] DENJOY, A.: L'ordination des ensembles. C.R. Acad. Sci. Paris **236**, 1393 (1953).

[6] DUSHNIK, B.: A note on transfinite ordinals. Bull. Amer. Math. Soc. **37**, 860 (1931).

[7] FODOR, G.: Generalization of a theorem of Alexandroff and Urysohn. Acta Sci. Math. Szeged **16**, 204 (1955).

[8] — Eine Bemerkung zur Theorie der regressiven Funktionen. Acta Sci. Math. Szeged **17**, 139 (1956).

[9] — Über transfinite Funktionen, I: Acta Sci. Math. Szeged **21**, 343 (1960); II: ib. **22**, 289 (1961); III: ib. **22**, 296 (1961).

[10] — An application of the theory of regressive functions. Acta Sci. Math. Szeged **24**, 255 (1963).

[11] KALUZA, T.: Zu einer Wachstumsfrage bei Zuordnungen zwischen Ordnungszahlen. Math. Ann. **122**, 323 (1951). Vgl. auch Zentralblatt für Math. u. ihre Grenzgebiete **39**, 281 (1951).

[12] KUREPA, G.: On regressing functions. Z. math. Logik Grundl. Math. **4**, 148 (1958).

[13] — On rank-decreasing functions. Essays on the foundations of mathematics, Jerusalem 1961, S. 248.

[14] NEUMER, W.: Verallgemeinerung eines Satzes von Alexandroff und Urysohn. Math. Z. **54**, 254 (1951).

[15] — Kritische Zahlen und bestimmt divergente transfinite Funktionen. Math. Z. **70**, 190 (1958).

[16] NOVÁK, J.: A paradoxial theorem. Fund. Math. **37**, 77 (1950).

[17] RICABARRA, R.: Partitions in sets of ordinal numbers. Rev. Mat. Cuyana **2** (1956), 1 (1958).

[18] ROTMANN, B.: Principal sequences and regressive functions. J. London Math. Soc. **38**, 501 (1963).
[19] — A note on principal sequences. Proc. Glasgow Math. Assoc. **6**, 133 (1964).

Zu §§ 10—12:

[1] CANTOR, G.: Gesammelte Abhandlungen, Berlin 1932, S. 333—336 u. 340—343.
[2] HOBORSKI, A.: Une remarque sur la limite des nombres ordinaux. Fund. Math. **2**, 193 (1921).
[3] KALUZA, T.: Zur Rolle der ε-Zahlen bei der Polynomdarstellung von Ordnungszahlen. Math. Ann. **122**, 321 (1951).
[4] MATSUZAKA, K.: On the definition of the product of ordinal numbers. Sûgaka **8**, 95 (1956/57).
[5] NEUMER, W.: Einige Eigenschaften und Anwendungen der δ- und ε-Zahlen. Math. Z. **53**, 419 (1951), insbes. S. 420.
[6] — Zum Beweis eines Satzes über die Polynomdarstellung der Ordnungszahlen. Math. Z. **55**, 399 (1952).
[7] SHERMAN, S.: Some new properties of transfinite ordinals. Bull. Amer. Math. Soc. **47**, 111 (1941).
[8] SIERPIŃSKI, W.: Leçons sur les nombres transfinis, Paris 1928.
[9] — Cardinal and ordinal numbers, Warszawa 1958.
[10] SUDAN, G.: Über die Cantorsche Normalform und die Hessenbergsche Definition für die Potenz der Ordnungszahlen. Bull. Acad. Roumaine, Sect. Sci. **27**, 108 (1947).
[11] ZAKON, E.: Left side distributive law of the multiplication of transfinite numbers (hebräisch). Riveon Lematematika **6**, 28 (1953).

Zu §§ 13—16:

[1] BACHMANN, H.: Normalfunktionen und Hauptfolgen. Comment. Math. Helv. **28**, 9 (1954).
[2] CANTOR, G.: Gesammelte Abhandlungen, Berlin 1932, S. 347—351.
[3] FINSLER, P.: Eine transfinite Folge arithmetischer Operationen. Commentarii Math. Helv. **25**, 75 (1951).
[4] JACOBSTHAL, E.: Über den Aufbau der transfiniten Arithmetik. Math. Ann. **66**, 145 (1908).
[5] — Zur Arithmetik der transfiniten Zahlen. Math. Ann. **67**, 103 (1909). Berichtigung dazu: ib. S. 144.
[6] NEUMER, W.: Einige Eigenschaften und Anwendungen der δ- und ε-Zahlen. Math. Z. **53**, 419 (1951), insbes. S. 420ff.
[7] SAARNIO, U.: Von den Rechenoperationen höherer Ordnung bei der Darstellung der transfiniten Ordnungszahlen. Math. Ann. **146**, 217 (1962).
[8] SCHOENFLIES, A.: Entwicklung der Mengenlehre und ihrer Anwendungen. Leipzig und Berlin 1913, S. 144—169.
[9] SPECKER, E.: Teilmengen von Mengen mit Relationen. Comment. Math. Helv. **31**, 302 (1957).
[10] SUDAN, G.: Sur un théorème de Hessenberg. Fund. Math. **18**, 293 (1932).
[11] — Sur certains nombres principaux. Bull. math. Soc. Roumaine Sci. **35**, 237 (1933).
[12] — Zur Jacobsthalschen transfiniten Arithmetik. Math. Ann. **105**, 40 (1931).
[13] — Sur les singularités des fonctions transfinis. Disqu. Math. Phys. Bucuresti **1**, 315 (1941).
[14] — Über die δ-Zahlen. Bull. Acad. Roumaine, Sect. Sci. **26**, 212 (1946).
[15] — Über eine Eigenschaft der ε-Zahlen. Bull. Acad. Roumaine, Sect. Sci. **27**, 258 (1947).

Zu §§ 17—20:

[1] AIGNER, A.: Der multiplikative Aufbau beliebiger Ordnungszahlen. Monatshefte f. Math. **55**, 157 u. 297 (1951).
[2] BENNET, A. A.: Some arithmetic operations with transfinite ordinals. Amer. Math. Monthly **28**, 427 (1921).
[3] CANTOR, G.: Gesammelte Abhandlungen, Berlin 1932, S. 336 u. 343.
[4] CARRUTH, P. W.: Roots and factors of ordinals. Proc. Amer. Math. Soc. **1**, 470 (1950).
[5] ISAAK, S.: On the relation of „similarity" between transfinite numbers. Riveon Lematematika **11**, 47 (1957).
[6] JACOBSTHAL, E.: Über den Aufbau der transfiniten Arithmetik. Math. Ann. **66**, 145 (1908), insbes. S. 186—188.
[7] — Zur Arithmetik der transfiniten Zahlen. Math. Ann. **67**, 130 (1909).
[8] LAL, R. N.: On complete extension of ordinal numbers. Amer. Math. Monthly **70**, 501 (1963).
[9] NAGAI, S.: La solvabilité de certains équations sur les nombres ordinaux transfinis, I: Proc. Japan. Acad. **37**, 121 (1961); II: ib. **37**, 175 (1961); III: ib. **37**, 276 (1961); IV: ib. **37**, 331 (1961).
[10] RUBIN, J. E.: Several relations on the class of ordinal numbers. Z. math. Logik Grundl. Math. **9**, 351 (1963).
[11] SCHOENFLIES, A.: Entwicklung der Mengenlehre und ihrer Anwendungen, Leipzig und Berlin 1913, S. 159—162 u. 167—169.
[12] SHERMAN, S.: Some new properties of transfinite ordinals. Bull. Amer. Math. Soc. **47**, 111 (1941).
[13] SIECZKA, F.: Sur l'unicité de la décomposition de nombres ordinaux en facteurs irréductibles. Fund. Math. **5**, 172 (1924).
[14] SIERPIŃSKI, W.: Leçons sur les nombres transfinis, Paris 1928.
[15] — A property of ordinal numbers. Bull. Calcutta Math. Soc. **20**, 21 (1930).
[16] — Le dernier théorème de Fermat pour les nombres ordinaux. Fund. Math. **37**, 201 (1950).
[17] — Sur l'extension d'un théorème de M. D. Pompeiu aux nombres transfinis. C. R. Soc. Sci. Lett. Varsovie, Cl. III, **43**, 1 (1950).
[18] — Sur l'équation $\xi^2 = \eta^3 + 1$ pour les nombres ordinaux transfinis. Fund. Math. **43**, 1 (1956).
[19] — Sur quelques problèmes arithmétiques de la théorie des nombres ordinaux. Czechoslovak Math. J. **6** (81), 161 (1956).
[20] SWIERCZKOWSKI, S.: On some équations in transfinite ordinals. Fund. Math. **45**, 213 (1958).
[21] WANG, S., u. K. WANG: On some equations of ordinal numbers. Advancement in Math. **3**, 646 (1957).
[22] ZAKON, E.: On fractions of ordinal numbers. Technion, Israel Inst. Techn., Sci. Publ. **6**, 94 (1955).
[23] — On common multiples of transfinite numbers. Canadian math. Bull. **3**, 31 (1961).
[24] ZVENGROWSKI, P.: Perfect transfinite numbers. Fund. Math. **52**, 123 (1963).

Zu § 21:

[1] CARRUTH, P. W.: Arithmetic of ordinals with applications to the theory of ordered abelian groups. Bull. Amer. Math. Soc. **48**, 262 (1942).
[2] DUSHNIK, B.: Maximal sums of ordinals. Trans. Amer. Math. Soc. **62**, 240 (1947).

[3] ERDÖS, P.: Some remarks on set theory, II. Proc. Amer. Math. Soc. **1**, 127 (1950).
[4] GINSBURG, S.: On the distinct sums of λ-type transfinite series. Fund. Math. **39**, 131 (1952).
[5] LÄUCHLI, H.: Mischsummen von Ordnungszahlen. Arch. Math. **10**, 356 (1959).
[6] NEUMER, W.: Über Mischsummen von Ordnungszahlen. Arch. Math. **5**, 244 (1954).
[7] RADO, R.: The minimal sum of a series of ordinal numbers. J. London Math. Soc. **29**, 218 (1954).
[8] SIERPIŃSKI, W.: Sur les séries infinies de nombres ordinaux. Fund. Math. **36**, 248 (1949).
[9] — Sur les produits infinis de nombres ordinaux. C. R. Soc. Sci. Lett. Varsovie, Cl. III, **43**, 20 (1950).
[10] WAKULICZ, A.: Sur la somme d'un nombre fini de nombres ordinaux. Fund. Math. **36**, 254 (1949). Korrektur dazu: ib. **38**, 239 (1951).
[11] — Sur les sommes de quatre nombres ordinaux. C. R. Soc. Sci. Lett. Varsovie, Cl. III, **42**, 23 (1952).

Zu §§ 22—23:

[1] CANTOR, G.: Gesammelte Abhandlungen, Berlin 1932, S. 345 u. 355, Anm. 26.
[2] HESSENBERG, G.: Grundbegriffe der Mengenlehre, Göttingen 1906, § 75.
[3] JACOBSTHAL, E.: Vertauschbarkeit transfiniter Ordnungszahlen. Math. Ann. **64**, 475 (1907). Berichtigung dazu: ib. **65**, 160 (1908).
[4] — Zur Arithmetik der transfiniten Zahlen. Math. Ann. **67**, 130 (1909).
[5] KLAUA, D.: Transfinite reelle Zahlenräume. Wiss. Z. Humboldt-Univ. Berlin, Math.-Nat. Reihe **9**, 169 (1959/60).
[6] — Zur Struktur der reellen Ordnungszahlen. Z. math. Logik Grundl. Math. **6**, 279 (1960).
[7] — Konstruktion ganzer, rationaler und reeller Ordnungszahlen und die diskontinuierliche Struktur der transfiniten reellen Zahlenräume, Berlin 1961.
[8] — Zur Definition reeller Ordnungszahlen. Z. math. Logik Grundl. Math. **9**, 105 (1963).
[9] SIERPIŃSKI, W.: Leçons sur les nombres transfinis, Paris 1928, S. 218.
[10] — Sur une propriété des nombres ordinaux. Fund. Math. **43**, 139 (1956).
[11] TARSKI, A.: Sur les classes d'ensembles closes par rapport aux opérations de Hausdorff. Fund. Math. **27**, 277 (1936), insbes. S. 279.
[12] ZAKON, J. E.: On the relation of „similarity" between transfinite numbers. Riveon Lematematika **7**, 44 (1954).

Zu §§ 24—26:

[1] BERNSTEIN, F.: Untersuchungen aus der Mengenlehre. Math. Ann. **61**, 117 (1905), insbes. S. 131.
[2] BRUNS, G., u. J. SCHMIDT: Eine Verschärfung des Bernsteinschen Äquivalenzsatzes. Math. Ann. **135**, 257 (1958).
[3] CALLAHAN, F. P., u. S. G. KNEALE: A note on the Schröder-Bernstein theorem Amer. Math. Monthly **64**, 423 (1957).
[4] FODOR, G.: On a problem in set theory. Acta Sci. Math. Szeged **15**, 240 (1954).
[5] HEIEDE, T., u. H. J. HELMS: Set theory and transfinite cardinal numbers, I: Nordisk Mat. Tedskr. **10**, 11 (1962); II: ib. **10**, 108 (1962); III: ib. **10**, 169 (1962).
[6] KÖNIG, J.: Sur la théorie des ensembles. C. R. Acad. Sci. Paris **143**, 110 (1906).

[7] Korselt, A.: Über einen Beweis des Äquivalenzsatzes. Math. Ann. **70**, 294 (1911).

[8] Läuchli, H.: Ein Beitrag zur Kardinalzahlenarithmetik ohne Auswahlaxiom. Z. math. Logik Grundl. Math. **7**, 141 (1961).

[9] Levi, B.: Rendiconti del R. Ist. Lomb. di sc. e lett. (2) **35** (1902).

[10] Lindenbaum, A., u. A. Tarski: Communication sur les recherches de la théorie des ensembles. C. R. Soc. Sci. Lett. Varsovie, Cl. III, **19**, 299 (1926).

[11] Newns, W. F.: A theorem on cardinal numbers. Edinburg Math. Notes **39**, 4 (1954).

[12] Reichbach, M.: Une simple démonstration du théorème de Cantor-Bernstein. Colloquium math. **3**, 163 (1955).

[13] Schröder, E.: Über zwei Definitionen der Endlichkeit und G. Cantorsche Sätze. Nova Acta Acad. Caesareae Leopoldino-Carolinae Germanicae Naturae Curiosum **71**, 336 (1898).

[14] Sierpiński, W.: Sur l'égalité $2\mathfrak{m} = 2\mathfrak{n}$ pour les nombres cardinaux. Fund. Math. **3**, 1 (1922).

[15] — Leçons sur les nombres transfinis, Paris 1928, insbes. S. 93.

[16] — Démonstration de l'égalité $2^{\mathfrak{m}} - \mathfrak{m} = 2^{\mathfrak{m}}$ pour les nombres cardinaux transfinis. Fund. Math. **34**, 113 (1947), insbes. S. 116.

[17] — Sur l'implication $2\mathfrak{m} \leqq 2\mathfrak{n} \rightarrow \mathfrak{m} \leqq \mathfrak{n}$ pour les nombres cardinaux. Fund. Math. **34**, 148 (1947).

[18] — Algèbre des ensembles, Warszawa-Wroclaw 1951.

[19] Specker, E.: Verallgemeinerte Kontinuumshypothese und Auswahlaxiom. Arch. Math. **5**, 332 (1954).

[20] Tarski, A.: Geschichtliche Entwicklung und gegenwärtiger Zustand der Gleichmächtigkeitstheorie und der Kardinalzahlarithmetik. Ksiega pamiatkowa Pierwszego Polskiego Zjazdu Matematycznego Lwów 1927, Krakow 1929, S. 48.

[21] — Axiomatic and algebraic aspects of two theorems on sums of cardinals. Fund. Math. **35**, 79 (1948).

[22] — Cancellation laws in the arithmetic of cardinals. Fund. Math. **36**, 77 (1949).

[23] — Cardinal algebras, New York 1949.

[24] — On well-ordered subsets of any set. Fund. Math. **32**, 176 (1939).

[25] Zermelo, E.: Über die Addition transfiniter Cardinalzahlen. Nachr. v. d. Königl. Ges. der Wiss. Göttingen 1901, S. 34.

Zu §§ 27—30:

[1] Cantor, G.: Beiträge zur Begründung der transfiniten Mengenlehre, 2. Artikel. Math. Ann. **49**, 227 (1897).

[2] Church, A.: Alternatives to Zermelo's Assumption. Trans. Amer. Math. Soc. **29**, 178 (1927).

[3] Dedekind, R.: Was sind und was sollen die Zahlen? Braunschweig 1888, § 5.

[4] Dickmann, M. A.: König's theorem and the axiom of choice. Rev. Un. Mat. Argentina **21**, 198 (1963).

[5] Hartogs, F.: Über das Problem der Wohlordnung. Math.Ann. **76**, 438 (1915).

[6] Hessenberg, G.: Potenzen transfiniter Ordnungszahlen. Jahresber. dtsch. Math.-Ver. **16**, 130 (1907).

[7] Hönig, C. S.: Proof of the well-ordering of cardinal numbers. Proc. Amer. Math. Soc. **5**, 312 (1954).

[8] Ionescu, H. P.: Un théorème sur les nombres ordinaux et quelques conséquences. Bul. Inst. Politehn. Bucureşti **18**, 35 (1956).

[9] JOURDAIN, P. E. B.: On the multiplication of alephs. Math. Ann. **65**, 506 (1908).
[10] KÖNIG, J.: Zum Kontinuumproblem. Math. Ann. **60**, 177 (1905). Berichtigung dazu: ib. S. 462.
[11] LÉVY, A.: A note on definitions of finiteness. Bull. Res. Concil Israel. Sect. F, **7**, 83 (1957/58).
[12] — The independence of various definitions of finiteness. Fund. Math. **46**, 1 (1958/59).
[13] LINDENBAUM, A., u. A. TARSKI: Communication sur les recherches de la théorie des ensembles. C. R. Soc. Sci. Lett. Varsovie, Cl. III, **19**, 299 (1926), insbes. S. 311.
[14] NIKODYM, O. M., u. S. NIKODYM: Some theorems on divisibility of infinite cardinals. Arch. Math. **8**, 96 (1957). Teilweise falsch!
[15] SCHOENFLIES, A.: Entwicklung der Mengenlehre und ihrer Anwendungen, Leipzig und Berlin 1913, S. 66.
[16] SIERPIŃSKI, W.: Sur un théorème de M. Tarski concernant les alephs. Fund. Math. **34**, 6 (1947).
[17] — Démonstration de l'égalité $2^{\mathfrak{m}} - \mathfrak{m} = 2^{\mathfrak{m}}$ pour les nombres cardinaux transfinis. Fund. Math. **34**, 113 (1947).
[18] — Sur la différence de deux nombres cardinaux. Fund. Math. **34**, 119 (1947).
[19] — Les exemples effectifs et l'axiome du choix. Fund. Math. **2**, 112 (1921).
[20] SPECKER, E.: Habilitationsschrift, Eidg. Techn. Hochschule, Zürich (nicht veröffentlicht).
[21] SUDAN, G.: Sur le calcul avec les alephs. Mathematica, Cluj, **2**, 102 (1929).
[22] TARSKI, A.: Cardinal algebras, New York 1949.
[23] WEBBER, W. J.: Some hypotheses and theorems concerning transfinite numbers. Trans. Royal Soc. Canada, Sect. III, 3rd Ser., **22**, 133 (1928).
[24] WHITEHEAD, A. N., u. B. RUSSELL: Principia mathematicae II, Cambridge 1912, S. 201, 278 u. 288.
[25] ZERMELO, E.: Untersuchungen über die Grundlagen der Mengenlehre. Math. Ann. **65**, 261 (1908), insbes. S. 277—279.

Zu § 31:

[1] BANASCHEWSKI, B.: Über die Konstruktion wohlgeordneter Mengen. Math. Nachr. **10**, 239 (1953).
[2] — On some theorems equivalent with the axiom of choice. Z. math. Logik Grundl. Math. **7**, 279 (1961).
[3] CHANG, C. C.: Maximal n-disjointed sets and the axiom of choice. Fund. Math. **49**, 11 (1960/61).
[4] DEVIDÉ, V.: An equivalent of the axiom of choice. Nieuw. Arch. Wiskunde, III. Ser., **10**, 53 (1962).
[5] HARTOGS, F.: Über das Problem der Wohlordnung. Math. Ann. **76**, 438 (1915).
[6] JOURDAIN, P. E. B.: On a proof that every aggregate can be well-ordered. Math. Ann. **60**, 465 (1905).
[7] KLAUA, D.: Verwandte Sätze zum Auswahlaxiom für Klassen. Z. math. Logik Grundl. Math. **11**, 75 (1965).
[8] KLIMOVSKY, G.: Das Auswahlaxiom und die Existenz von maximalen kommutativen Untergruppen. Revista Un. mat. Argentina **20**, 267 (1962).
[9] KUREPA, G.: Sur la relation d'inclusion et l'axiome de choix de Zermelo. Bull. Soc. Math. France **80**, 225 (1952).
[10] — Über das Auswahlaxiom. Math. Ann. **126**, 381 (1953).

[11] LÄUCHLI, H.: Auswahlaxiom in der Algebra. Comment. Math. Helv. **37**, 1 (1962).
[12] LÉVY, A.: The interdependence of certain consequences of the axiom of choice. Fund. Math. **54**, 135 (1964).
[13] MRÓWKA, S.: On the ideals' extension theorem and its equivalence to the axiom of choice. Fund. Math. **43**, 46 (1956). Bemerkung dazu: ib. **46**, 165.
[14] NEUMER, W.: Bemerkungen zur allgemeinen Hypothese $2^{\aleph_0} = \aleph_{\alpha+1}$ im Anschluß an einige Beweisversuche von H. Eyraud. Math. Nachr. **9**, 321 (1953), insbes. S. 328, Satz 16.
[15] ONO, K.: New formulation of the axiom of choice by making use of the comprehension operator. Nagoya Math. J. **23**, 53 (1963).
[16] RUBIN, H., u. J. E. RUBIN: Equivalents of the axiom of choice, Amsterdam 1963.
[17] SCHMIDT, J.: Einfacher, ordinalzahlfreier Beweis für die Wohlordnung der Mächtigkeiten. Math. Z. **67**, 299 (1957).
[18] — Einige algebraische Äquivalente zum Auswahlaxiom. Fund. Math. **50**, 485 (1961/62).
[19] SEKI, S.: On transitive inferences, I: Comment. Math. Univ. St. Paul **4**, 43 (1955); II: ib. **10**, 13 (1961).
[20] SIERPIŃSKI, W.: L'axiome de Zermelo et son rôle dans la théorie des ensembles et l'analyse. Krakauer Anzeiger 1918, S. 97.
[21] — Sur un théorème de recouvrement équivalent à un cas particulier de l'axiome du choix. Ganita **4**, 155 (1953).
[22] SOBOCIŃSKI, B.: A simple formula equivalent to the axiom of choice. Notre Dame J. Formal Logic **1**, 115 (1960).
[23] — A note concerning the axiom of choice, ib. **1**, 122 (1960).
[24] — Three set-theoretical formulas, ib. **2**, 58 (1961).
[25] — Certain formulas equivalent to the axiom of choice, ib. **2**, 229 (1961).
[26] — A theorem on Hartogs' Alephs, ib. **2**, 255 (1961).
[27] — A remark concerning the third theorem about the existence of successors of cardinals, ib. **3**, 279 (1962).
[28] TAJTELBAUM-TARSKI, A.: Sur quelques théorèmes qui équivalent à l'axiome de choix. Fund. Math. **5**, 147 (1924).
[29] TARSKI, A.: Sur les classes d'ensembles closes par rapport à certaines opérations élémentaires. Fund. Math. **16**, 181 (1930), insbes. S. 195, Lemme 10b.
[30] — Eine äquivalente Formulierung des Auswahlaxioms. Fund. Math. **30**, 197 (1938).
[31] — On well-ordered subsets of any set. Fund. Math. **32**, 176 (1939).
[32] — Axiomatic and algebraic aspects of two theorems on sums of cardinals. Fund. Math. **35**, 79 (1948).
[33] — Theorems on the existence of successors of cardinals, and the axiom of choice. Proc. Nederl. Akad. Wetensch., Ser. A, **57**, 26 (1954).
[34] VAUGHT, R. L.: On the equivalence of the axiom of choice and a maximal principle. Bull. Amer. Math. Soc. **58**, 66 (1952).
[35] ZERMELO, E.: Beweis, daß jede Menge wohlgeordnet werden kann. Math. Ann. **59**, 514 (1904).
[36] — Neuer Beweis für die Möglichkeit einer Wohlordnung. Math. Ann. **65**, 107 (1908).

Zu §§ 32—34:

[1] BAGEMIHL, F.: Some theorems on powers of cardinal numbers. Ann. of Math. **49**, 341 (1948).
[2] — A theorem on infinite products of transfinite cardinal numbers. Quart. J. of Math. **19**, 200 (1948).

[3] Bagemihl, F.: On the partial products of infinite products of alephs. Amer. J. of Math. **70**, 207 (1948). Korrektur dazu: ib. S. 460.

[4] — u. L. Gillman: Generalized dissimilarity of ordered sets. Fund. Math. **42**, 141 (1955).

[5] Bernstein, F.: Zum Kontinuumproblem. Math. Ann. **60**, 463 (1905).

[6] — Untersuchungen aus der Mengenlehre. Math. Ann. **61**, 117 (1905).

[7] Erdös, P., u. A. Hajnál: On a property of families of sets. Acta Math. Acad. Sci. Hungar. **12**, 87 (1961).

[8] Fodor, G., u. I. Ketskeméty: Über eine Eigenschaft der singulären Kardinalzahlen. Colloquium Math. **3**, 39 (1954).

[9] Folley, K. W.: The generalized hypothesis of the continuum. Trans. Royal Soc. Canada, Sect. III, 3rd Ser., **22**, 157 (1928).

[10] — Concerning infinite products of alephs. Trans. Royal Soc. Canada, Sect. III, 3rd Ser., **23**, 209 (1929).

[11] Ginsburg, S.: On the distinct sums of λ-type transfinite series. Fund. Math. **39**, 131 (1952).

[12] — Decompositions of a set into disjoint pairs. Fund. Math. **41**, 278 (1955).

[13] Hajnál, A.: Some results and problems on set theory. Acta Math. Acad. Sci. Hungar. **11**, 277 (1960).

[14] Hausdorff, F.: Der Potenzbegriff in der Mengenlehre. Jahresber. dtsch. Math.-Ver. **13**, 569 (1904).

[15] Jourdain, P. E. B.: On infinite sums and products of cardinal numbers. Quart. J. of Pure and Appl. Math. **39**, 383 (1908).

[16] Lindenbaum, A., u. A. Tarski: Communication sur les recherches de la théorie des ensembles. C. R. Soc. Sci. Lett., Varsovie, Cl. III, **19**, 299 (1926), insbes. S. 309.

[17] Novotný, M.: Über einige Probleme im Zusammenhang mit der Arithmetik der Kardinalzahlen (tschechisch). Pokroky Mat. Fys. Astron. **6**, 314 (1961).

[18] Ohkuma, T.: On some relations concerning the operations P_α und S_α on classes of sets. Proc. Japan. Acad. **31**, 410 (1955). Dito: J. Math. Soc. Japan. **11**, 177 (1959).

[19] Padmavally, K.: A remark on order-types. Fund. Math. **42**, 312 (1955).

[20] Patai, L.: Über die Reihe der unendlichen Kardinalzahlen. Math. Z. **28**, 321 (1928).

[21] Plymen, R. J.: A model of the arithmetic of alephs in the equation calculus. Z. math. Logik Grundl. Math. **7**, 257 (1961).

[22] Popruzenko, J.: Sur une décomposition des ensembles indénombrables, I: Fund. Math. **41**, 146 (1955); II: ib. **41**, 272 (1955).

[23] Sedmak, V.: Sur les partitions des ensembles. Periodicum math.-phys.-astron., II. Ser., **12**, 17 (1957).

[24] Sierpiński, W.: Zarys teorji mnogosci I, Warszawa 1923, insbes. S. 181.

[25] — Monatshefte für Math. u. Phys. **35**, 239 (1928).

[26] — Sur les suites transfinies finalement disjointes. Fund. Math. **28**, 115 (1937).

[27] Sterner, E.: Ein Satz über Untermengen einer endlichen Menge. Math. Z. **27**, 544 (1928).

[28] Tarski, A.: Quelques théorèmes sur les alephs. Fund. Math. **7**, 1 (1925), insbes. S. 10.

[29] — Sur la décomposition des ensembles en sous-ensembles presque disjoints. Fund. Math. **12**, 188 (1928).

[30] — Dito Fund. Math. **14**, 205 (1929).

[31] — Sur les classes d'ensembles closes par rapport à certaines opérations élémentaires. Fund. Math. **16**, 181 (1930), insbes. S. 187—193.

Zu §§ 85—86:

[1] Bagemihl, F., u. H. D. Sprinkle: On a proposition of Sierpiński's which is equivalent to the continuum hypothesis. Proc. Amer. Math. Soc. **5**, 726 (1954).

[2] Cohen, P. J.: The independence of the continuum hypothesis, I: Proc. Nat. Acad. Sci. USA **50**, 1143 (1963); II: ib. **51**, 105 (1964).

[3] Cuesta, N.: Sucesiones ascendentes de numeros ordinales. Rev. mat. hisp.-amer., Serie 4, **9**, 83 (1949).

[4] — Ordenacion de infinitesimos. Rev. mat. hisp.-amer., Serie 4, **9**, 131 (1949).

[5] — Ein zum Kontinuumproblem äquivalentes Problem (span.). Rev. mat. hisp.-amer., Serie 4, **11**, 240 (1951).

[6] Doss, R.: On Gödel's proof that $V = L$ implies the generalized continuum hypothesis. Notre Dame J. Formal Logic **4**, 283 (1963).

[7] Erdös, P., u. G. Fodor: Some remarks on set theory, V: Acta Sci. Math. Szeged. **17**, 250 (1956); VII: ib. **21**, 154 (1960).

[8] — u. A. Hajnál: Some remarks on set theory, IX. Michigan Math. J. **11**, 107 (1964).

[9] — u. R. Rado: A problem on ordered sets. J. London Math. Soc. **28**, 426 (1953), vgl. auch Zentralblatt für Math. u. ihre Grenzgebiete **51**, 40 (1954).

[10] Errera, A.: Le probleme du continu. Atti Accad. Ligure **9**, 176 (1952).

[11] Fodor, G.: Über eine mit der verallgemeinerten Kontinuumhypothese äquivalente Behauptung. Publ. Math. Debrecen **2**, 232 (1952).

[12] — An assertion which is equivalent to the general continuum hypothesis. Acta Sci. math. Szeged **15**, 77 (1953).

[13] — Some results concerning a problem in set theory, ib. **16**, 232 (1955).

[14] — Equivalence of a problem of set theory to a hypothesis concerning to powers of cardinal numbers, ib. **24**, 152 (1963).

[15] Folley, K. W.: The generalized hypothesis of the continuum. Trans. Royal Soc. Canada, Sect. III, 3rd Ser., **22**, 149 (1928).

[16] — Simply ordered sets. Trans. Royal Soc. Canada, Sect. III, 3rd Ser., **22**, 225 (1928).

[17] — Some properties of aleph numbers. Trans. Royal Soc. Canada, Sect. III, 3rd Ser., **22**, 361 (1928).

[18] — An equality between alephs. Trans. Royal Soc. Canada, Sect. III, 3rd Ser., **23**, 147 (1929).

[19] Gödel, K.: The consistency of the axiom of choice and of the generalized continuum hypothesis. Proc. Nat. Acad. Sci. USA **24**, 556 (1938).

[20] — Consistency-proof for the generalized continuum hypothesis. Proc. Nat. Acad. Sci. USA **25**, 220 (1939).

[21] — The consistency of the axiom of choice and of the generalized continuum hypothesis with the axioms of set theory. Annals of math. studies, Nr. 3, Princeton 1940.

[22] — What is the continuum problem? Amer. Math. Monthly **54**, 515 (1947). Korrektur dazu: ib. **55**, 151 (1948).

[23] Hajnál, A.: On a consistency theorem connected with the generalized continuum problem. Z. math. Logik Grundl. Math. **2**, 131 (1956).

[24] — On a consistency theorem connected with the generalized continuum problem. Acta math. Acad. Sci. Hungar. **12**, 321 (1961).

[25] Harzheim, E.: Bemerkungen zu den Sätzen von Hausdorff-Urysohn und Padmavally. Z. math. Logik Grundl. Math. **10**, 17 (1964).

[26] Hausdorff, F.: Grundzüge der Mengenlehre, Leipzig 1914, S. 180.

[27] KETSKEMÉTY, J.: Eine Behauptung, die mit der verallgemeinerten Kontinuumhypothese äquivalent ist. Publ. Math. Debrecen **2**, 235 (1952).
[28] KRUSE, A. H.: Some developments in the theory of numerations. Trans. Amer. Math. Soc. **97**, 523 (1960).
[29] — Concerning the generalized continuum hypothesis and the axiom of choice. Amer. Math. Soc. Notices **7**, 744 (1960).
[30] — Some observations on the axiom of choice. Z. math. Logik Grundl. Math. **8**, 125 (1962).
[31] — Some theorems on the axiom of choice. Amer. Math. Soc. Notices **9**, 134 (1962).
[32] — A problem on the axiom of choice. Z. math. Logik Grundl. Math. **9**, 207 (1963).
[33] KUREPA, G.: Über die Faktoriellen endlicher und unendlicher Zahlen. Bull. internat. Acad. Yougoslave, Nouv. Sér. **12** (Cl. Sci. Math. Phys. Tech. **4**), 51 (1954). Siehe auch Zentralblatt f. Math. **58**, 44 (1957).
[34] — General continuum hypothesis and ramifications. Fund. Math. **47**, 29 (1959).
[35] LINDENBAUM, A., u. A. TARSKI: Communication sur les recherches de la théorie des ensembles. C. R. Soc. Sci. Lett. Varsovie, Cl. III, **19**, 299 (1926), insbes. S. 313.
[36] MAREK, W.: On families of sets. Bull. Acad. Polon. Sci., Sér. Sci. Math. Astronom. Phys. **12**, 443 (1964).
[37] MOSTOWSKI, A.: Widerspruchsfreiheit und Unabhängigkeit der Kontinuumhypothese. Elemente der Math. **19**, 121 (1964).
[38] NEUMER, W.: Zentralblatt für Math. u. ihre Grenzgebiete **41**, 375 (1952).
[39] — Bemerkungen zur allgemeinen Hypothese $2^{\aleph_\alpha} = \aleph_{\alpha+1}$ im Anschluß an einige Beweisversuche von H. Eyraud. Math. Nachr. **9**, 321 (1953), insbes. S. 330, Satz 20, und S. 334, Satz 25.
[40] PADMAVALLY, K.: A remark on order-types. Fund. Math. **42**, 312 (1955).
[41] POPRUZENKO, J.: Sur l'égalité $2^{\aleph_\lambda} = \aleph_{\lambda+1}$. Fund. Math. **43**, 148 (1956).
[42] — Sur un théorème de W. Sierpiński. Fund. Math. **53**, 51 (1963).
[43] RUBIN, H.: A new form of the generalized continuum hypothesis. Bull. Amer. Math. Soc. **65**, 282 (1959).
[44] SIERPIŃSKI, W.: L'hypothèse généralisé du continu et l'axiome du choix. Fund. Math. **34**, 1 (1947).
[45] — Sur une propriété des ensembles ordonnés. Fund. Math. **36**, 56 (1949).
[46] — Sur les suites transfinies multiples universelles. Fund. Math. **27**, 1 (1936).
[47] SOBOCIŃSKI, B.: Three set-theoretical formulas. Notre Dame J. Formal Logic **2**, 58 (1961).
[48] — A note on the generalized continuum hypothesis, I: Notre Dame J. Formal Logic **3**, 274 (1962); II: ib. **4**, 67 (1963); III: ib. **4**, 233 (1963).
[49] SPECKER, E.: Verallgemeinerte Kontinuumshypothese und Auswahlaxiom. Arch. Math. **5**, 332 (1954).
[50] TARSKI, A.: Sur la décomposition des ensembles en sous-ensembles presque disjoints. Fund. Math. **12**, 188 (1928) und **14**, 205 (1929).
[51] — Sur les classes d'ensembles closes par rapport à certaines opérations élémentaires. Fund. Math. **16**, 181 (1930), insbes. S. 194.
[52] THIELE, E.-J.: Die Verträglichkeit der Kontinuumshypothese mit dem System der Mengenlehre von Zermelo-Fraenkel. Z. math. Logik Grundl. Math. **7**, 225 (1961). Berichtigung dazu: ib. **8**, 347 (1962).
[53] VOPĚNKA, P.: The independence of the continuum hypothesis. Comment. Math. Univ. Carolinae **5**, Suppl. I (1964).

Zu § 87:

[1] BAGEMIHL, F.: Some results connected with the continuum hypothesis. Z. math. Logik Grundl. Math. **5**, 97 (1959).

[2] — Some propositions equivalent to the continuum hypothesis. Bull. Amer. Math. Soc. **65**, 84 (1959).

[3] — Concerning the continuum hypothesis and rectilinear sections of spatial sets. Arch. Math. **10**, 360 (1959).

[4] — Decomposition of the plane into tree sets. J. reine angew. Math. **203**, 209 (1960).

[5] — A proposition of elementary plane geometry that implies the continuum hypothesis. Z. math. Logik Grundl. Math. **7**, 77 (1961).

[6] — u. P. ERDÖS: Intersections of prescribed power, typ or measure. Fund. Math. **41**, 57 (1955).

[7] BERNSTEIN, F.: The continuum problem. Proc. Nat. Acad. Sci. USA **24**, 101 (1938).

[8] BRUNS, G., u. J. SCHMIDT: Eine filtertheoretische Formulierung der Kontinuumshypothese. Z. math. Logik Grundl. Math. **1**, 91 (1955).

[9] CORSON, H. H.: A property of the real line equivalent to the continuum hypothesis. Proc. Amer. Math. Soc. **12**, 836 (1961).

[10] CUESTA, N.: Eine Konsequenz der Hypothese $\aleph_1 < 2^{\aleph_0}$. Revista mat. Hisp.-Amer., IV. Ser., **16**, 11 (1956).

[11] CULLEN, H. F.: A characterization of sets of cardinal $\leqq C$. Boll. Un. Mat. Ital. (3) **19**, 138 (1964).

[12] DAVIES, R. O.: Equivalence to the continuum hypothesis of a certain proposition of elementary plane geometry. Z. math. Logik Grundl. Math. **8**, 109 (1962).

[13] — The power of the continuum and some propositions of plane geometry. Fund. Math. **52**, 277 (1963).

[14] — On a problem of Erdös concerning decompositions of the plane. Proc. Cambridge Philos. Soc. **59**, 33 (1963).

[15] — On a denumerable partition problem of Erdös. Proc. Cambridge Philos. Soc. **59**, 501 (1963).

[16] ERDÖS, P.: Some remarks on set theory, I: Ann. of Math. (2) **44**, 643 (1943); III: Michigan Math. J. **2**, 51 (1953/54); IV: ib. **2**, 169 (1953/54).

[17] — An interpretation problem associated with the continuum hypothesis. Michigan Math. J. **11**, 9 (1964).

[18] — u. A. HAJNÁL: Some remarks on set theory, VIII. Michigan Math. J. **7**, 187 (1960).

[19] EYRAUD, H.: Leçons sur la théorie des ensembles. Les nombres transfinis et le problème du continu, I: Lyon 1949; II: Lyon 1950 (hektographiert).

[20] — Fonctionnelles spéciales et théorème du continu. Ann. Univ. Lyon, Sect. A (3), **17**, 5 (1954).

[21] — Le théorème de l'ordinal limite, I: Ann. Univ. Lyon, Sect. A (3), **18**, 5 (1955); II: ib. **19**, 7 (1956); Compléments: ib. **20**, 5 (1957).

[22] — Les ordinaux de la troisième classe et le problème du continu. Cahiers Rhodan. **7**, 8 (1955/56).

[23] FOLLEY, K. W.: Simply ordered sets. Trans. Royal Soc. Canada, Sect. III, 3rd Ser., **22**, 225 (1928).

[24] GINSBURG, S.: Some remarks on order types and decompositions of sets. Trans. Amer. Math. Soc. **74**, 514 (1953).

[25] — Further results on order types and decompositions of sets. Trans. Amer. Math. Soc. **77**, 122 (1954).

[26] HARDY, G. H.: A theorem concerning the infinite cardinal numbers. Quarterly J. of pure and appl. Math. **35**, 87 (1903).

[27] HAUSDORFF, F.: Grundzüge der Mengenlehre, Leipzig 1914, insbes. S. 469ff.

[28] KAPUANO, I.: Questions apparentées au problème du continu. C. R. Acad. Sci. Paris **242**, 1833 (1956).

[29] KÖNIG, J.: Über die Grundlagen der Mengenlehre und das Kontinuumproblem. Math. Ann. **61**, 156 (1905) und **63**, 217 (1907).

[30] KURATOWSKI, C.: Sur une caractérisation des alephs. Fund. Math. **38**, 14 (1951).

[31] KUREPA, G.: Sur une proposition de la théorie des ensembles. C. R. Acad. Sci. Paris **249**, 2698 (1959).

[32] LOCHER-ERNST, L.: Wie man aus einer Kugel zwei zu ihr kongruente Kugeln herstellen kann. Elemente d. Math. **11**, 25 (1956).

[33] — Merkwürdiges vom Kontinuum. Elemente d. Math. **11**, 49 (1956).

[34] MRÓWKA, S.: A remark on compactifications of a set. Bull. Acad. Polon. Sci., Cl. III, **5**, 1105 (1957).

[35] PCHAKADZE, Š. S.: Certain propositions équivalent to the continuum hypothesis (russisch). Dokl. Akad. Nauk SSSR **111**, 299 (1956).

[36] POPRUZENKO, J.: Sur une propriété des transformations des ensembles abstraits. Fund. Math. **41**, 163 (1955).

[37] — Sur une proposition équivalente à l'hypothèse du continu. Colloqu. Math. **6**, 203 (1958).

[38] ROTHBERGER, F.: Eine Äquivalenz zwischen Kontinuumhypothese und der Existenz der Lusinschen und Sierpińskischen Mengen. Fund. Math. **30**, 215 (1938).

[39] SIERPIŃSKI, W.: Les exemples effectifs et l'axiome du choix. Fund. Math. **2**, 112 (1921).

[40] — Sur une décomposition effective des fonctions en $\aleph_2$ classes. Fund. Math. **5**, 1 (1924).

[41] — Sur l'hypothèse du continu ($2^{\aleph_0} = \aleph_1$). Fund. Math. **5**, 177 (1924).

[42] — Leçons sur les nombres transfinis, Paris 1928, S. 145—152.

[43] — Hypothèse du continu, Warszawa-Lwów 1934, New York 1956.

[44] — Sur une relation entre deux conséquences de l'hypothèse du continu. Fund. Math. **31**, 227 (1938).

[45] — Sur une suite transfinie d'ensembles de nombres naturels. Fund. Math. **33**, 9 (1945).

[46] — Exemple effectif d'une famille de $2^{\aleph_1}$ ensembles linéaires croissants. Fund. Math. **35**, 213 (1948).

[47] — Sur quelques propriétés du nombre $2^{\aleph_0}$. Mathematica, Timisoara **23**, 60 (1948).

[48] — Sur une propriété des ensembles ordonnés. Fund. Math. **36**, 56 (1949).

[49] — Sur quelques propositions concernant la puissance du continu. Fund. Math. **38**, 1 (1951).

[50] — Sur une propriété des ensembles plans équivalente à l'hypothèse du continu. Bull. Soc. Royale Sci., Liège, **20**, 297 (1951).

[51] — Sur une propriété paradoxale de l'espace à trois dimensions équivalente à l'hypothèse du continu. Rend. Circ. mat. Palermo (II) **1**, 7 (1952).

[52] — Sur quelques résultats nouveaux concernant l'hypothèse du continu. Rend. Mat. e Appl. (V) **10**, 406 (1951), ferner Atti IV. Congr. Un. mat. Ital. **2**, 440 (1953).

[53] — Coup d'œil sur l'état actuel de l'hypothèse du continu. Elemente der Math. **8**, 1 (1953).

[54] SIERPIŃSKI, W.: Sur une proposition équivalente à l'existence d'un ensemble de nombres réels de puissance $\aleph_1$. Bull. Acad. Polon. Sci., Cl. III, **2**, 53 (1954).
[55] — Sur une propriété de la droite équivalente à l'hypothèse du continu. Ganita **5**, Nr. 2, 113 (1954).
[56] SIKORSKI, R.: A characterization of alephs. Fund. Math. **38**, 18 (1951).
[57] VRIES, H. DE: Compactification of a set which is mapped onto itself. Bull. Acad. Polon. Sci., Cl. III, **5**, 943 (1957).

Zu §§ 38—39:

[1] ACKERMANN, W.: Konstruktiver Aufbau eines Abschnitts der zweiten Cantorschen Zahlenklasse. Math. Z. **53**, 403 (1951).
[2] BACHMANN, H.: Die Normalfunktionen und das Problem der ausgezeichneten Folgen von Ordnungszahlen. Vierteljahrsschr. Naturf. Ges. Zürich **95**, 115 (1950).
[3] — Vergleich und Kombination zweier Methoden von Veblen und Finsler zur Lösung des Problems der ausgezeichneten Folgen von Ordnungszahlen. Commentarii Math. Helv. **26**, 55 (1952).
[4] — Normalfunktionen und Hauptfolgen. Commentarii Math. Helv. **28**, 9 (1954).
[5] CHURCH, A.: Alternatives to Zermelo's assumption. Trans. Amer. Math. Soc. **29**, 178 (1927).
[6] — The constructive second number class. Bull. Amer. Math. Soc. **44**, 224 (1938).
[7] — u. S. C. KLEENE: Formal definitions in the theory of ordinal numbers. Fund. Math. **28**, 11 (1937).
[8] CUESTA, N.: Skalen von Ordnungszahlen. Revista mat. Hisp.-Amer., IV. Ser., **14**, 237 (1954).
[9] — Über die Arithmetisierung des Transfiniten. Acta Salmant., Ser. Ci., Sec. Mat. **1**, Nr. 2, 1 (1955).
[10] DENJOY, A.: L'énumération transfinie, Paris, I (1946); II (1952); III (1954); IV (1954). — Dazu mehrere Mitteilungen in C. R. Acad. Sci. Paris **234** (1952).
[11] FINSLER, P.: Eine transfinite Folge arithmetischer Operationen. Commentarii Math. Helv. **25**, 75 (1951).
[12] KINO, A.: On ordinal diagrams. J. Math. Soc. Japan **13**, 346 (1961).
[13] KLEENE, S. C.: On the forms of the predicates in the theory of constructive ordinals, I: Amer. J. Math. **66**, 41 (1944); II: ib. **77**, 405 (1955).
[14] KONDÔ, M.: L'énumération transfinie, I: Proc. Japan. Acad. **30**, 66 (1954); II: ib. **30**, 341 (1954).
[15] — Sur les nombres ordinaux et nommables. C. R. Acad. Sci. Paris **253**, 209 (1961).
[16] KREIDER, D. L., u. H. ROGERS: Constructive versions of ordinal number classes. Trans. Amer. Math. Soc. **100**, 325 (1961).
[17] KRUSE, A. H.: Constructive Methods of Numeration. Z. math. Logik Grundl. Math. **8**, 57 (1962).
[18] KUREPA, G.: Deux conséquences équivalentes, relatives aux nombres ordinaux, de la bonne ordination du continu linéaire. C. R. Acad. Sci. Paris **234**, 175 (1952).
[19] LEVITZ, H.: On the ordinal notations of Schütte and the Ordinal Diagrams of Takeuti. Diss. Pennsylv. State Univ., 1965.
[20] MARKWALD, W.: Zur Theorie der konstruktiven Wohlordnungen. Math. Ann. **127**, 135 (1954).

[21] MYCIELSKI, J., u. H. STEINHAUS: A mathematical axiom contradicting the axiom of choice. Bull. Acad. Polon. Sci., Sér. Sci. math. astron. phys. **10**, 1 (1962).

[22] NEUMER, W.: Zur Konstruktion von Ordnungszahlen, I: Math. Z. **58**, 391 (1953); II: ib. **59**, 434 (1954); III: ib. **60**, 1 (1954); IV: ib. **60**, 47 (1954); V: ib. **64**, 435 (1956).

[23] — Algorithmen für Ordnungszahlen und Normalfunktionen, I: Z. math. Logik Grundl. Math. **3**, 108 (1957); II: ib. **6**, 1 (1960).

[24] RICHTER, W.: Extensions of the constructive ordinals. J. of symbolic logic **30**, 193 (1965).

[25] SCHÜTTE, K.: Kennzeichnung von Ordnungszahlen durch rekursiv erklärte Funktionen. Math. Ann. **127**, 15 (1954).

[26] SCHWARTZ, L.: L'énumeration transfinie et l'œuvre de M. Denjoy. Bull. Sci. math., II. Sér., **79**, 78 (1955).

[27] SIERPIŃSKI, W.: Remarque sur les ensembles de nombres ordinaux de classes I et II. Revista de Cienc., Lima **41**, 289 (1939).

[28] — Sur quelques propositions concernant la puissance du continu. Fund. Math. **38**, 1 (1951).

[29] SIMAUTI, T.: A note on the construction of ordinal numbers. Comment. Math. Univ. St. Paul **12**, 37 (1964).

[30] SKOLEM, T.: An ordered set of arithmetic functions representing the least ε-number. Norske Vid. Selsk. Forh., Trondheim, **29** (1956), 54 (1957).

[31] SPECKER, E.: Zur Axiomatik der Mengenlehre (Fundierungs- und Auswahlaxiom). Z. math. Logik Grundl. Math. **3**, 173 (1957).

[32] TAKEUTI, G.: Ordinal diagrams, I: J. Math. Soc. Japan **9**, 386 (1957); II: **12**, 385 (1960).

[33] — A formalization of the theory of ordinal numbers. J. of symbolic logic **30**, 295 (1965).

[34] VEBLEN, O.: Continuous increasing functions of finite and transfinite ordinals. Trans. Amer. Math. Soc. **9**, 280 (1908).

[35] WERMUS, H.: Eine konstruktiv-figürliche Begründung eines Abschnitts der zweiten Zahlklasse. Comment. Math. Helv. **35**, 7 (1961).

Zu §§ 40—42:

[1] BACHMANN, H.: Stationen im Transfiniten. Z. math. Logik Grundl. Math. **2**, 107 (1956).

[2] BAER, R.: Zur Axiomatik der Kardinalzahlen. Math. Z. **29**, 380 (1929).

[3] BANACH, S.: Über additive Maßfunktionen in abstrakten Mengen. Fund. Math. **15**, 97 (1930).

[4] — u. C. KURATOWSKI: Sur une généralisation du problème de la mesure. Fund. Math. **14**, 127 (1929).

[5] BERNAYS, P.: Zur Frage der Unendlichkeitsschemata in der axiomatischen Mengenlehre. Essays on the Foundations of Mathematics, Jerusalem 1961, S. 3.

[6] BOSCH, J. E.: Fixpunkte von Operationen auf der Klasse der transfiniten Ordnungszahlen. Univ. Nac. La Plata Publ., Fac. Ci. fis.-mat. Revista **5**, 201 (1957).

[7] ERDÖS, P., u. G. FODOR: Some remarks on set theory, VI. Acta Sci. Math. Szeged. **18**, 243 (1957).

[8] — u. R. RADO: A problem on ordered sets. J. London math. Soc. **28**, 426 (1953), vgl. auch Zentralblatt f. Math. **51**, 40 (1954).

[9] Erdös, P., u. A. Tarski: On some problems involving inaccessible cardinals. Essays on the Foundations of Mathematics, Jerusalem 1961, S. 50.

[10] Fodor, G.: Über die Äquivalenz von 2 Sätzen in der Mengenlehre. Colloquium Math. **8**, 233 (1961).

[11] Gillman, L.: On intervals of ordered sets. Annals of Math. (2) **56**, 440 (1952).

[12] Hausdorff, F.: Grundzüge einer Theorie der geordneten Mengen. Math. Ann. **65**, 435 (1907), insbes. S. 443.

[13] — Grundzüge der Mengenlehre, Leipzig 1914, S. 131.

[14] Keisler, H. J., u. A. Tarski: From accessible to inaccessible cardinals (Results holding for all accessible cardinal numbers and the problem of their extension to inaccessible ones). Fund. Math. **53**, 225 (1957). Korrektur dazu: ib. **57**, 119 (1965/66). Große Arbeit!

[15] Klaua, D.: Eine Formulierung des Tarskischen Unerreichbarkeitsaxioms mittels Allmengen. Z. math. Logik Grundl. Math. **10**, 115 (1964).

[16] Kózniewski, A., u. A. Lindenbaum: Sur les opérations d'addition et de multiplication dans des classes d'ensembles. Fund. Math. **15**, 342 (1930).

[17] Kuratowski, C.: Sur l'état actuel de l'axiomatique de la théorie des ensembles. Ann. Soc. Pol. Math. **3**, 146 (1924).

[18] Landsberg, M.: Der Durchschnittsgrad hypercharakteristischer Filter. Math. Ann. **131**, 429 (1956).

[19] Lévy, A.: Comparision of subtheories. Proc. Amer. Math. Soc. **9**, 942 (1958).

[20] — On Ackermann's set theory. J. of symbolic logic **24**, 154 (1959).

[21] — Principles of reflection in axiomatic set theory. Fund. Math. **49**, 1 (1960).

[22] — Axiom schemata of strong infinity in axiomatic set theory. Pacific J. of Math. **10**, 223 (1960).

[23] Lindenbaum, A., u. A. Tarski: Communication sur les recherches de la théorie des ensembles. C. R. Soc. Sci. Lett. Varsovie, Cl. III, **19**, 299 (1926), insbes. S. 322.

[24] Łoś, J.: Some properties of inaccessible numbers. Proc. Sympos. Foundations of Math. 1959, S. 21.

[25] Mahlo, P.: Über lineare transfinite Mengen. Berichte über die Verh. der Königl. Sächs. Ges. d. Wiss. zu Leipzig, Math.-phys. Klasse **63**, 187 (1911).

[26] — Theorie und Anwendung der ϱ_0-Zahlen, I: ib. **64**, 108 (1912); II: ib. **65**, 268 (1913).

[27] Neumer, W.: Über den Aufbau der Ordnungszahlen. Math. Z. **53**, 59 (1951).

[28] Preston, G. B.: A characterization of inaccessible cardinals. Proc. Glasgow Math. Assoc. **5**, 153 (1962).

[29] Shepherdson, J. C.: Inner models for set theory, I: J. of symbolic logic **16**, 161 (1951); II: ib. **17**, 225 (1952); III: ib. **18**, 145 (1953).

[30] Sierpiński, W.: Sur un théorème de recouvrement dans la théorie générale des ensembles. Fund. Math. **20**, 214 (1933).

[31] — Hypothèse du continu, Warszawa-Lwów 1934, S. 107 u. 152ff.

[32] — u. A. Tarski: Sur une propriété caracteristique des nombres inaccessibles. Fund. Math. **15**, 292 (1930).

[33] Świerczkowski, S.: Some remarks on inaccessible alephs. Colloquium Math. **7**, 27 (1959).

[34] Takeuti, G.: Transcendence of ordinals. J. of symbolic logic **30**, 1 (1965).

[35] Tarski, A.: Sur les principes de l'arithmétique des nombres ordinaux (transfinis). Ann. Soc. Pol. Math. **3**, 148 (1924).

[36] TARSKI, A.: Une contribution à la théorie de la mesure. Fund. Math. **15**, 42 (1930).
[37] — Über unerreichbare Kardinalzahlen. Fund. Math. **30**, 68 (1938).
[38] — Drei Überdeckungssätze der allgemeinen Mengenlehre. Fund. Math. **30**, 132 (1938).
[39] — Über additive und multiplikative Mengenkörper und Mengenfunktionen. C. R. Soc. Sci. Lett. Varsovie, Cl. III, **30**, 151ff. (1937).
[40] — On well-ordered subsets of any set. Fund. Math. **32**, 176 (1939).
[41] — Some problems and results relevant to the foundations of set theory. Logic, Methodology and Philosophy of Science, Stanford 1962, S. 125.
[42] ULAM, S.: Zur Maßtheorie in der allgemeinen Mengenlehre. Fund. Math. **16**, 140 (1930).
[43] — Über gewisse Zerlegungen von Mengen. Fund. Math. **20**, 221 (1933).
[44] VOPĚNKA, P.: Concerning a proof of $\aleph_{\alpha+1} \leqq 2^{\aleph_\alpha}$ without axiom of choice. Comment. Math. Univ. Carolinae **6**, 111 (1965).
[45] ZERMELO, E.: Über Grenzzahlen und Mengenbereiche. Fund. Math. **16**, 29 (1930).

Sachverzeichnis

721/13/67 — III/18/203

Berichtigungen

S. 28, 15. Zeile von oben: **statt** $\overset{x \in X}{\mathfrak{B}} M_x$ **lies** $\underset{x \in X}{\mathfrak{B}} M_x$

S. 55, 13. Zeile von oben: **statt** $\alpha^{\xi} \alpha$ **lies** $\alpha^{\xi} \cdot \alpha$

S. 73, 9. Zeile von unten: **statt** im Fall ω^{x} **lies** im Fall $\Delta = \omega^{x}$

S. 150, 1. u. 2. Zeile von unten (3mal): **statt** $\aleph^{\aleph_{\underset{\alpha}{\beta}}}$ **lies** $\aleph^{\aleph}_{\alpha}{}_{\beta}$

S. 162, 5. Zeile von unten (Zeilenanfang):

statt $(\mathfrak{m}_{\smile \beta})^{\aleph_\gamma}$ **lies** $(\mathfrak{m}^{\aleph}{}_{\smile\beta})^{\aleph_\gamma}$

S. 162, 5. Zeile von unten (Mitte): **statt** $\mathfrak{m}^{\aleph(\varphi\eta,\eta)}$ **lies** $\mathfrak{m}^{\aleph(\varphi_\eta,\eta)}$

S. 165, Seitenzahl: **statt** 105 **lies** 165

Ergebn. d. Mathem., Bd. 1, Bachmann, 2. Aufl.

MIX
Papier aus verantwortungsvollen Quellen
Paper from responsible sources
FSC® C105338

If you have any concerns about our products,
you can contact us on
ProductSafety@springernature.com

In case Publisher is established outside the EU,
the EU authorized representative is:
Springer Nature Customer Service Center GmbH
Europaplatz 3, 69115 Heidelberg, Germany

Printed by Libri Plureos GmbH
in Hamburg, Germany